2014 최신 작업형 실기 대비

기계설계산업기사
일반기계기사
2D & 3D 실기 도면집

메카피아 노수황 · 정인수 · 조성일 · 김차희 공저

국가기술자격증
산업기사 | 기사 2D & 3D 작업형
실기 | 실무 활용서

INDUSTRIAL ENGINEER MACHINERY DESIGN
ENGINEER GENERAL MACHINERY
2D & 3D PRACTICAL DRAWING BOOK

도서출판 **메카피아**

기계설계산업기사/일반기계기사 2D & 3D
실기 도면집

발행일 · 2014년 7월 1일 초판 인쇄
저 자 · 메카피아 노수황, 정인수, 조성일, 김차희

발행인 · 노수황
발행처 · 도서출판 메카피아
주 소 · 서울특별시 금천구 가산디지털1로 145 에이스하이엔드타워3차 제20층 제 2004호
전 화 · 1544-1605(대)
팩 스 · 0303-0799-1010
이메일 · mechapia@mechapia.com

표지 및 편집 · 바라기
마케팅 · 정인수

ISBN · 979-11-85276-11-3 13550
정 가 · 26,000원

Copyright© 2014 MECHAPIA Co. All rights reserved.

· 이 책은 저작권법에 의해 보호를 받는 저작물로 무단 전재나 복제를 금지하며, 이 책 내용의 전부 또는 일부를 이용하려면 반드시 저작권자나 발행인의 서면동의를 받아야 합니다.

· 파본 및 낙장은 구입하신 서점에서 교환하여 드립니다.

· 이 책에 대한 의견이나 오탈자 및 잘못된 내용에 대한 수정 정보는 (주)메카피아의 홈페이지나 위의 이메일로 알려주십시오. 잘못된 책은 구입하신 서점에서 교환해 드립니다.
(주)메카피아 홈페이지 www.mechapia.com

국립중앙도서관 출판시도서목록(CIP)

이 도서의 국립중앙도서관 출판시도서목록(CIP)은 서지정보유통지원시스템 홈페이지(http://seoji.nl.go.kr)와 국가자료공동목록시스템(http://www.nl.go.kr/kolisnet)에서 이용하실 수 있습니다.
(CIP제어번호: CIP2014017956)

기계설계산업기사/일반기계기사 2D & 3D
실기 도면집

지금 실행하지 않으면 할 수 있는 일은 아무 것도 없습니다.

책으로 펴내고 싶은 분은 원고나 아이디어를 (mechapia@mechapia.com)으로 보내주시기 바랍니다.
도서출판 메카피아는 여러분의 소중한 경험과 실무 지식을 가치있게 만들어 드리겠습니다.

Preface 머리말

최근 제조업 분야는 자고나면 새로운 제품들이 쏟아져 나오는 글로벌 무한경쟁 시대에 돌입해 있으며 기업들이 생존하기 위해서는 치열한 기술 경쟁과 더불어 우수한 기술 인력을 확보하는 것이 아주 중요한 시대가 되었습니다.

현재 산업계는 생산성 향상, 비용 절감, 품질 개선 및 설계 신뢰도 향상을 목적으로 컴퓨터에 의한 설계 및 생산(CAD/CAM) 시스템이 산업 분야 전반에 걸쳐 광범위하게 사용되고 있습니다.

그 중에서도 기계설계 분야는 컴퓨터를 이용한 설계 자동화가 이루어지면서 산업전반에 걸쳐 광범위하게 활용되고 있으며 다양한 설계 프로그램의 실무 적용으로 자동화 산업의 초석이 되고 있습니다.

하지만 아직까지 산업체 자체의 생산제품에 적합한 패키지의 설계, 수정, 보완을 담당할 전문 기술인력은 절대적으로 부족한 편이고 더욱 체계적이고 내실있는 교육이 필요한 시점입니다.

이에 발맞춰 국가기술 자격증 종목 중의 하나로 기계설계 분야에 필요한 현장 맞춤형 숙련 기술 인력을 양성하고자 자격을 대통령령에 의거 제정하고 한국산업인력공단의 주도 아래 활발하게 실시되고 있습니다.

기계설계산업기사나 일반기계기사의 경우를 보면 최근 5년간 자격응시 인원도 증가 추세이며 자격취득자에 대한 법령상 우대 현황도 갈수록 나아지고 있는 상황이며 취업을 준비하고 있는 학생들이라면 반드시 도전해 볼 만한 자격이라고 생각합니다.

새로 개정된 산업기사 필기의 수준은 실무 중심의 이론에 가까운 기능사 필기의 위 단계 정도의 수준으로 준비한다면 크게 무리가 없을 것이라고 생각합니다. 따라서 필기시험의 이론 부분은 더욱 쉬워졌다고 볼 수 있습니다.

하지만 실기에 있어서는 결코 쉽지가 않은 편인데 2D 조립도면을 과제로 내주고 수험자가 직접 자로 치수를 재어가며 3D 모델링하고 제작도 수준의 2D 도면화 작업까지 완성해서 제출해야만 합니다.

단순하게 3차원 CAD 프로그램만 다룰 줄 안다고 해서 쉽게 보면 큰 오산으로 반드시 기계제도법에 대해서 익히고 나아가 2D CAD인 오토캐드나 3D CAD인 인벤터, 솔리드웍스, UGS NX, CATIA, ProE, 솔리드엣지 등의 설계 프로그램도 익혀야 좋은 결과가 있을 것입니다.

본서는 기능사, 산업기사, 기사 등의 작업형 실기를 준비하는 과정의 수험생들에게 시험 출제 빈도가 높은 과제도면들을 엄선하여 수록하였으며, 꼭 한번씩은 도면 해석과 도면 작업을 하여 단기간에 자격증 취득을 할 수 있도록 구성하였습니다.

🟠 이 책의 주요 구성

Part 1 실기시험 출제기준/과제도면 및 답안제출 예시

이 장은 기계설계산업기사/일반기계기사/전산응용기계제도기능사 등의 작업형 실기 시험의 최신 출제 기준에 따른 도면 작성과 답안 제출 등에 대한 꼭 필요한 사항을 정리해 놓았습니다.

Part 2 실기 수험용 오토캐드 환경 설정

이 장은 자격증 실기 시험시 요구하는 오토캐드의 작업환경에 대해서 분석하고 수험자가 2D 도면을 작성하고 제출하기까지 필요한 여러가지 설정에 대해서 알기 쉽도록 정리해 놓았습니다. 도면을 잘 그리고도 환경설정을 잘못하여 제출하면 불이익이 있을 수도 있으니 반드시 숙지해야 합니다.

Part 3 작업형 실기 대비 예제 도면의 분석과 해독(2D & 3D)

이 장은 산업기사나 기사 실기 시험에서 출제 빈도가 가장 높은 과제 도면들을 엄선하여 수록하였으며 실기시험을 준비하고 계시는 분들께서는 남들보다 더 많은 도면을 해독하고 작도해보야 하지만 그렇지 못한 경우가 많습니다.
이에 단기간내에 좋은 성적을 낼 수 있도록 꼭 한 번씩은 작도해보고 연습해야 하는 필수적인 도면들로 구성하였습니다.

Part 4 자주 출제되는 KS규격의 설계 적용법

2D 도면을 작도하고 실제 제작할 수 있는 수준의 부품도를 작성할 때는 수험자 임의대로 기입하는 것이 아니라 기계제도법을 준수하여야 하고, 또한 실기시험장에서 배포하는 파일 형태의 KS규격 데이터를 찾아 올바른 끼워맞춤 공차 및 표면거칠기 기입, 치수 기입 등을 해야 합니다.
이 장에서는 자주 출제되는 KS규격들에 대한 도면 적용법에 대해 상세하게 기술하였습니다.

모쪼록 열심히 하는만큼 내 기술이 된다는 생각으로 충실하게 대비하시어 좋은 결과를 내시길 바라겠습니다 .또한, 학습을 하며 궁금한 사항들은 메카피아나 카페, 이메일을 통하여 질의 주시면 최선을 다해 정성껏 답변드릴 수 있도록 노력하겠습니다.

2014년 7월 저자 일동

◎대표전화 : 1544-1605
◎이메일 : mechapia@mechapia.com
◎웹사이트 : www.mechapia.com / www.3dmecha.co.kr / www.3dhub.co.kr

Contents 목차

Part 1 실기시험 출제기준/과제도면 및 답안제출 예시 — 8

Part 2 실기수험용 오토캐드 환경 설정 — 32

- Lesson 1 LAYER — 34
- Lesson 2 STYLE — 37
- Lesson 3 DIM — 40
- Lesson 4 PLOT — 42
- Lesson 5 OSNAP — 45

Part 3 작업형 실기 대비 예제 도면의 분석과 해독(2D&3D) — 46

- Lesson 1 동력전달장치 — 48
  동력전달장치-1・2・3
- Lesson 2 축 받침 장치 — 66
- Lesson 3 평벨트 전동장치 — 72
- Lesson 4 피벗 베어링 하우징 — 78
- Lesson 5 편심 왕복 장치 — 84
- Lesson 6 래크와 피니언 구동장치 — 90
- Lesson 7 기어박스 — 96
  기어박스-1・2・3・4
- Lesson 8 V-벨트 전동장치 — 120
  V-벨트 전동장치-1・2

Lesson 9	기어펌프	132
Lesson 10	오일기어펌프	138
Lesson 11	증 감속 장치	144
Lesson 12	드릴지그	150

드릴지그-1 · 2 · 3 · 4 · 5 · 6

| Lesson 13 | 2지형 레버 에어척 | 186 |

Part 4 자주 출제되는 KS규격의 설계 적용법

Lesson 1	키	194
Lesson 2	반달키	200
Lesson 3	경사키	202
Lesson 4	키 및 키홈의 끼워맞춤	203
Lesson 5	자리파기, 카운터보링, 카운터싱킹	205
Lesson 6	치공구용 지그 부시	208
Lesson 7	기어의 제도	215
Lesson 8	V-벨트 풀리	223
Lesson 9	나사	231
Lesson 10	V-블록	233
Lesson 11	더브테일	235
Lesson 12	롤러 체인 스프로킷	238
Lesson 13	T홈	241
Lesson 14	멈춤링(스냅링)	242
Lesson 15	오일실	249
Lesson 16	널링	255
Lesson 17	표면거칠기 기호의 크기 및 방향과 품번의 도시법	256
Lesson 18	구름베어링 로크 너트 및 와셔	257
Lesson 19	센터	260
Lesson 20	오링	262
Lesson 21	구름 베어링의 적용	265

PART 01

실기시험 출제기준/과제도면 및 답안제출 예시

1. 전산응용 기계제도 기능사 실기 출제기준

○ 직무분야 : 기계	○ 자격종목 : 전산응용기계제도 기능사	○ 적용기간 : 2011. 1. 1~2015. 12. 31

○ 직무내용 : CAD시스템을 이용하여 산업체에서 제품개발, 설계, 생산기술 부문의 기술자들이 기술정보를 표현하고 저장하기 위한 도면, 그래픽 모델 및 파일 등을 산업표준 규격에 준하여 제도하는 업무등의 직무 수행

○ 수행준거 : 1. CAD시스템을 사용하여 파일의 생성, 저장, 출력 등의 제도 환경을 설정할 수 있다.
2. 기계장치와 지그 등의 구조와 각 부품의 기능, 조립 및 분해순서를 파악하여 한국 산업규격에 준하는 제작용 부품 도면을 작성할 수 있다.
3. 출력장치를 사용하여 한국 산업규격에 준하는 도면을 출력할 수 있다.

○ 실기검정방법 : 작업형	○ 시험시간 : 4시간 정도

실기 과목명	주요 항목	세부 항목	세세 항목
전산응용기계제도 작업	1. 설계관련 정보 수집 및 분석	1. 정보 수집하기	1. 설계에 관련된 다양한 정보 원천을 확보할 수 있어야 한다.
		2. 정보 분석하기	2. 설계관련 정보들을 체계적으로 해석 또는 분석하고 적용할 수 있어야 한다.
	2. 설계관련 표준화 제공	1. 소요자재목록 및 부품목록 관리하기	1. 주어진 도면으로부터 정확한 소요자재 목록 및 부품목록을 작성할 수 있어야 한다.
	3. 도면해독	1. 도면 해독하기	1. 부품의 전체적인 조립관계와 각 부품별 조립관계를 파악할 수 있어야 한다.
			2. 도면에서 해당부품의 주요 가공부위를 선정하고, 주요 가공치수를 결정할 수 있어야 한다.
			3. 가공공차에 대한 가공정밀도를 파악하고, 그에 맞는 가공설비 및 치공구를 결정할 수 있어야 한다.
			4. 도면에서 해당부품에 대한 재질특성을 파악하여 가공 가능성을 결정할 수 있어야 한다.
	4. 형상(3D/2D) 모델링	1. 모델링 작업 준비하기	1. 사용할 CAD 프로그램의 환경을 효율적으로 설정할 수 있어야 한다.
		2. 모델링 작업하기	1. 이용 가능한 CAD 프로그램의 기능을 사용하여 요구되는 형상을 설계로 완벽하게 구현할 수 있어야 한다.
	5. 설계도면 작성	1. 설계사양과 구성요소 확인하기	1. 설계 입력서를 검토하여 주요 치수가 정확히 선정이 되었는지 확인할 수 있어야 한다.
		2. 도면 작성하기	1. 부품 상호간 기구학적 간섭을 확인하여 오류발생 시 수정할 수 있어야 한다.
			2. 레이아웃도, 부품도, 조립도, 각종 상세도 등 일반 도면을 작성할 수 있어야 한다.
		3. 도면 출력하기	1. 표준 운영절차에 의하여 요구되는 설계 데이터 형식의 파일로 저장하거나 출력할 수 있어야 한다.

2. 전산응용기계제도 기능사 실기시험 예시

○ 시험시간	• 표준 시간 : 5시간 정도	• 연장 시간 : 30분 정도
○ 배 점	• 2차원 작업 : 약 70~80%	• 3차원 작업 : 약 20~30%

작업 방법

(2차원 CAD작업) : 현재 작업 방법과 동일	- 문제의 조립 도면에서 지정한 부품에 대하여 A2크기 윤곽선에 1:1로 제도 후 A3용지에 흑백으로 본인이 직접 출력하여 제출 - 부품제작도에는 투상도, 치수, 치수공차와 끼워 맞춤 공차기호, 기하공차 기호, 표면거칠기 등 필요한 모든 사항을 기입
(3차원 CAD작업)	- 문제의 조립 도면에서 지정한 부품에 대하여 솔리드 모델링 후 렌더링 하여 A3크기 윤곽선 영역 내에 부품마다 실물의 특징이 가장 잘 나타나는 등각축을 2개 선택하여 등각 이미지를 2개씩 나타낸다. (첨부된 도면 참조) - 척도는 NS로 하며 출력시 형상이 잘 나타나도록 렌더링 하여 A3용지에 흑백으로 본인이 직접 출력하여 제출

사용 S/W 및 H/W

- 사용 소프트웨어의 종류 및 버전에는 제한이 없이 요구하는 부품에 대하여 2차원 도면, 3차원 도면 2장을 A3 용지에 출력하여 제출하면 됨
- 제도시 3차원 작업 후 이를 이용하여 2차원 작업을 하던지 2차원, 3차원 작업을 개별적으로 하던지 수험자가 임의대로 선택하여 작업하면 되고, 소프트웨어도 각각 따로 사용하던지 하나만 가지고 2차원 3차원 모두 하던지 임의대로 하면 된다.
- 시험장에 설치된 소프트웨어와 본인이 사용했던 것과 다를 경우 지참 사용이 가능하며 부득이한 경우 노트북 등 컴퓨터도 지참 사용이 가능함(이 경우 컴퓨터에는 해당 CAD프로그램과 기본적인 OS 외에는 모두 삭제해야 함)
- 출력은 사용하는 CAD프로그램으로 출력하는 것이 원칙이나, 출력에 애로사항이 발생할 경우 pdf 파일로 변환하여 출력하는 것도 가능함

적용 시기

- 2013년 기능사 1회부터

3차원 CAD작업 예

3. 기계설계 기사 실기 출제기준

○ 직무분야 : 기계	○ 자격종목 : 기계설계 기사	○ 적용기간 : 2011. 1. 1~2015. 12. 31

○ 직무내용 : 고객의 요구사항을 분석하여, 요구되는 기계시스템 및 부품을 설계하고 검증하며, 여기에 관련된 지원을 제공하는 등의 직무를 수행

○ 수행준거 :
1. CAD 소프트웨어를 이용하여 산업규격에 적합하고 도면의 형식에 맞는 부품도를 작성하고 출력할 수 있다.
2. CAD 소프트웨어를 이용하여 모델링 작업 및 설계 검증(질량해석 등)을 할 수 있다.
3. 제시된 기계의 특성에 맞는 부품의 제작 및 조립에 필요한 내용(치수, 공차, 가공 기호 등)을 표기할 수 있다.
4. 해석용 프로그램 등을 사용하여 기계시스템의 설계변수(부하량 및 토크 등) 계산을 할 수 있고, 조건 변경에 따른 기계 부품을 설계 할 수 있다.

○ 실기검정방법 : 작업형		○ 시험시간 : 7시간 30분 정도	
실기 과목명	주요 항목	세부 항목	세세 항목
기계설계실무	1. 설계관련 정보 수집 및 분석	1. 정보 수집하기	1. 설계에 관련된 다양한 정보 원천을 확보할 수 있어야 한다.
		2. 정보 분석하기	1. 설계관련 정보들을 체계적으로 해석, 또는 분석하고 적용할 수 있어야 한다.
	2. 설계관련 표준화 제공	1. 소요자재목록 및 부품 목록 관리 하기	1. 주어진 도면으로부터 정확한 소요자재 목록 및 부품목록을 작성할 수 있어야 한다.
	3. 도면해독	1. 도면 해독하기	1. 부품의 전체적인 조립관계와 각 부품별 조립관계를 파악할 수 있어야 한다. 2. 도면에서 해당부품의 주요 가공부위를 선정하고, 주요 가공치수를 결정할 수 있어야 한다. 3. 가공공차에 대한 가공정밀도를 파악하고, 그에 맞는 가공 설비 및 치공구를 결정할 수 있어야 한다. 4. 도면에서 해당부품에 대한 재질특성을 파악하여 가공 가능성을 결정할 수 있어야 한다.
	4. 형상(3D/2D) 모델링	1. 모델링 작업 준비하기	1. 사용할 CAD 프로그램의 환경을 효율적으로 설정할 수 있어야 한다.
		2. 모델링작업하기	1. 이용 가능한 CAD 프로그램의 기능을 사용하여 요구되는 형상을 설계로 완벽하게 구현할 수 있어야 한다.
	5. 모델링 종합평가	1. 모델링 데이터 확인하기	1. 부품 간 상호 결합 상태를 검증할 수 있어야 한다.
		2. 단품의 어셈블리하기(ASSEMBLY)	1. 모든 단품을 누락없이 정확한 위치에 조립할 수 있어야 한다.
	6. 설계도면 작성	1. 설계사양과 구성요소 확인하기	1. 설계 입력서를 검토하여 주요 치수가 정확히 선정이 되었는지 확인할 수 있어야 한다.
		2. 도면 작성하기	1. 부품 상호간 기구학적 간섭을 확인하여 오류발생 시 수정할 수 있어야 한다. 2. 레이아웃도, 부품도, 조립도, 각종 상세도 등 일반 도면을 작성할 수 있어야 한다.
		3. 도면 출력하기	1. 표준 운영절차에 의하여 요구되는 설계 데이터 형식의 파일로 저장하거나 출력할 수 있어야 한다.

실기 과목명	주요 항목	세부 항목	세세 항목
기계설계실무	7. 요소부품 재질 검토 (재료열처리)	1. 강도 및 열처리 방안 선정하기	1. 소재별 부품의 강도, 경도, 변형중요도 등을 결정할 수 있어야 한다. 2. 소재의 특성에 따라 열처리방안을 선정할 수 있어야 한다.
	8. 설계계산	1. 설계계산 데이터 준비하기	1. 기계요소 및 구성품의 성능과 제원을 파악할 수 있는 다양한 정보원천을 확보할 수 있어야 한다.
		2. 설계계산하기	1. 선정된 기계요소 부품에 의하여 관련된 설계변수들을 선정할 수 있어야 한다. 2. 설계조건에 적절한 계산식을 적용할 수 있어야 한다. 3. 설계제품의 기능과 성능을 만족하는 설계변수를 계산할 수 있어야 한다. 4. 부품별 제원 및 성능곡선표, 특성을 고려하여 설계계산에 반영할 수 있어야 한다. 5. 표준 운영절차에 따라, 설계계산 프로그램 또는 장비를 설정하고, 결과를 도출할 수 있어야 한다.
		3. 계산데이터 출력 및 검증하기	1. 최종 계산된 설계변수를 설계도면에 출력하고, 계산과정을 문서화하여, 추후 확인 자료로 사용할 수 있어야 한다.
	9. 설계검증	1. 설계검증 준비하기	1. 조립에 필요한 단품의 데이터의 오류를 확인하고, 수정할 수 있어야 한다.
		2. 공학적검증하기	1. 설계 시 근거 자료로 사용한 계산의 과정과 결과물을 검증할 수 있어야 한다.

4. 기계설계 산업기사 실기 출제기준

○ 직무분야 : 기계	○ 자격종목 : 기계설계 산업기사	○ 적용기간 : 2011. 1. 1~2015. 12. 31

○ **직무내용** : 주로 CAD시스템을 이용하여 기계도면을 작성하거나 수정, 출도를 하며 부품도를 도면의 형식에 맞게 배열하고, 단면 형상의 표시 및 치수 노트를 작성. 또한 컴퓨터를 이용한 부품의 전개도, 조립도, 구조도 등을 설계하며, 생산관리, 품질관리, 설비관리 등의 직무를 수행

○ **수행준거** :
1. CAD 소프트웨어를 이용하여 산업규격에 적합하고 도면의 형식에 맞는 부품도를 작성하고 출력할 수 있다.
2. CAD 소프트웨어를 이용하여 모델링 작업 및 설계 검증(질량해석 등)을 할 수 있다.
3. 제시된 기계의 특성에 맞는 부품의 제작 및 조립에 필요한 내용(치수, 공차, 가공 기호 등)을 표기할 수 있다.

○ 실기검정방법 : 작업형			○ 시험시간 : 5시간 정도
실기 과목명	주요 항목	세부 항목	세세 항목
기계설계실무	1. 설계관련 정보 수집 및 분석	1. 정보 수집하기	1. 설계에 관련된 다양한 정보 원천을 확보할 수 있어야 한다.
		2. 정보 분석하기	1. 설계관련 정보들을 체계적으로 해석, 또는 분석하고 적용할 수 있어야 한다.
	2. 설계관련 표준화 제공	1. 소요자재목록 및 부품 목록 관리하기	1. 주어진 도면으로부터 정확한 소요자재 목록 및 부품목록을 작성할 수 있어야 한다.
	3. 도면해독	1. 도면 해독하기	1. 부품의 전체적인 조립관계와 각 부품별 조립관계를 파악할 수 있어야 한다. 2. 도면에서 해당부품의 주요 가공부위를 선정하고, 주요 가공치수를 결정할 수 있어야 한다. 3. 가공공차에 대한 가공정밀도를 파악하고, 그에 맞는 가공설비 및 치공구를 결정할 수 있어야 한다. 4. 도면에서 해당부품에 대한 재질특성을 파악하여 가공 가능성을 결정할 수 있어야 한다.
	4. 형상(3D/2D) 모델링	1. 모델링 작업 준비하기	1. 사용할 CAD 프로그램의 환경을 효율적으로 설정할 수 있어야 한다.
		2. 모델링작업하기	1. 이용 가능한 CAD 프로그램의 기능을 사용하여 요구되는 형상을 설계로 완벽하게 구현할 수 있어야 한다.
	5. 모델링 종합평가	1. 모델링 데이터 확인하기	1. 부품 간 상호 결합 상태를 검증할 수 있어야 한다.
		2. 단품의 어셈블리하기(ASSEMBLY)	1. 모든 단품을 누락이 없이 정확한 위치에 조립할 수 있어야 한다.
	6. 설계도면 작성	1. 설계사양과 구성요소 확인하기	1. 설계 입력서를 검토하여 주요 치수가 정확히 선정이 되었는지 확인할 수 있어야 한다.
		2. 도면 작성하기	1. 부품 상호간 기구학적 간섭을 확인하여 오류발생 시 수정할 수 있어야 한다. 2. 레이아웃, 부품도, 조립도, 각종 상세도 등 일반 도면을 작성할 수 있어야 한다.
		3. 도면 출력하기	1. 표준 운영절차에 의하여 요구되는 설계 데이터 형식의 파일로 저장하거나 출력할 수 있어야 한다.
	7. 요소부품 재질 검토 (재료열처리)	1. 강도 및 열처리 방안 선정하기	1. 소재별 부품의 강도, 경도, 변형중요도 등을 결정할 수 있어야 한다. 2. 소재의 특성에 따라 열처리방안을 선정할 수 있어야 한다.
	8. 설계검증	1. 설계검증 준비하기	1. 조립에 필요한 단품의 데이터의 오류를 확인하고, 수정할 수 있어야 한다.
		2. 공학적 검증하기	1. 구성품의 질량, 응력, 변위량 등을 CAD 소프트웨어 등을 이용하여 계산하고 검증할 수 있어야 한다.

5. 일반기계 기사 실기 출제기준

○ **직무분야** : 기계	○ **자격종목** : 일반기계 기사	○ **적용기간** : 2011. 1. 1~2015. 12. 31

○ **직무내용** : 재료역학, 기계열역학, 기계 유체역학, 기계재료 및 유압기기, 기계제작법 및 기계동력학 등 기계에 관한 지식을 활용하여 일반기계 및 구조물을 설계, 견적, 제작, 시공, 감리 등과 기능 인력에 대한 기술지도 감독 등을 하여 주어진 조건보다 더 능률적으로 실무를 완수하도록 하는 직무 수행

○ **수행준거** :
- 기계설계 기초지식을 활용할 수 있다.
- 체결용, 전동용, 제어용 기계요소 및 유체 기계 요소를 설계할 수 있다.
- 설계조건에 맞는 계산 및 견적을 할 수 있다.
- CAD S/W를 이용하여 CAD도면을 작성할 수 있다.

○ **실기검정방법** : 작업형(복합형)	○ **시험시간** : 7시간 정도(필답2시간+작업 5시간)

실기 과목명	주요 항목	세부 항목	세세 항목
일반기계 설계 실무	1. 일반기계요소의 설계	1. 기계요소 설계하기	1. 단위, 규격, 끼워맞춤, 공차 등을 활용하여 기계설계에 적용할 수 있어야 한다. 2. 나사, 키, 핀, 코터, 리벳 및 용접이음 등의 체결용 요소를 설계할 수 있어야 한다. 3. 축, 축이음, 베어링, 윤활, 마찰차, 캠, 벨트, 체인, 로우프, 기어 등의 전동용 요소를 설계할 수 있어야 한다. 4. 브레이크, 스프링, 플라이휠 등의 제어용 요소와 밸브 및 관이음 등 유체기체요소를 설계할 수 있어야 한다.
		2. 설계 계산하기	1. 선정된 기계요소품에 의하여, 관련된 설계변수들을 선정할 수 있어야 한다 2. 계산의 조건에 적절한 설계계산식을 적용할 수 있어야 한다. 3. 설계 목표물의 기능과 성능을 만족하는 설계변수를 계산할 수 있어야 한다. 4. 부품별 제원 및 성능곡선표, 특성을 고려하여 설계계산에 반영할 수 있어야 한다. 5. 표준 운영절차에 따라, 설계계산 프로그램 또는 장비를 설정하고, 결과를 도출할 수 있어야 한다.
	2. 일반기계 실무	1. 조립도, 구조물 및 부속장치 설치하기	1. 조립도, 구조물 및 부속장치를 설계할 수 있어야 한다.
		2. 공정 및 생산관리하기	1. 공정 및 생산관리를 할 수 있어야 한다.
		3. 기계설비 견적하기	1. 기계설비견적을 할 수 있어야 한다.
	3. 기계제도 (CAD)작업	1. CAD S/W를 이용한 도면작성하기	1. CAD S/W를 이용하며, KS 규격에 맞는 부품 공작도를 작성할 수 있어야 한다. 2. 표준 운영절차에 따라 요구되는 형상을 2D 또는 3D로 완벽하게 구현할 수 있어야 한다. 3. 작성된 2D 또는 3D 도면을 사내 또는 산업표준에 규정한 도면 작성법에 의하여 정확하게 기입되었는가를 확인할 수 있어야 한다. 4. 부품 간 기구학적 간섭을 확인하고, 오류발생 시 수정할 수 있어야 한다.
		2. 자료의 출력 및 보관하기	1. 최종도면을 출력하고 자료를 보관할 수 있어야 한다.
		3. CAD 장비의 운영	1. CAD S/W 프로그램을 설치하고 출력장치를 사용하여, CAD 장비를 운영할 수 있어야 한다.

국가기술자격 실기시험문제 예시

| 자격종목 | 기계설계산업기사 | 과 제 명 | 도면참조 |

비번호 :

※ 시험시간 : [○ 표준 시간 : 5 시간, ○ 연장시간 : 30 분]

1. 요구사항

※ 지급된 재료 및 시설을 이용하여 다음 (1)의 부품도(2D) 제도, (2)의 렌더링 등각 투상도(3D) 제도를 순서에 관계 없이, 다음의 요구사항들에 의해 제도하시오.

(1) 부품도(2D) 제도

가) 주어진 문제의 조립도면에 표시된 부품번호 (①, ②, ④, ⑥)의 부품도를 CAD 프로그램을 이용하여 A2 용지에 1:1로 투상법은 제3각법으로 제도하시오.

나) 각 부품들의 형상이 잘 나타나도록 투상도와 단면도 등을 빠짐없이 제도하고, 설계 목적에 맞는 가공을 하여 기능 및 작동을 할 수 있도록 치수 및 치수공차, 끼워 맞춤 공차와 기하공차 기호, 표면거칠기 기호, 표면처리, 열처리, 주서 등 부품 제작에 필요한 모든 사항을 기입하시오.

다) 제도 완료 후 지급된 A3(420×297) 크기의 용지(트레이싱지)에 수험자가 직접 흑백으로 출력하여 확인하고 제출하시오.

(2) 렌더링 등각 투상도(3D) 제도

가) 주어진 문제의 조립도면에 표시된 부품번호 (②, ④)의 부품을 파라메트릭 솔리드 모델링을 하고 모양과 윤곽을 알아보기 쉽도록 뚜렷한 음영, 렌더링 처리를 하여 A3 용지에 제도하시오.

나) 음영과 렌더링 처리는 아래 그림과 같이 형상이 잘 나타나도록 등각 축 2개를 정해 척도는 NS로 실물의 크기를 고려하여 제도하시오.(단, 형상은 단면하여 표시하지 않는다.)

다) 제도 완료 후, 지급된 A3(420×297) 크기의 용지(트레이싱지)에 수험자가 직접 흑백으로 출력하여 확인하고 제출하시오.

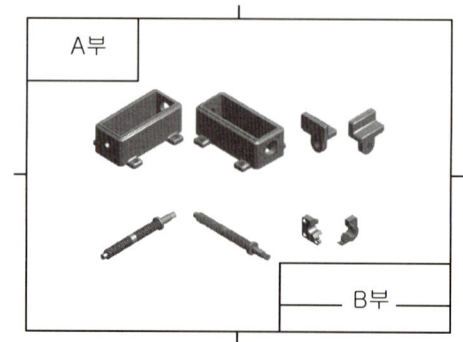

| 자격종목 | 기계설계산업기사 | 과 제 명 | 도면참조 |

(3) 부품도 제도, 렌더링 등각 투상도 제도-공통

가) 도면의 크기별 한계설정(Limits), 윤곽선 및 중심마크 크기는 다음과 같이 설정하고, a와 b의 도면의 한계선(도면의 가장자리 선)이 출력되지 않도록 하시오.

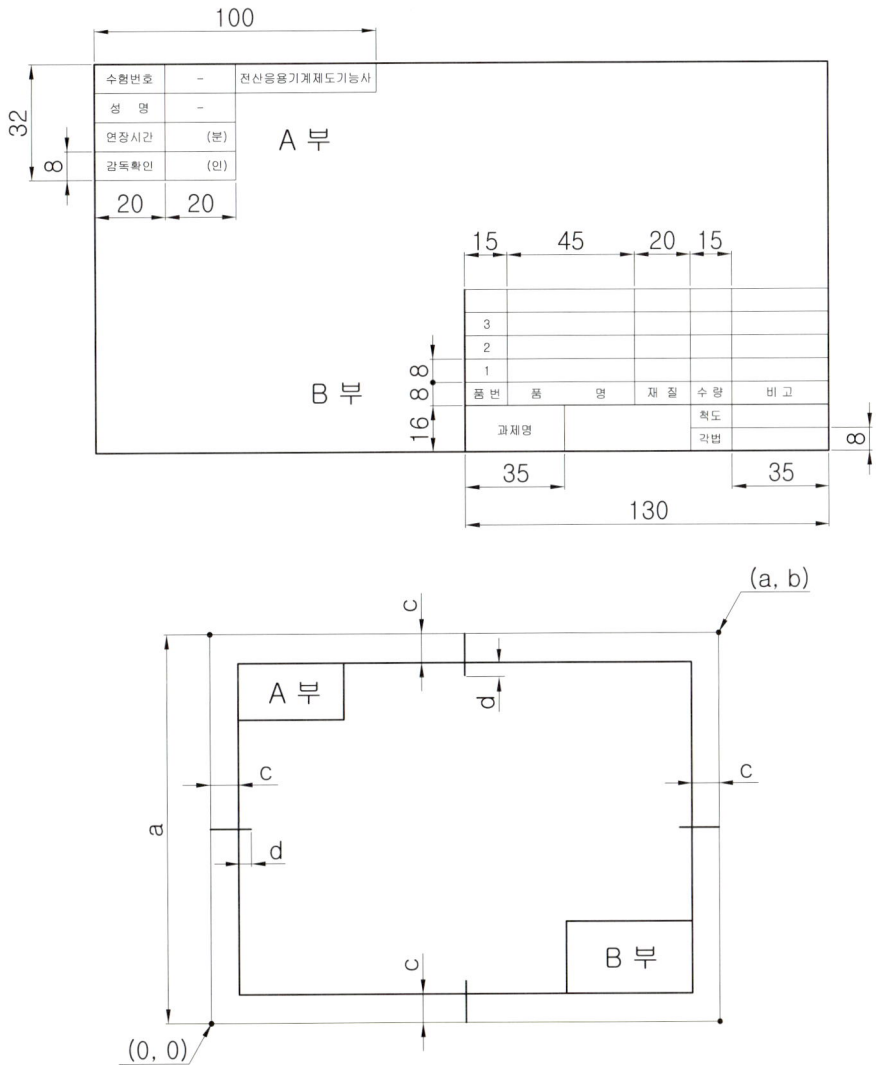

구분		도면의 한계		중심 마크	
도면크기	기호	a	b	c	d
A2 (부품도)		420	594	10	5
A3 (렌더링 등각 투상도)		297	420	10	5

| 자격종목 | 기계설계산업기사 | 과 제 명 | 도면참조 |

나) 문자, 숫자, 기호의 크기, 선 굵기는 반드시 다음 표에서 지정한 용도별 크기를 구분하는 색상을 지정하여 제도하시오.

문자,숫자, 기호의 높이	선 굵기	지정 색상(Color)	용 도
5.0mm	0.35mm	초록(Green)	윤곽선, 외형선
3.5mm	0.25mm	황(노란)색(Yellow)	숨은선, 일반 주서
2.5mm	0.18mm	흰색(White), 빨강(Red)	중심선, 해치선, 치수선, 가상선

다) 아라비아 숫자, 로마자는 컴퓨터에 탑재된 ISO 표준을 사용하고, 한글은 굴림 또는 굴림체를 사용하시오.

2. 수험자 유의사항

※ 다음 유의사항을 고려하여 요구사항을 완성하시오.

1) 제공한 KS 데이터에 수록되지 않은 제도규격이나 데이터는 과제로 제시된 도면을 기준으로 제도하거나 ISO 규격과 관례에 따르시오.
2) 주어진 문제의 조립도면에서 표시되지 않은 제도규격은 지급한 KS규격 데이터에서 선정하여 제도하시오.
3) 주어진 문제의 조립도면에서 치수와 규격이 일치하지 않을 때는 해당 규격으로 제도하시오.
4) 마련한 양식의 A부 내용을 기입하고 시험위원의 확인 서명을 받아야 하며, B부는 수험자가 작성하시오.
5) 수험자에게 주어진 문제는 수험번호를 기재하여 반드시 제출하시오.
6) 시작 전 바탕화면에 본인 비번호 폴더를 생성한 후 이 폴더에 비번호를 파일명으로 하여 작업 내용을 저장하고, 시험 종료 후 하드디스크의 작업내용은 삭제하시오.
7) 정전 또는 기계고장으로 인한 자료손실을 방지하기 위하여 10분에 1회 이상 저장(save)하시오.
8) 수험자는 제공된 장비의 안전한 사용과 작업 과정에서 안전수칙을 준수하시오.
9) 제한된 표준시간을 초과하여 연장시간을 사용한 경우 초과된 시간 10분 이내 마다 득점에서 5점씩 감점합니다.

| 자격종목 | 기계설계산업기사 | 과 제 명 | 도면참조 |

10) 다음 사항에 해당하는 작품은 채점 대상에서 제외됩니다.

　가) 부정행위

　　(1) 미리 작성된 Part program(도면, 단축 키 셋업 등) 또는 Block(도면양식, 표제란, 부품란, 요목표, 주서 및 표면 거칠기 비교표 등)을 사용할 경우

　　(2) 채점 시 도면 내용이 다른 수험자와 일부 또는 전부가 동일한 경우

　　(3) 파일로 제공한 KS 데이터에 의하지 않고 지참한 노트나 서적을 열람한 경우

　나) 미완성

　　(1) 시험시간(표준시간 및 연장시간 포함)내에 요구사항을 완성하지 못한 경우

　　(2) 수험자의 장비조작 미숙으로 파손 및 고장을 일으킨 경우

　　(3) 수험자의 직접 출력시간이 20분을 초과할 경우

　　　(다만, 출력시간은 시험시간에서 제외하며, 출력된 도면의 크기 또는 색상 등이 채점하기 어렵다고 판단될 경우에는 시험위원의 판단에 의해 1회에 한하여 재출력이 허용됩니다.)

　다) 기 타

　　(1) 시험시간 내에 부품도, 랜더링 등각 투상도 중에서 1개라도 투상도가 제도되지 않은 경우

　　(2) 도면크기(윤곽선)와 내용이 일치하지 않은 도면

　　(3) 각법이나 척도가 요구사항과 맞지 않은 도면

　　(4) KS 제도규격에 의해 제도되지 않았다고 판단된 도면

　　(5) 지급된 용지(트레이싱지)에 출력되지 않은 도면

　　(6) 끼워맞춤 공차 기호를 부품도에 기입하지 않았거나 아무 위치에 지시하여 제도한 도면

　　(7) 끼워맞춤 공차의 구멍 기호(대문자)와 축 기호(소문자)를 구분하지 않고 지시한 도면

　　(8) 기하공차 기호를 부품도에 기호를 기입하지 않았거나 아무 위치에 지시하여 제도한 도면

　　(9) 표면거칠기 기호를 부품도에 기호를 기입하지 않았거나 아무 위치에 지시하여 제도한 도면

　　(10) 조립상태로 제도하여 기본지식이 없다고 판단된 경우

※ 출력은 사용하는 CAD 프로그램으로 출력하는 것이 원칙이나, 출력에 애로사항이 발생할 경우 pdf 파일로 변환하여 출력하는 것도 무방합니다.

3. 도면

②

자격종목	기계설계산업기사	과 제 명	동력전달장치	척도	1 : 1

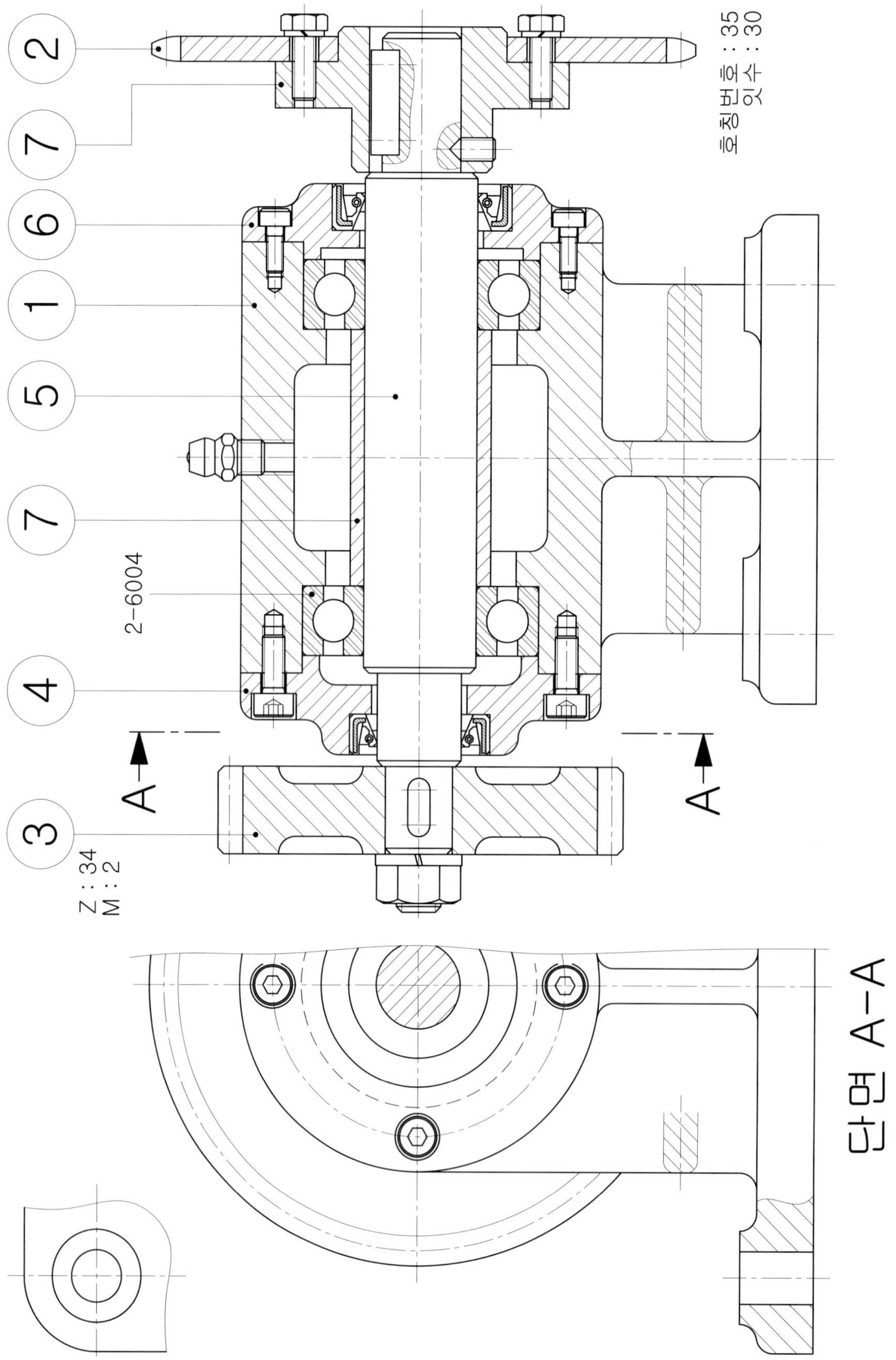

3. 도면

자격종목	기계설계산업기사	과제명	드릴지그	척도	1:1

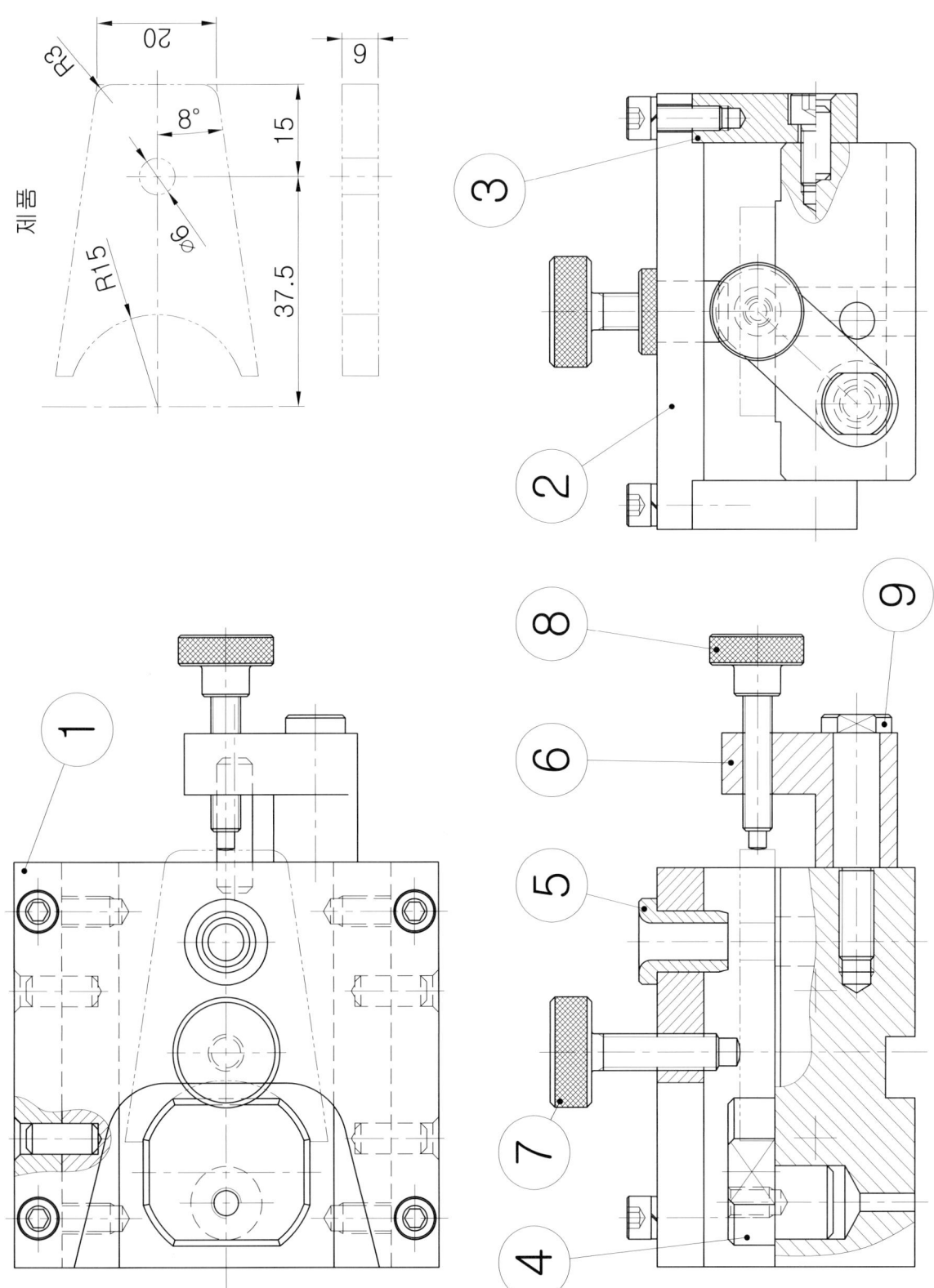

Part 01 실기시험 출제기준/과제도면 및 답안제출 예시

Example | 기계설계 산업기사/기사 실기 과제도면 및 답안제출 예시

과제명 : 드릴지그 실기 출제 과제

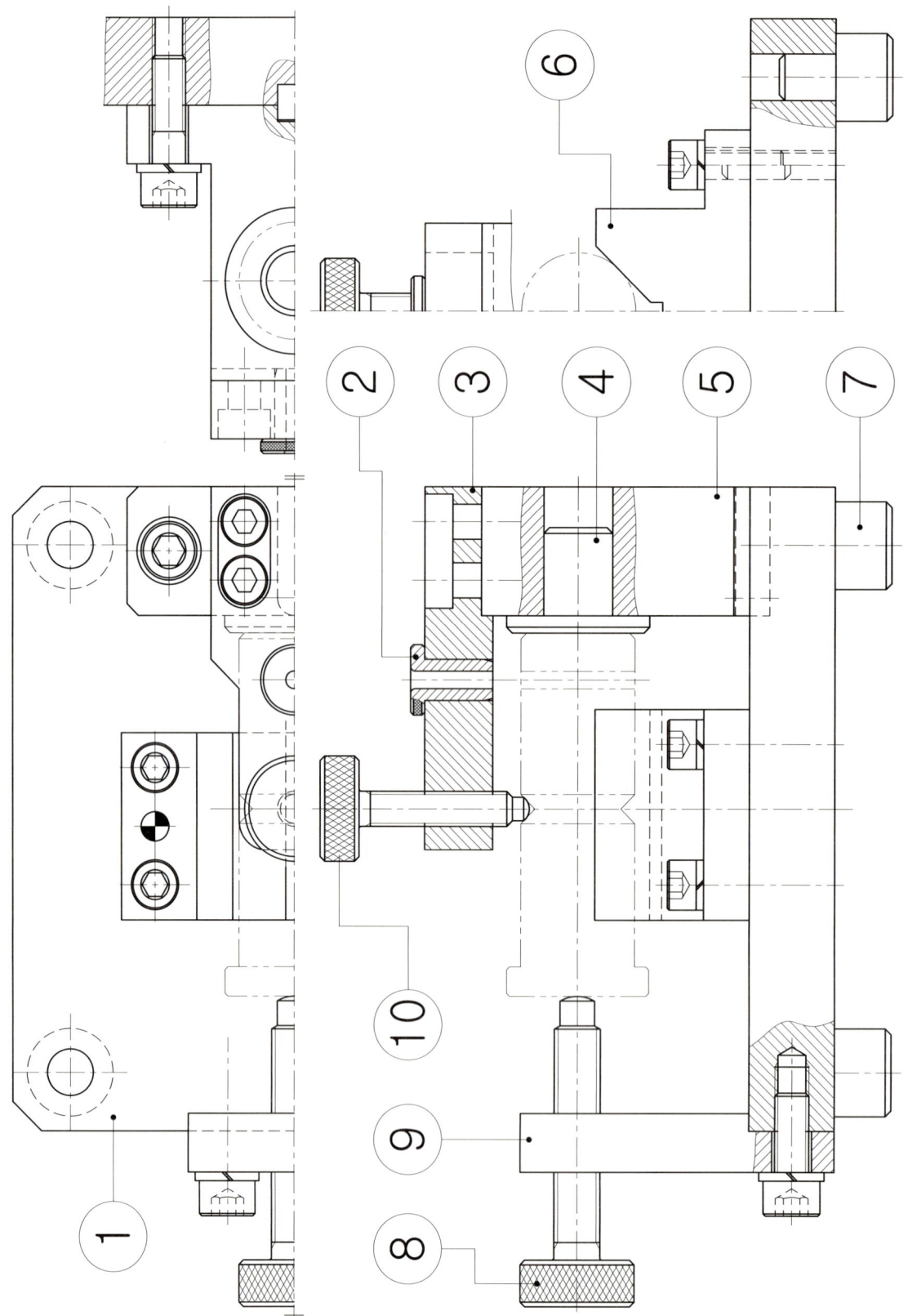

과제명 : 드릴지그 2D 실기 제출 답안 예제

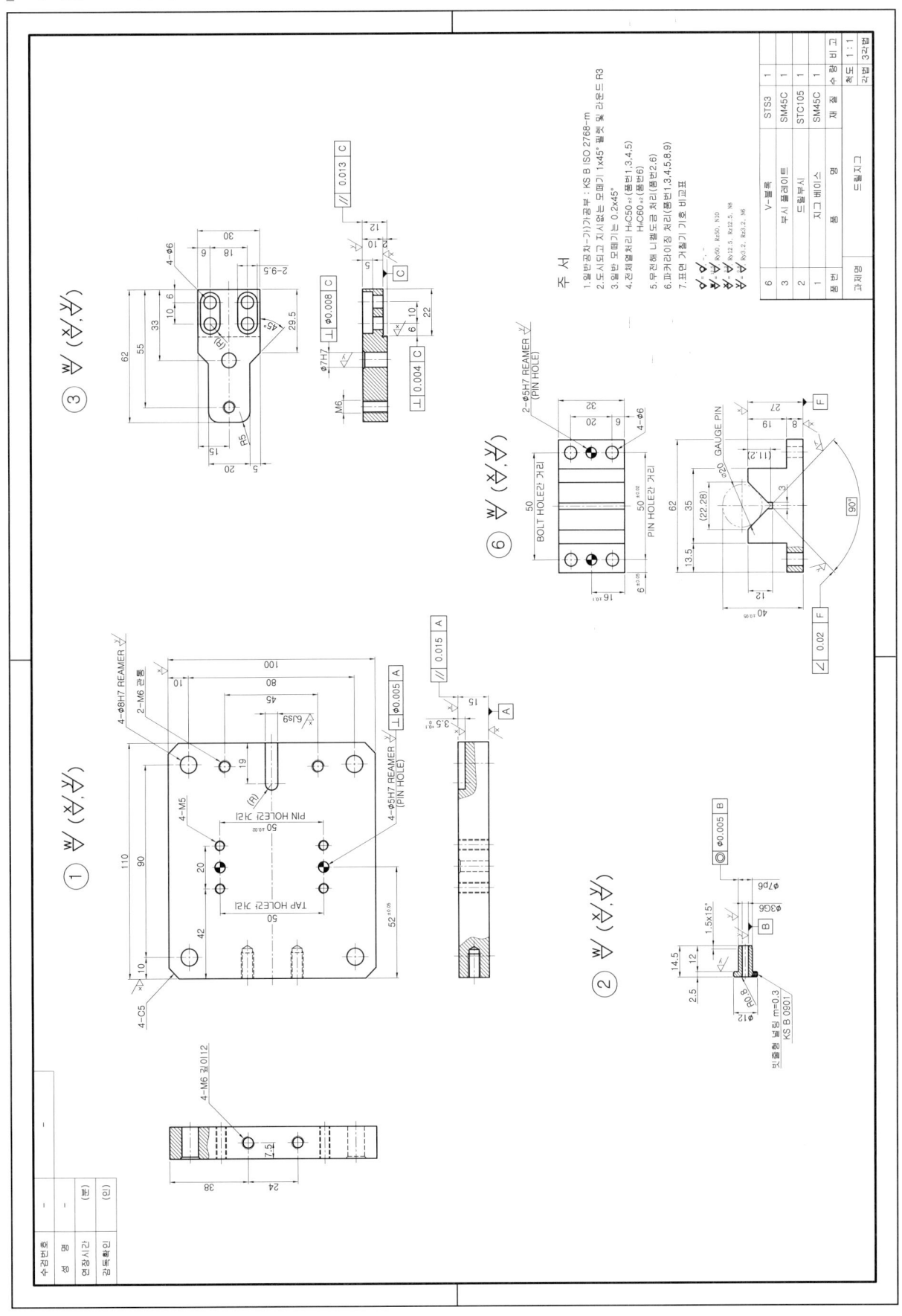

■ 과제명 : 드릴지그 3D 실기 제출 답안 예제

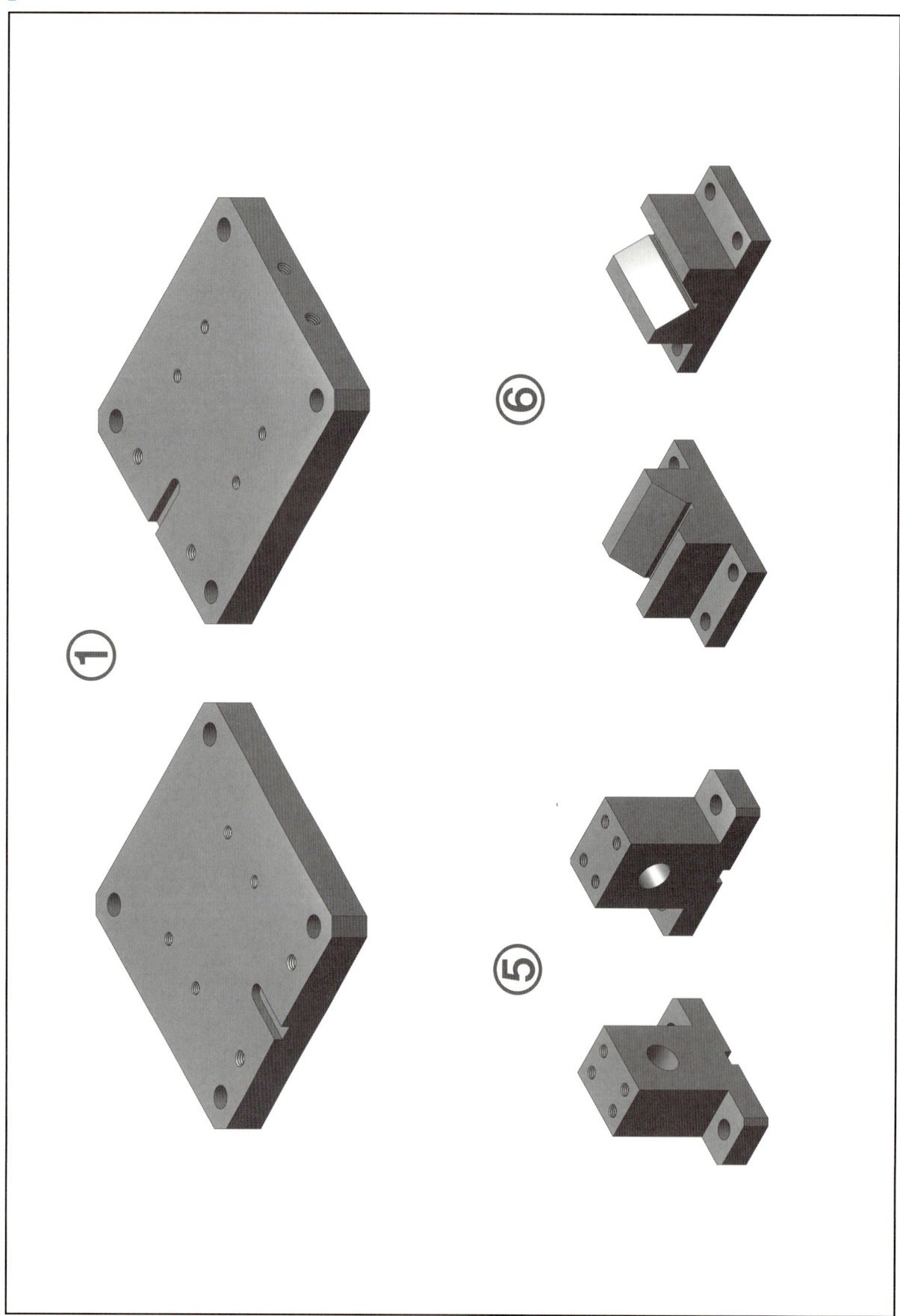

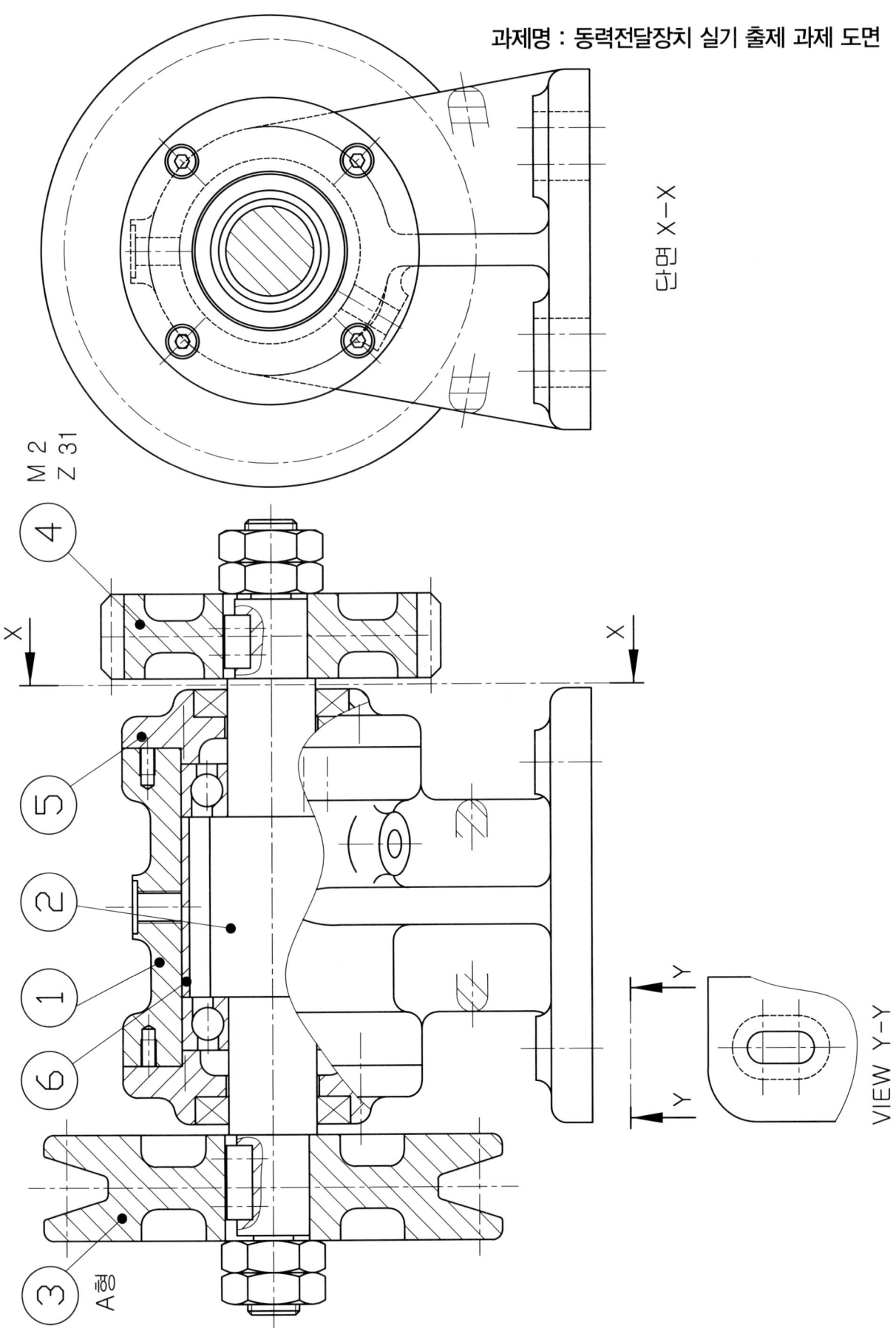

과제명 : 동력전달장치 2D 실기 제출 답안 예제

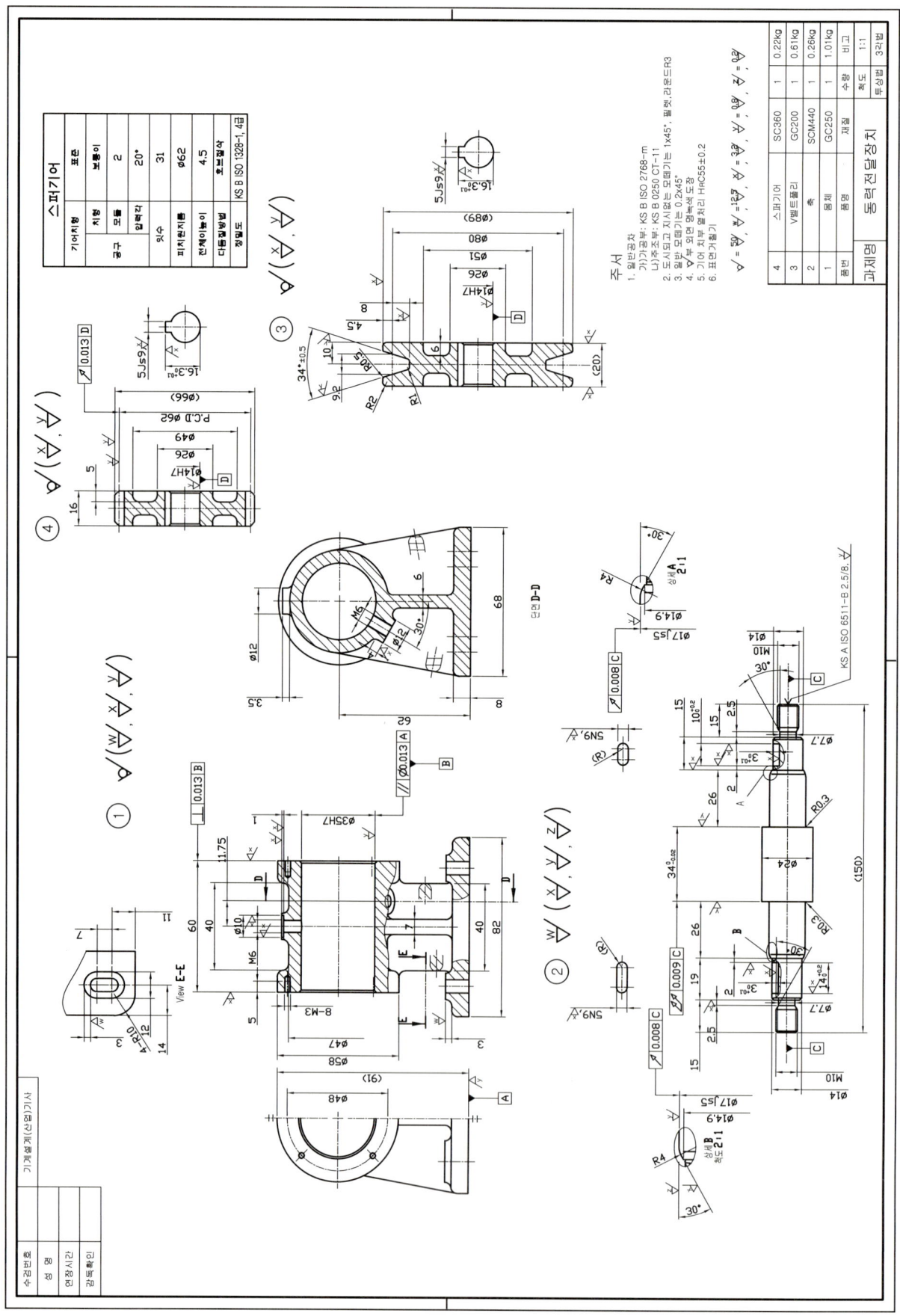

과제명 : 동력전달장치 3D 실기 제출 답안 예제

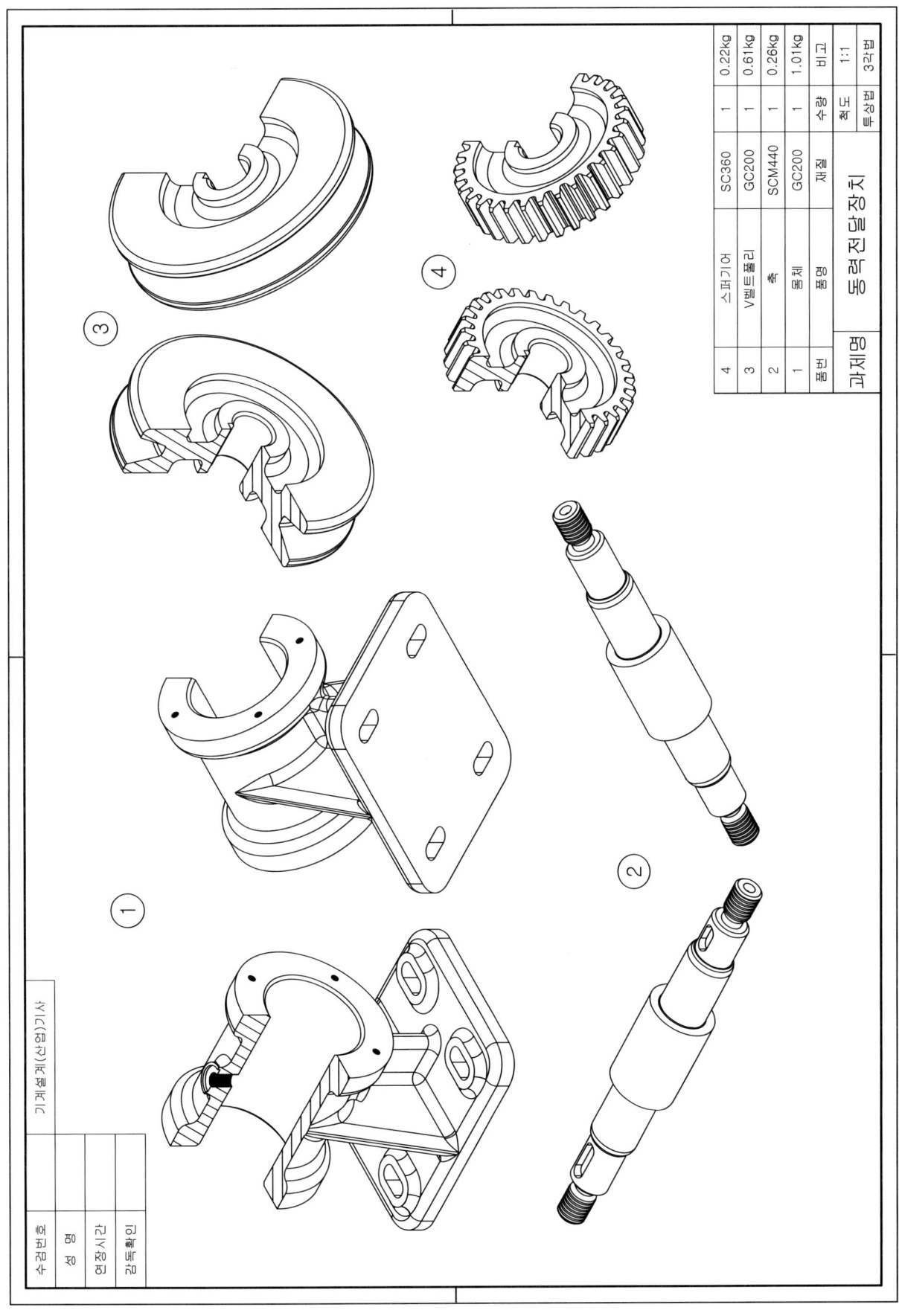

Example | 출제 예상 도면

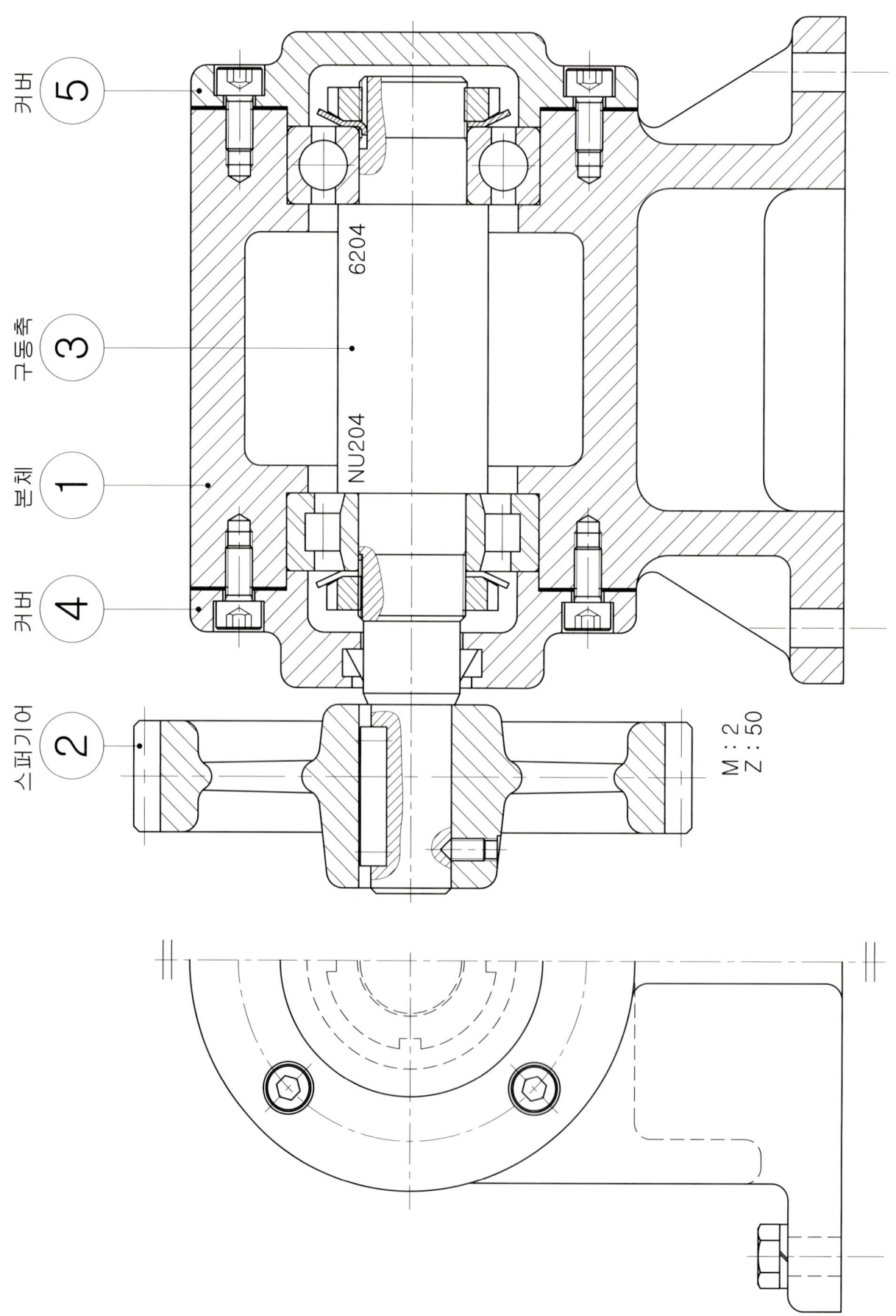

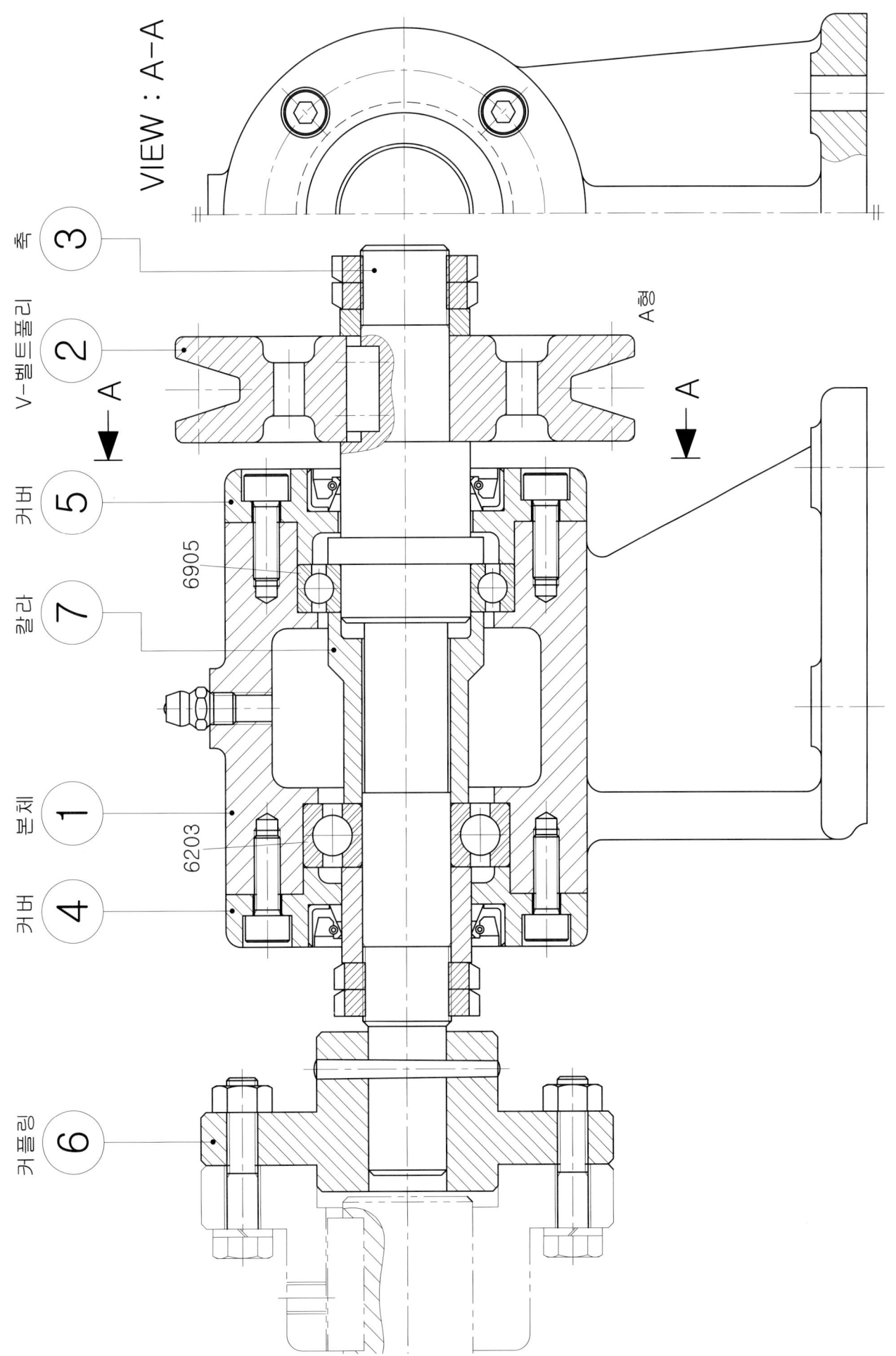

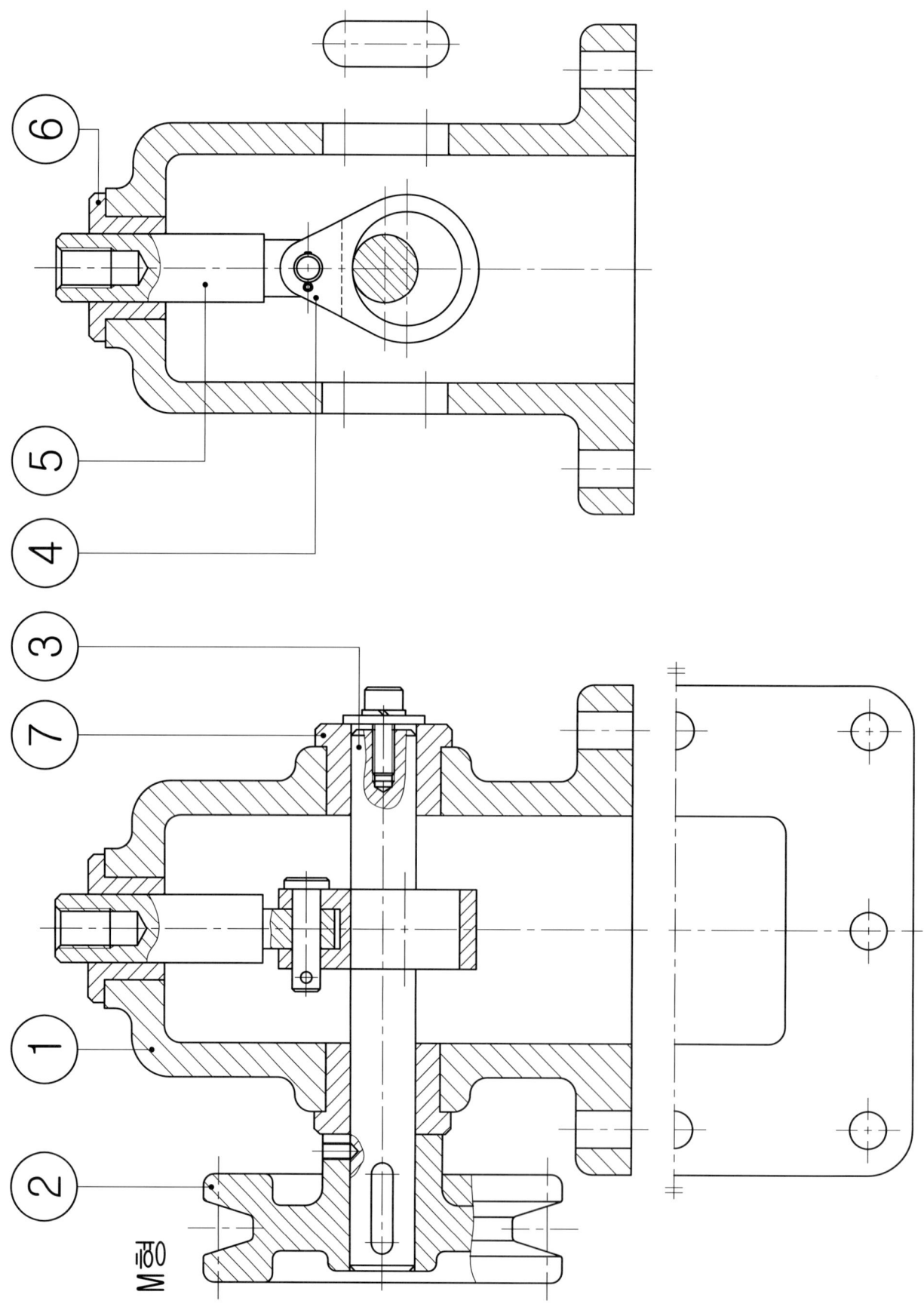

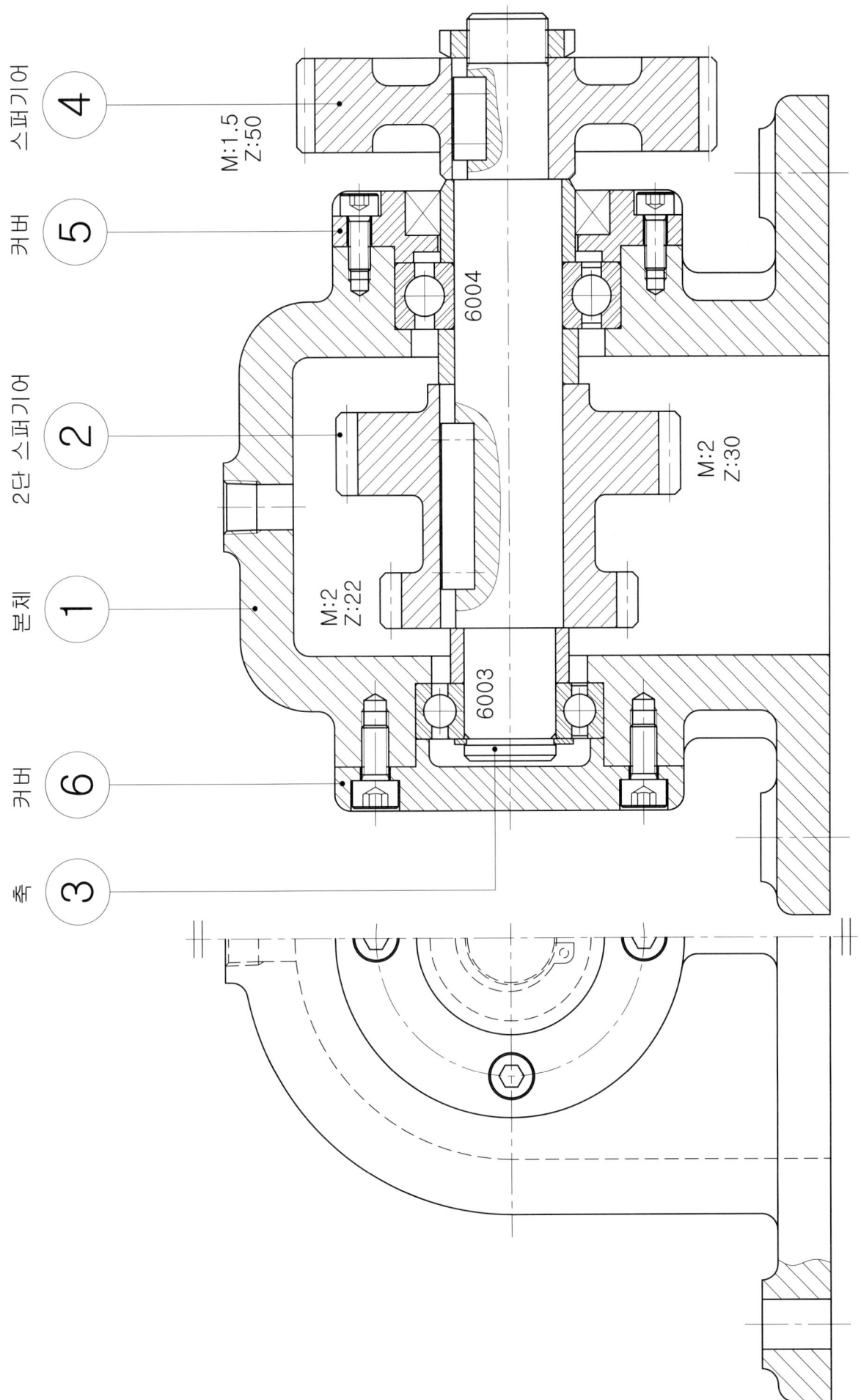

PART 02

실기수험용 오토캐드 환경 설정

Lesson1 LAYER

Lesson2 STYLE

Lesson3 DIM

Lesson4 PLOT

Lesson5 OSNAP

Lesson 1 | LAYER

① LAYER 또는 LA 명령을 입력하여 도면층 특성 관리자를 실행한다.

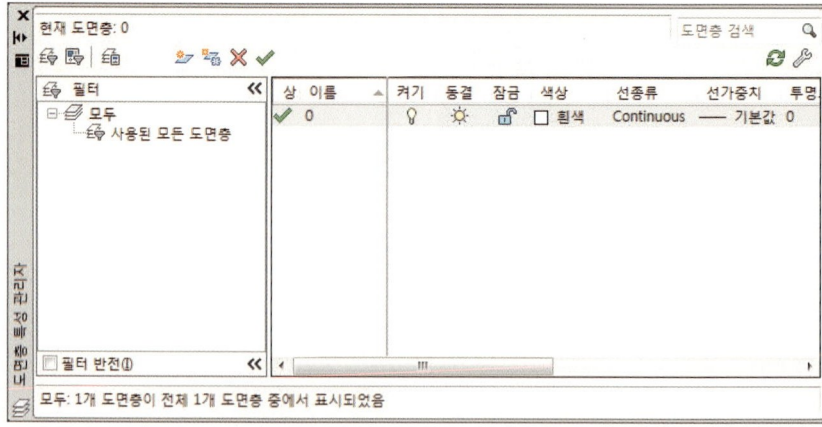

② 새 도면층 버튼을 클릭하여 도면층을 생성한다.

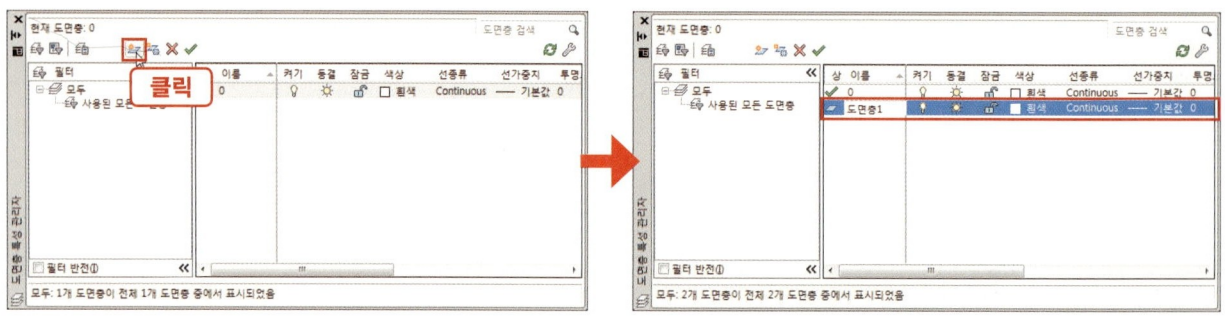

③ 도면층 이름을 외형선, 숨은선, 중심선, 가상선으로 지정한다.

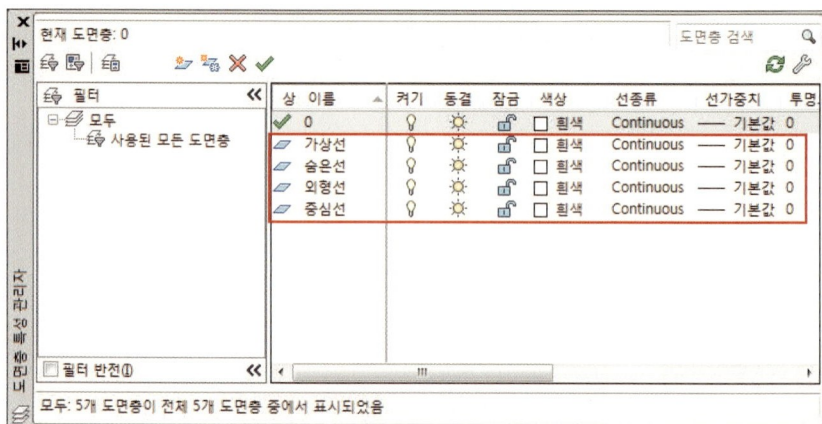

④ 각 도면층의 색상을 지정하기 위해 도면층의 색상을 마우스로 클릭한다.

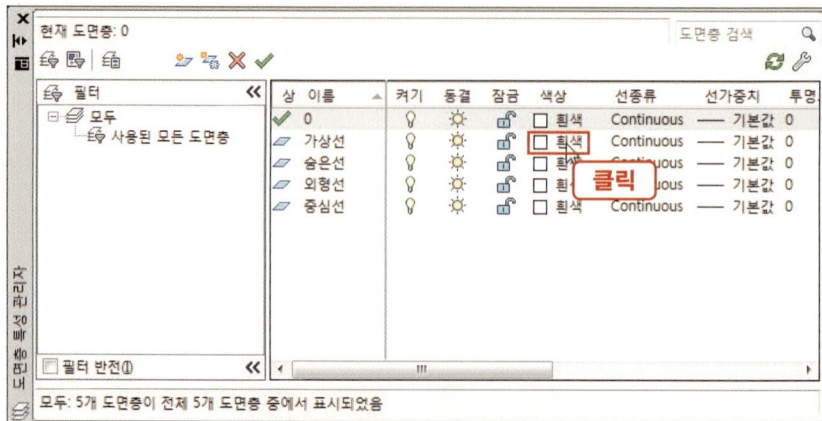

❺ 색상 선택 창이 나타나면 지정할 색상을 선택하고 확인을 클릭한다.

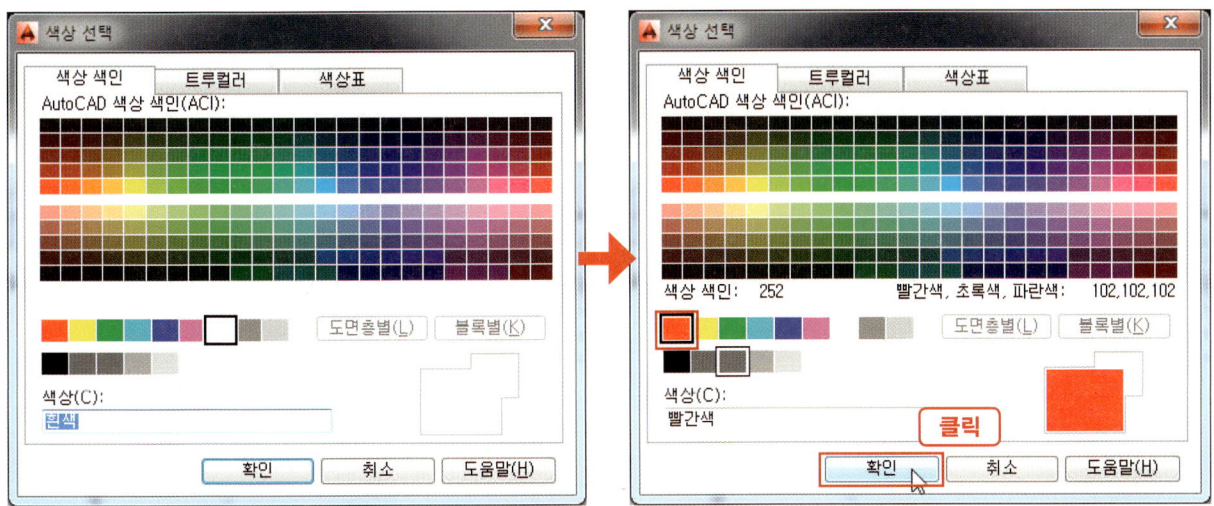

❻ 그림과 같이 각 도면층의 색상을 외형선-초록색, 숨은선-노란색, 중심선, 가상선-빨간색 으로 지정한다.

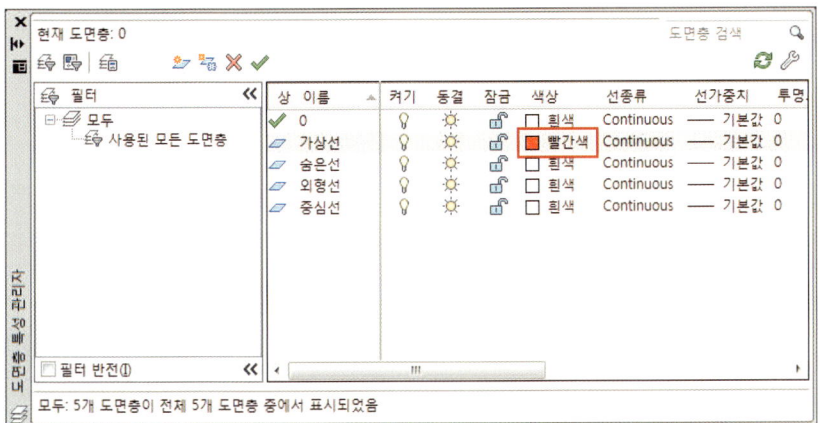

❼ 도면층(숨은선, 중심선, 가상선)의 선종류를 지정하기 위해 선종류를 마우스로 클릭한다.

❽ 선종류 선택 창이 뜨면 로드 버튼을 클릭한다.

❾ HIDDEN, CENTER2, PHANTOM2의 선종류를 선택하고 확인 버튼을 눌러 사용할 선 종류를 로드한다.

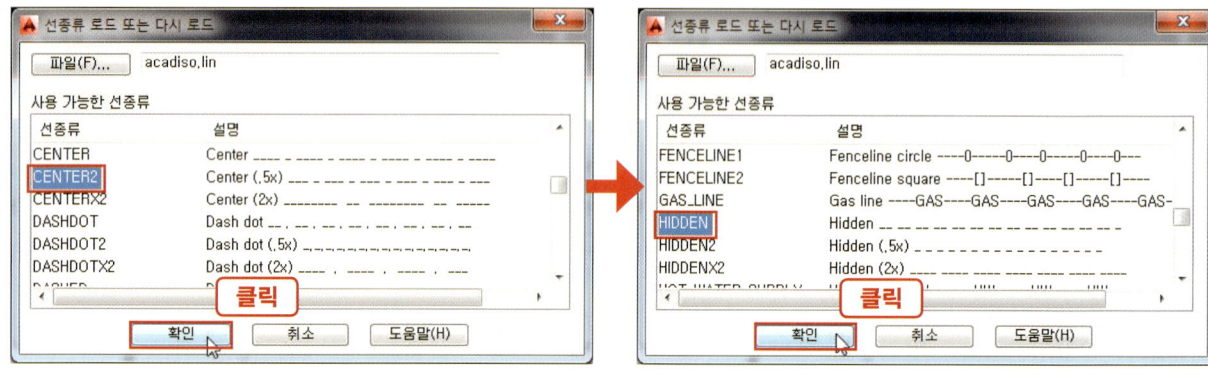

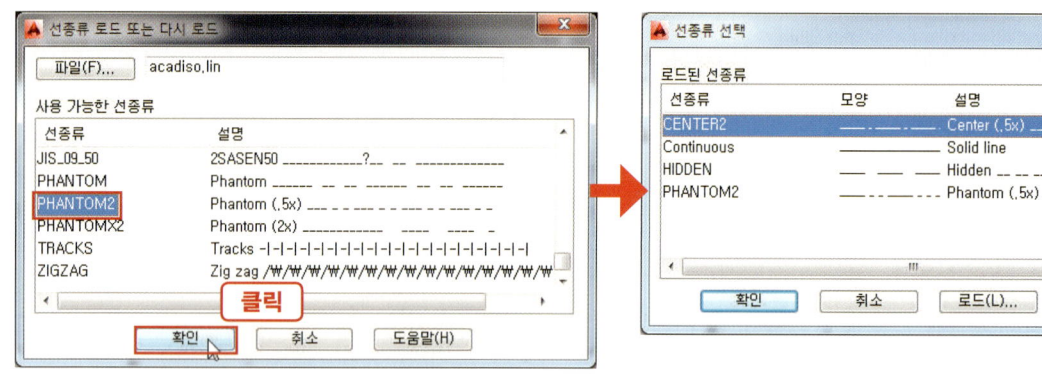

❿ 숨은선-HIDDEN, 중심선-CENTER2, 가상선-PHANTOM2를 선택하고 확인 버튼을 눌러 선 종류 지정을 완료한다.

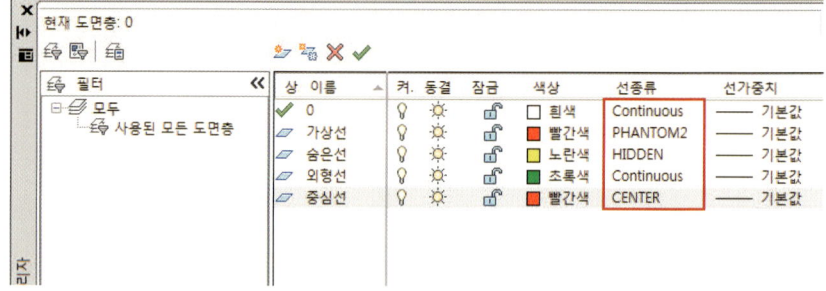

⓫ 외형선을 선택한 다음 현재로 설정 버튼을 눌러 도면층 설정을 완료한다.

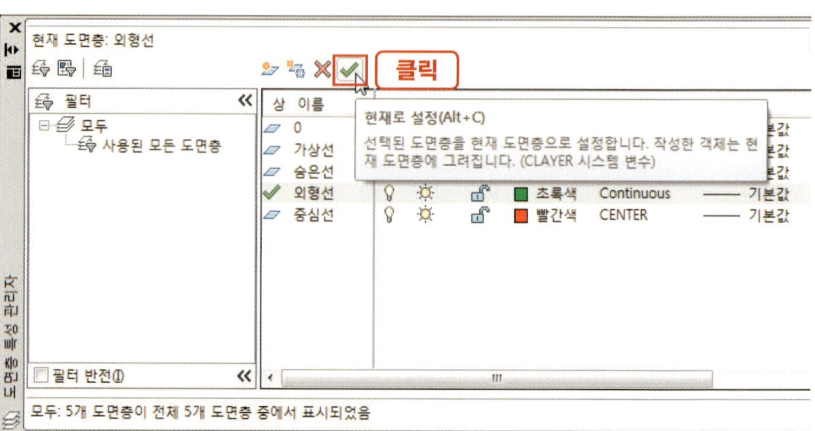

Lesson 2 | STYLE

① STYLE 또는 ST를 입력하여 문자 스타일을 실행한다.

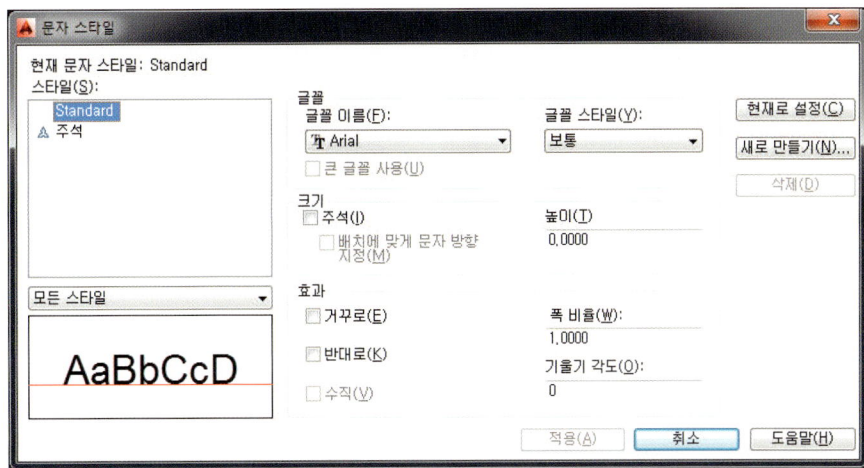

② 새로 만들기 버튼을 클릭한다.

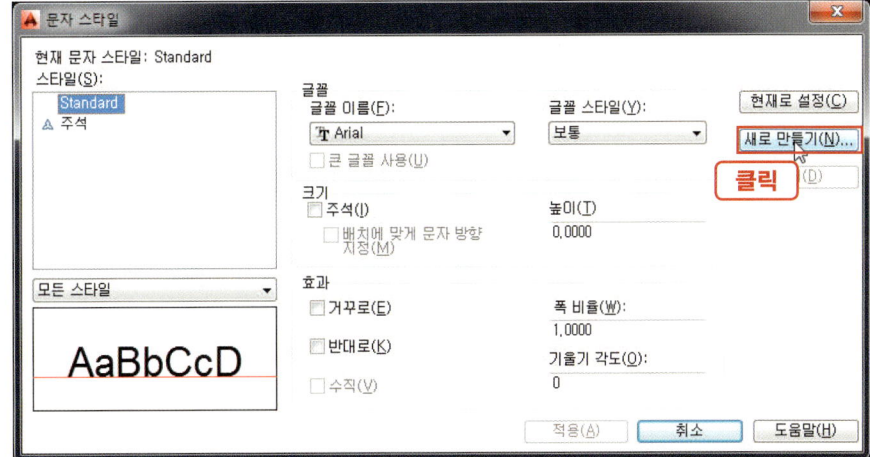

③ 스타일 이름을 굴림과 ISOCP로 하여 2가지 스타일을 생성한다.

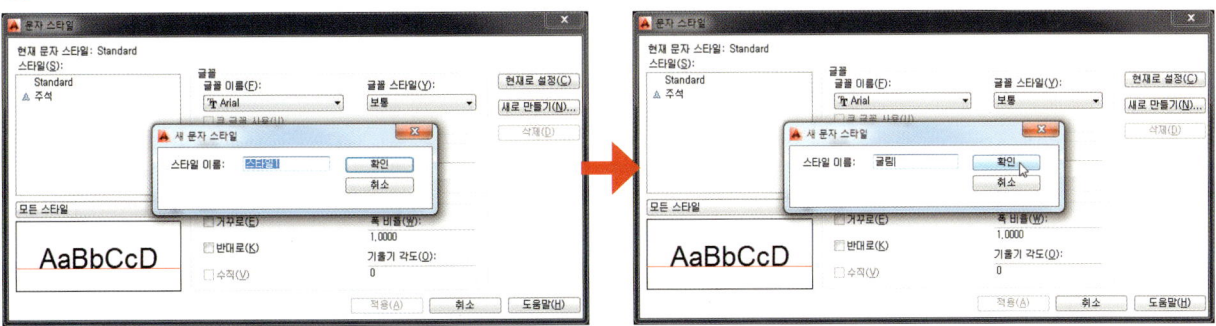

❹ 각 스타일에 글꼴을 지정하기 위해 먼저 굴림 스타일을 선택한다.

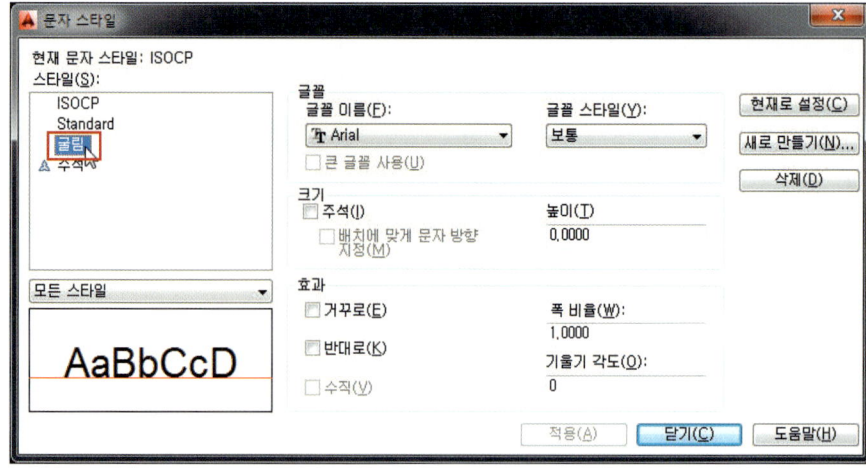

❺ 현재 글꼴을 클릭하여 굴림으로 선택 후 적용 버튼을 클릭한다.

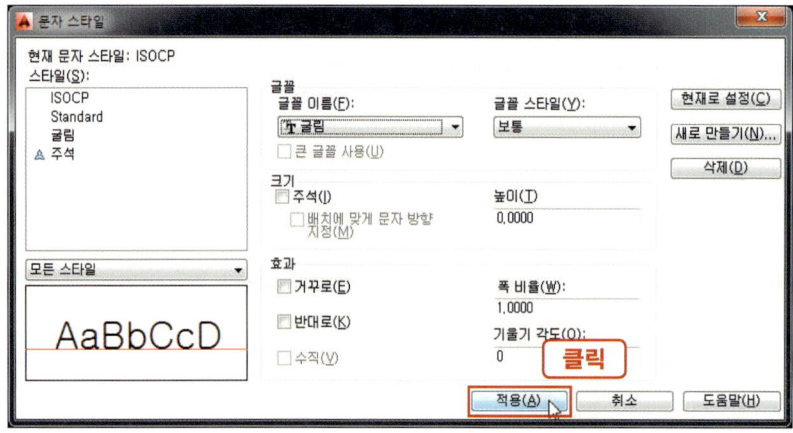

❻ 마찬가지로 글꼴을 지정하기 위해 ISOCP 스타일을 선택한다.

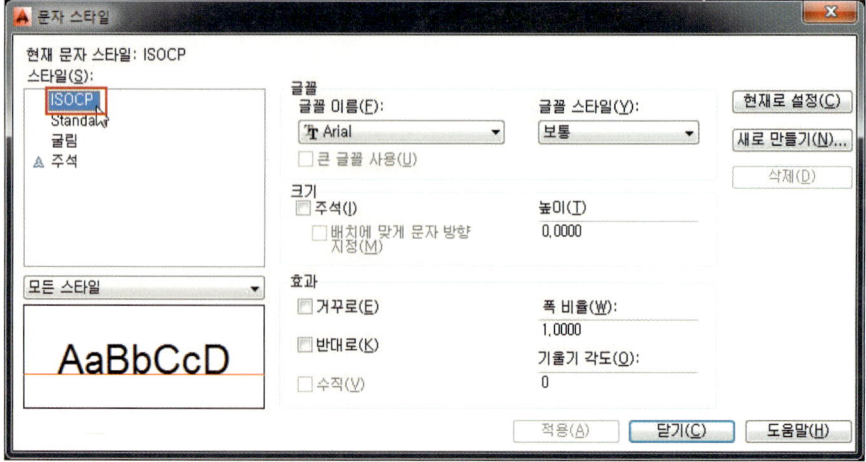

❼ 현재 글꼴을 클릭하여 isocp로 선택한다.

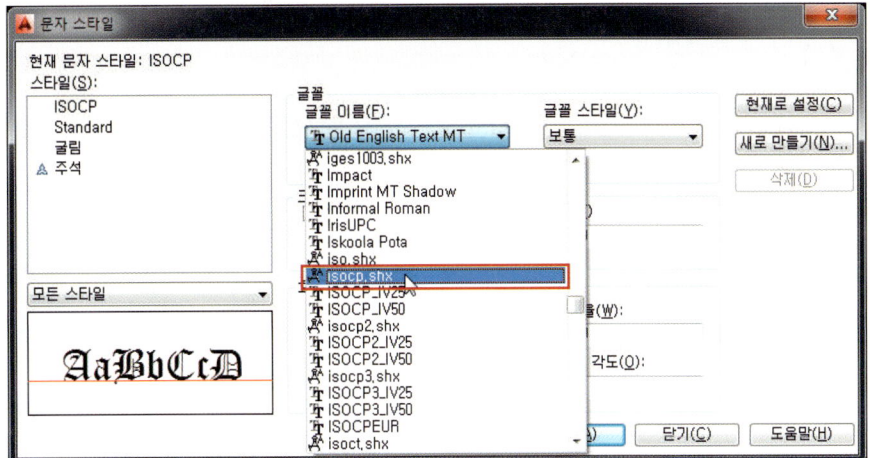

❽ isocp스타일로 한글을 작성하려면 큰 글꼴을 지정해야 하므로 큰 글꼴 사용을 체크한다.

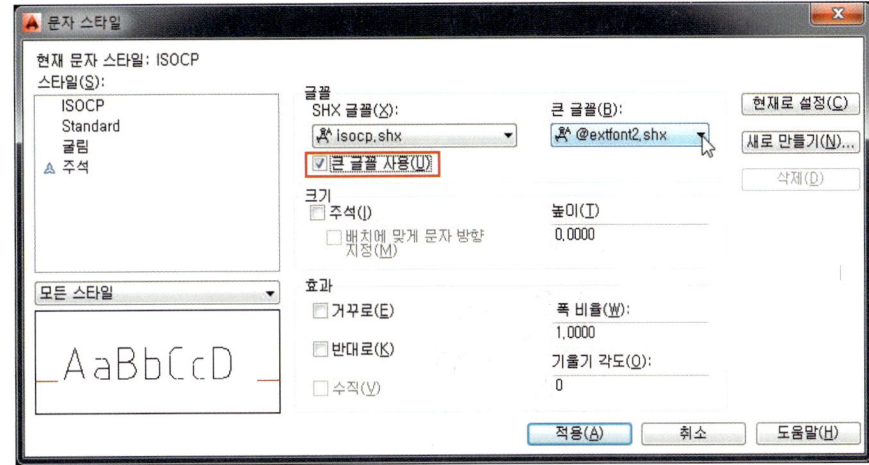

❾ 현재 글꼴을 클릭하여 굴림으로 선택 후 적용 버튼을 클릭한다.

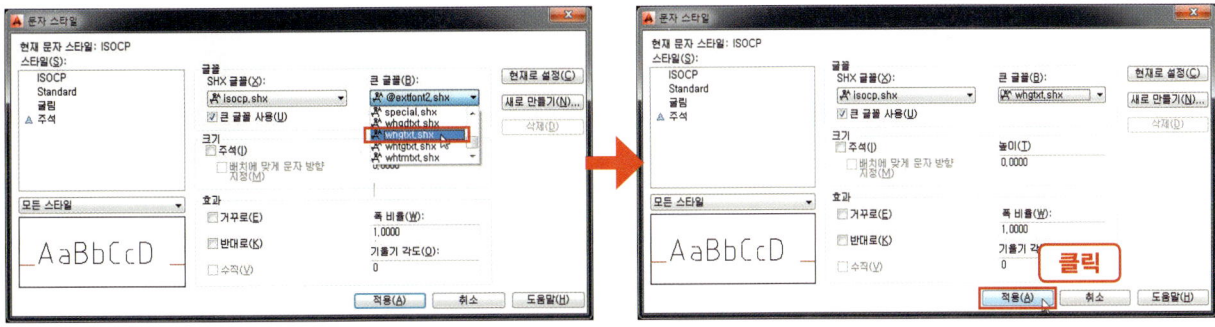

❿ ISOCP 스타일 상태로 현재로 설정한 다음 문자 스타일 설정을 완료한다.

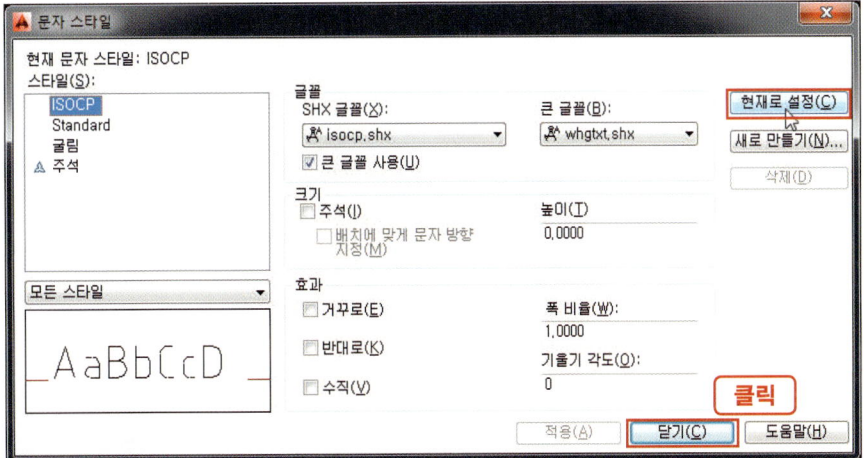

Lesson 3 | DIM

1 DIMSTYLE 또는 DDIM을 입력하여 치수 스타일 관리자를 실행한다.

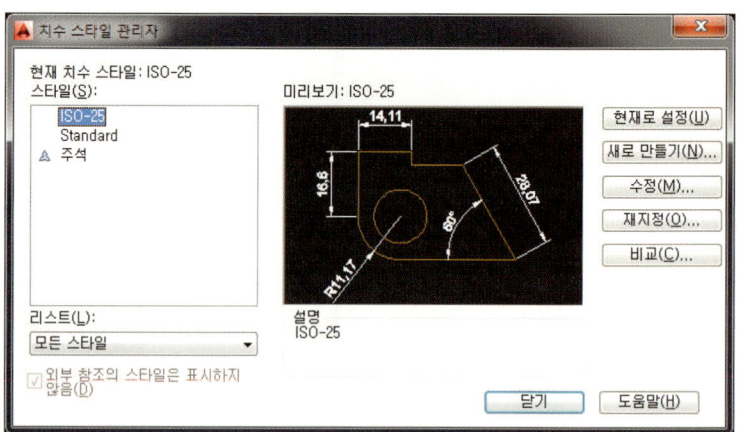

2 새로 만들기 버튼을 눌러 스타일 이름을 지정하고 계속 버튼을 클릭하면 치수 스타일 설정 창이 나타난다.

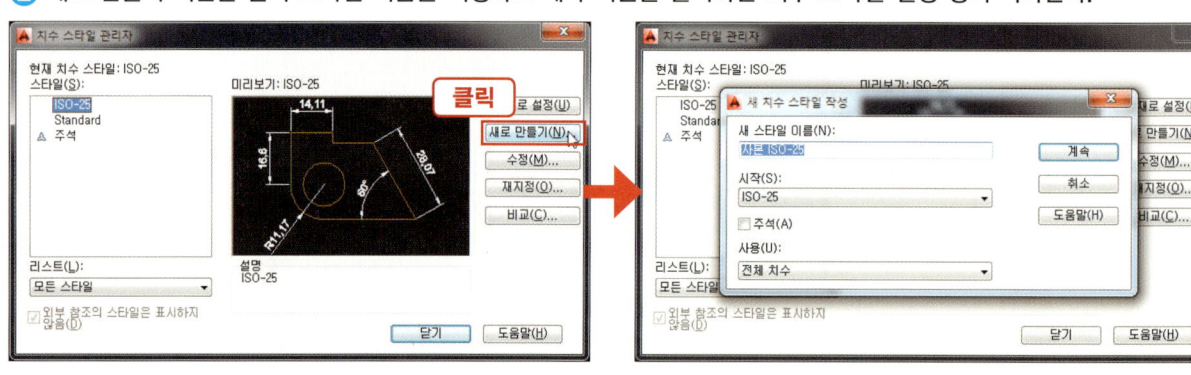

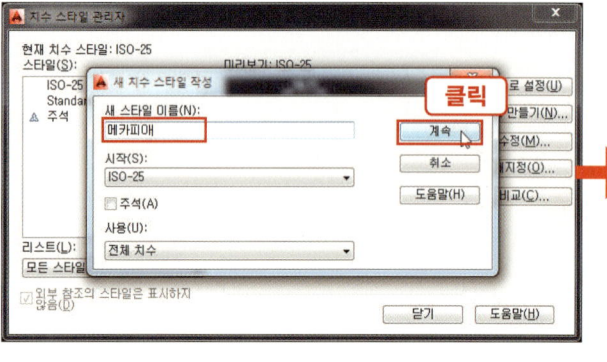
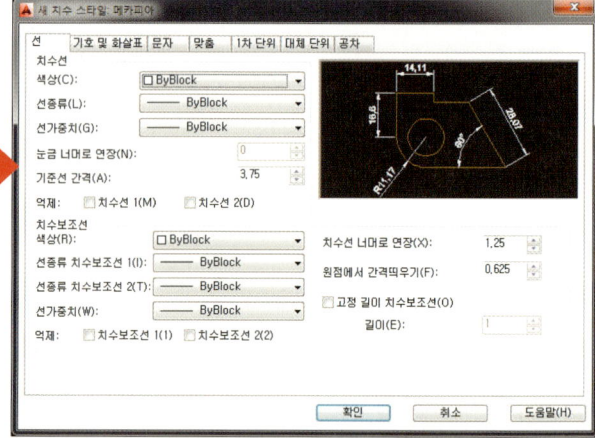

3 선 탭

① **치수선**

색상 : 빨간색
기준선 간격 : 8

② **치수보조선**

색상 : 빨간색
치수선 너머로 연장 : 2
원점에서 간격띄우기 : 1

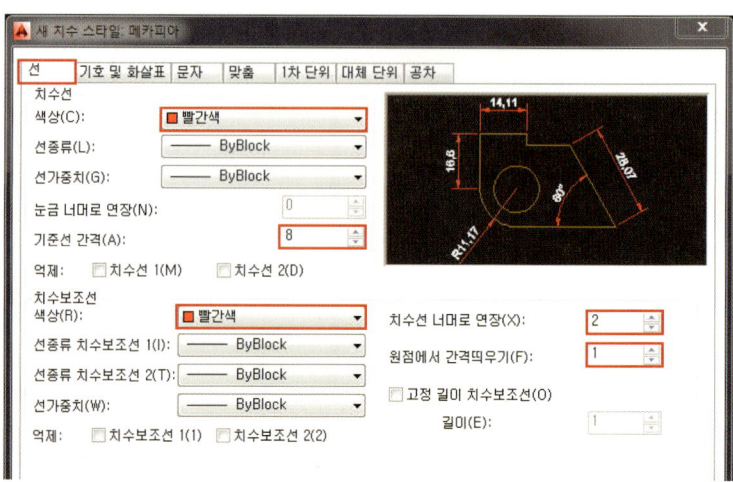

④ **기호 및 화살표 탭**

　① **화살촉**

　　화살표 크기 : 3

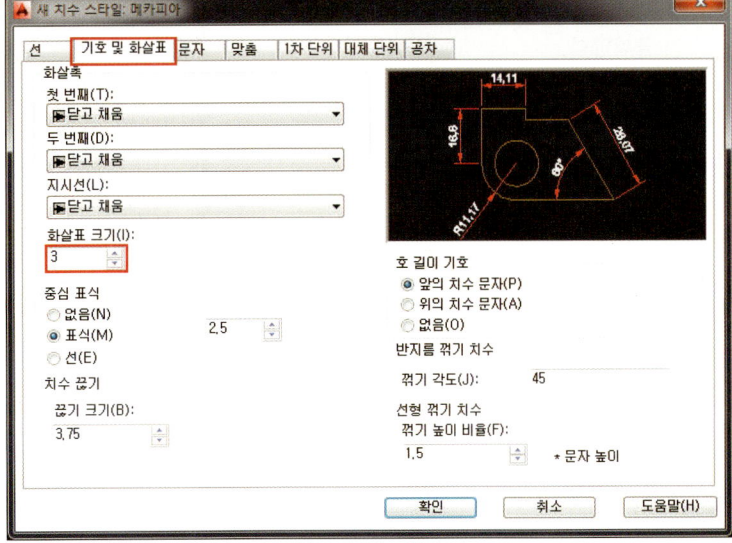

⑤ **문자 탭**

　① **문자 모양**

　　문자 스타일 : ISOCP
　　문자 색상 : 노란색
　　문자 높이 : 3.5

　② **문자 배치**

　　치수선에서 간격띄우기 : 1

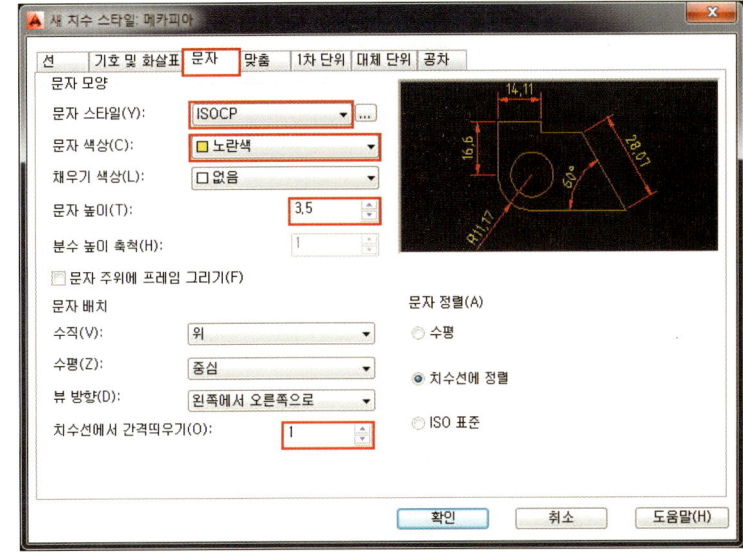

⑥ **맞춤 탭**

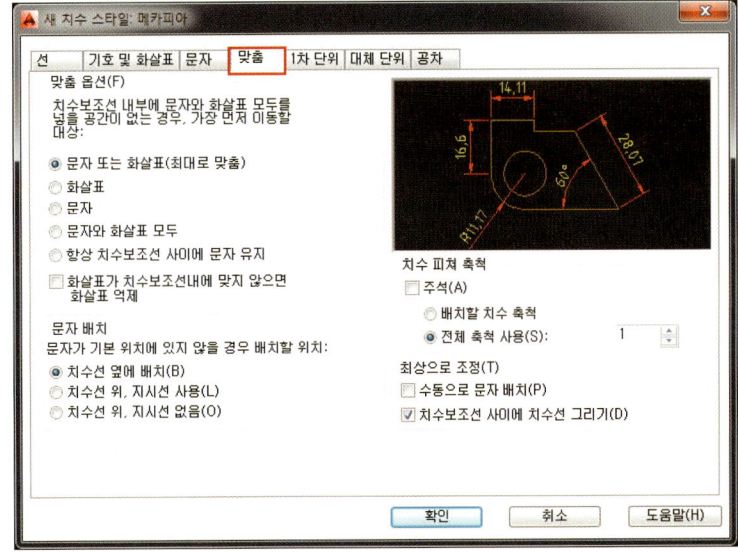

❼ **1차 단위 탭** – 설정 완료 후 확인 버튼을 클릭한다.

① **선형 치수**
    소수 구분 기호 : 마침표

② **각도 치수**
    0억제 : 후행

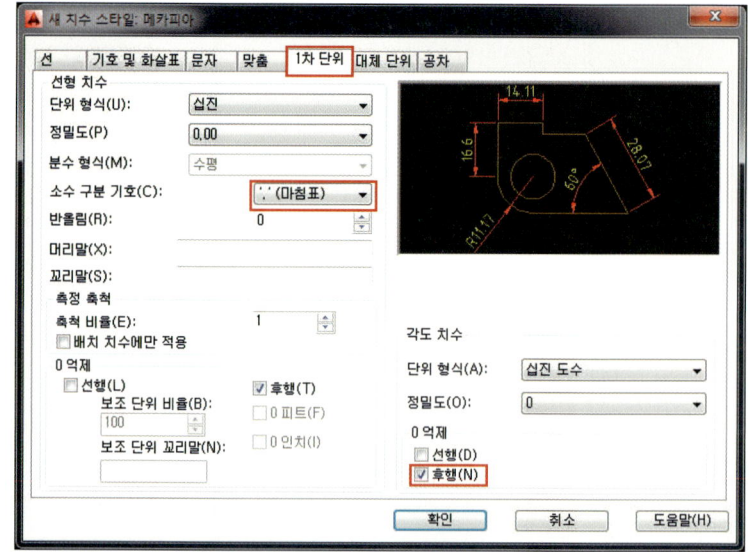

❽ 설정을 완료한 스타일을 선택하고 현재로 설정한 다음 스타일 설정을 완료한다.

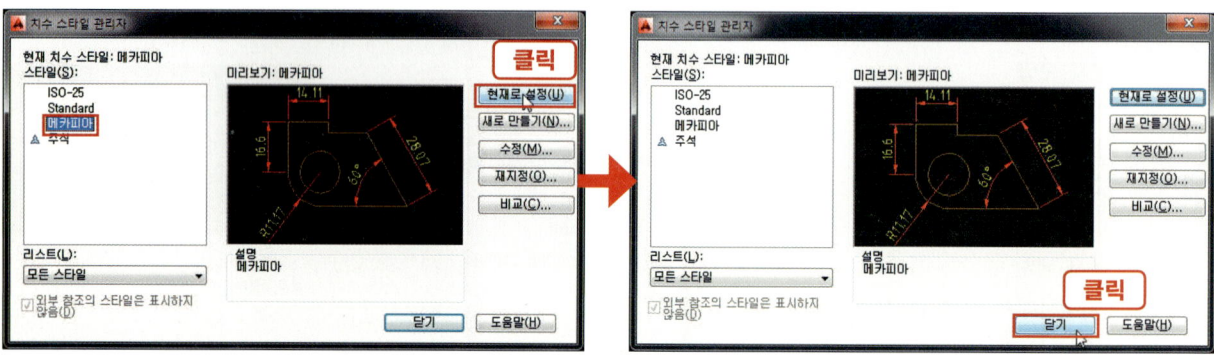

Lesson 4 PLOT

❶ PLOT 명령을 클릭하면 다음과 같이 PLOT 창이 표시된다.

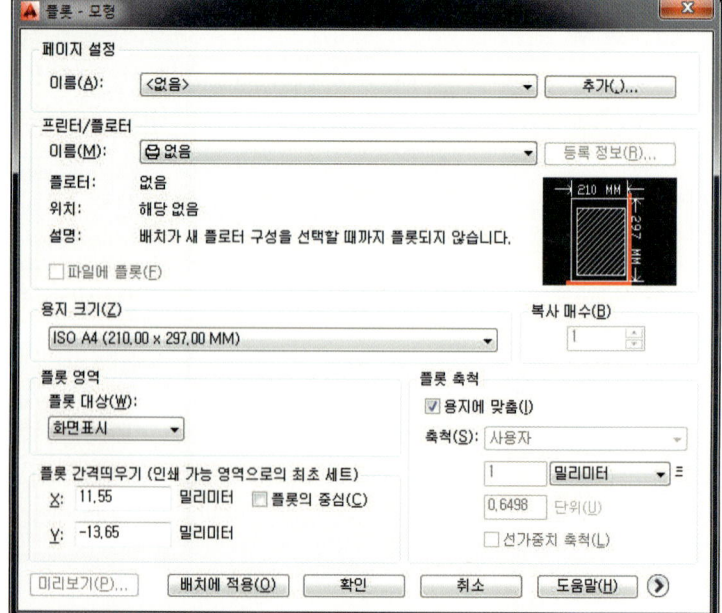

❷ 많은 옵션 버튼을 눌러 플롯 창을 확장한다.

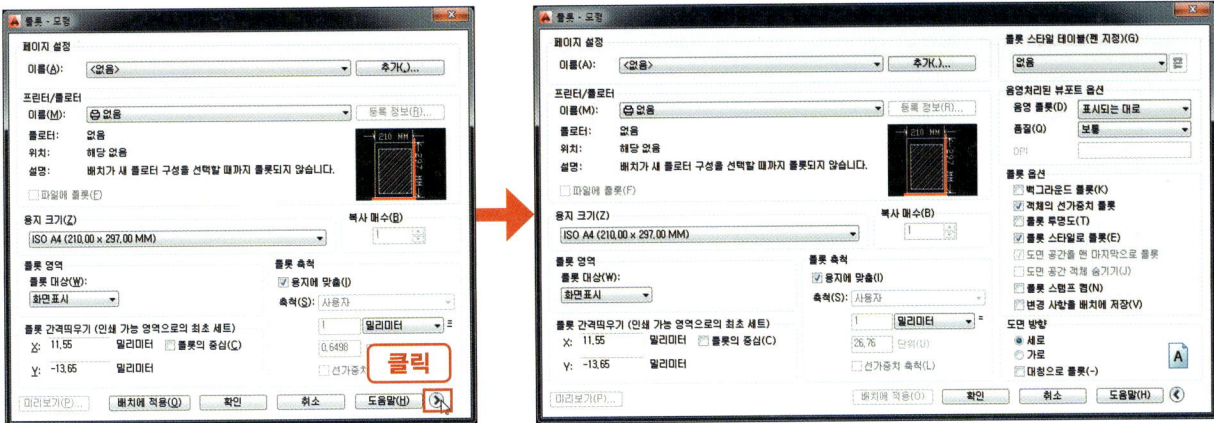

❸ 플롯 스타일 테이블을 선택하여 acad.ctb를 선택한다.

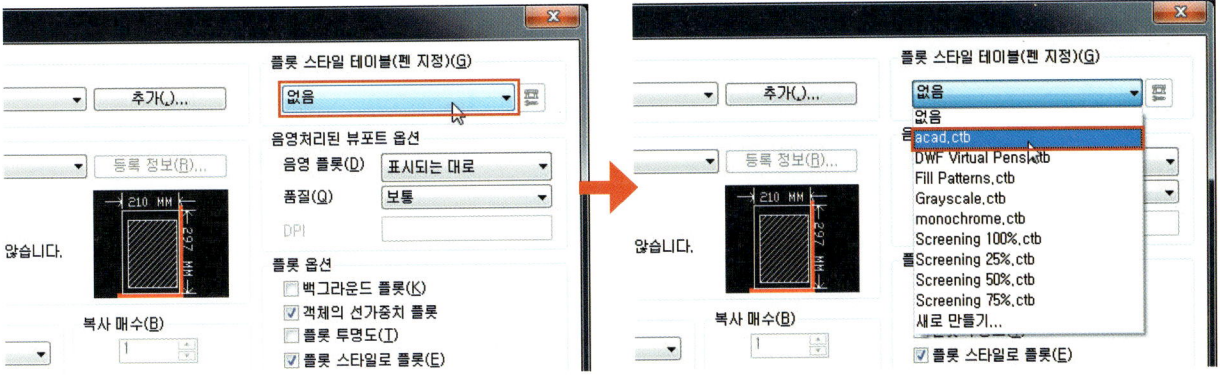

❹ 편집 버튼을 클릭한다.

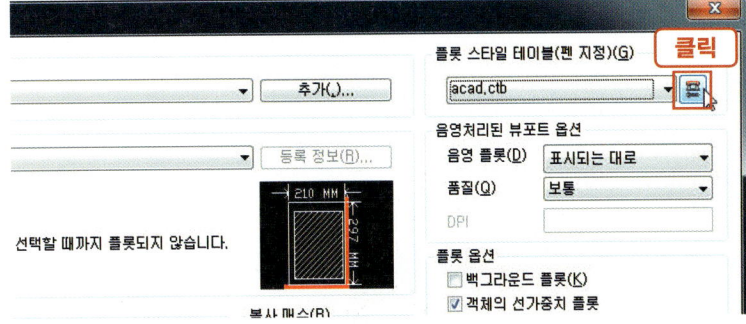

❺ 플롯 스타일 테이블 편집기 창이 표시된다.

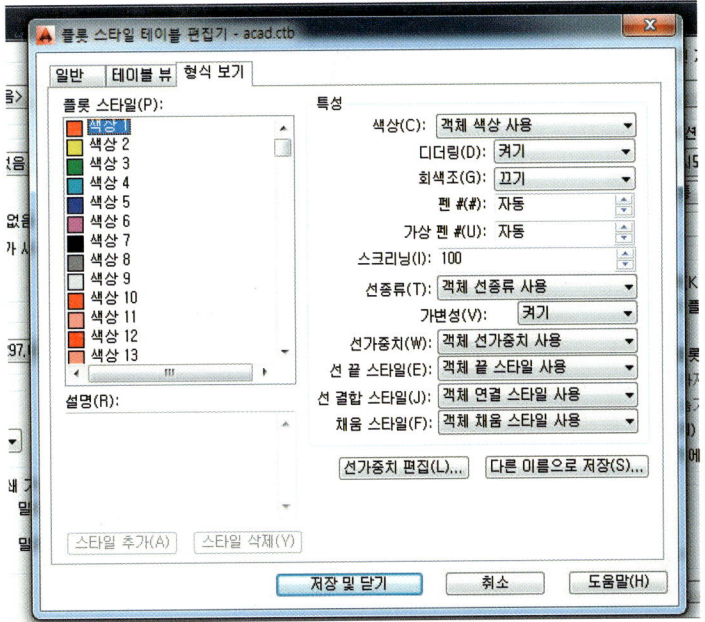

❻ 도면에서 사용할 색상인 **빨간색(색상1), 노란색(색상2), 초록색(색상3), 흰색(색상7)**을 선택한다음 색상을 검은색으로 지정한다.

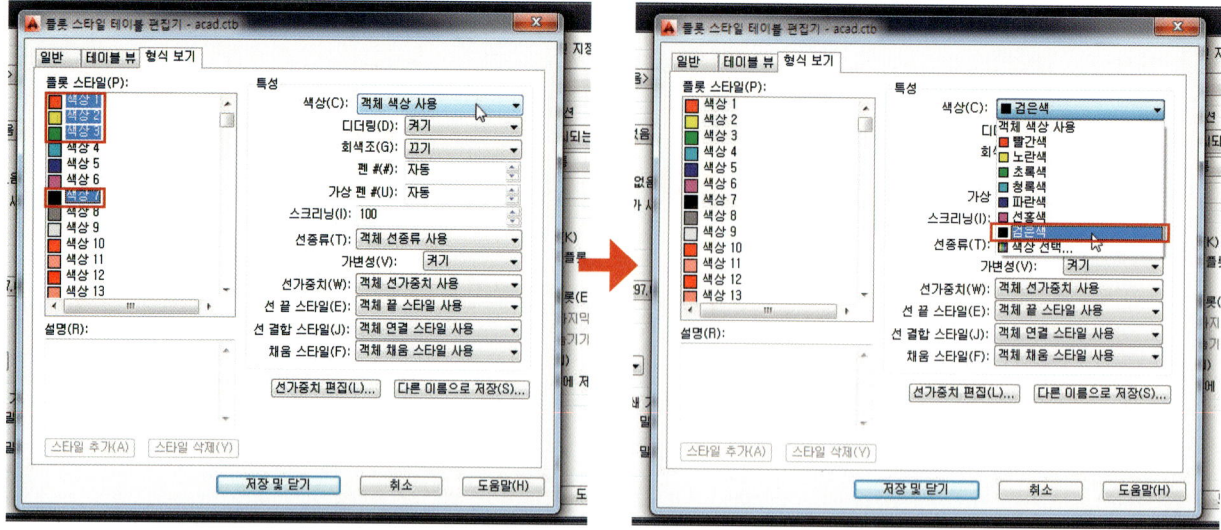

❼ 각 색상별 선 가중치를 지정하기 위해 먼저 빨간색을 선택한다음 선가중치 지정 버튼을 클릭하여 0.18mm로 지정한다.

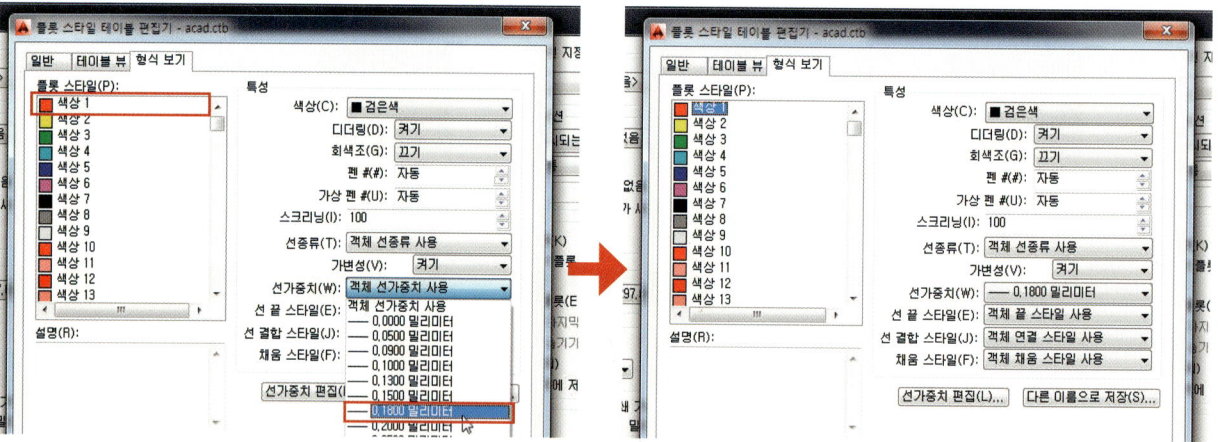

❽ 동일한 방법으로 노란색, 초록색, 흰색을 선택하여 각 선 가중치를 지정한 다음, 저장 및 닫기 버튼을 클릭한다.

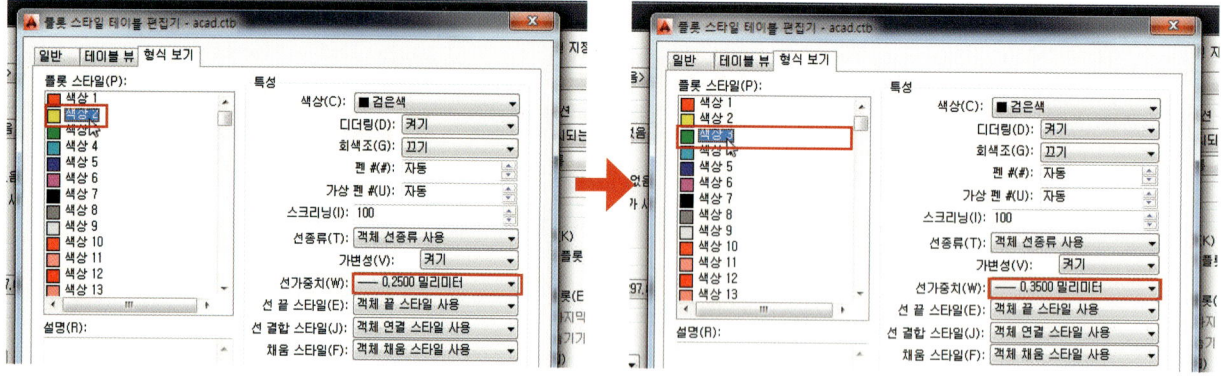

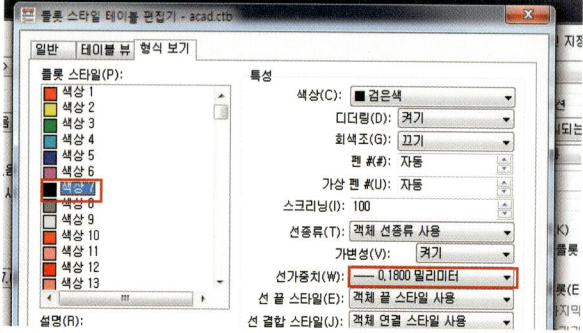

❾ 도면을 플롯하기 위해 프린터, 용지크기등 출력에 필요한 설정을 한 다음 확인 버튼을 눌러 출력한다.

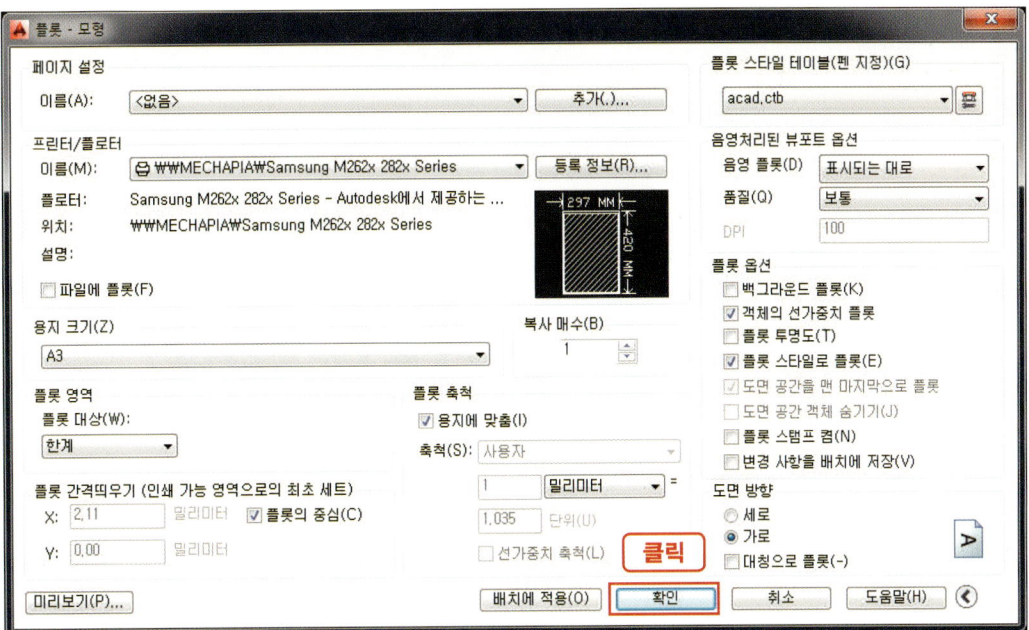

Lesson 5   OSNAP

❶ OSNAP 또는 OS를 입력하여 제도 설정 명령을 실행한다.

객체를 작도하는데 필요한 스냅인 끝점, 중간점, 중심, 사분점, 교차점, 직교를 체크한 다음 확인 버튼을 눌러 설정을 완료한다.

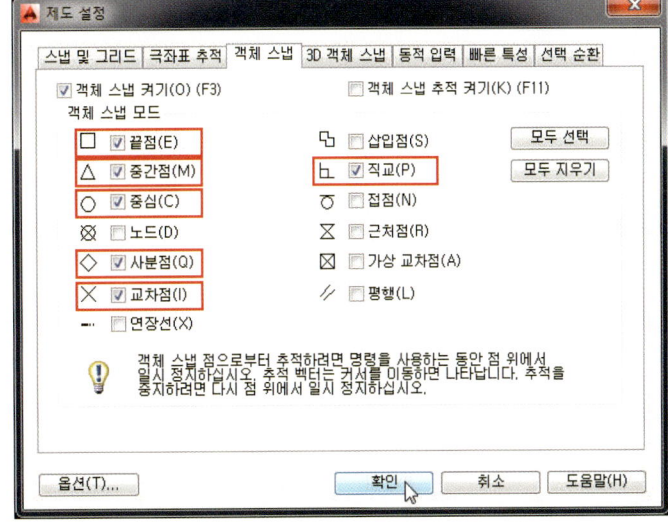

PART 03

작업형 실기 대비 예제 도면의 분석과 해독(2D&3D)

Lesson1 동력전달장치

Lesson2 축 받침 장치

Lesson3 평벨트 전동장치

Lesson4 피벗베어링하우징

Lesson5 편심왕복장치

Lesson6 래크와 피니언 구동장치

Lesson7 기어박스

Lesson8 V-벨트전동장치

Lesson9 기어펌프

Lesson10 오일기어펌프

Lesson11 증 감속 장치

Lesson12 드릴지그

Lesson13 2지형 레버 에어척

Lesson 1 | 동력전달장치

실기 과제도면

동력전달장치-1

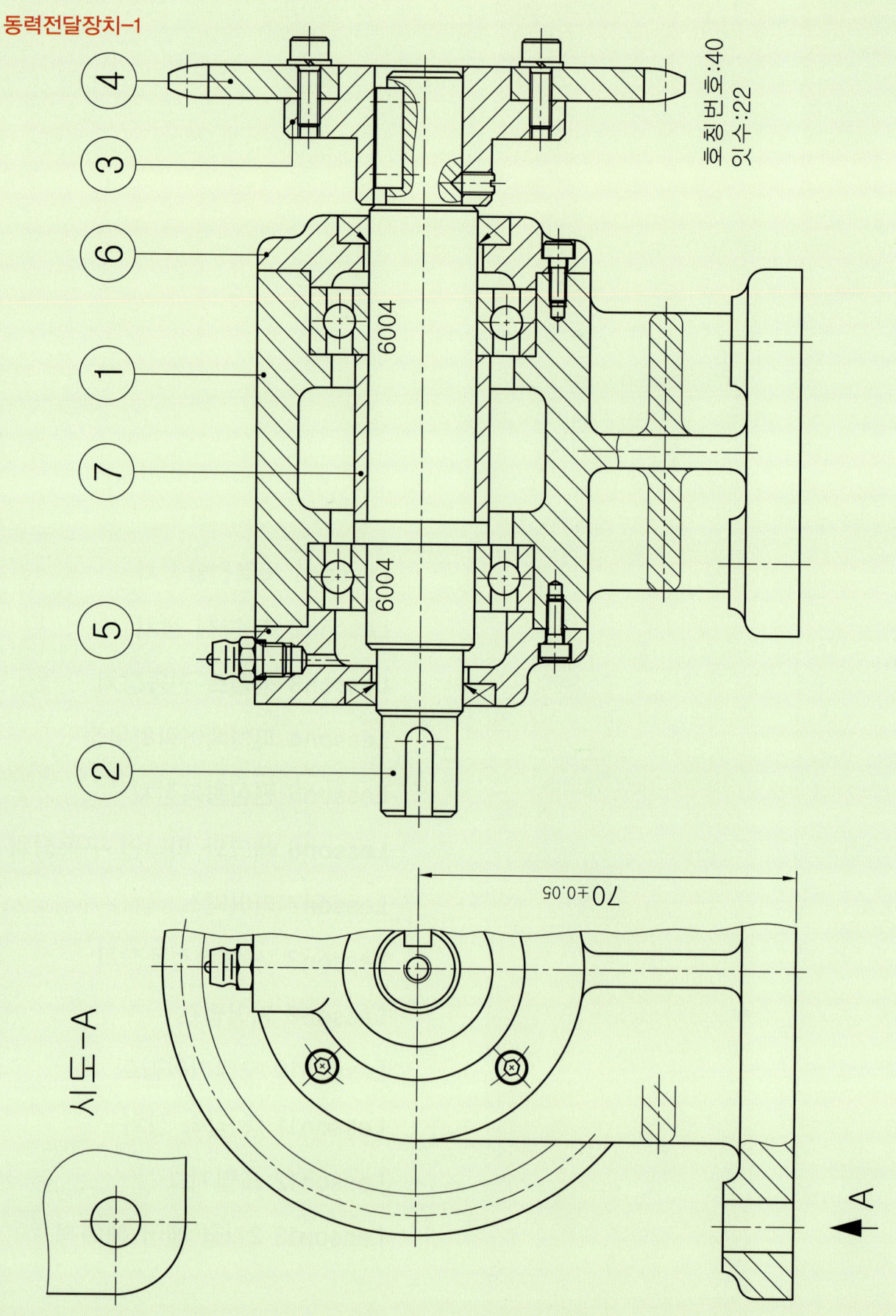

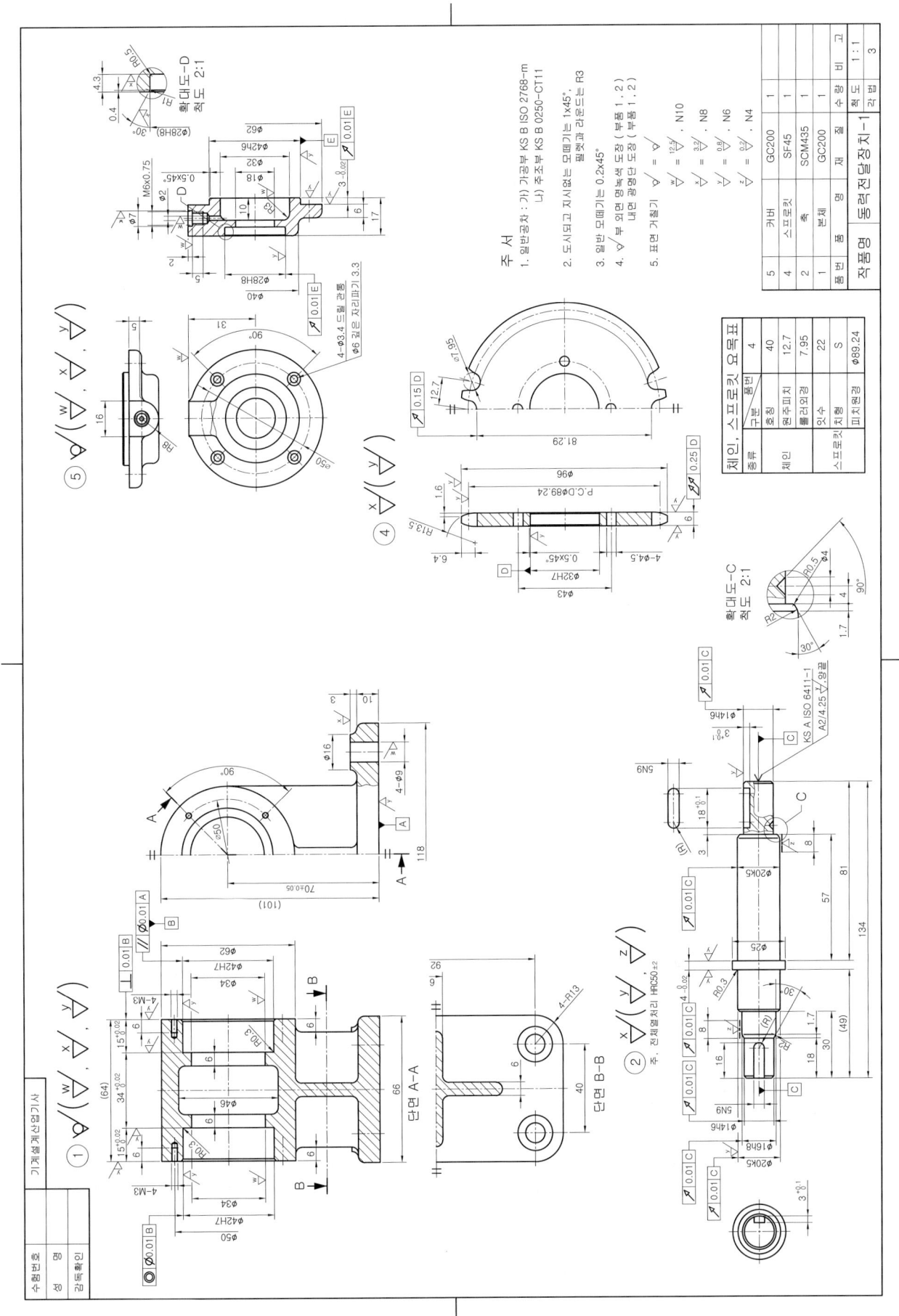

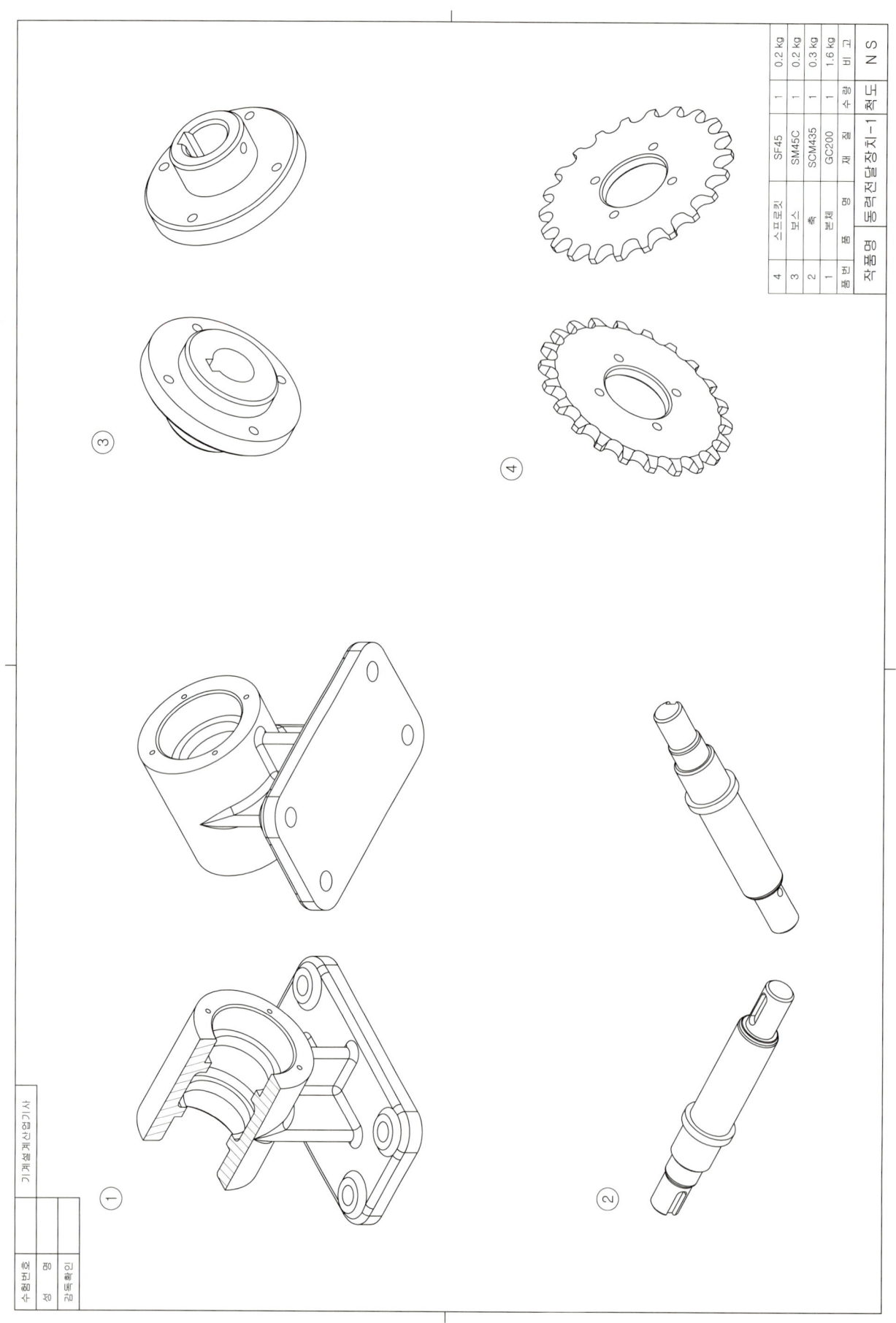

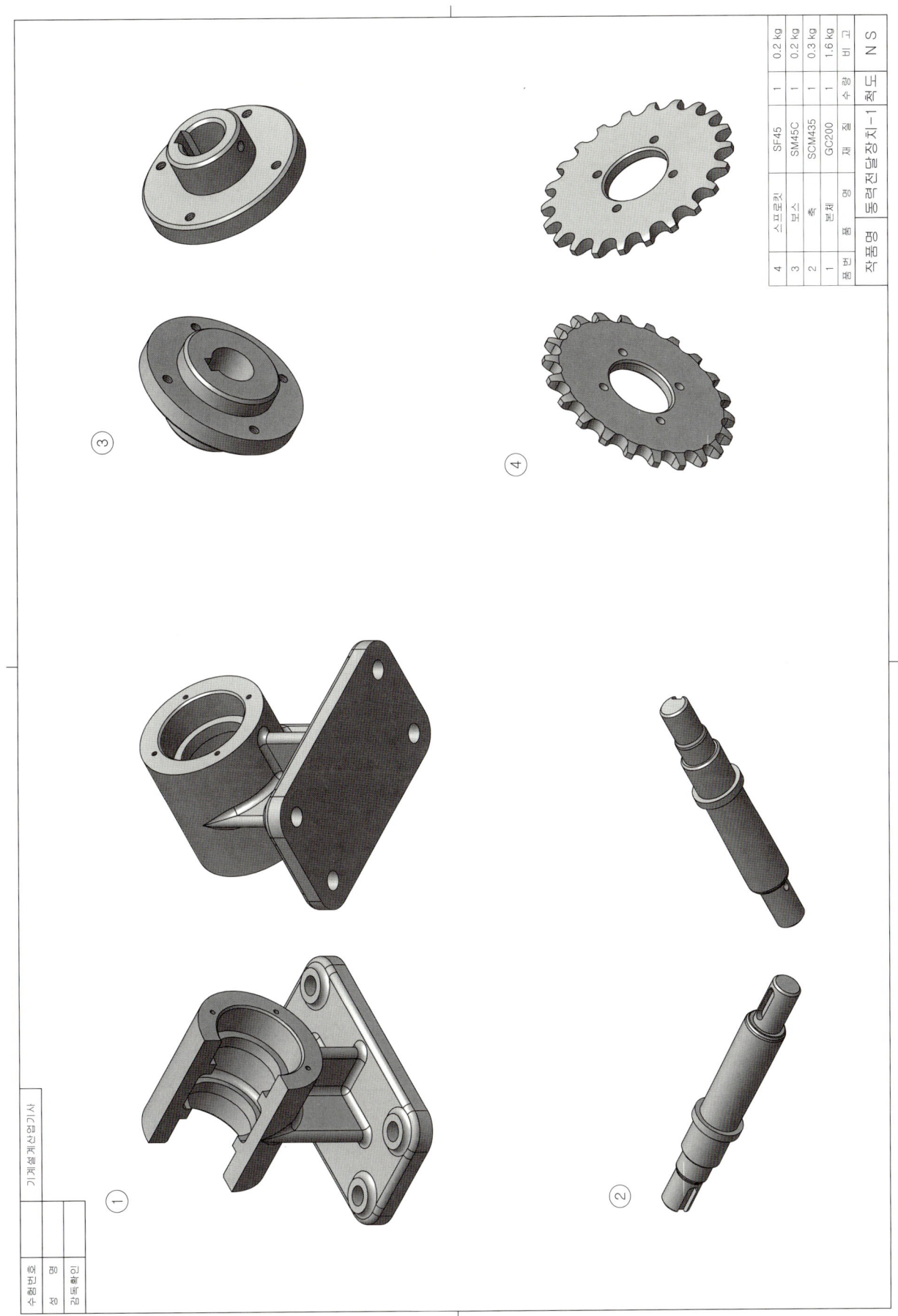

동력전달장치-1

3D 모델링

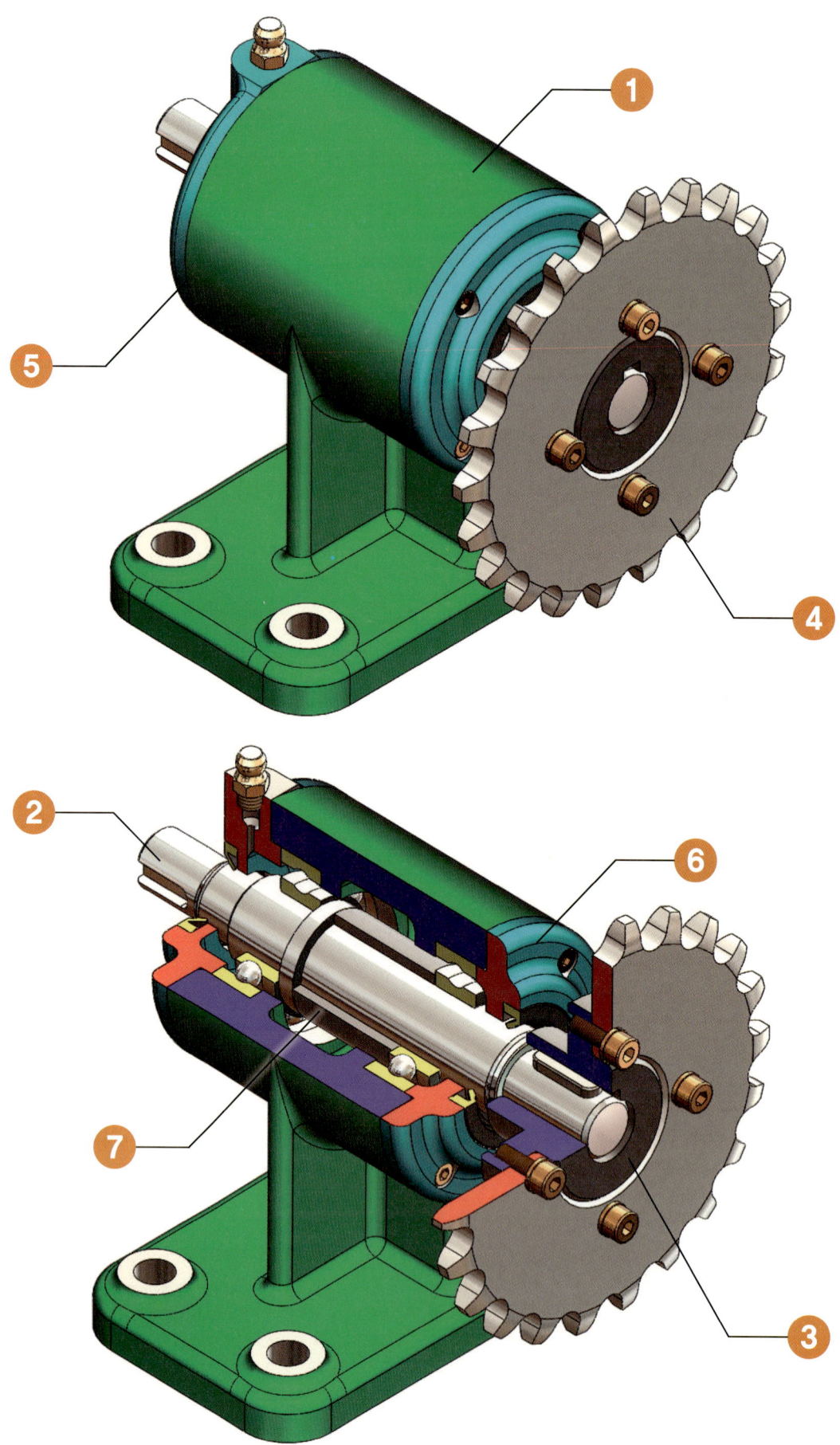

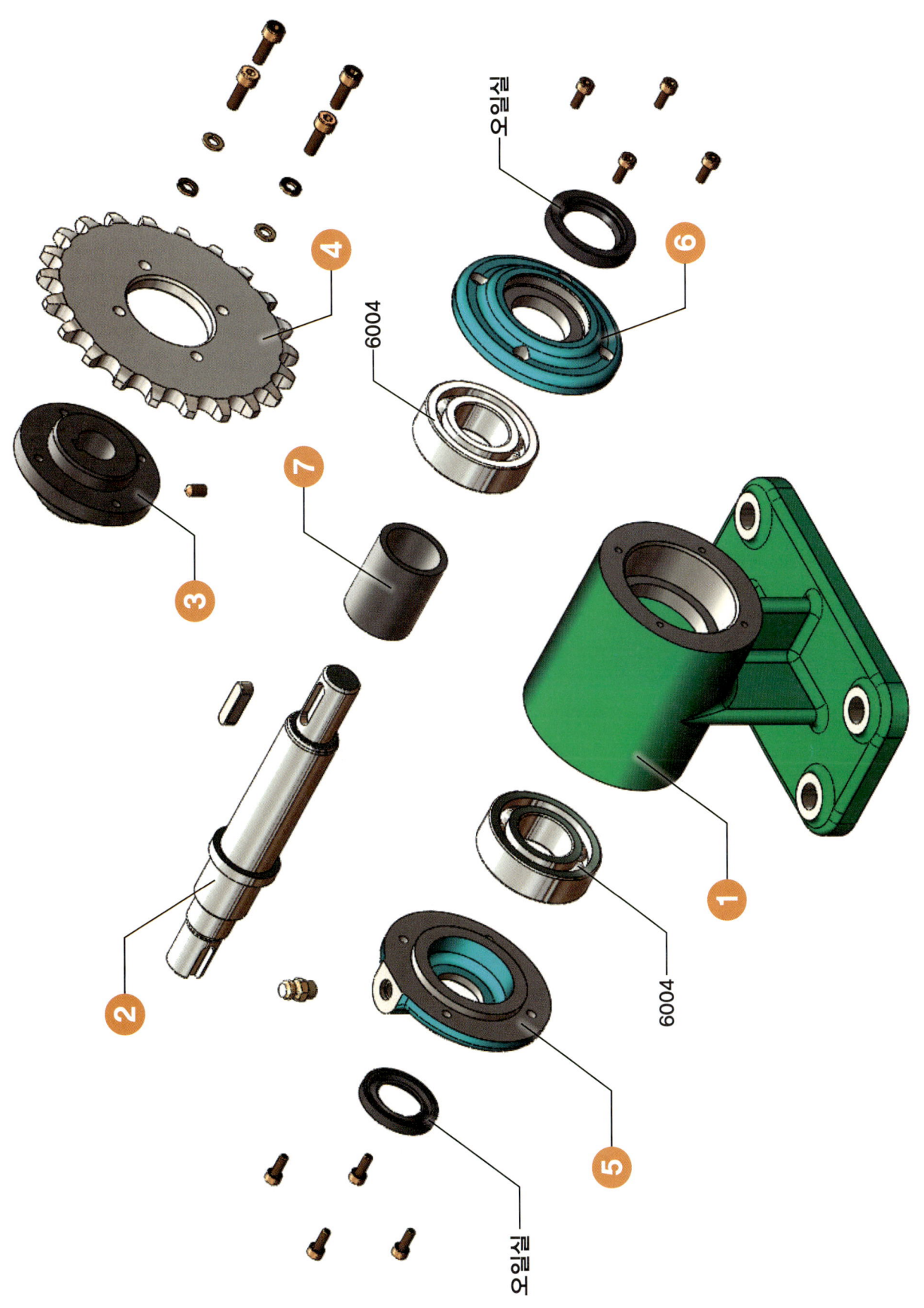

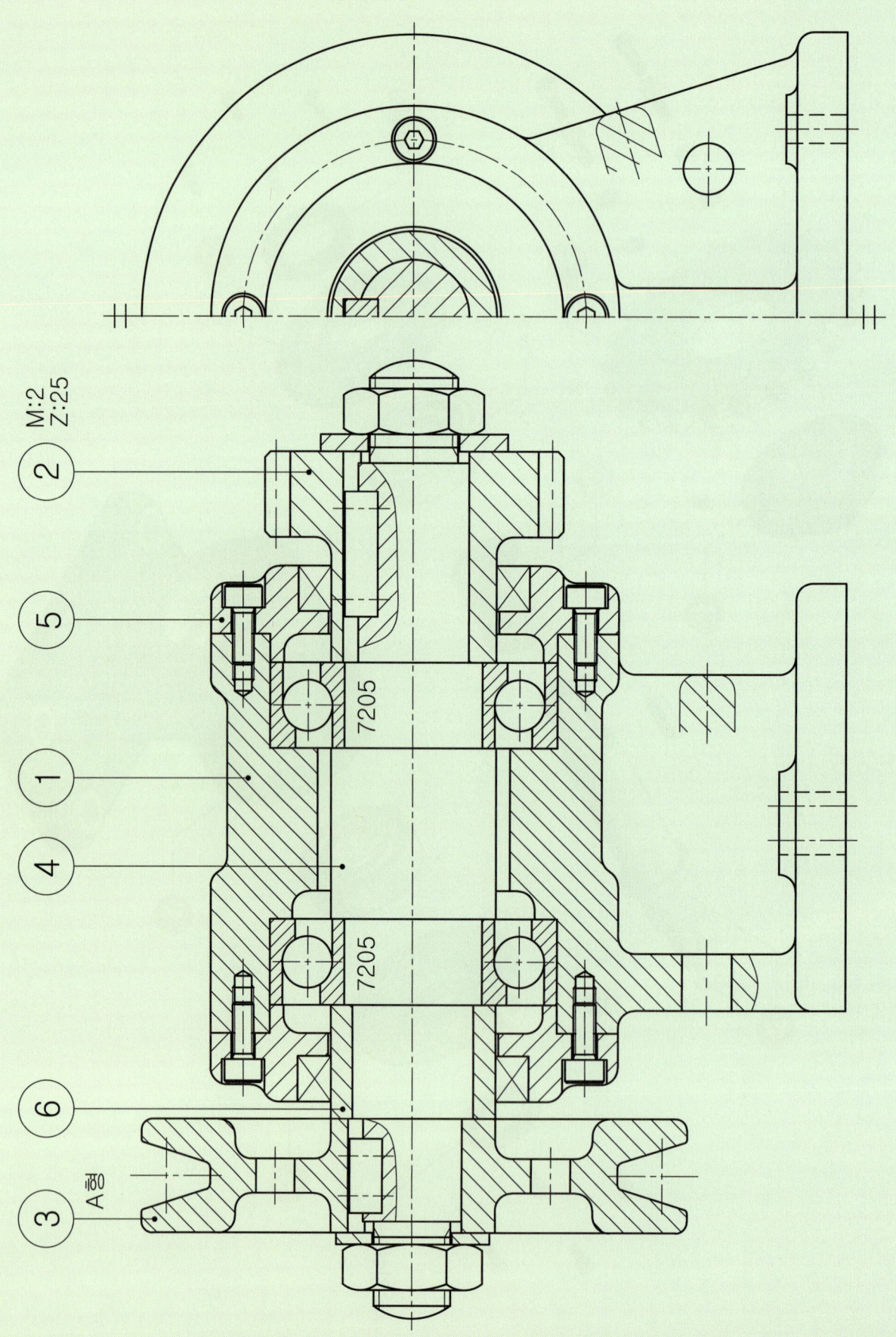

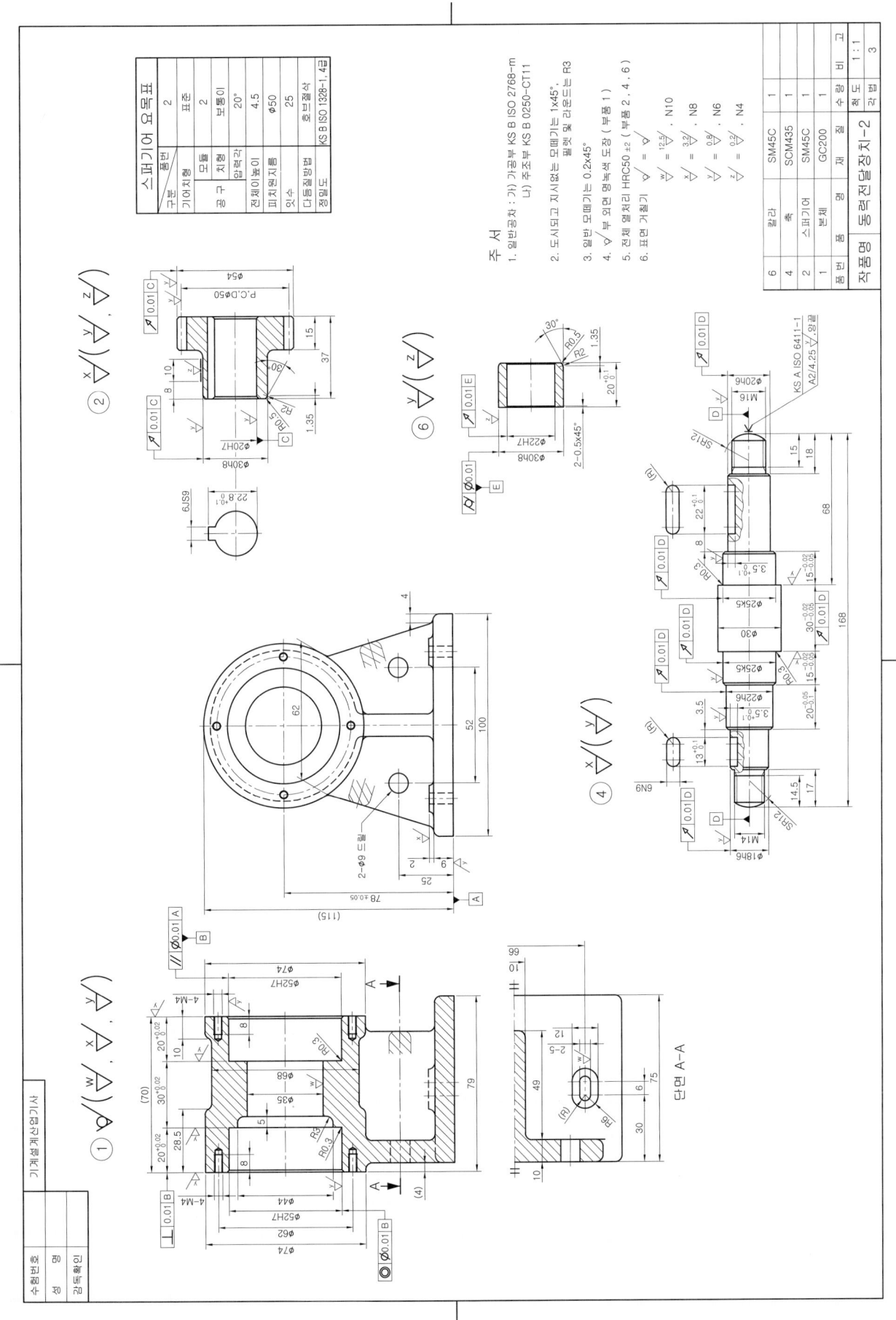

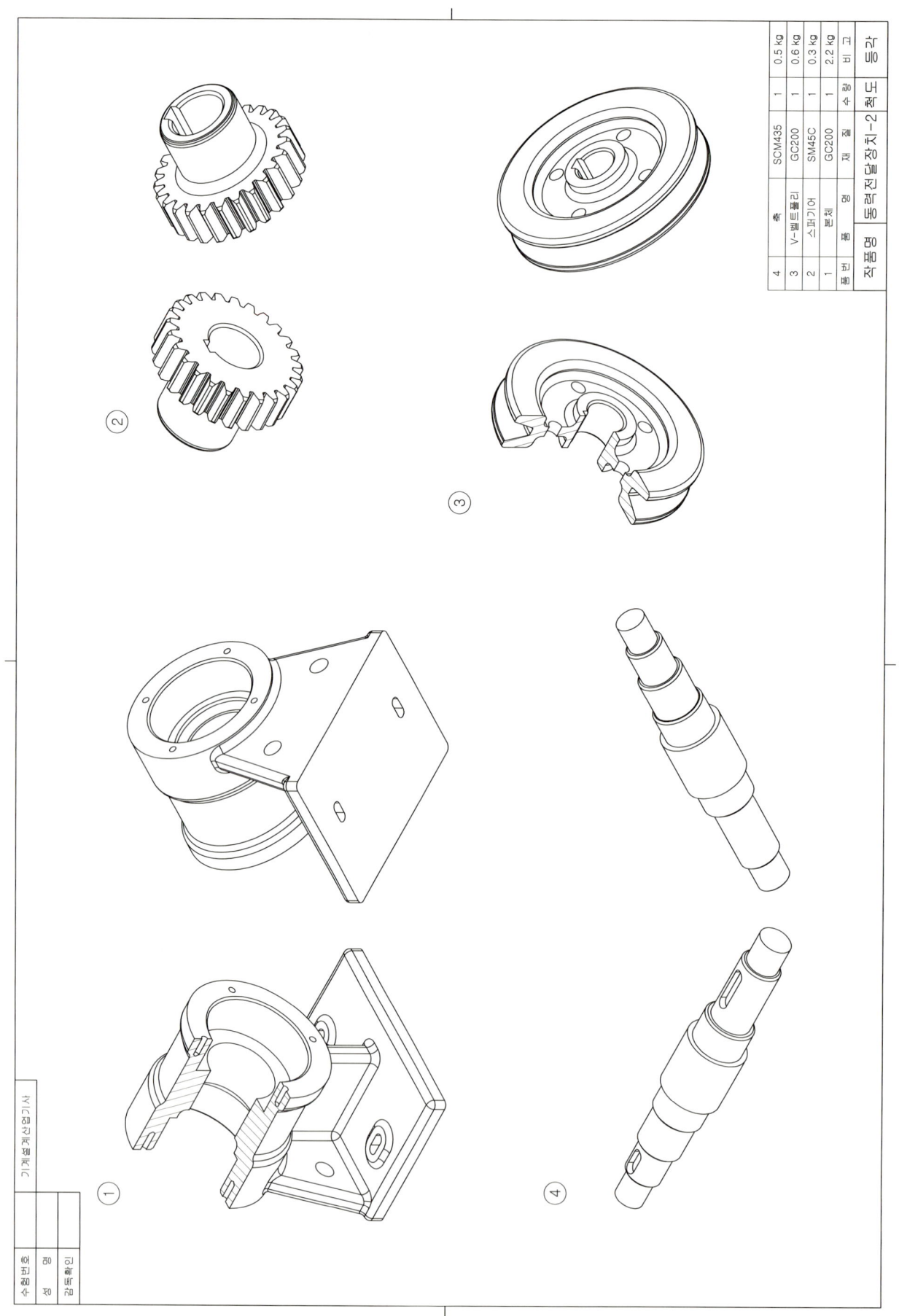

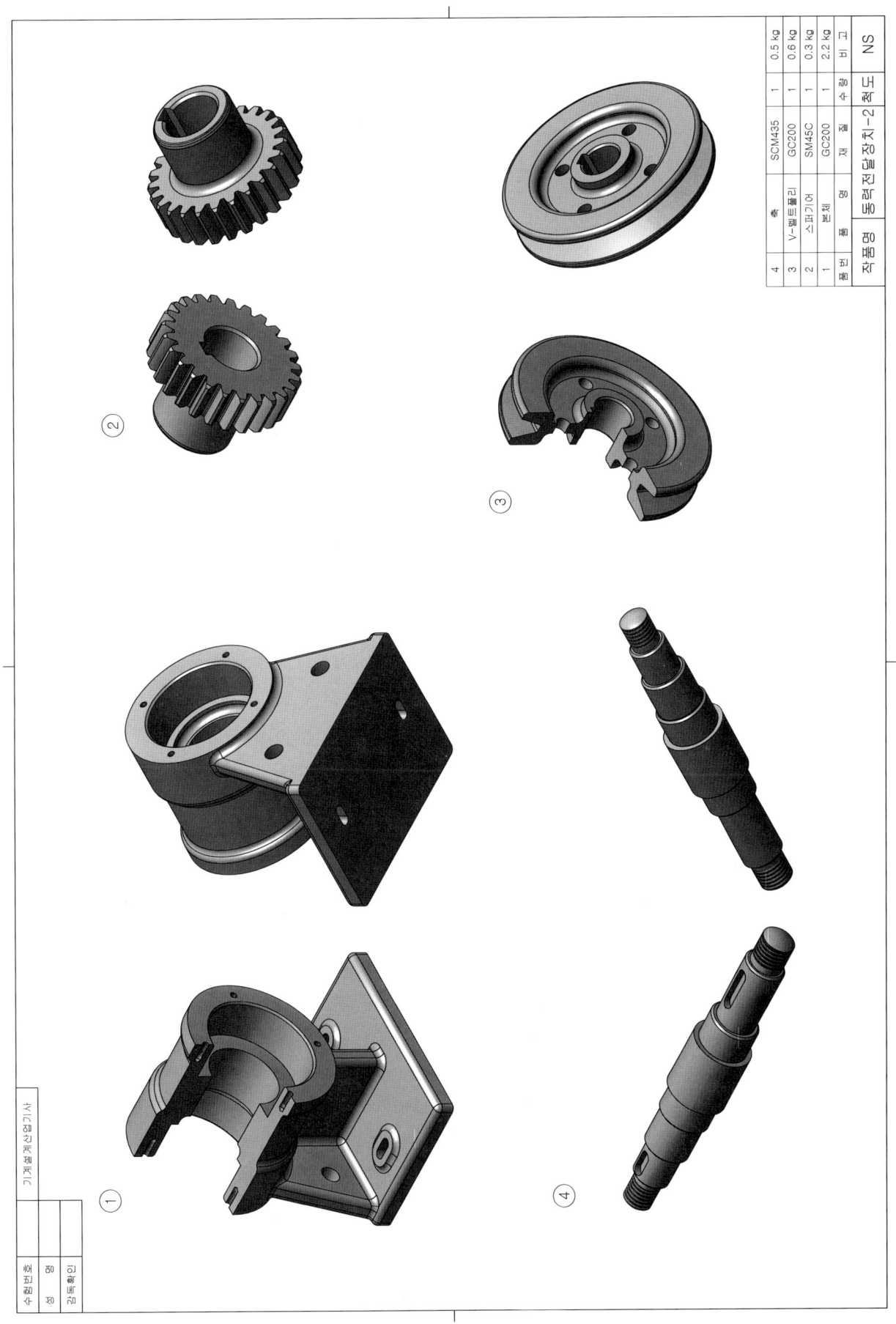

동력전달장치-2

3D 모델링

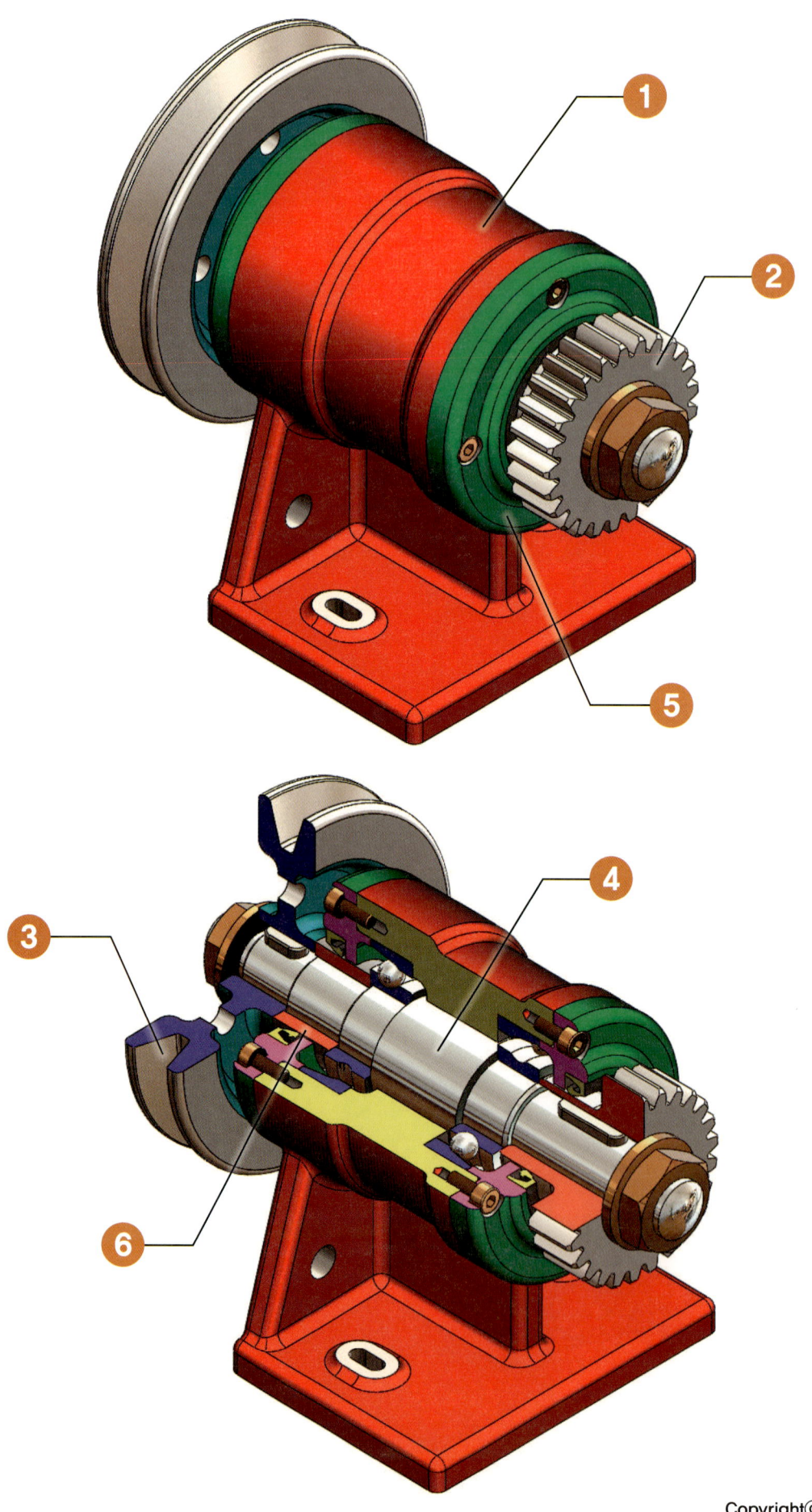

동력전달장치-2

분해 등각 구조도

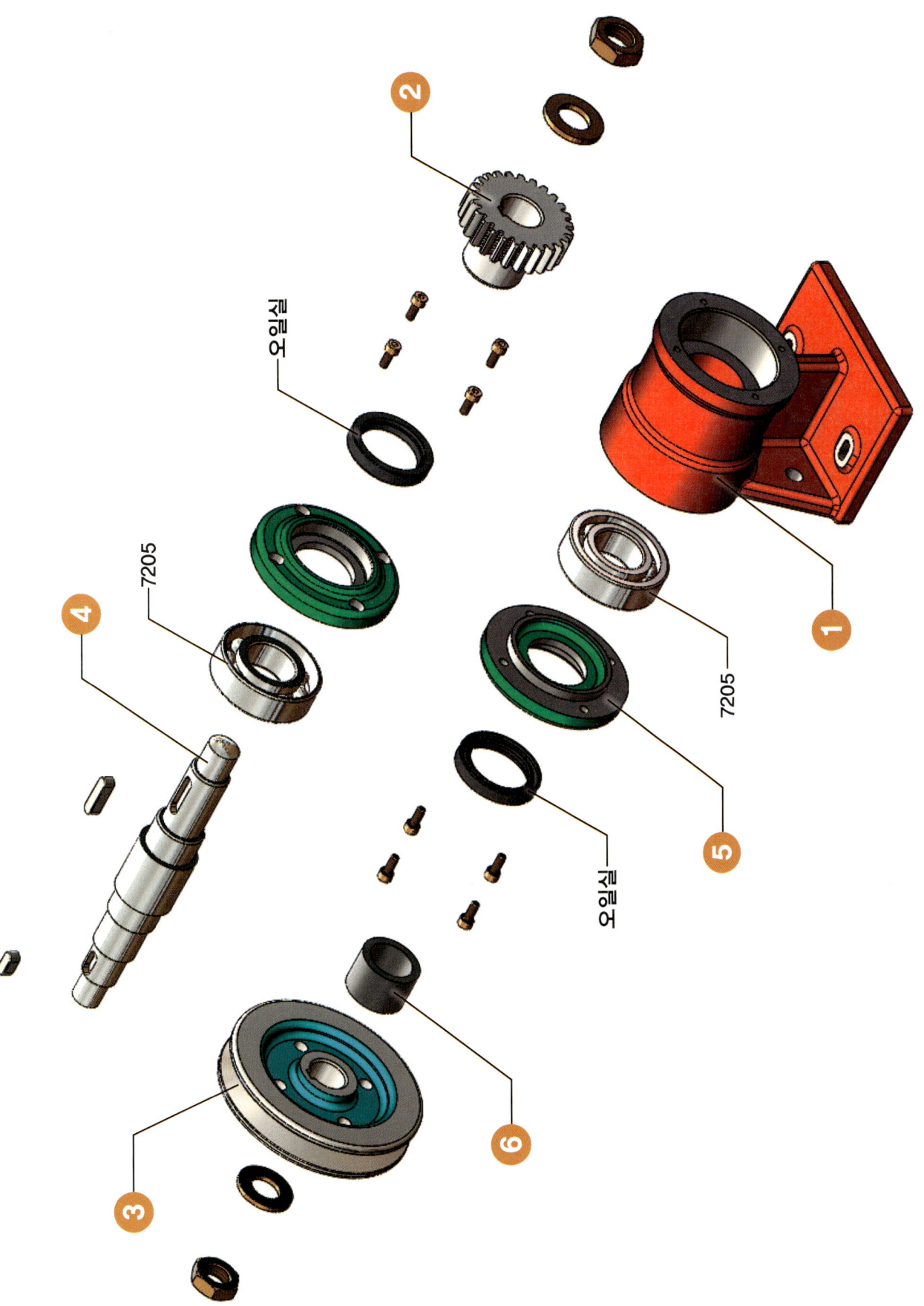

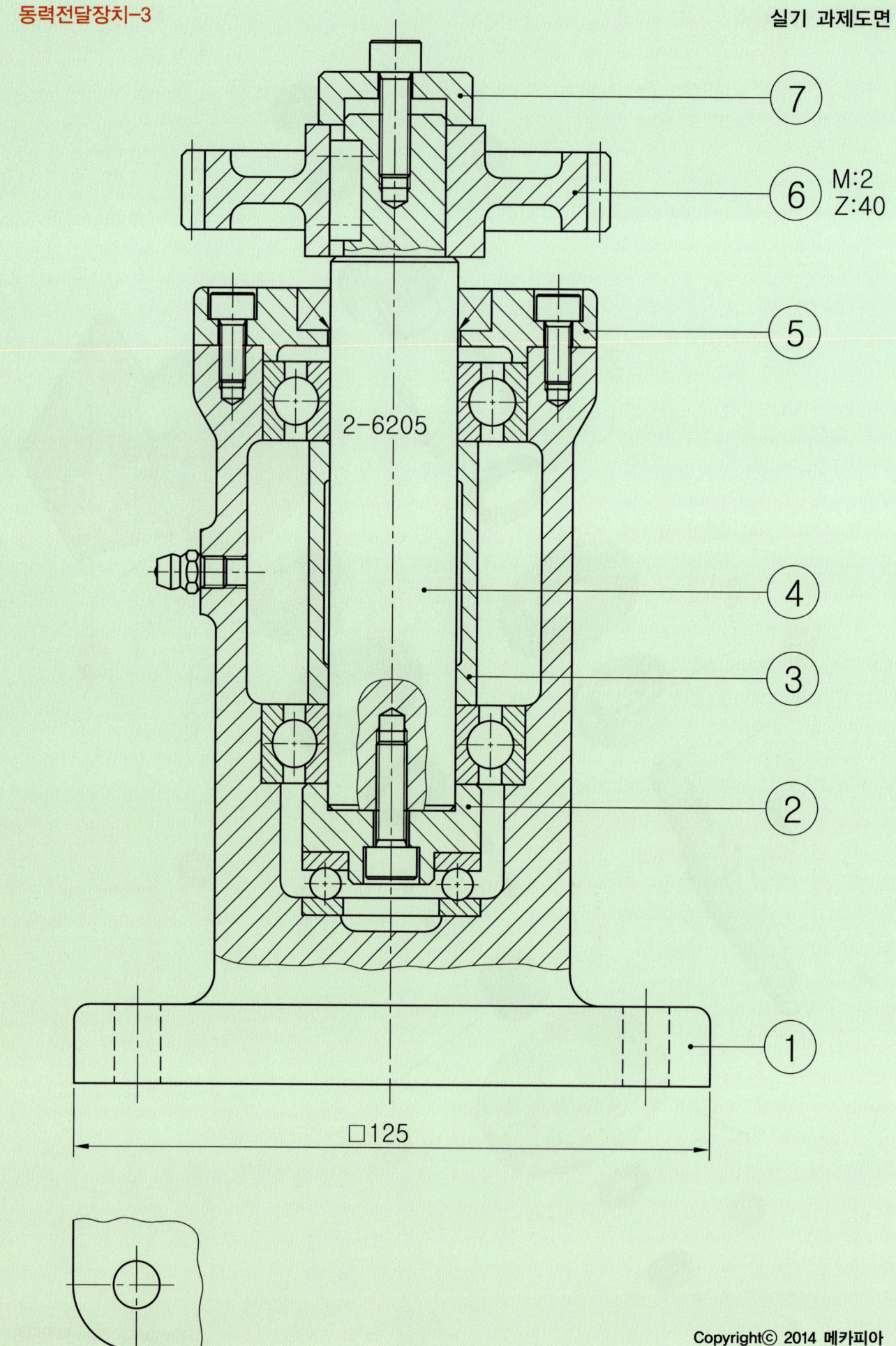

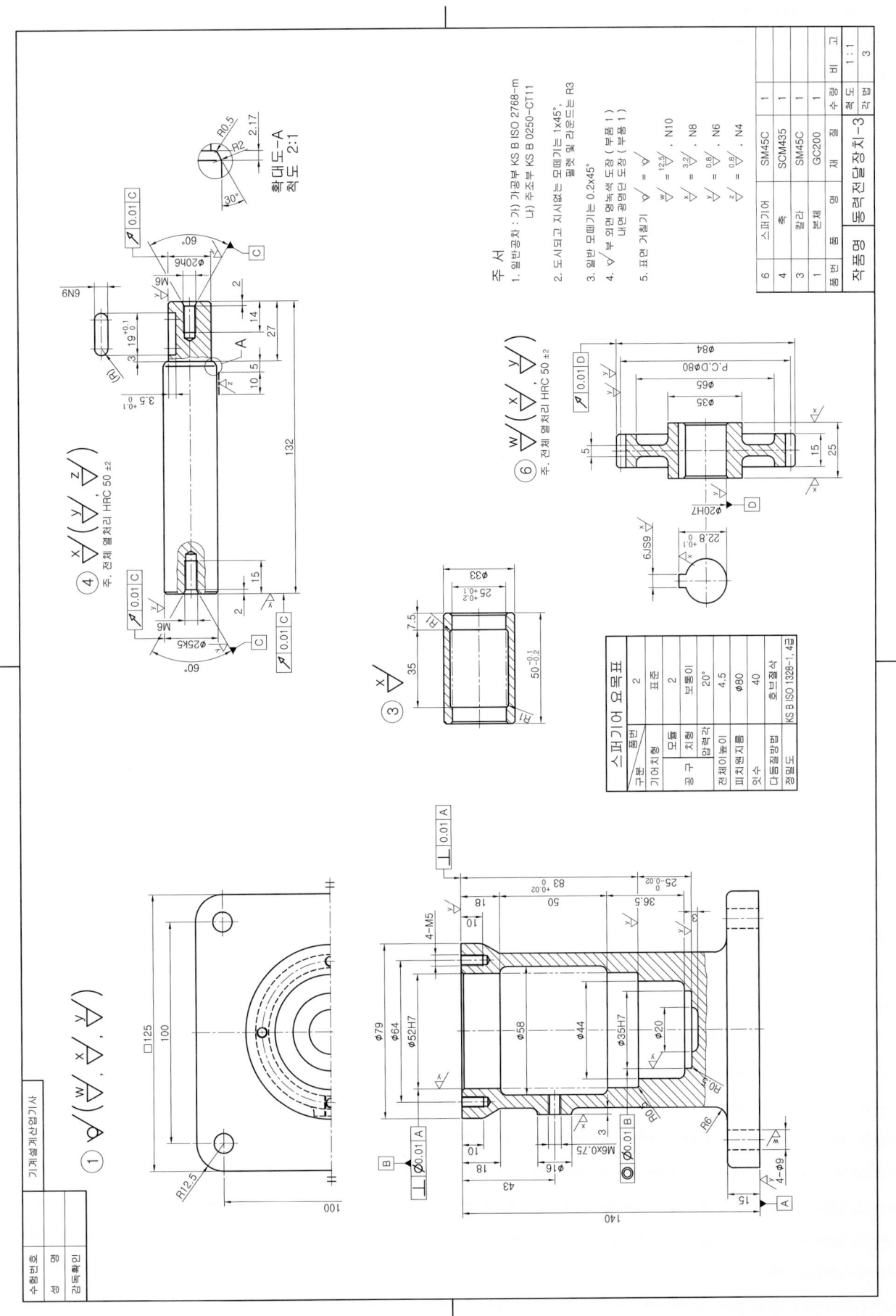

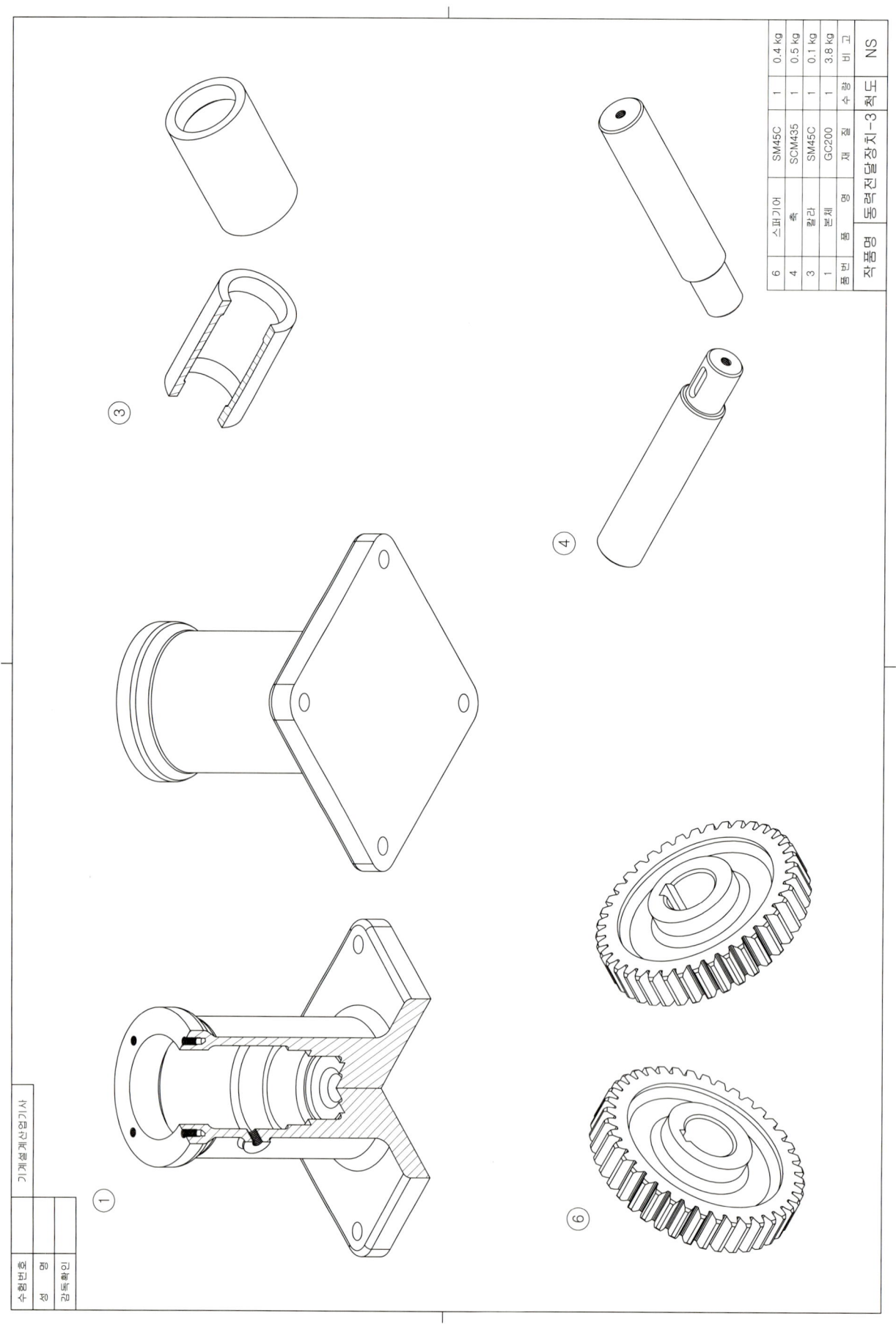

동력전달장치-3

등각투상도-2

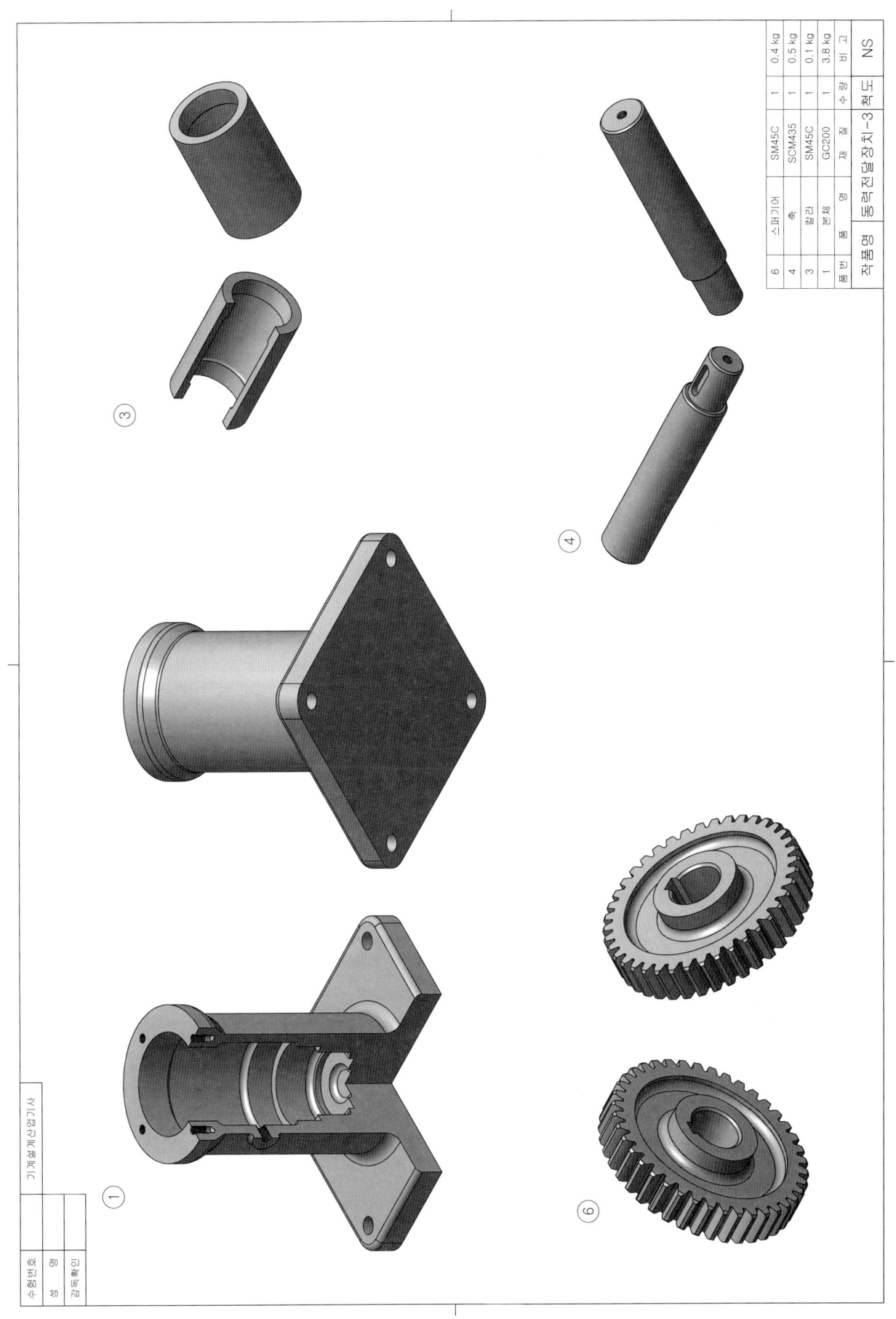

품번	품명	재질	수량	비 고
6	스퍼기어	SM45C	1	0.4 kg
4	축	SCM435	1	0.5 kg
3	칼라	SM45C	1	0.1 kg
1	본체	GC200	1	3.8 kg
작품명	동력전달장치-3	척도	NS	

동력전달장치-3

3D 모델링

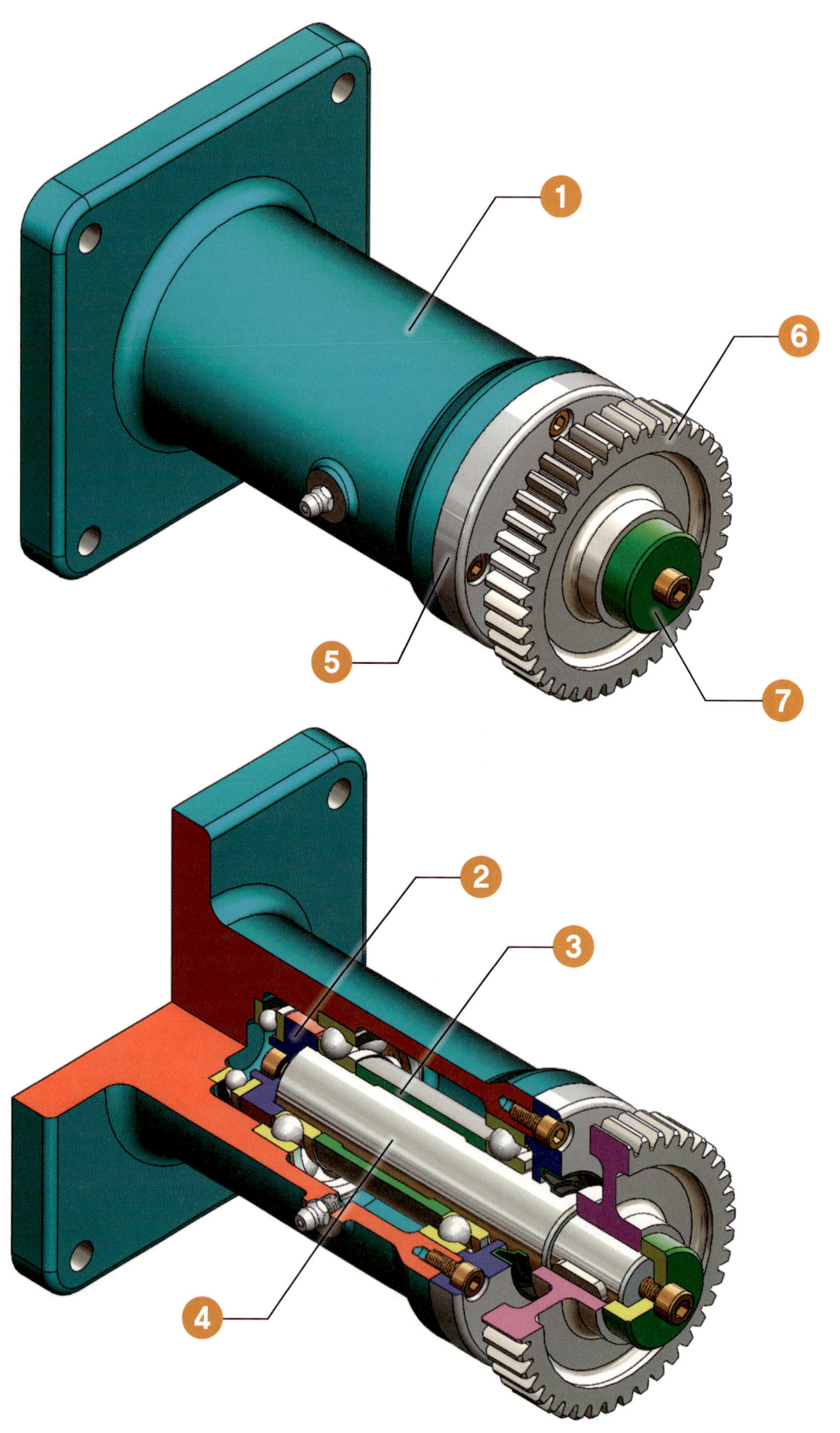

동력전달장치-3

분해 등각 구조도

Lesson 2 축 받침 장치

실기 과제도면

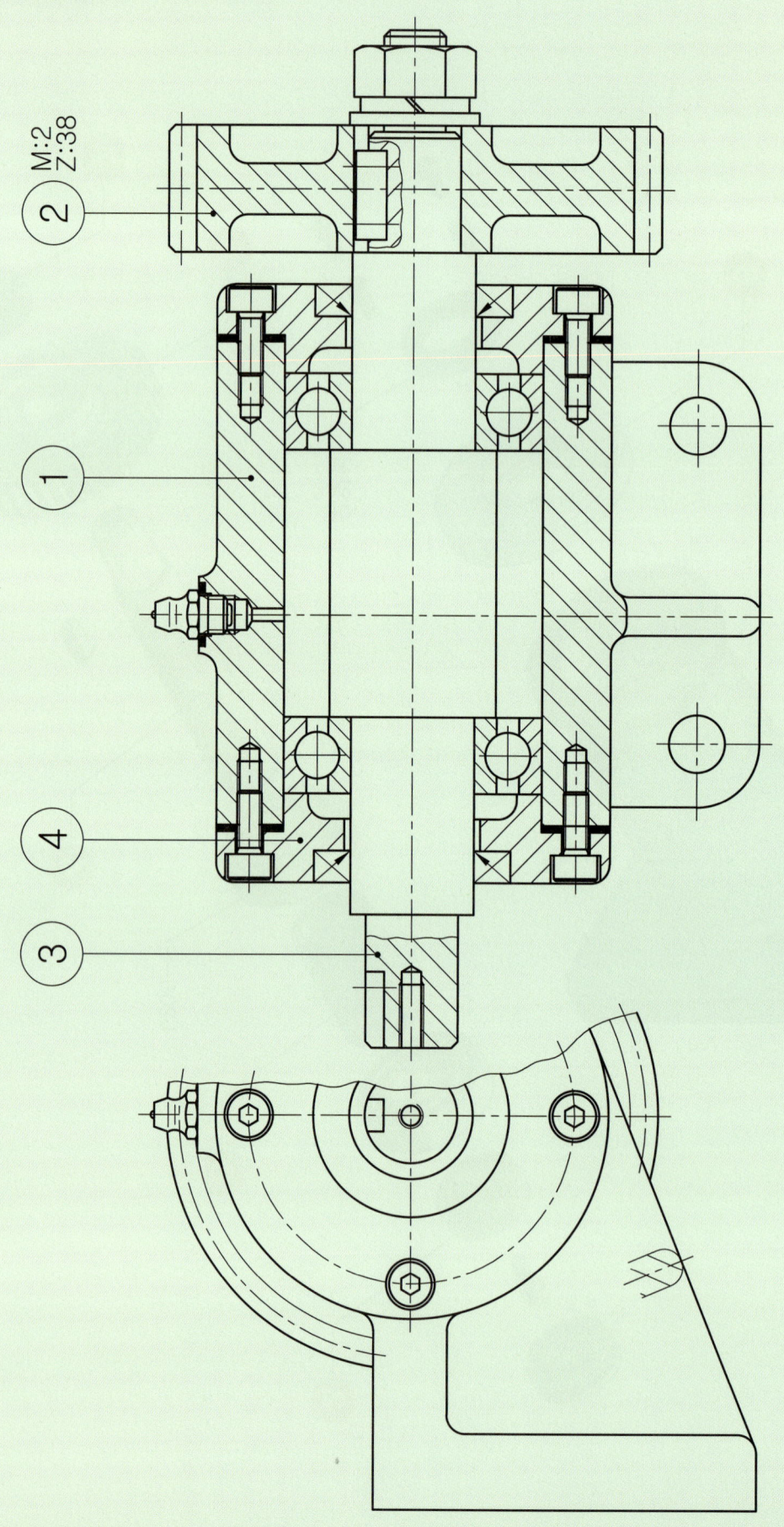

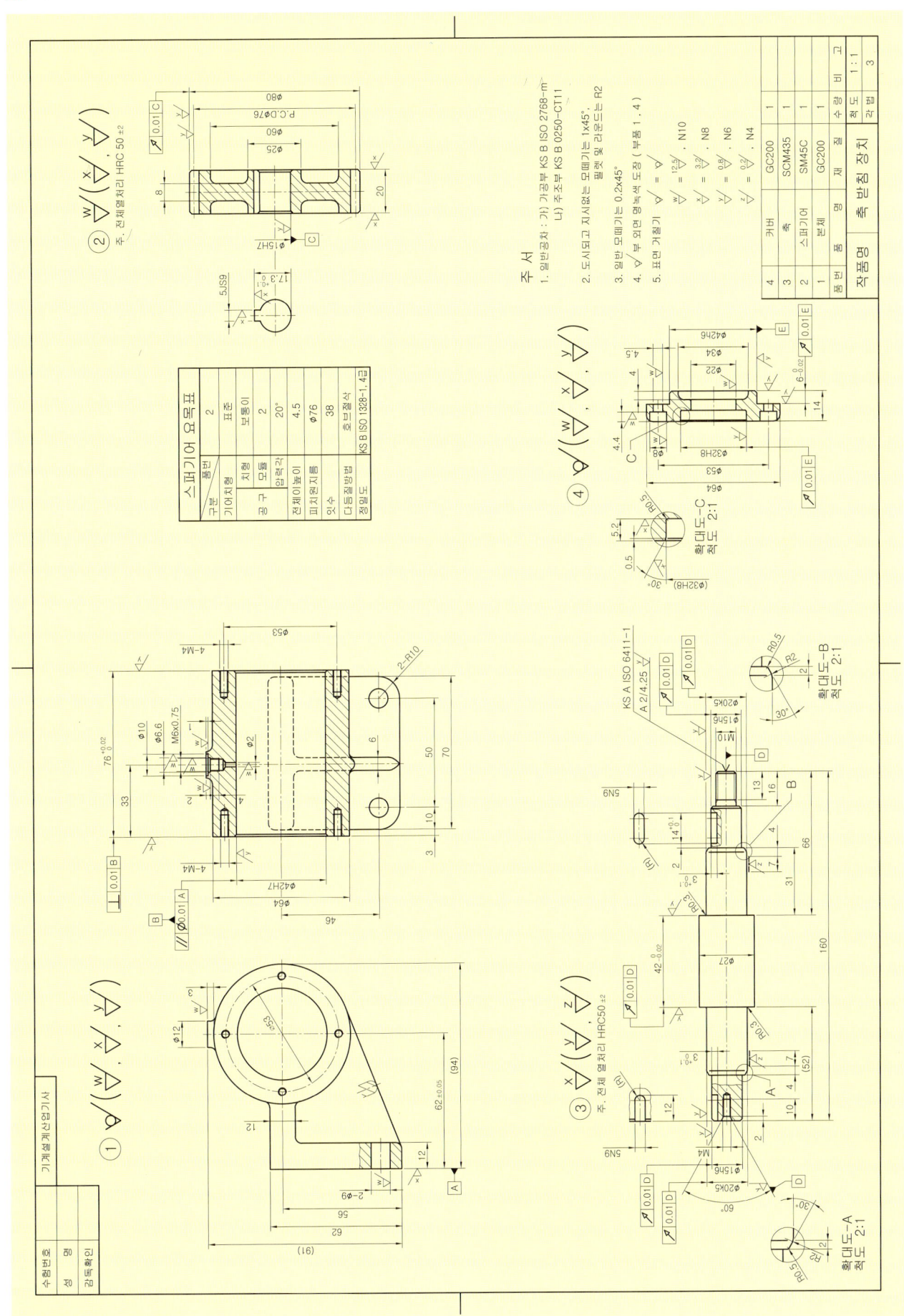

축 받침 장치

등각투상도-1

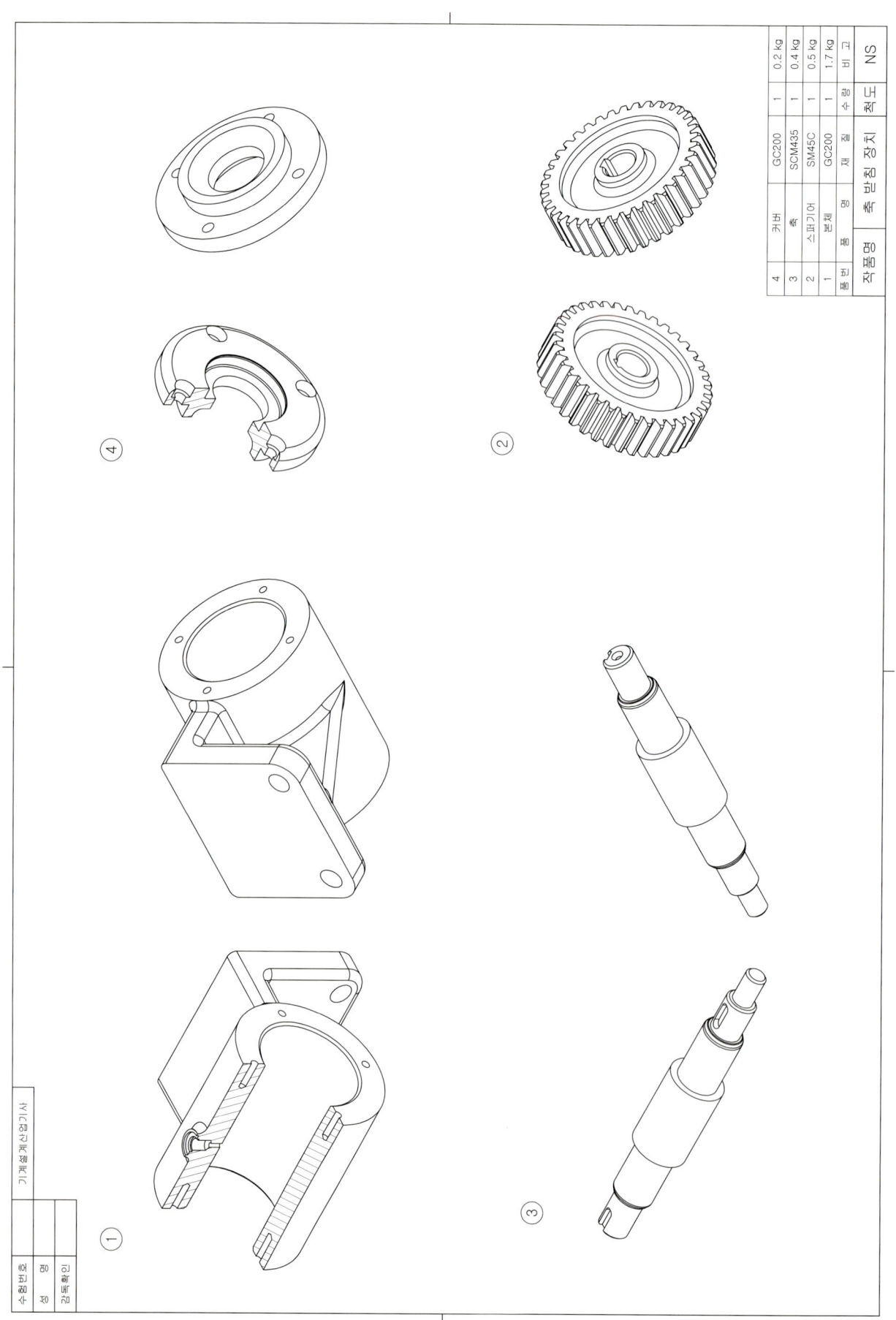

품번	품명	재질	수량	비고
1	본체	GC200	1	1.7 kg
2	스퍼기어	SM45C	1	0.5 kg
3	축	SCM435	1	0.4 kg
4	커버	GC200	1	0.2 kg

작품명: 축 받침 장치 척도: NS

축 받침 장치

등각투상도-2

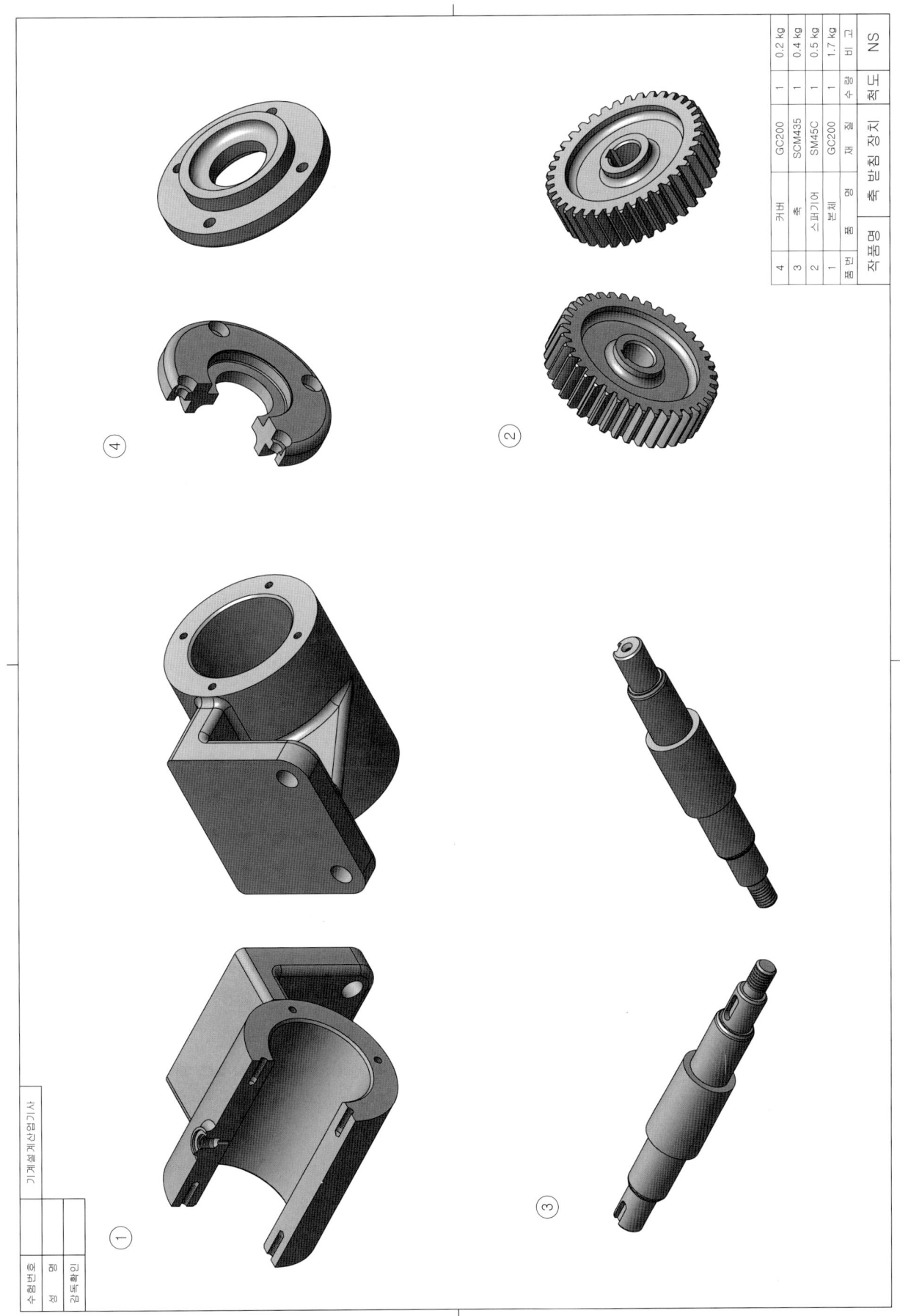

축 받침 장치

3D 모델링

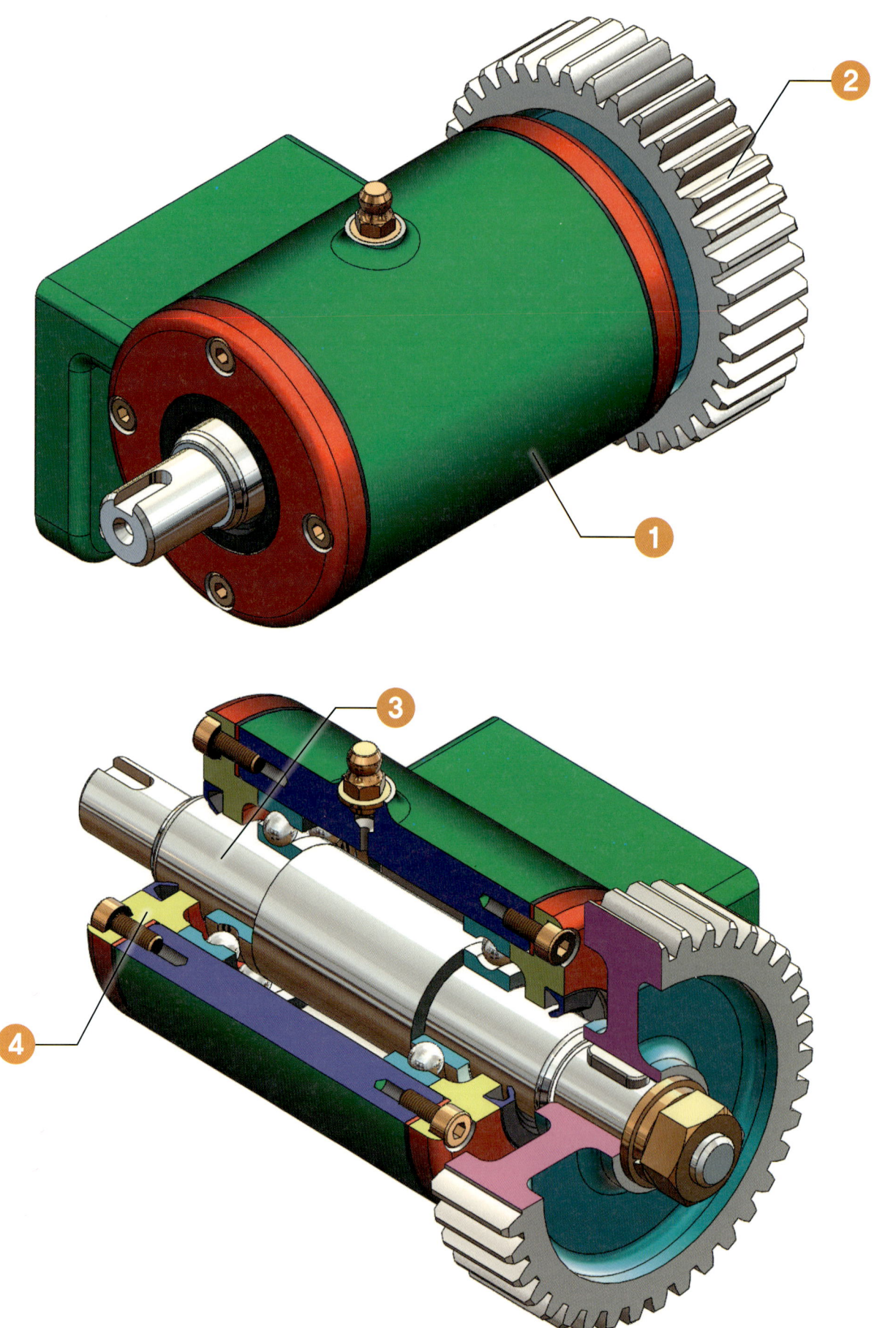

Lesson 3 | 평벨트 전동장치

실기 과제도면

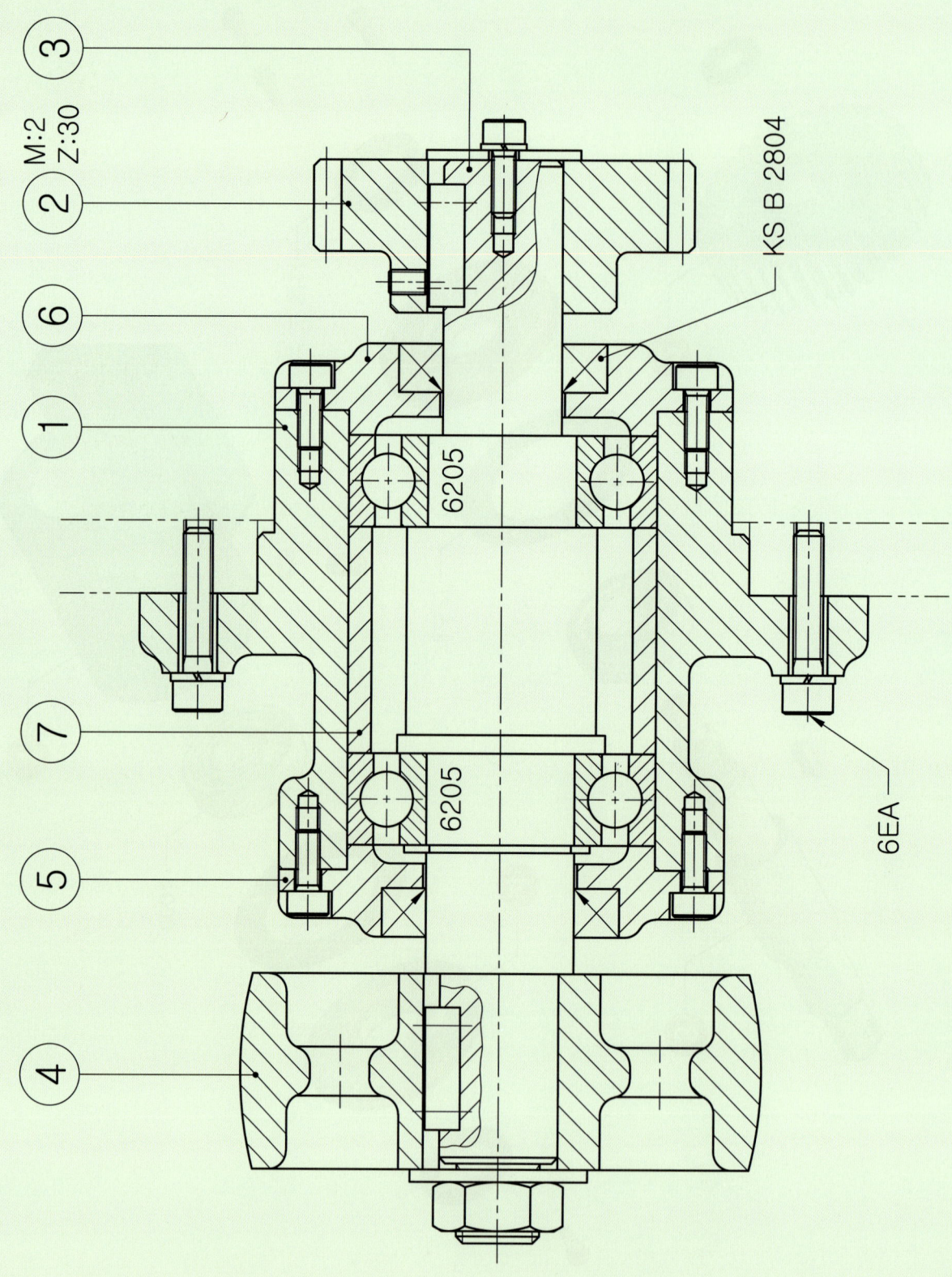

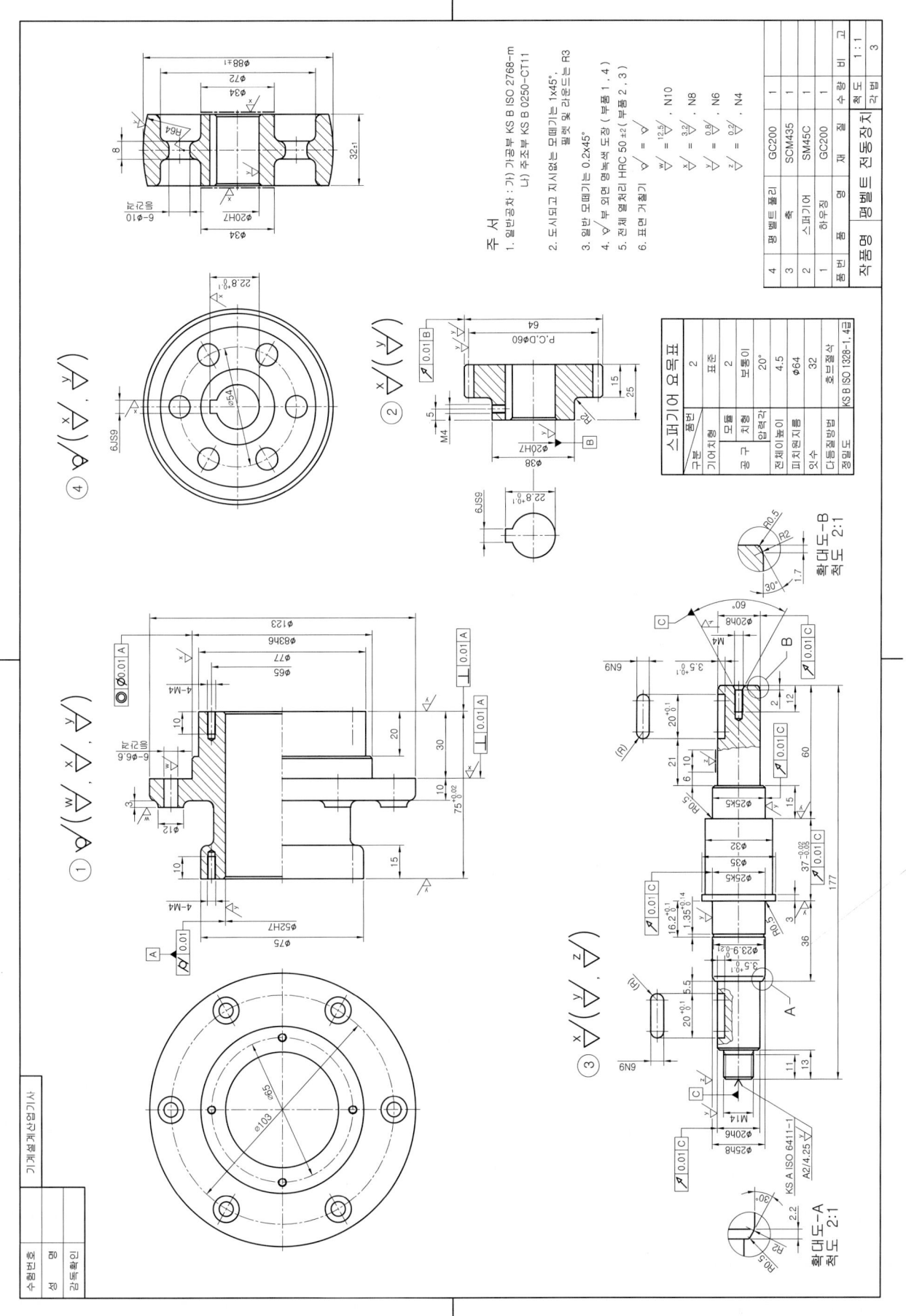

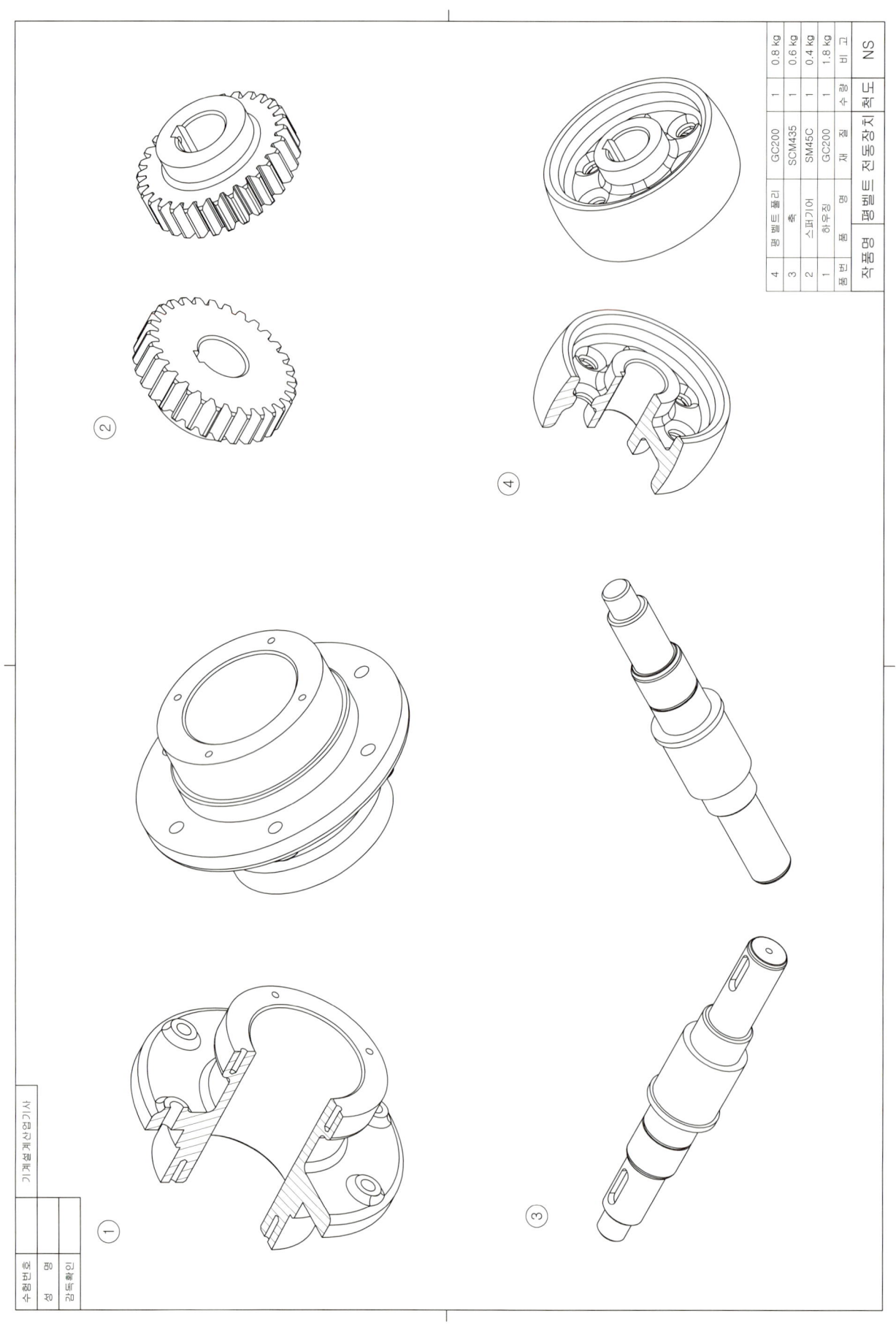

평벨트 전동장치

등각투상도-2

4	3	2	1	품번
평벨트풀리	축	스퍼기어	하우징	품명
GC200	SCM435	SM45C	GC200	재질
1	1	1	1	수량
0.8 kg	0.6 kg	0.4 kg	1.8 kg	비고

작품명: 평벨트 전동장치 척도: NS

평벨트 전동장치

3D 모델링

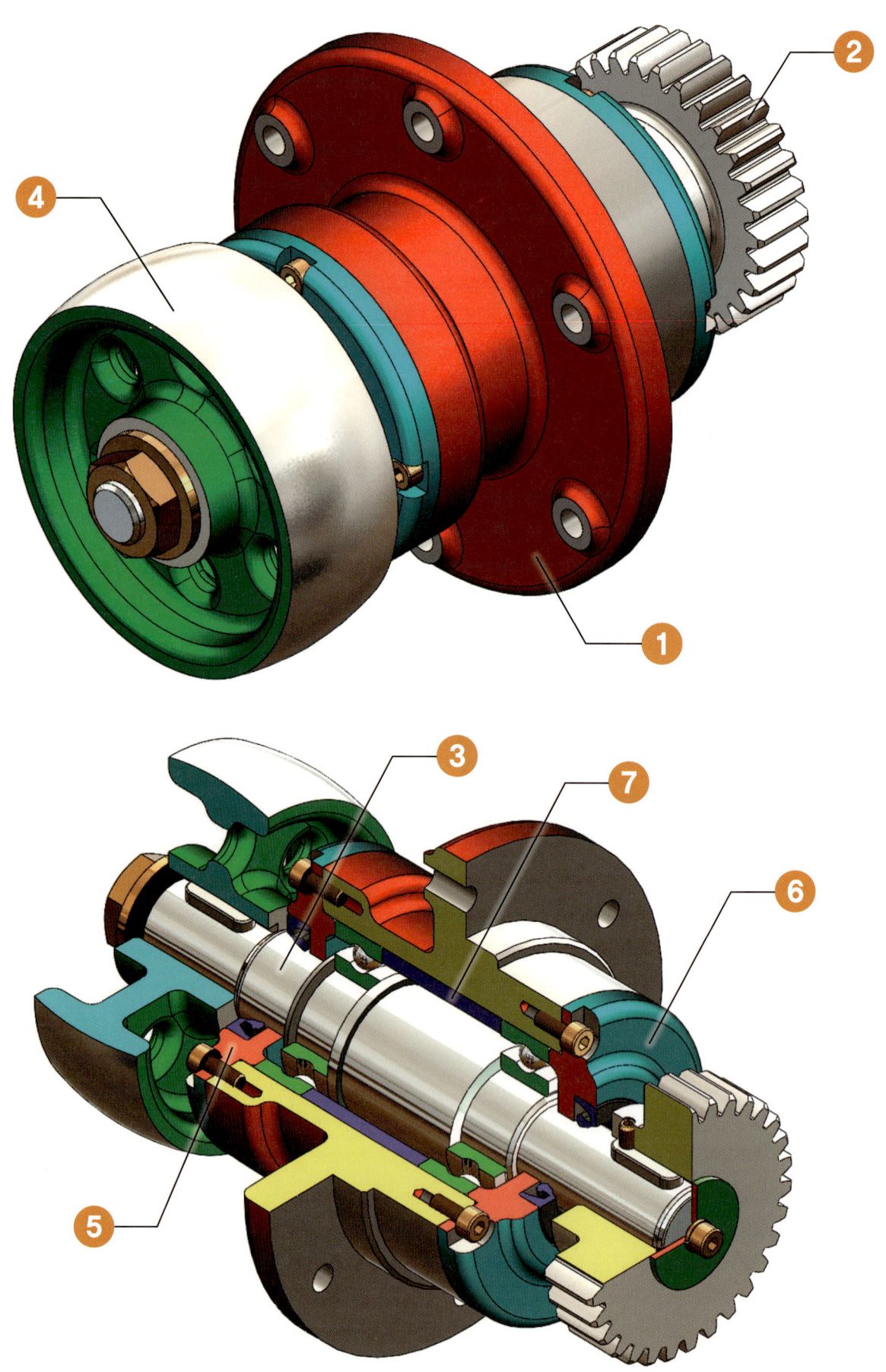

평벨트 전동장치

분해 등각 구조도

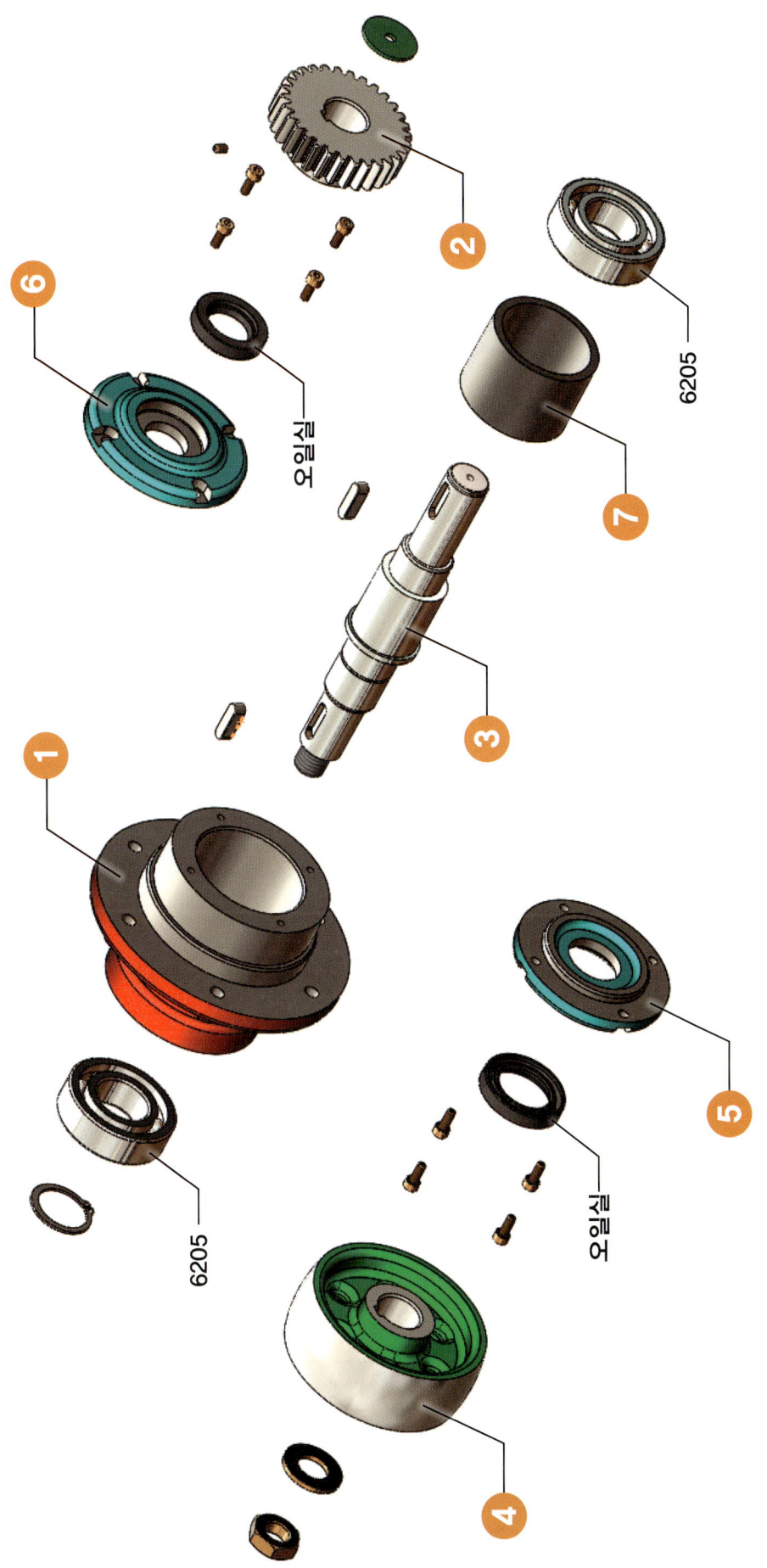

Lesson 4 | 피벗 베어링 하우징

실기 과제도면

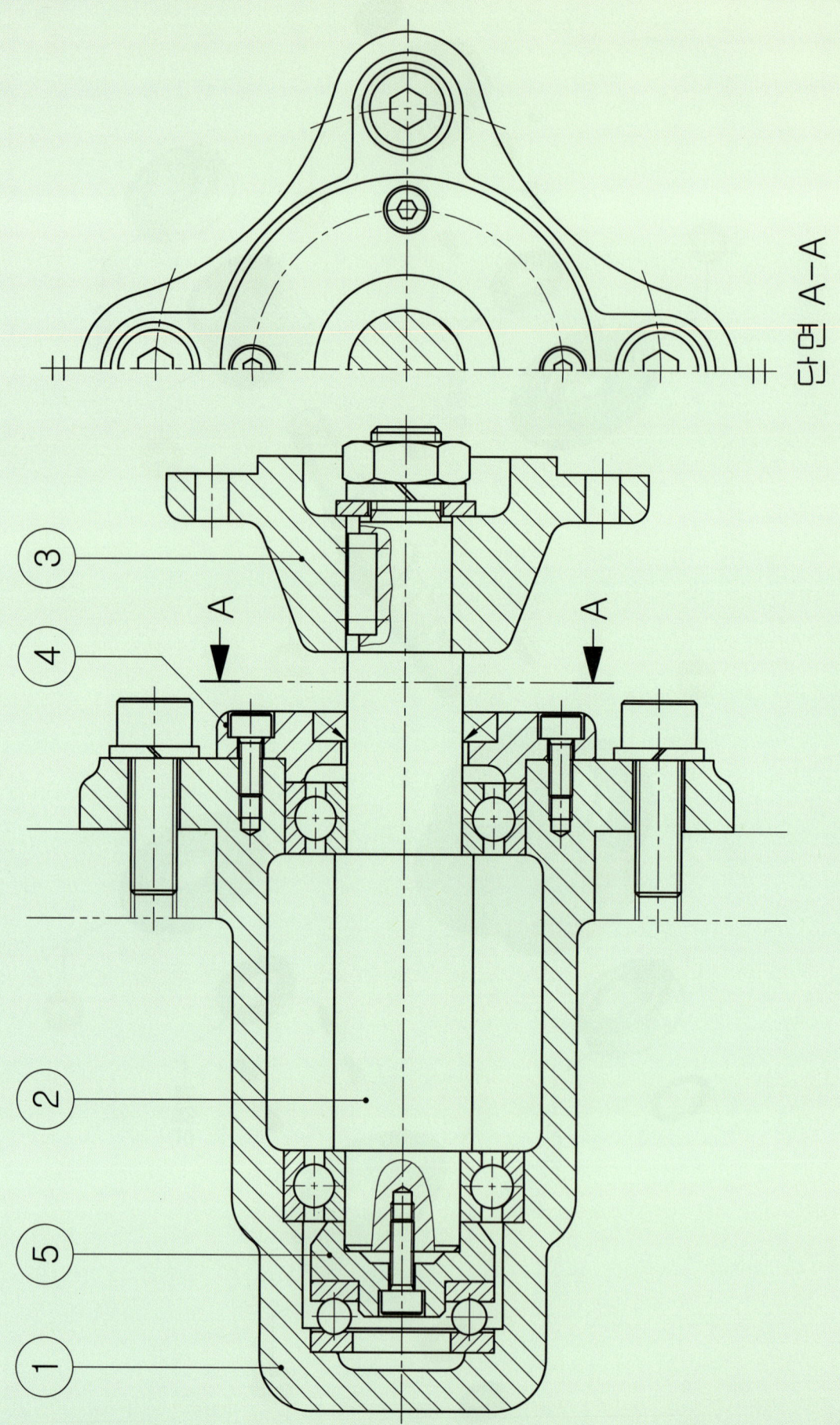

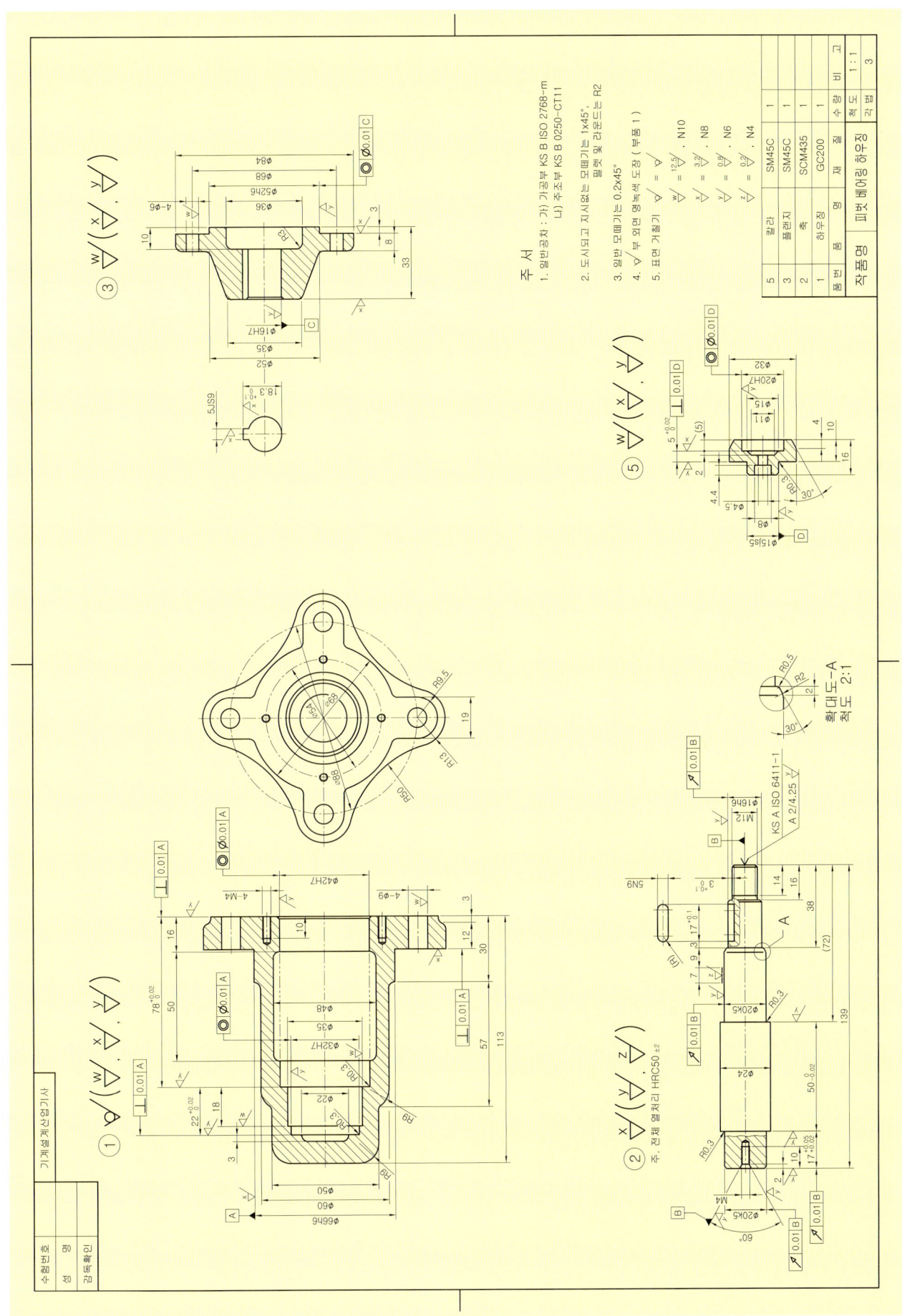

피벗 베어링 하우징

등각투상도-1

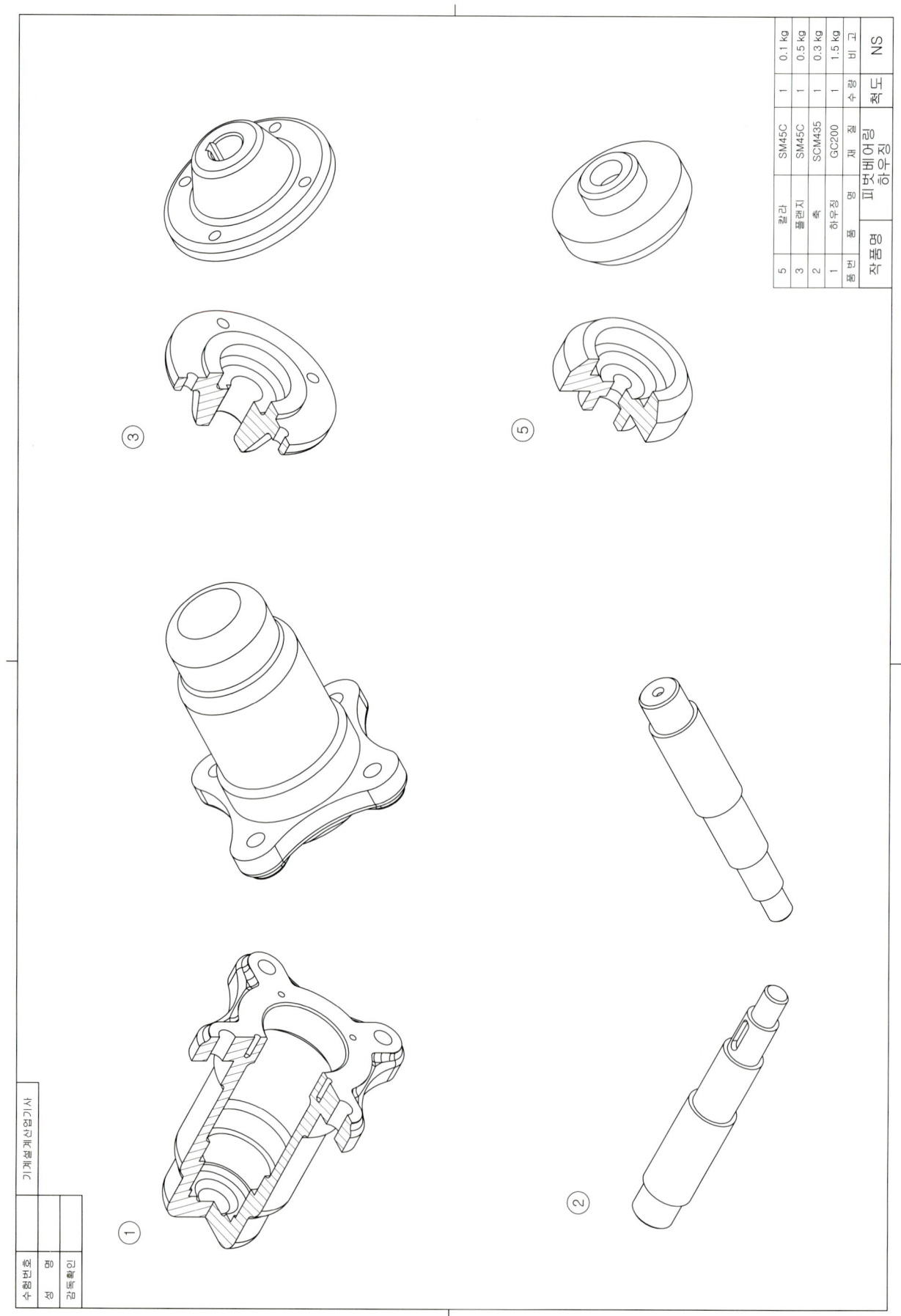

피벗 베어링 하우징

등각투상도-2

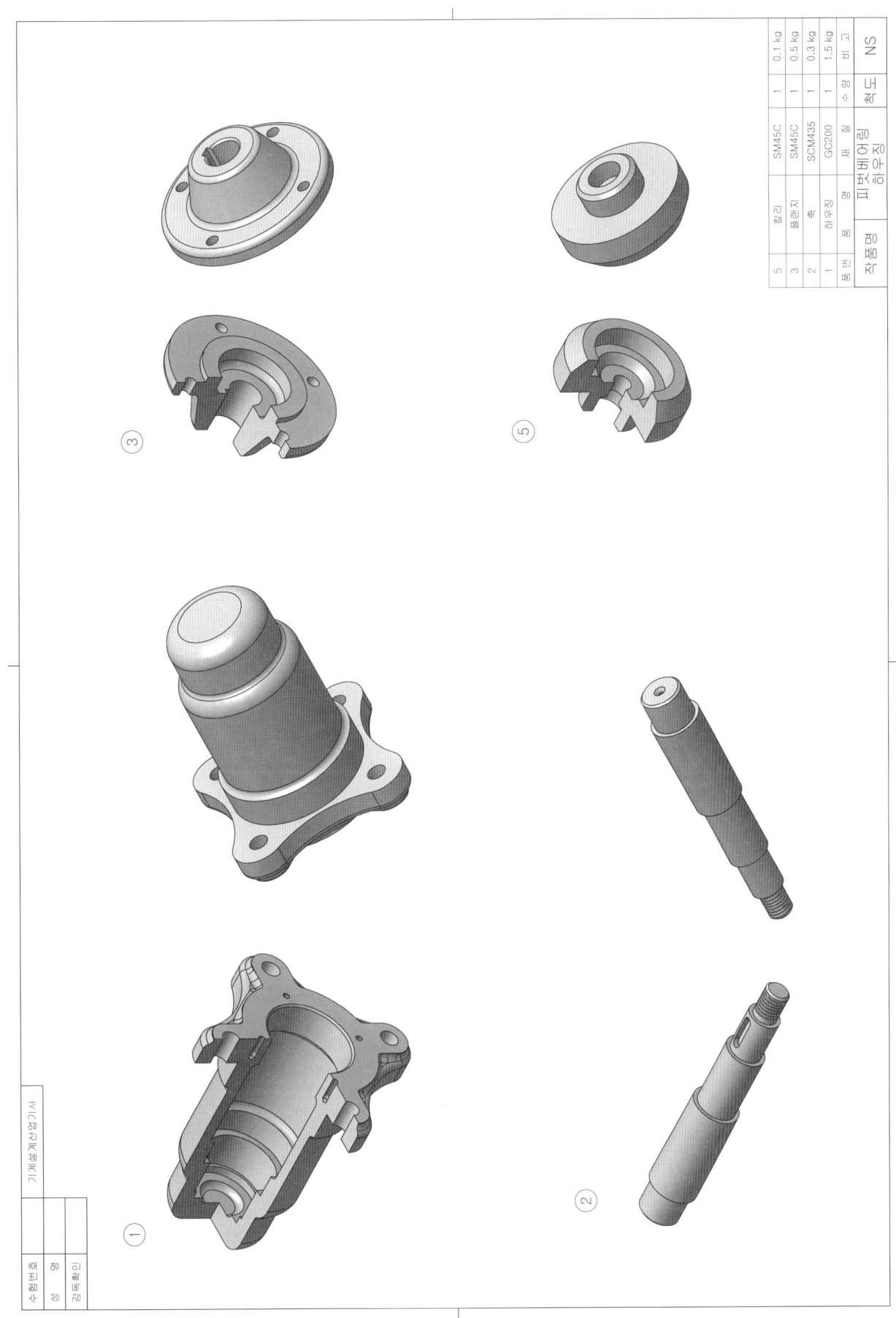

피벗 베어링 하우징

3D 모델링

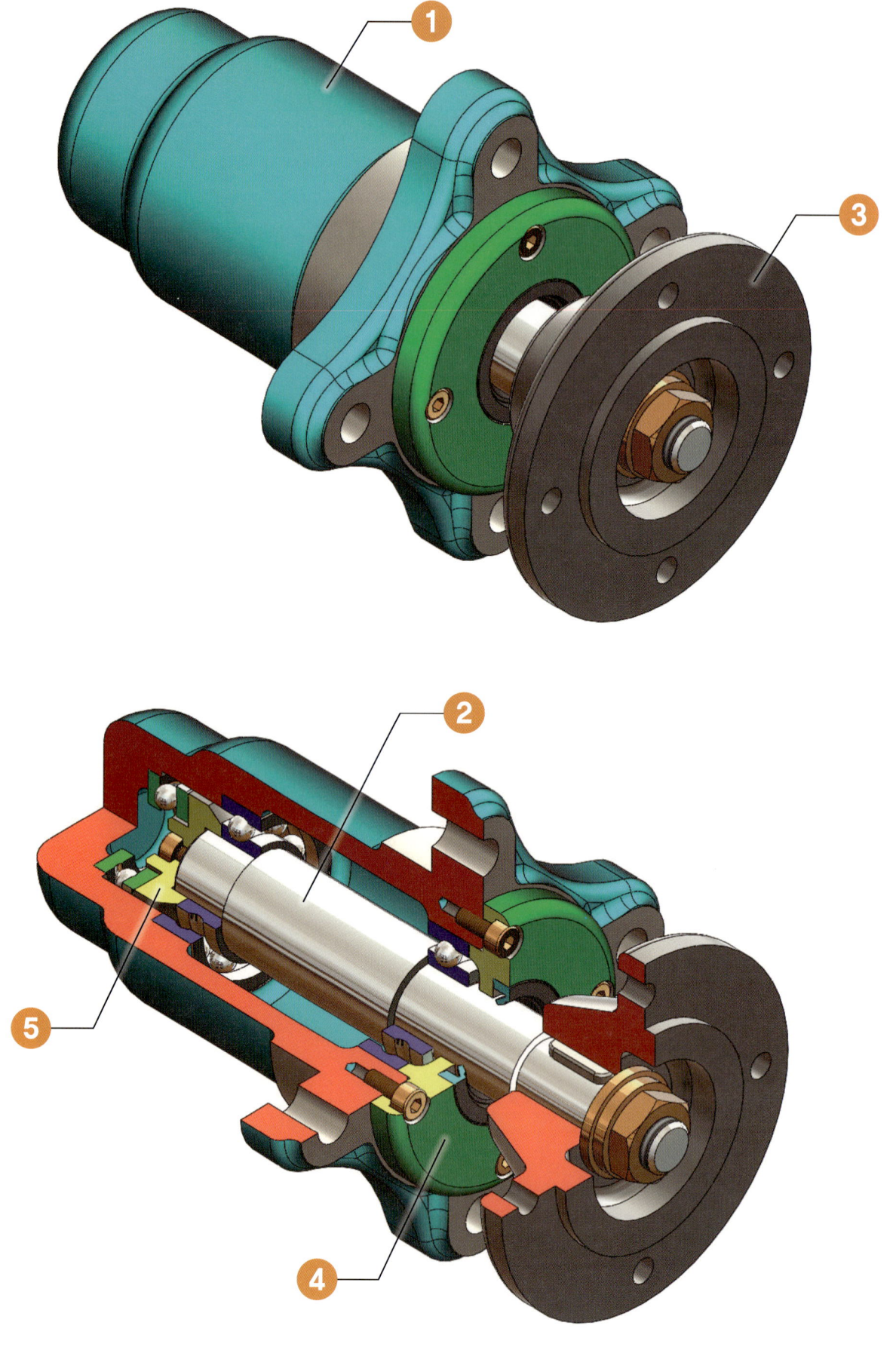

피벗 베어링 하우징

분해 등각 구조도

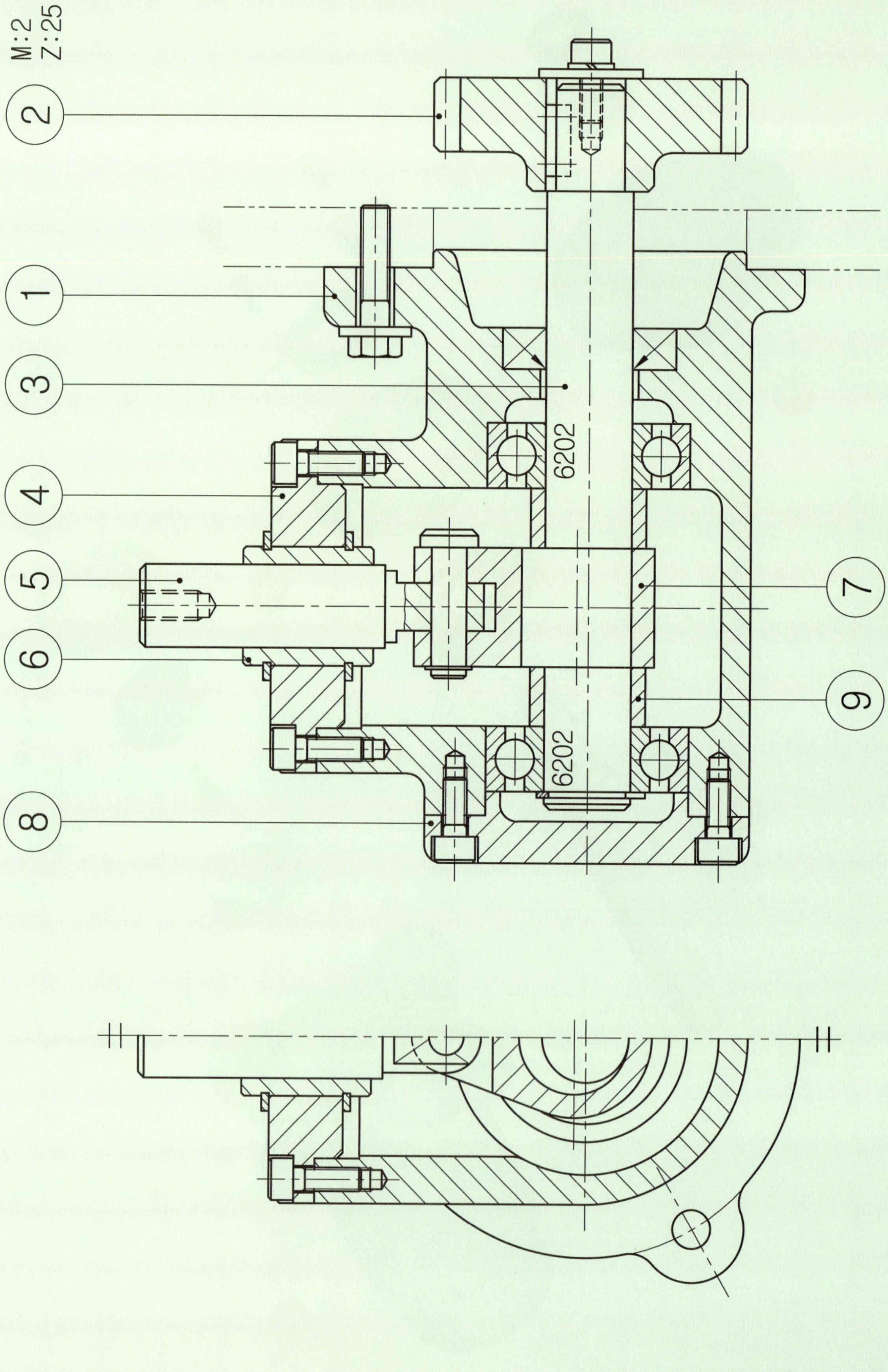

Lesson 5 | 편심왕복장치

실기 과제도면

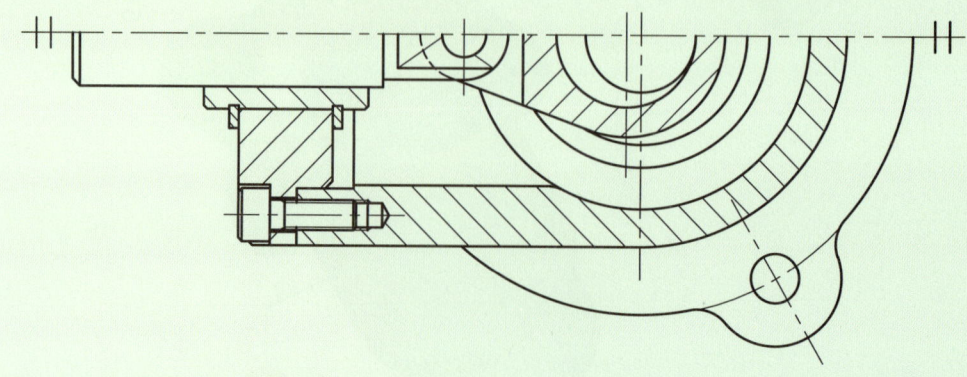

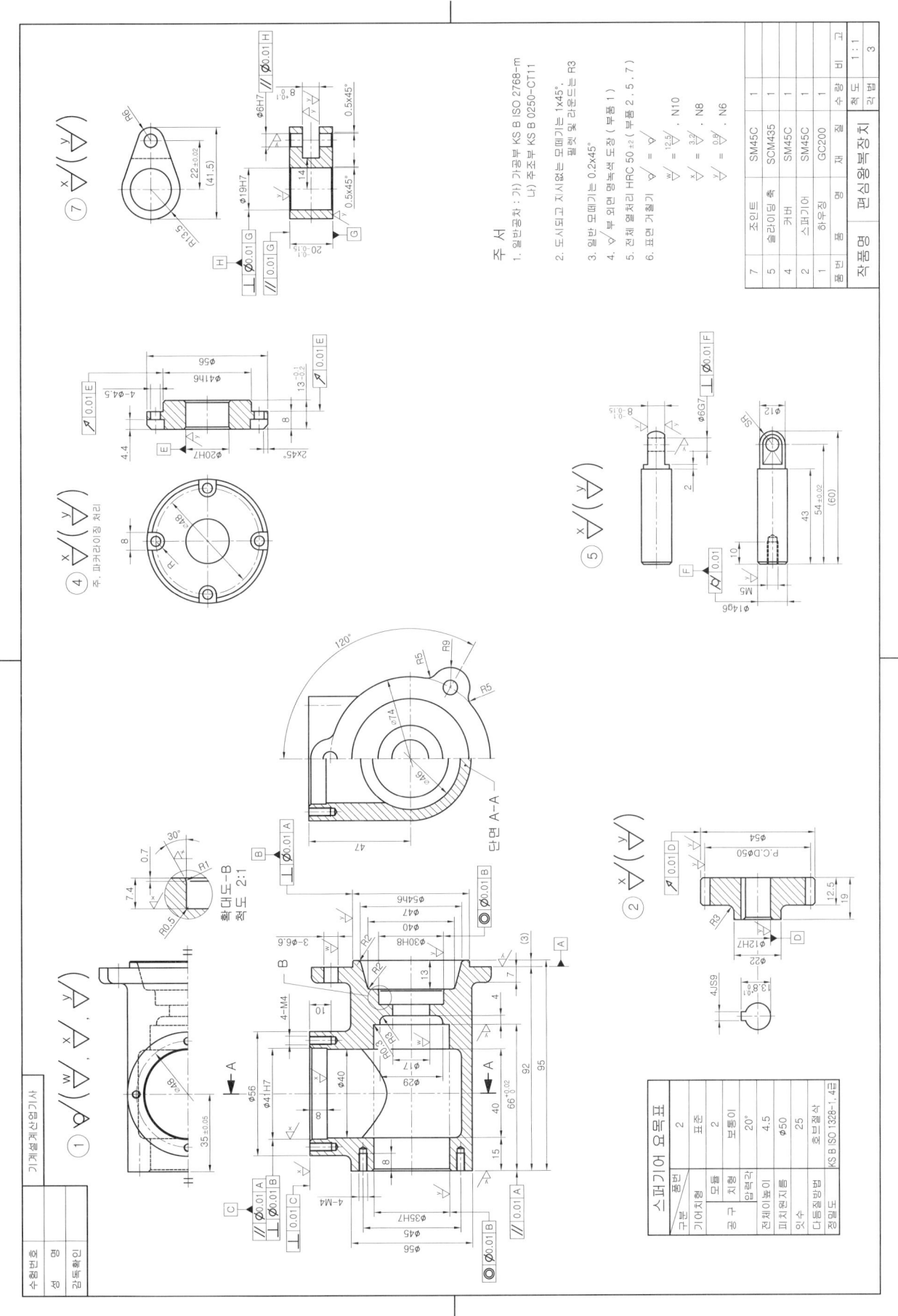

편심왕복장치 등각투상도-1

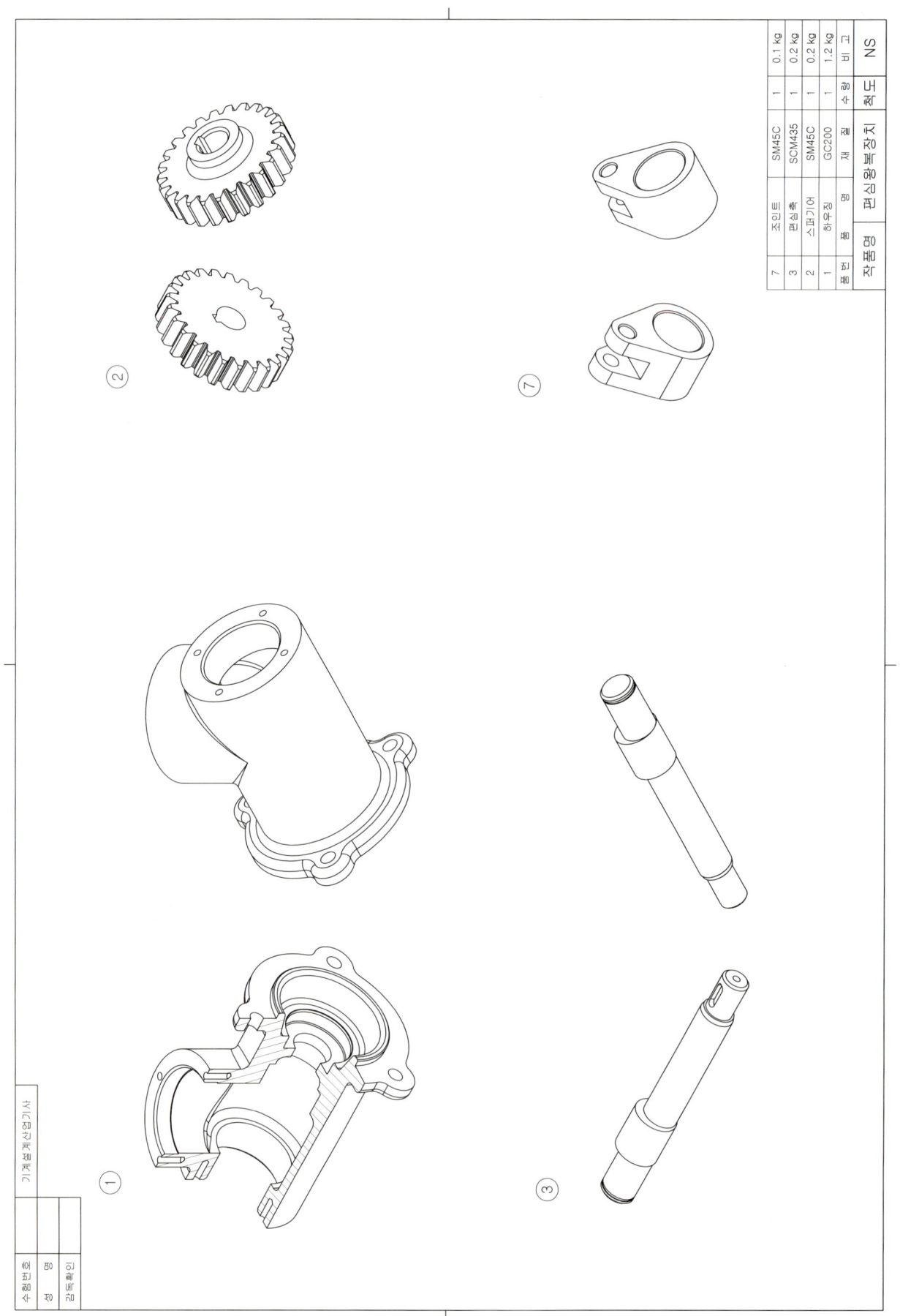

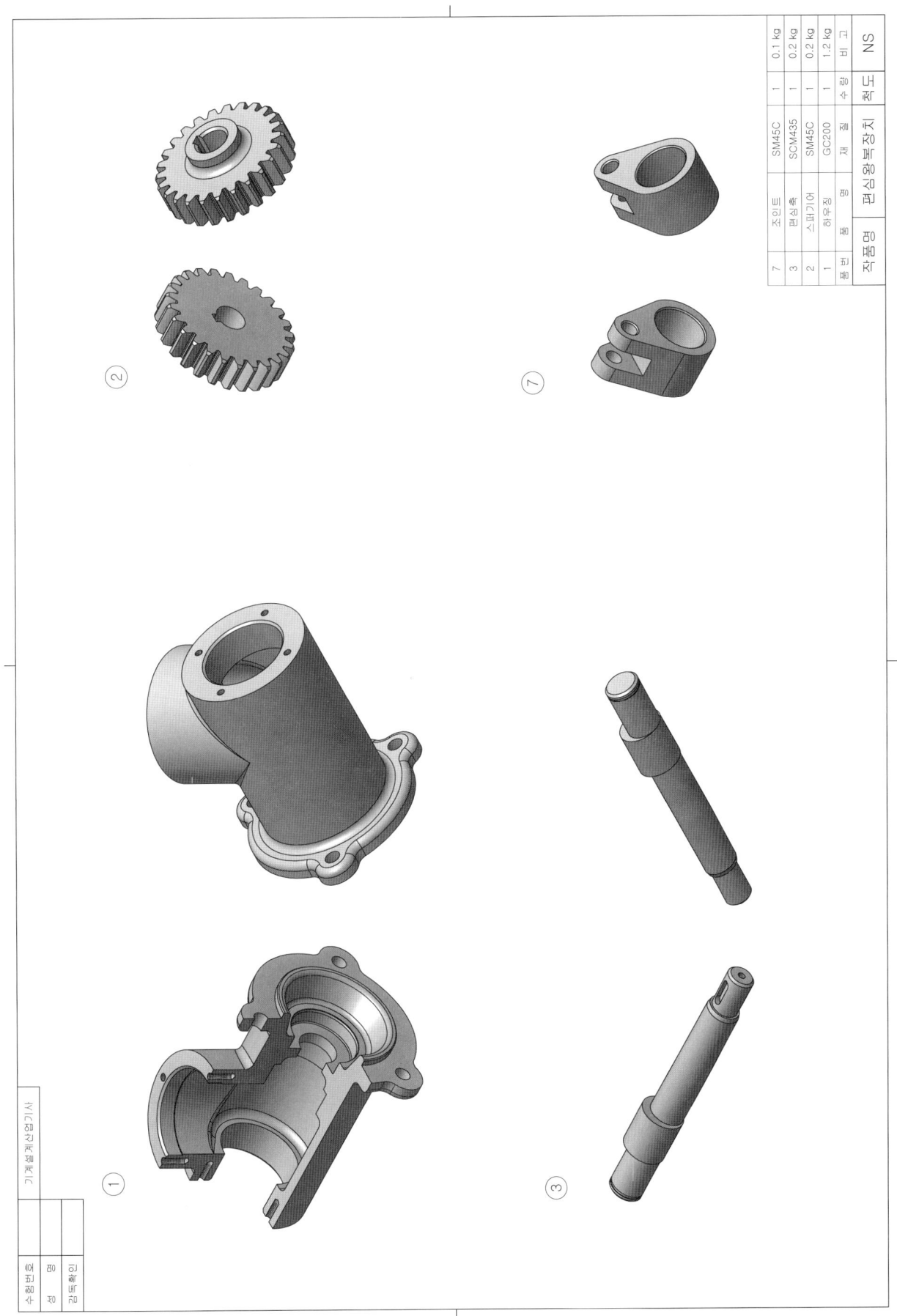

편심왕복장치

3D 모델링

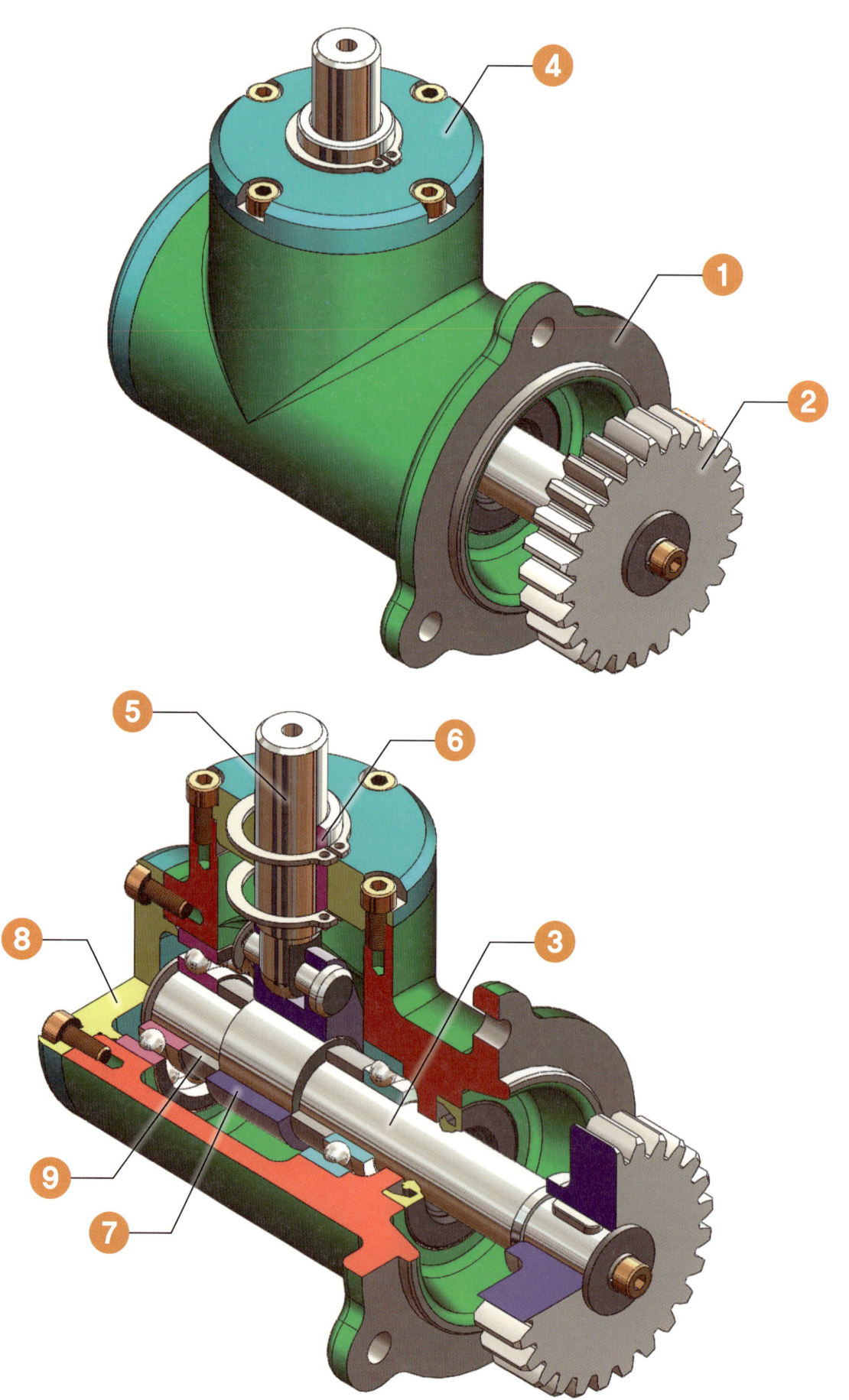

편심왕복장치

분해 등각 구조도

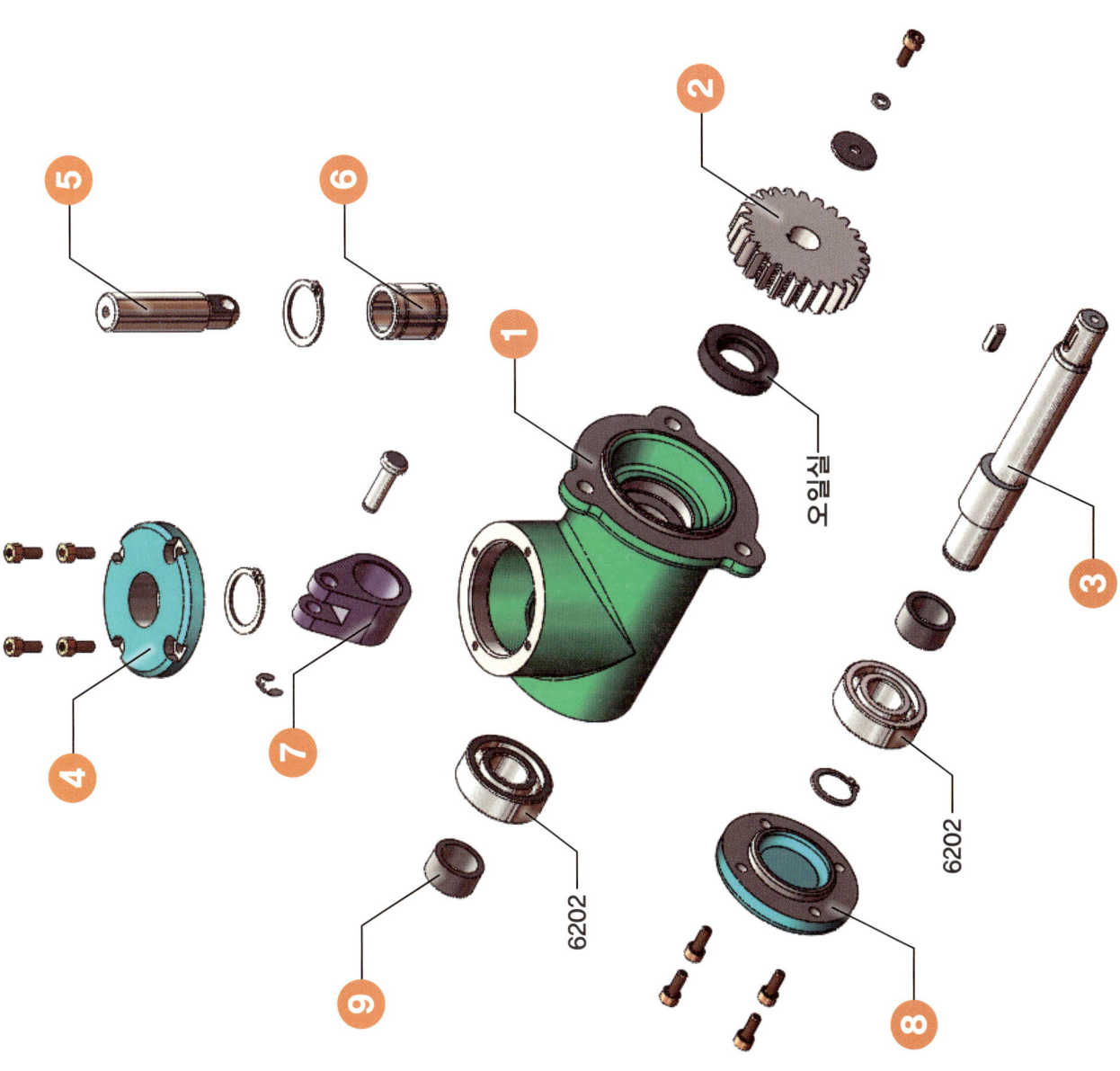

Lesson 6   래크와 피니언 구동장치

실기 과제도면

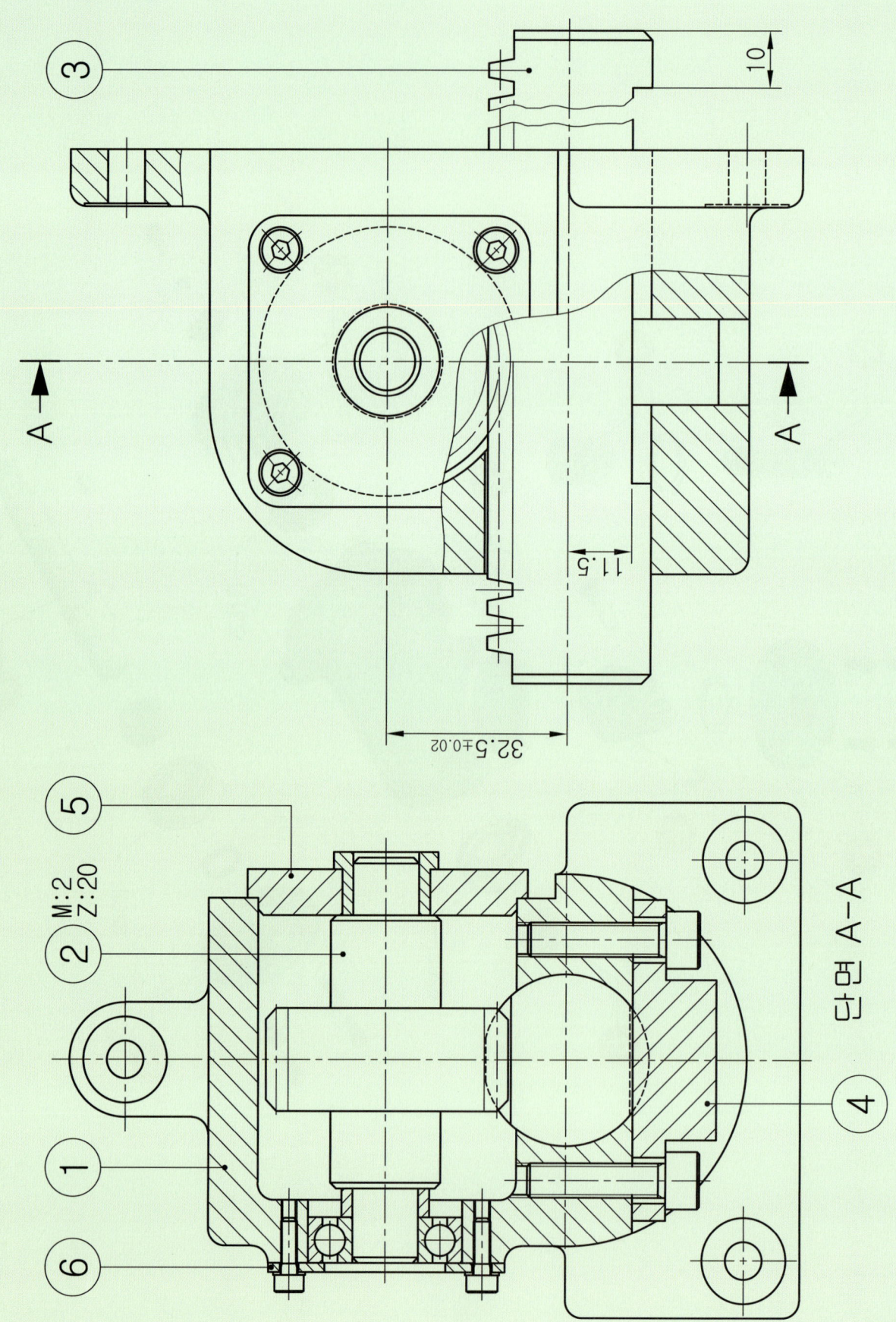

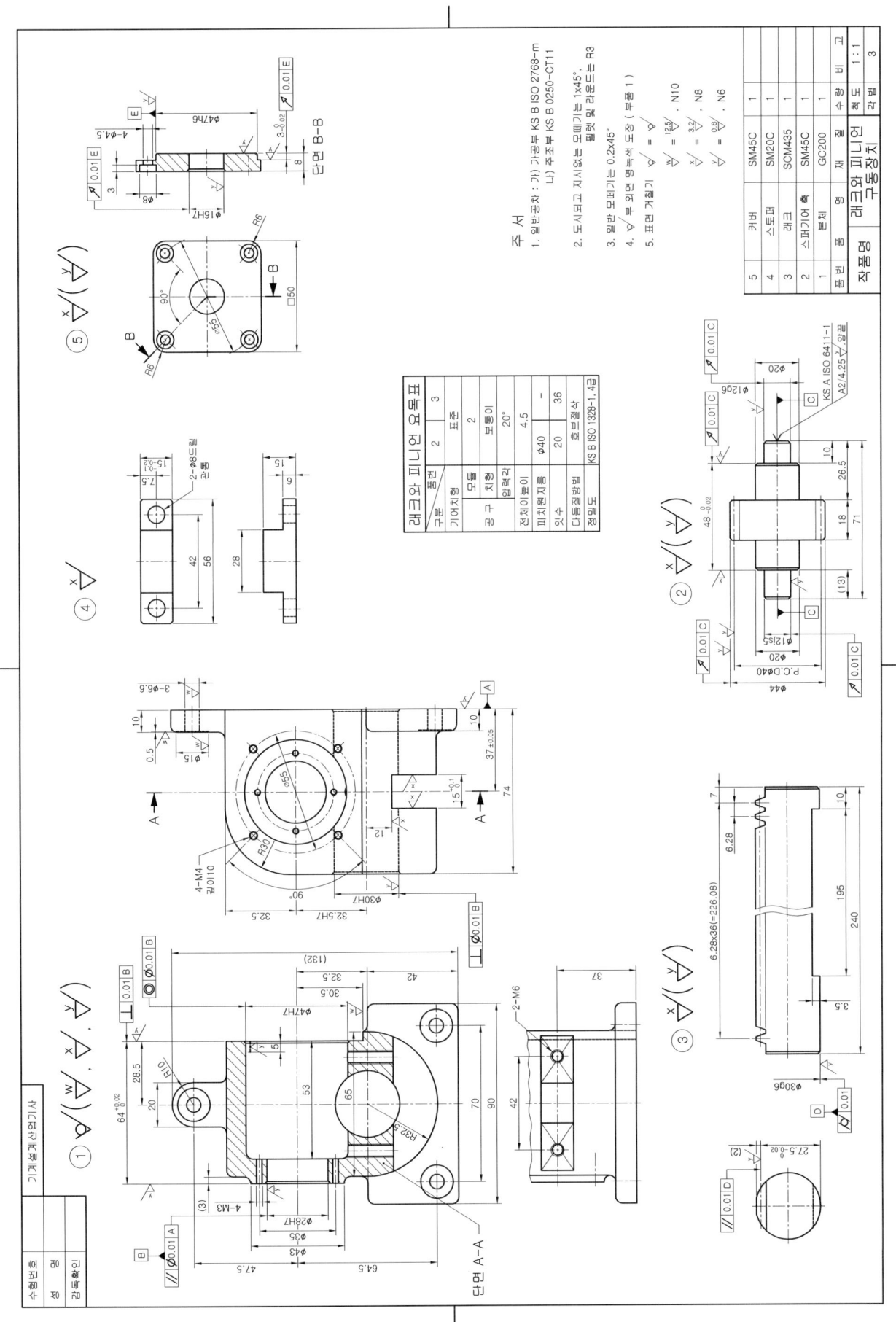

래크와 피니언 구동장치

등각투상도-1

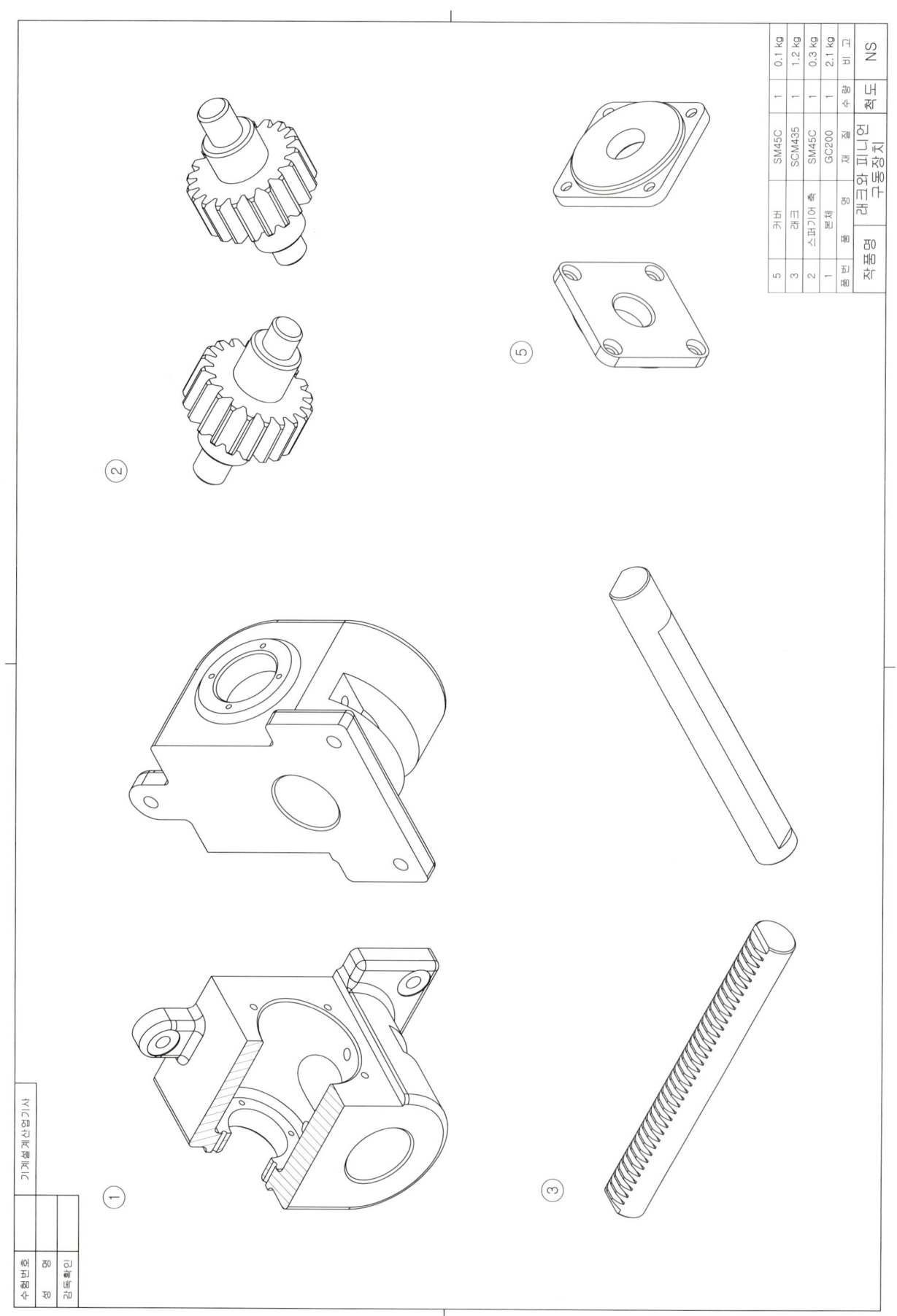

품번	품명	재질	수량	비고
5	커버	SM45C	1	0.1 kg
3	래크	SCM435	1	1.2 kg
2	스퍼기어 축	SM45C	1	0.3 kg
1	본체	GC200	1	2.1 kg

작품명: 래크와 피니언 구동장치
척도: NS

래크와 피니언 구동장치

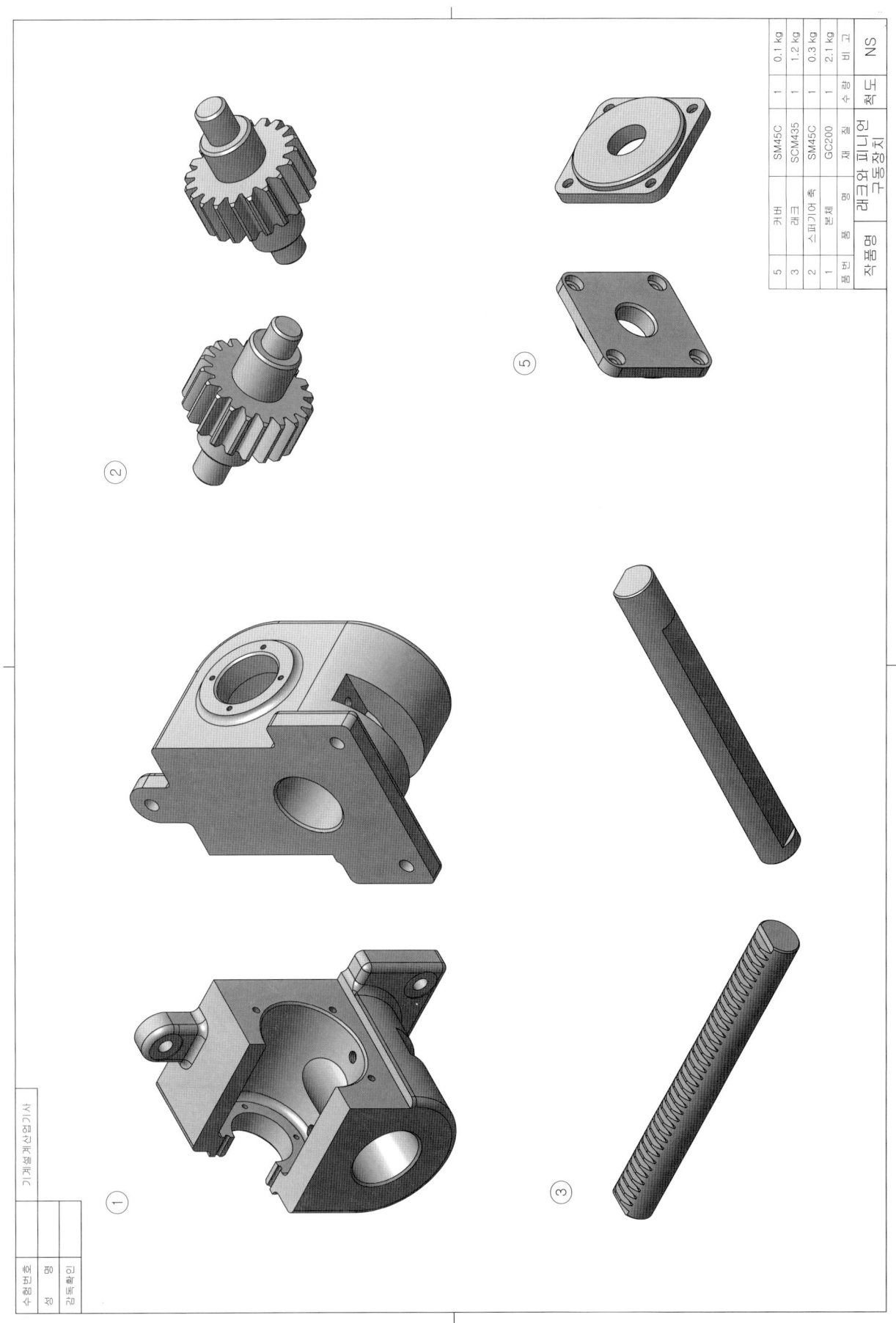

래크와 피니언 구동장치

3D 모델링

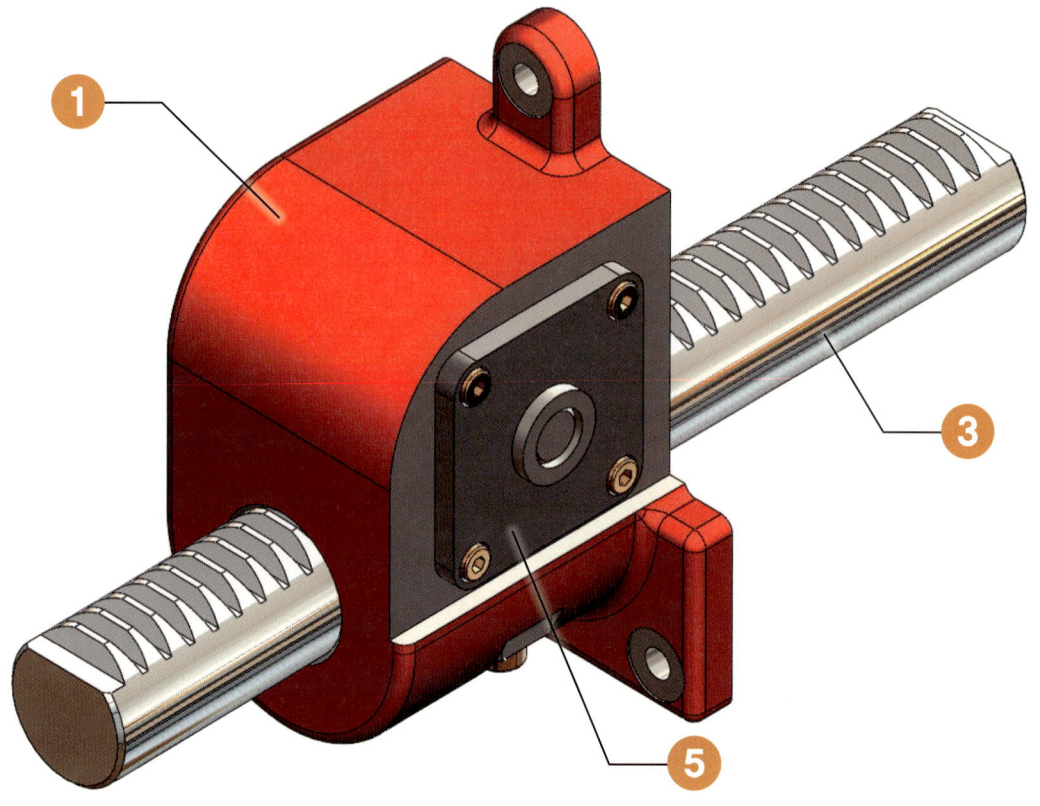

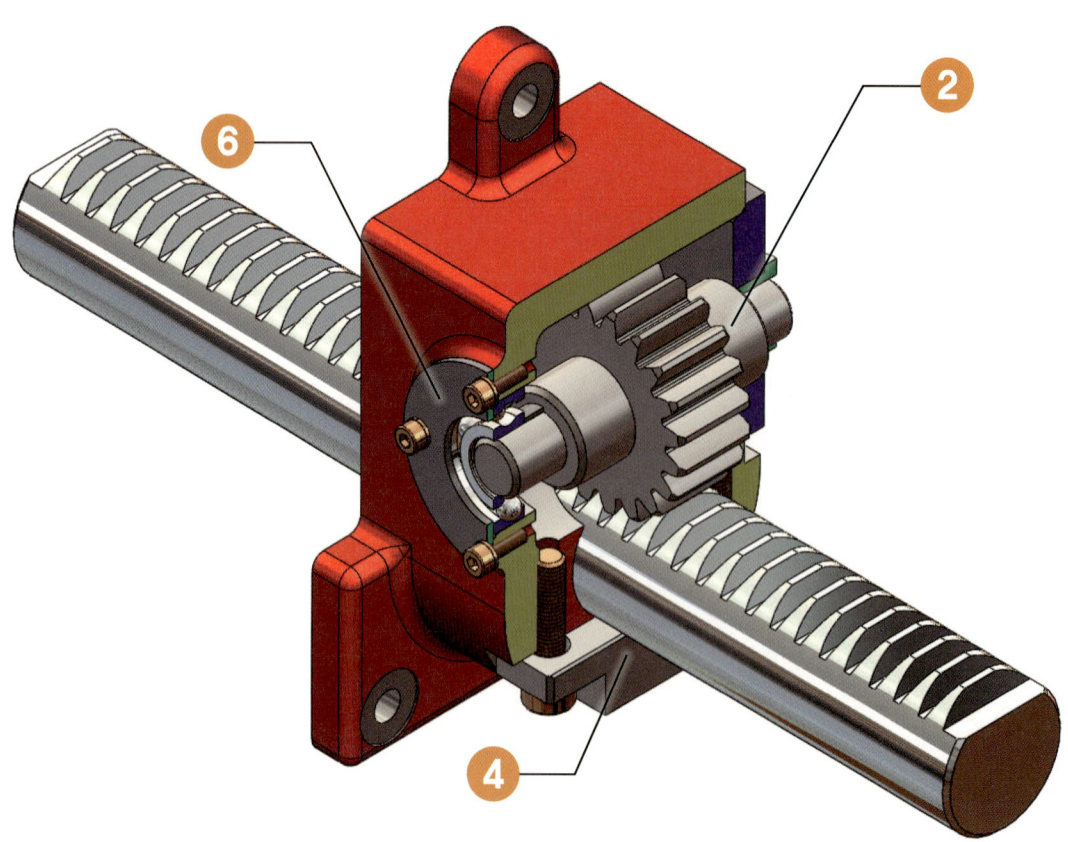

래크와 피니언 구동장치

분해 등각 구조도

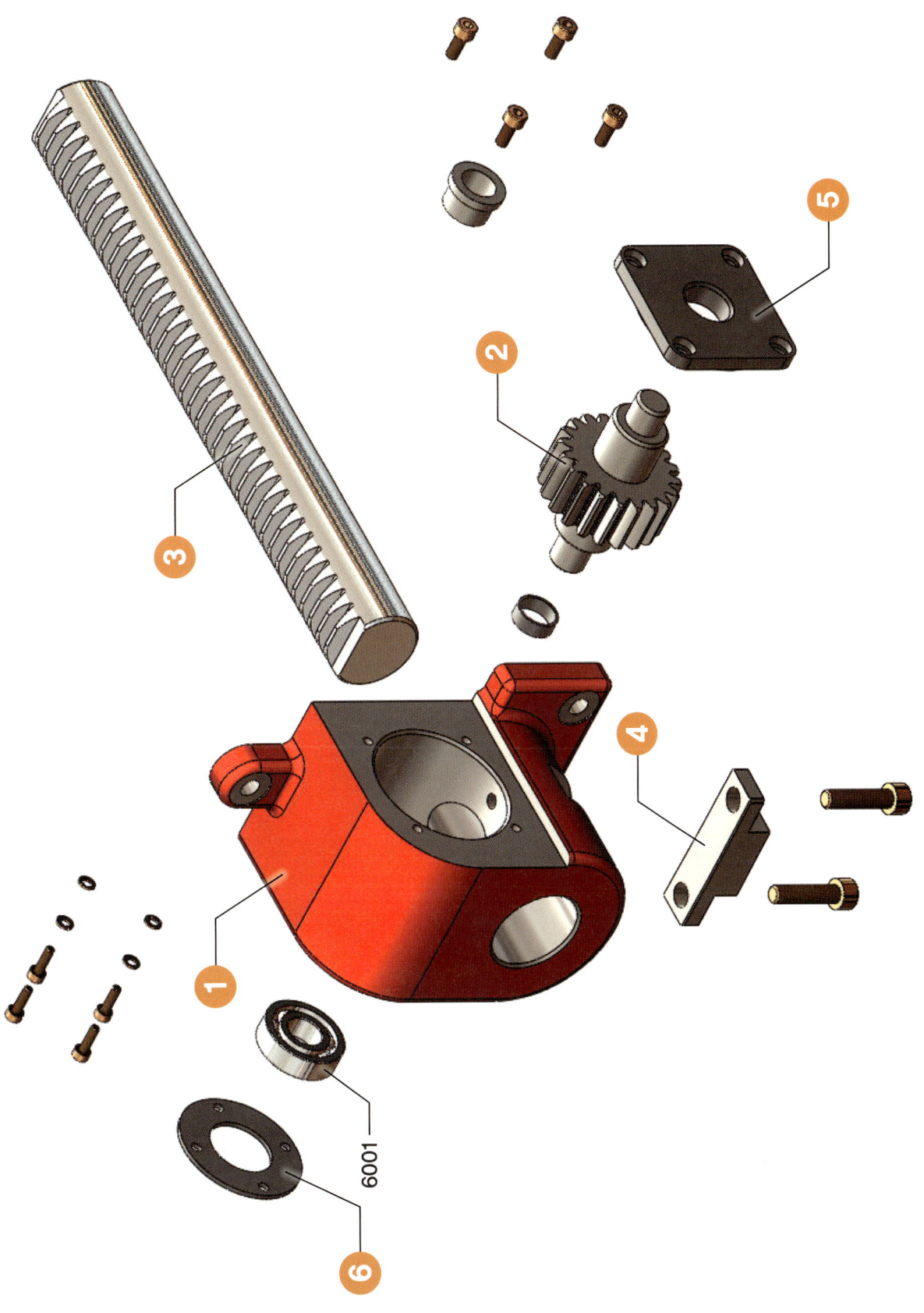

Lesson 7 기어박스

실기 과제도면

기어박스-1

아이볼트 M8
우측 1개소

M:2 Z:32

M:2 Z:20

6003

6004

M:2 Z:32

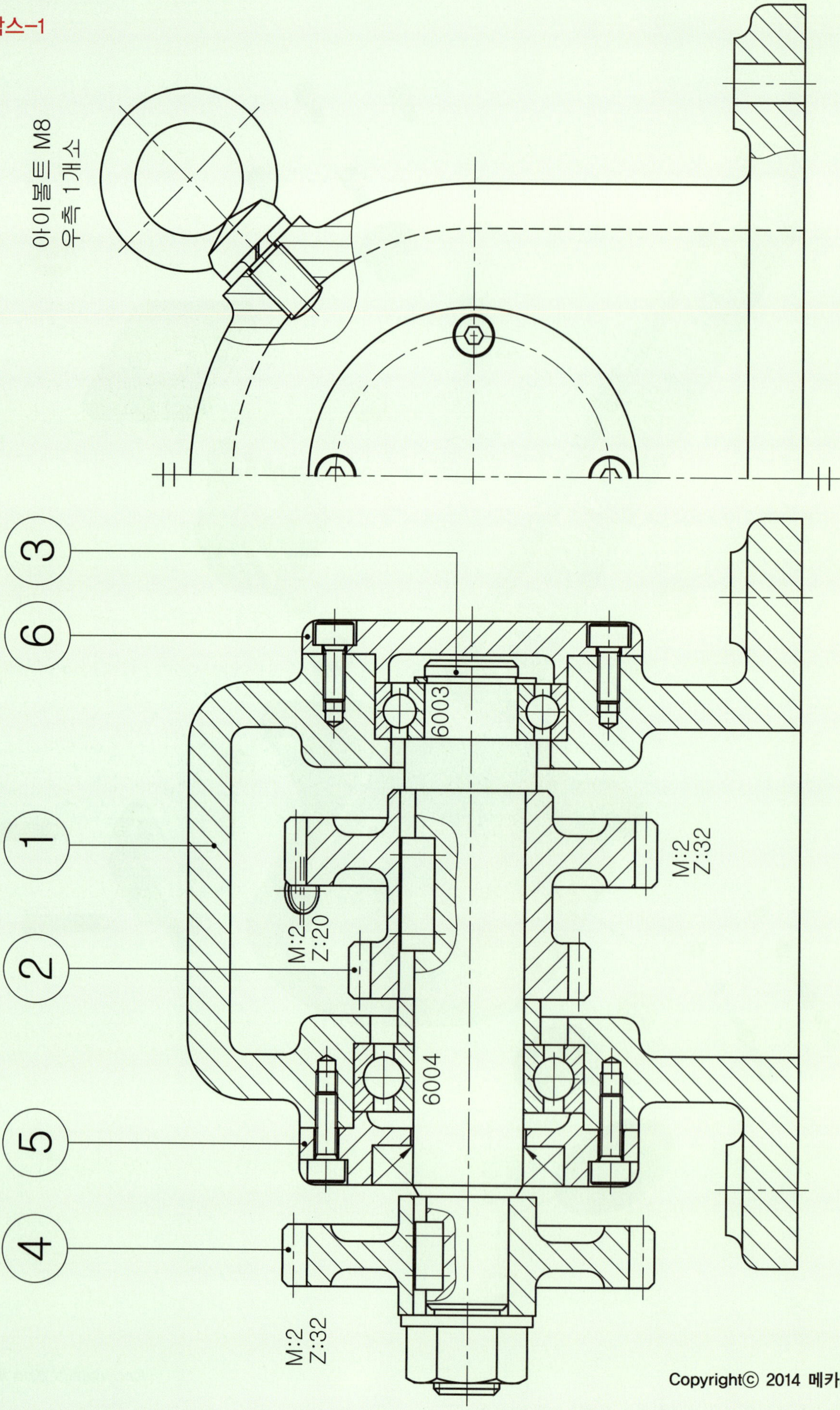

Copyright© 2014 메카피아

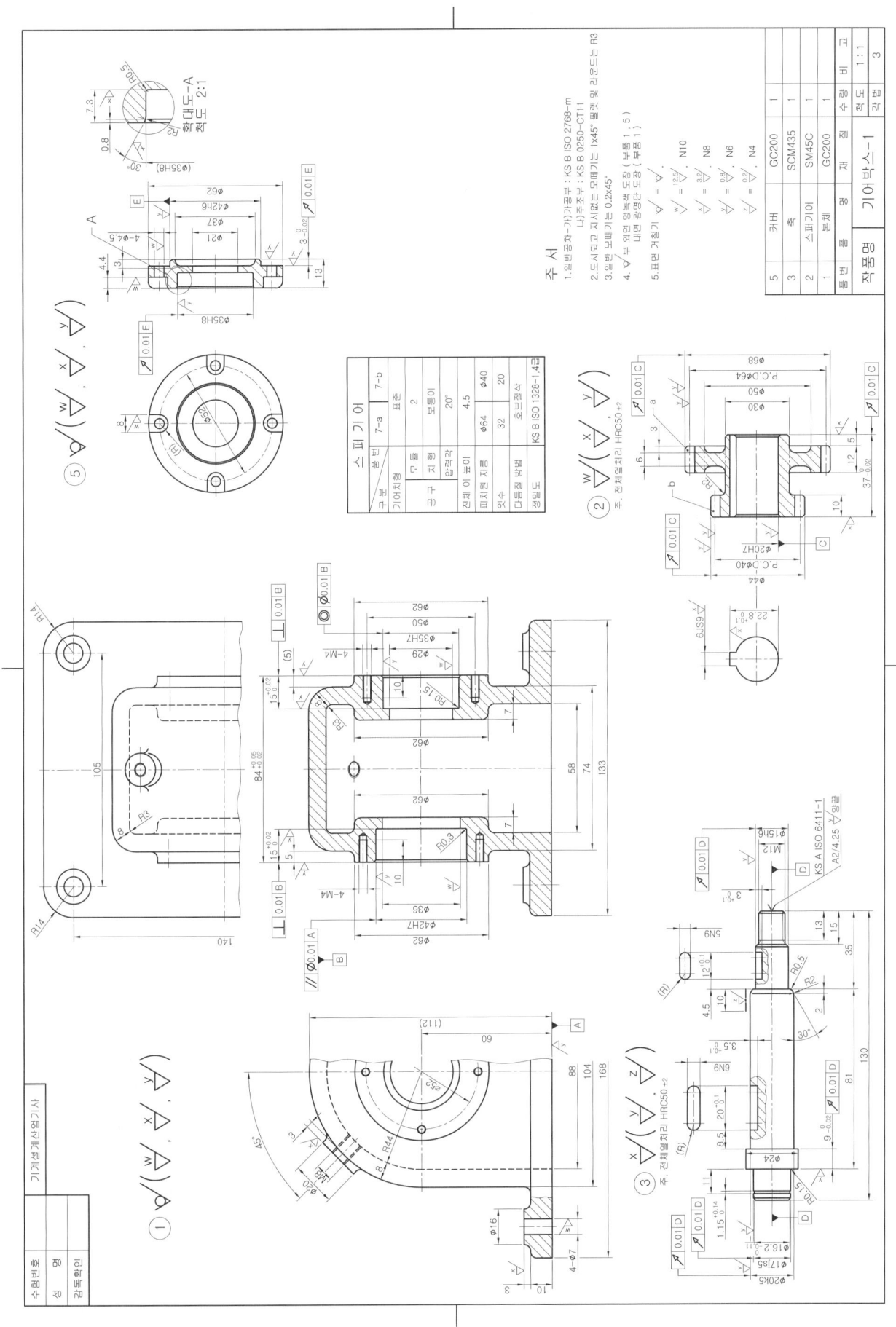

기어박스-1

등각투상도-1

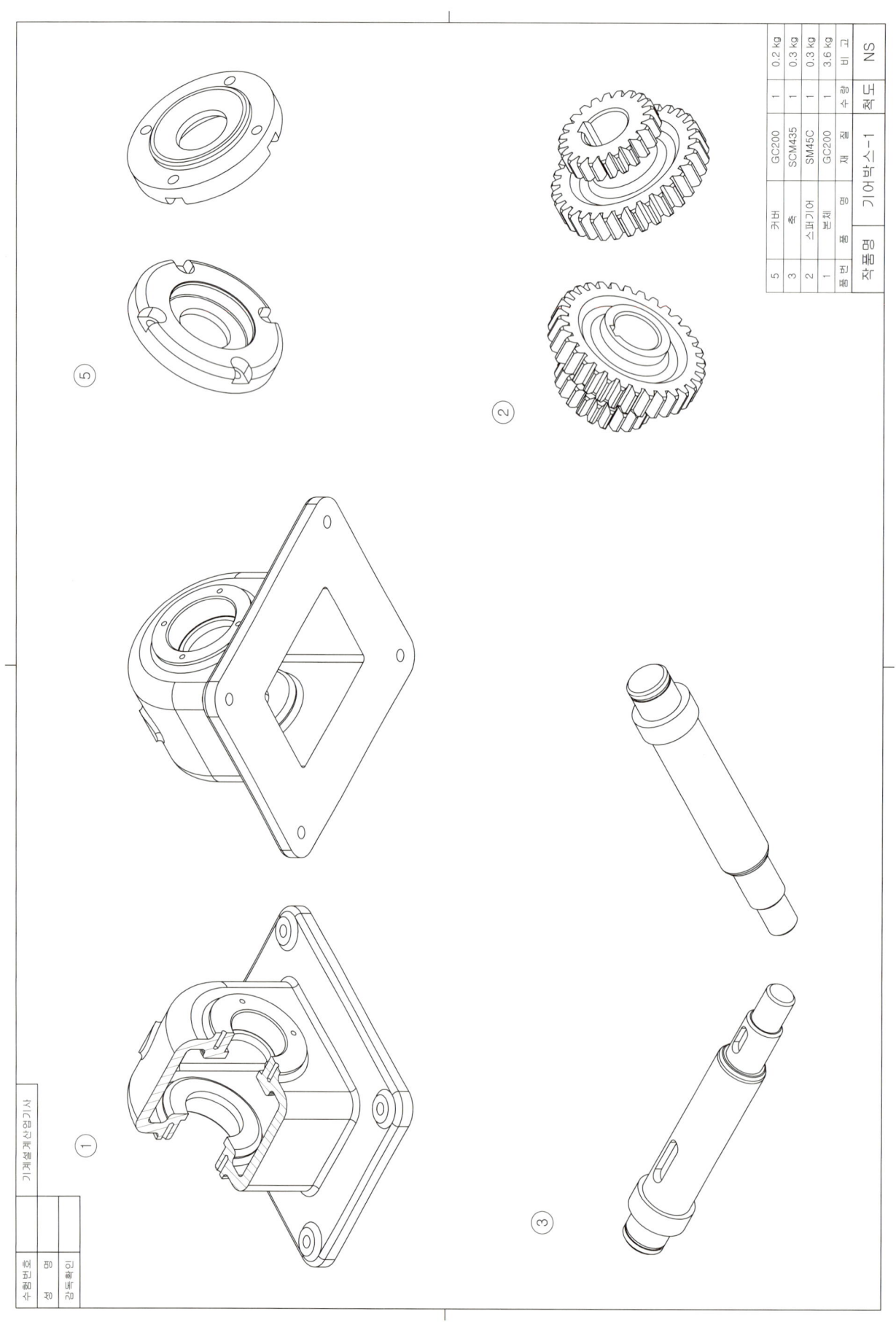

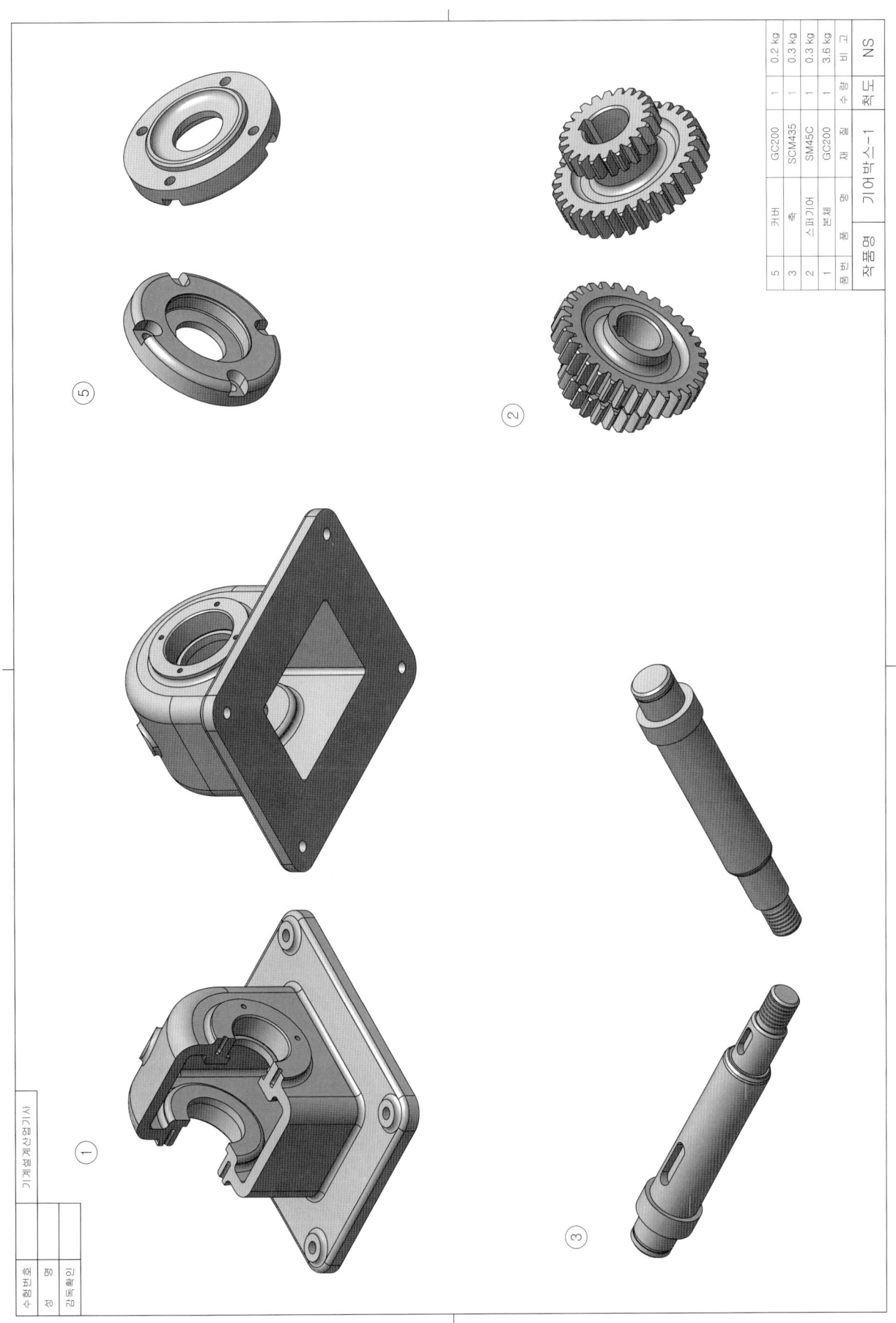

기어박스-1

3D 모델링

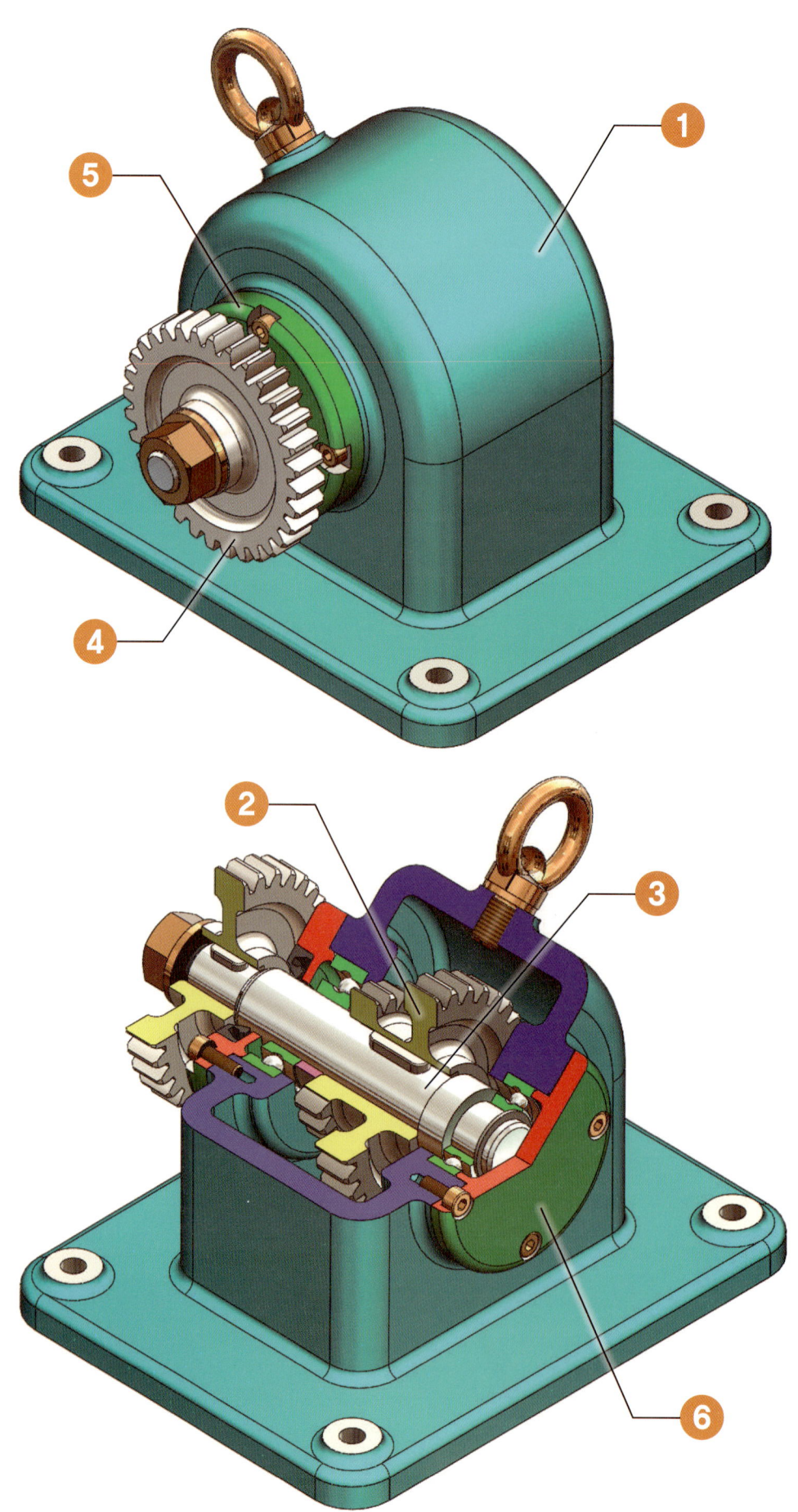

기어박스-1

분해 등각 구조도

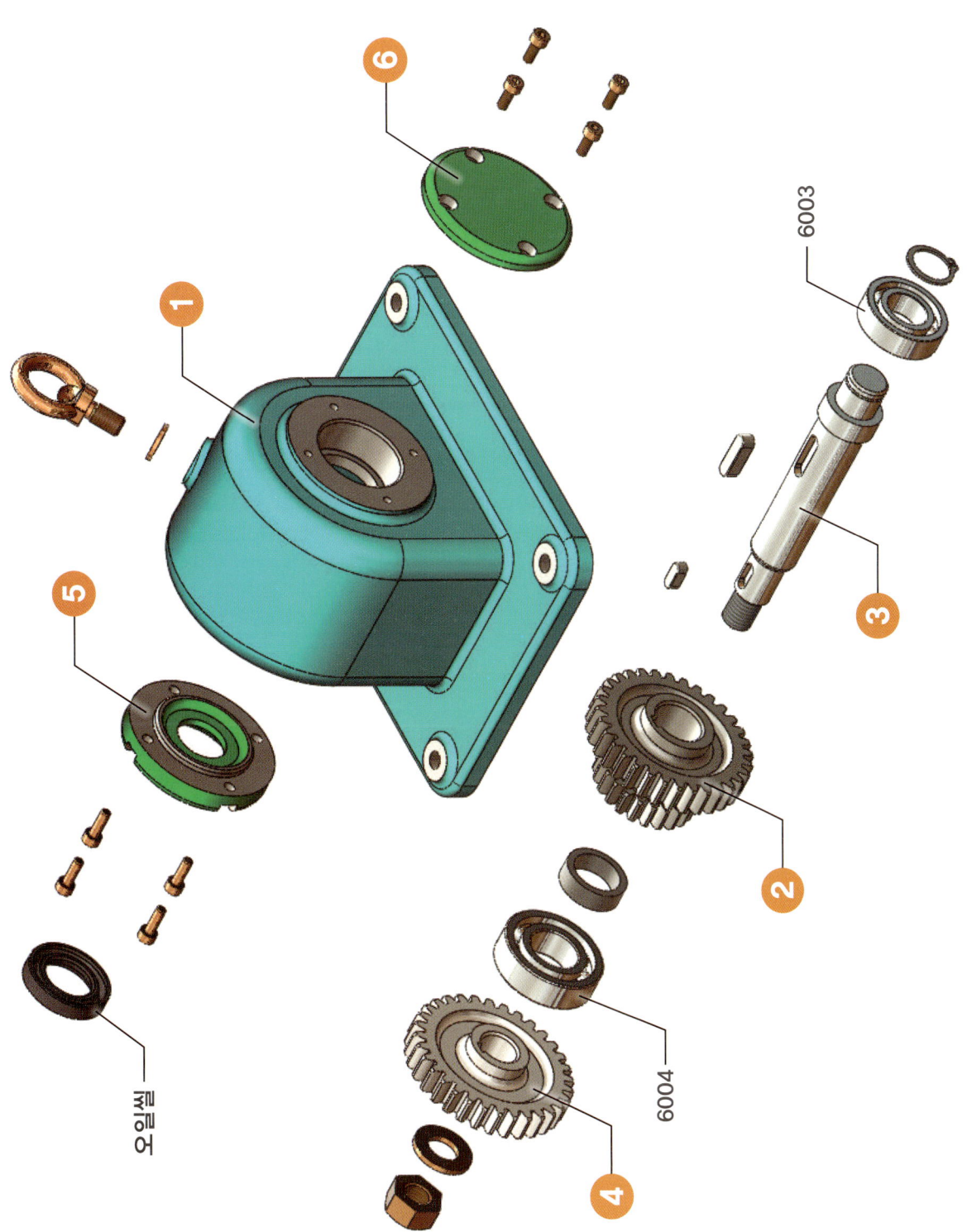

기어박스-2

실기 과제도면

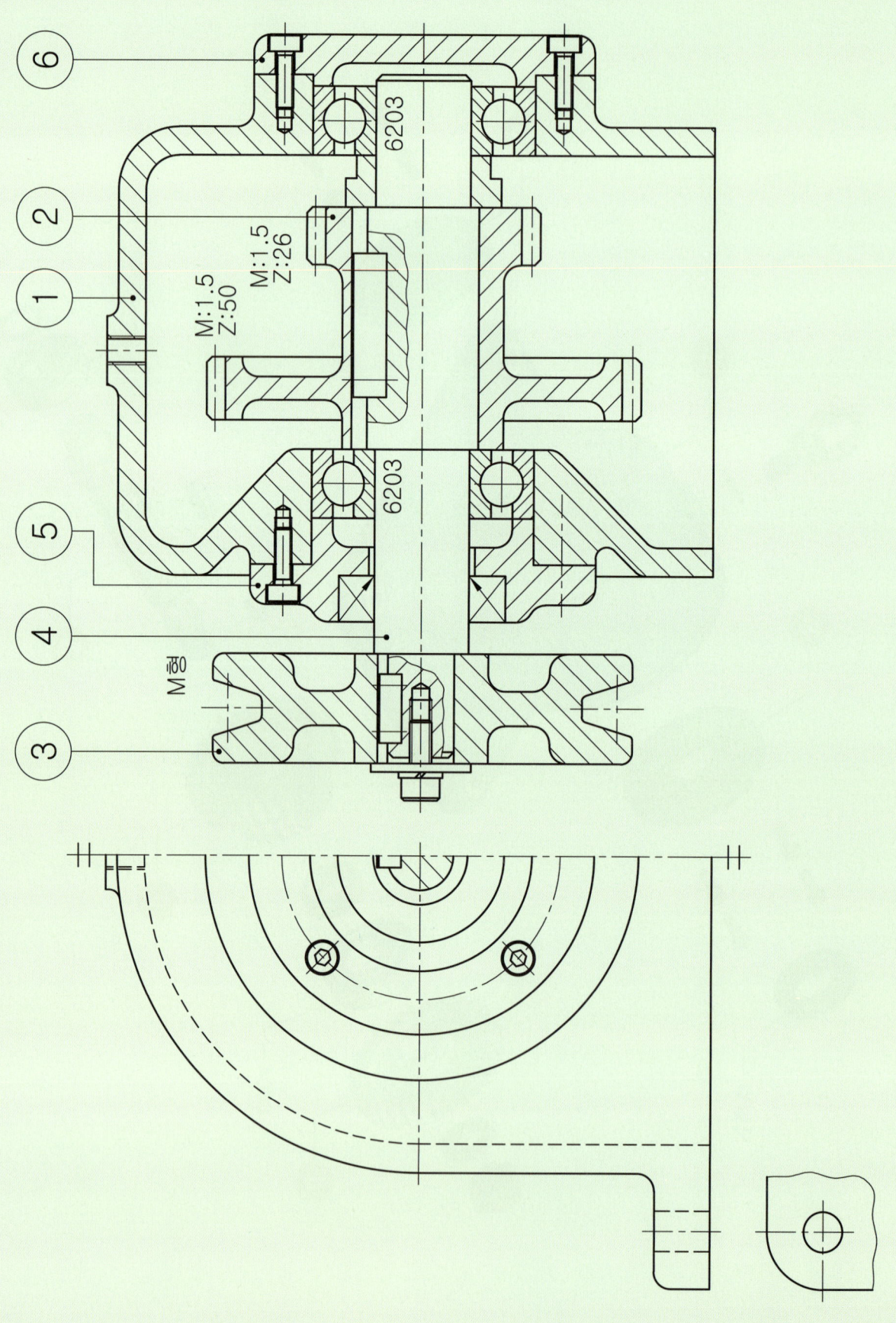

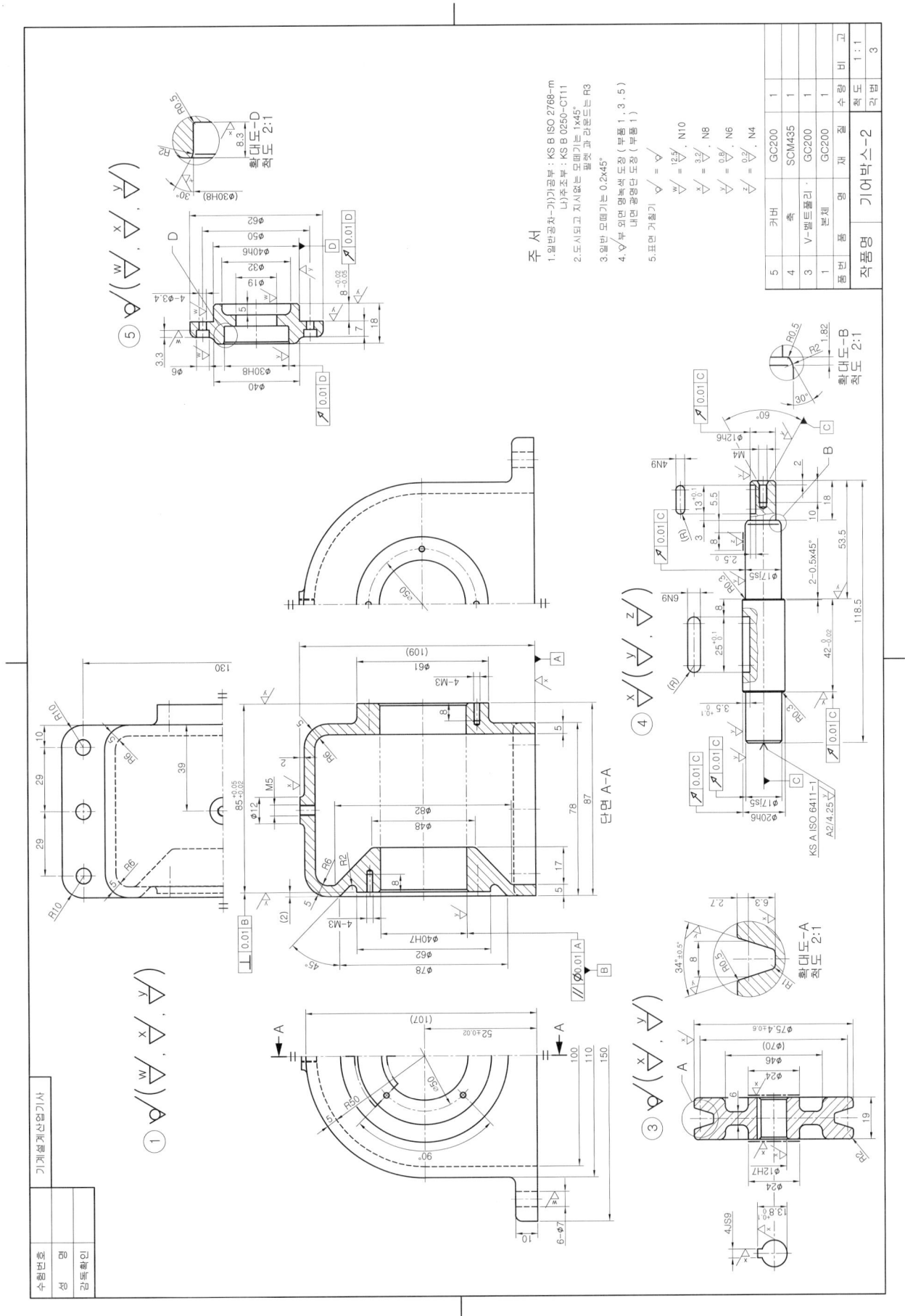

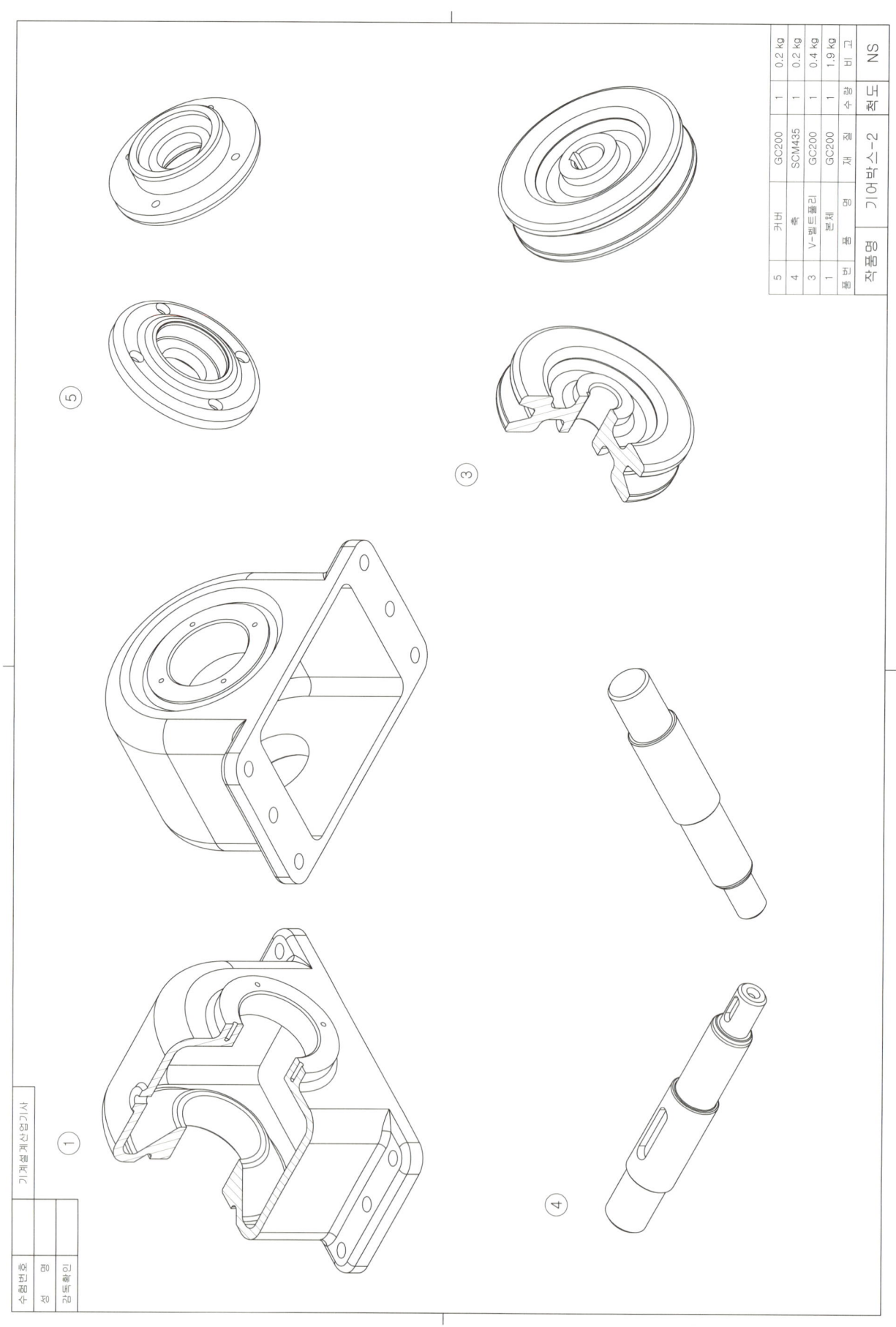

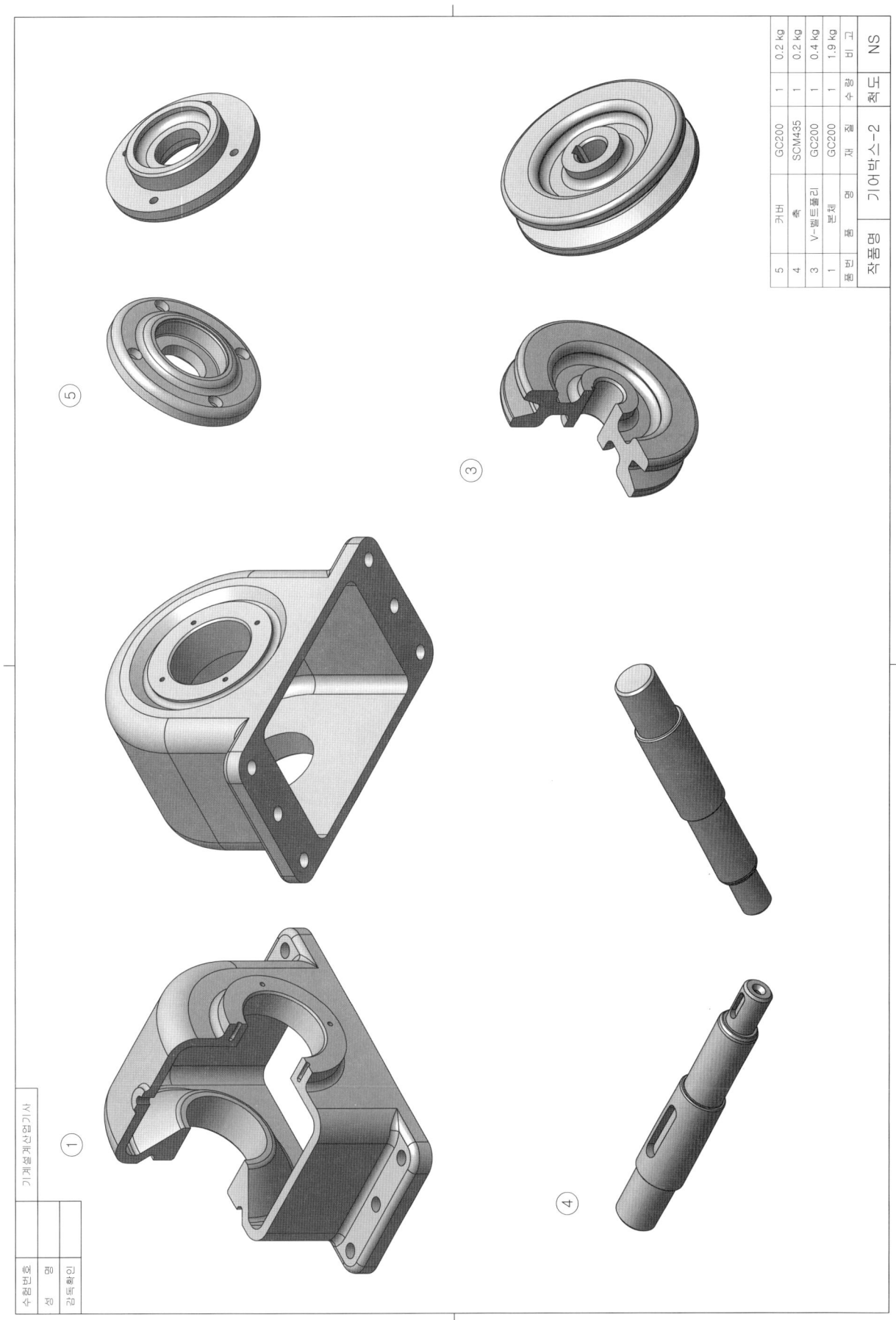

기어박스-2

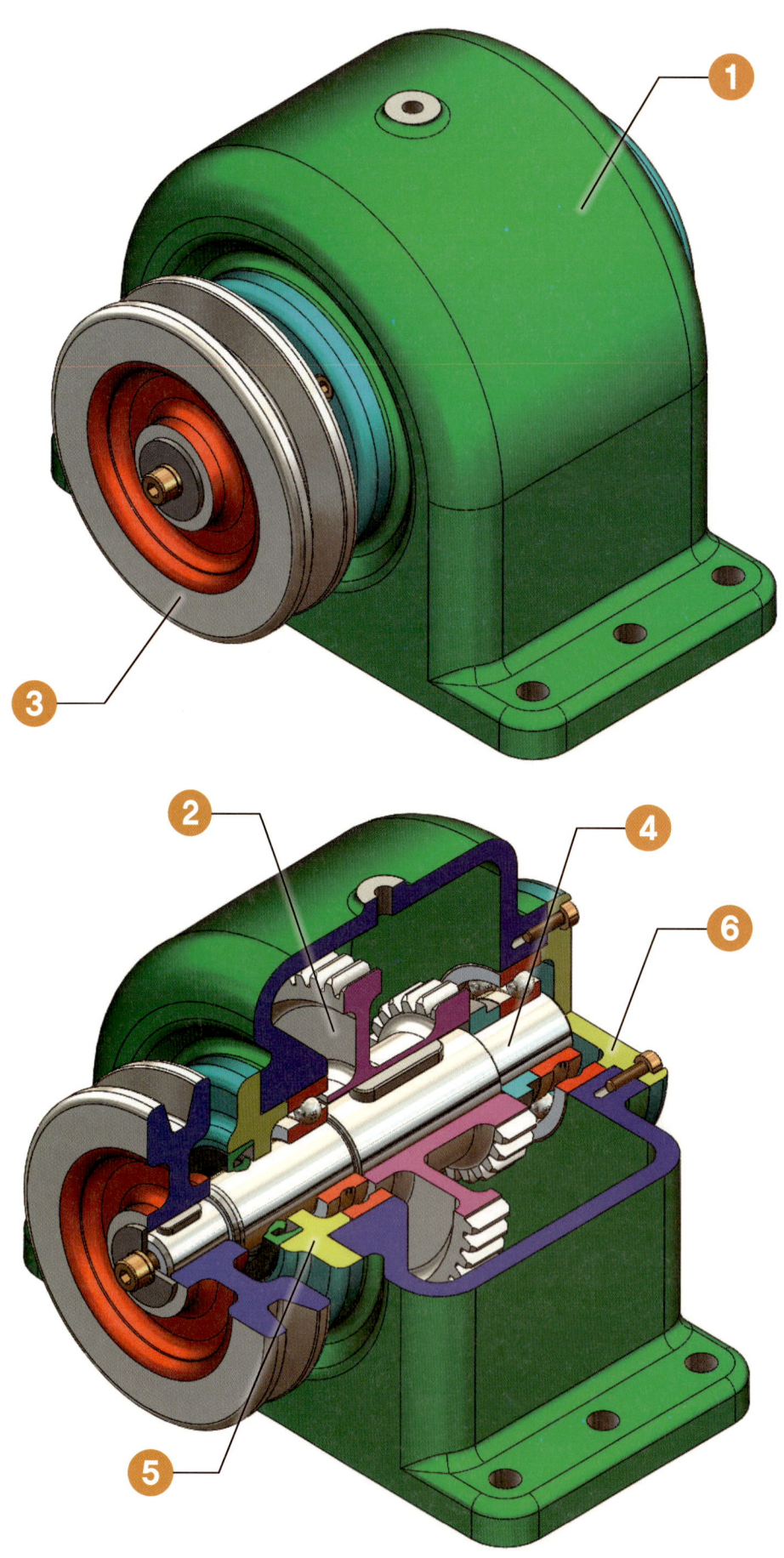

기어박스-2

분해 등각 구조도

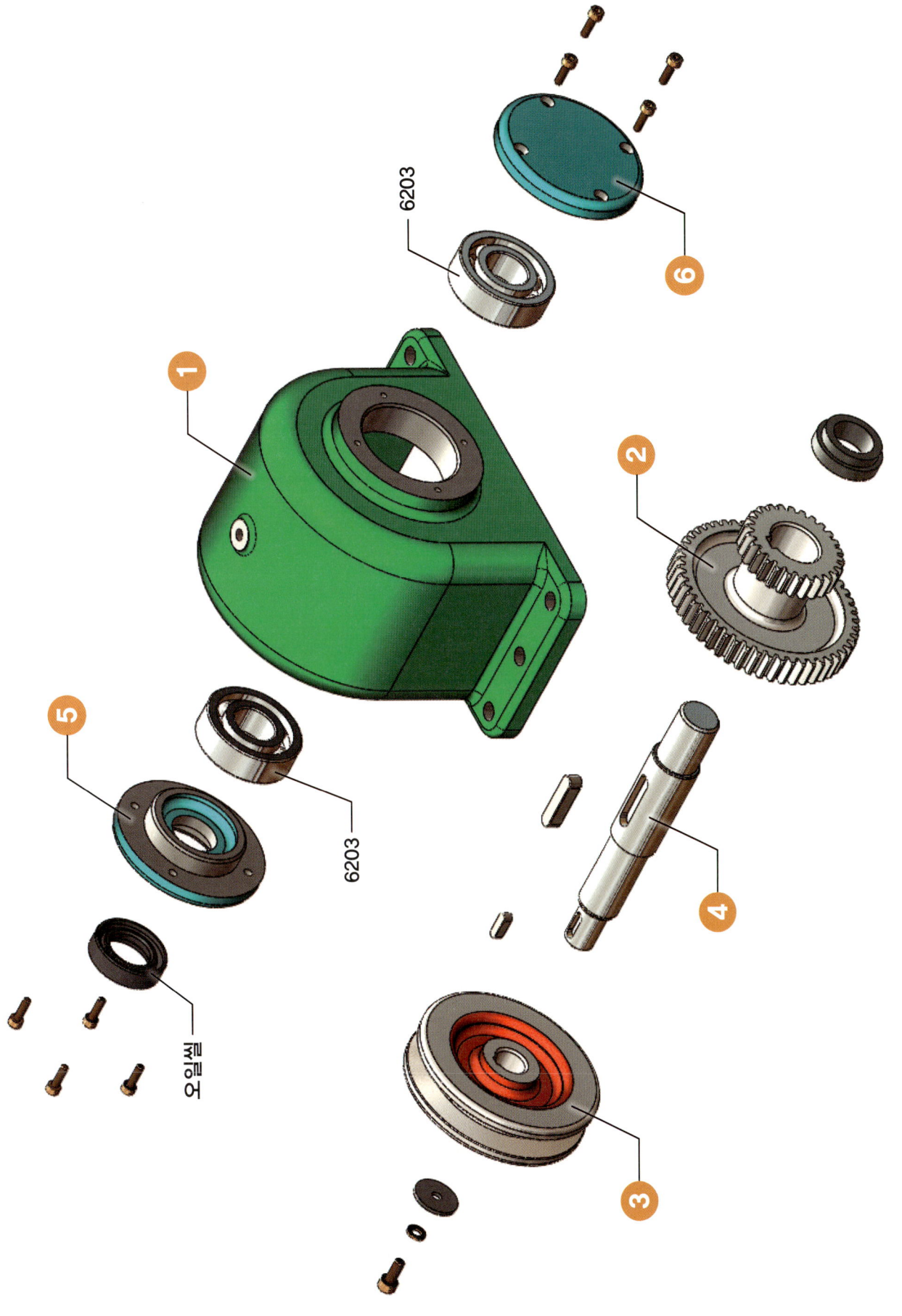

기어박스-3

실기 과제도면

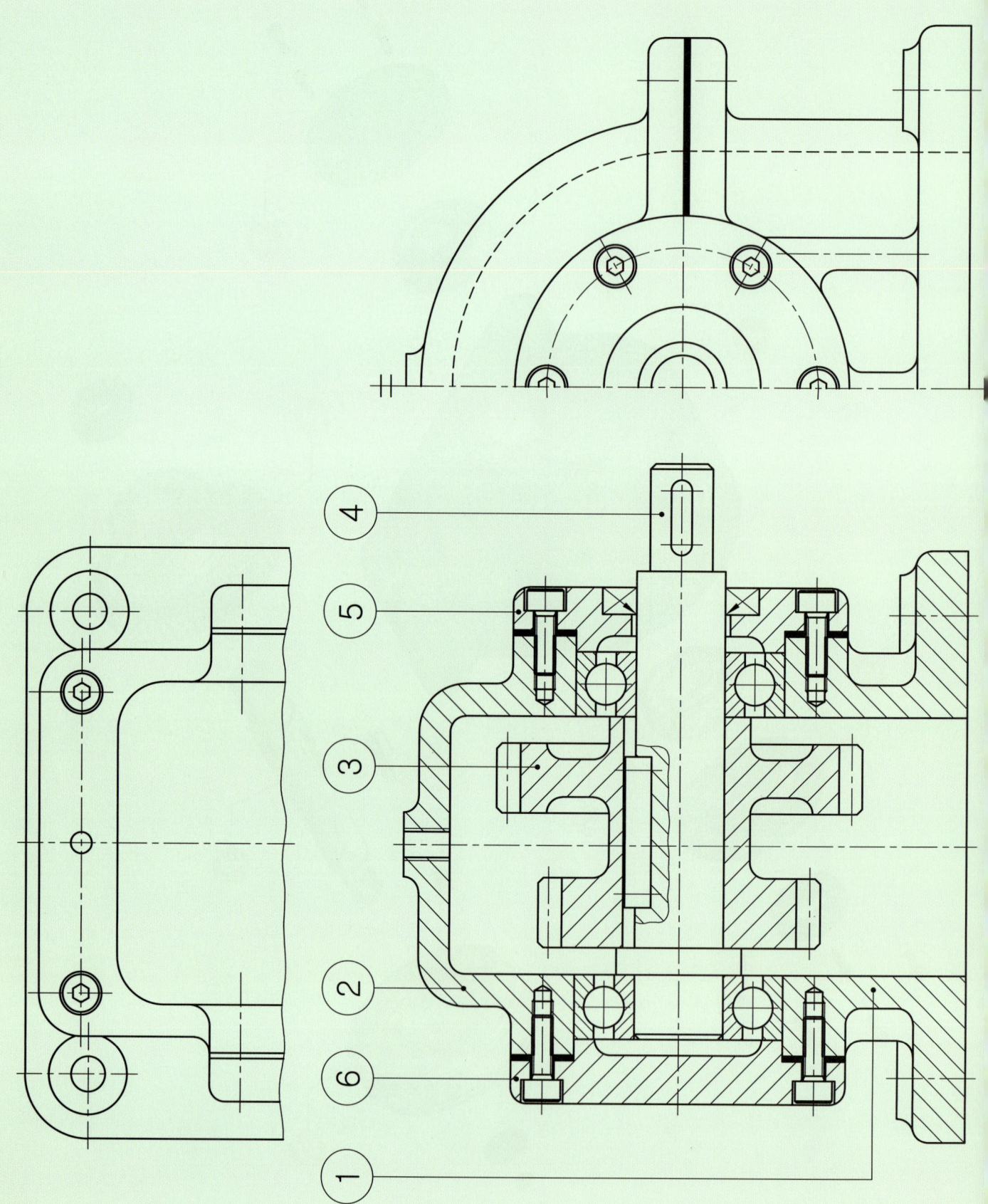

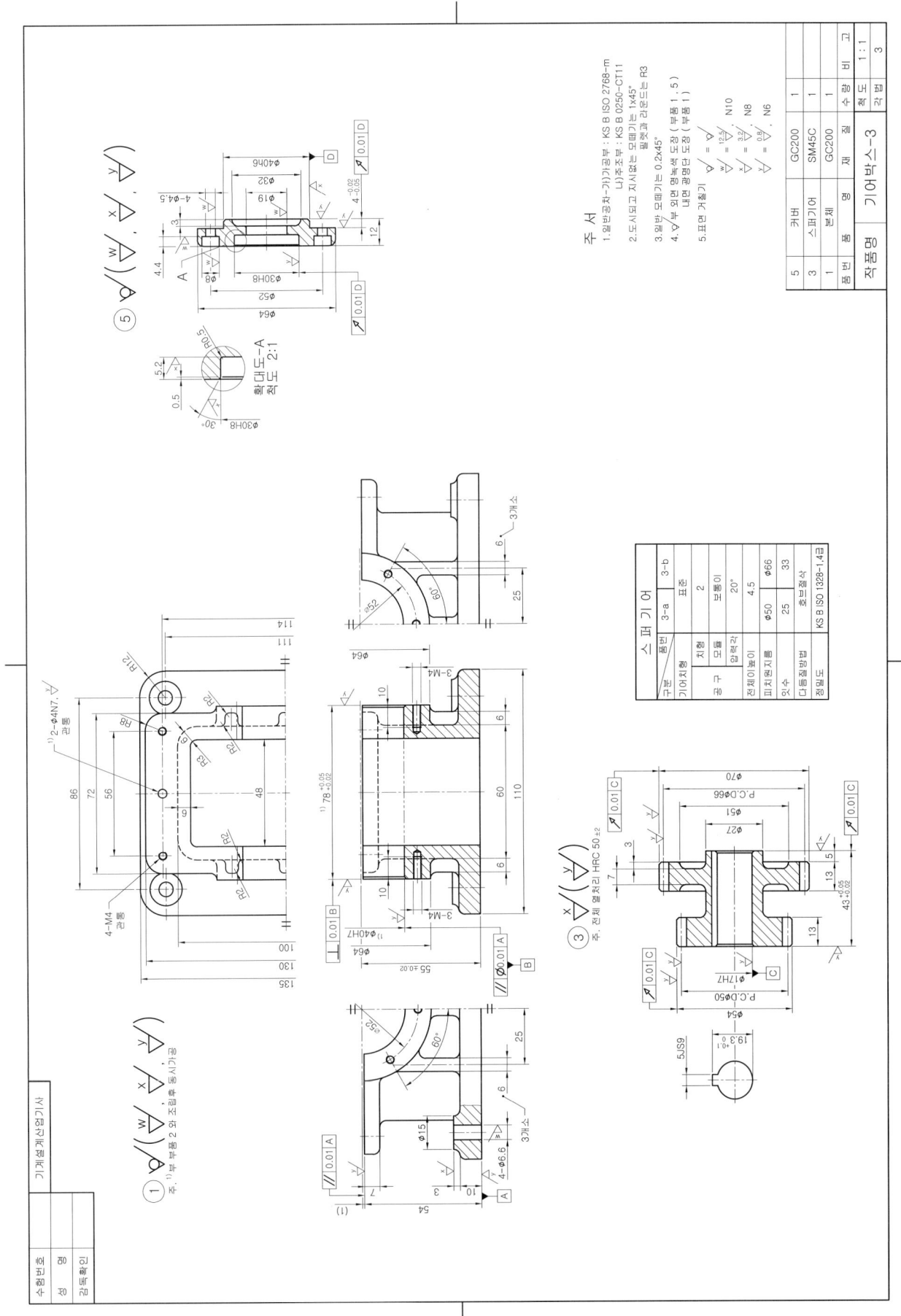

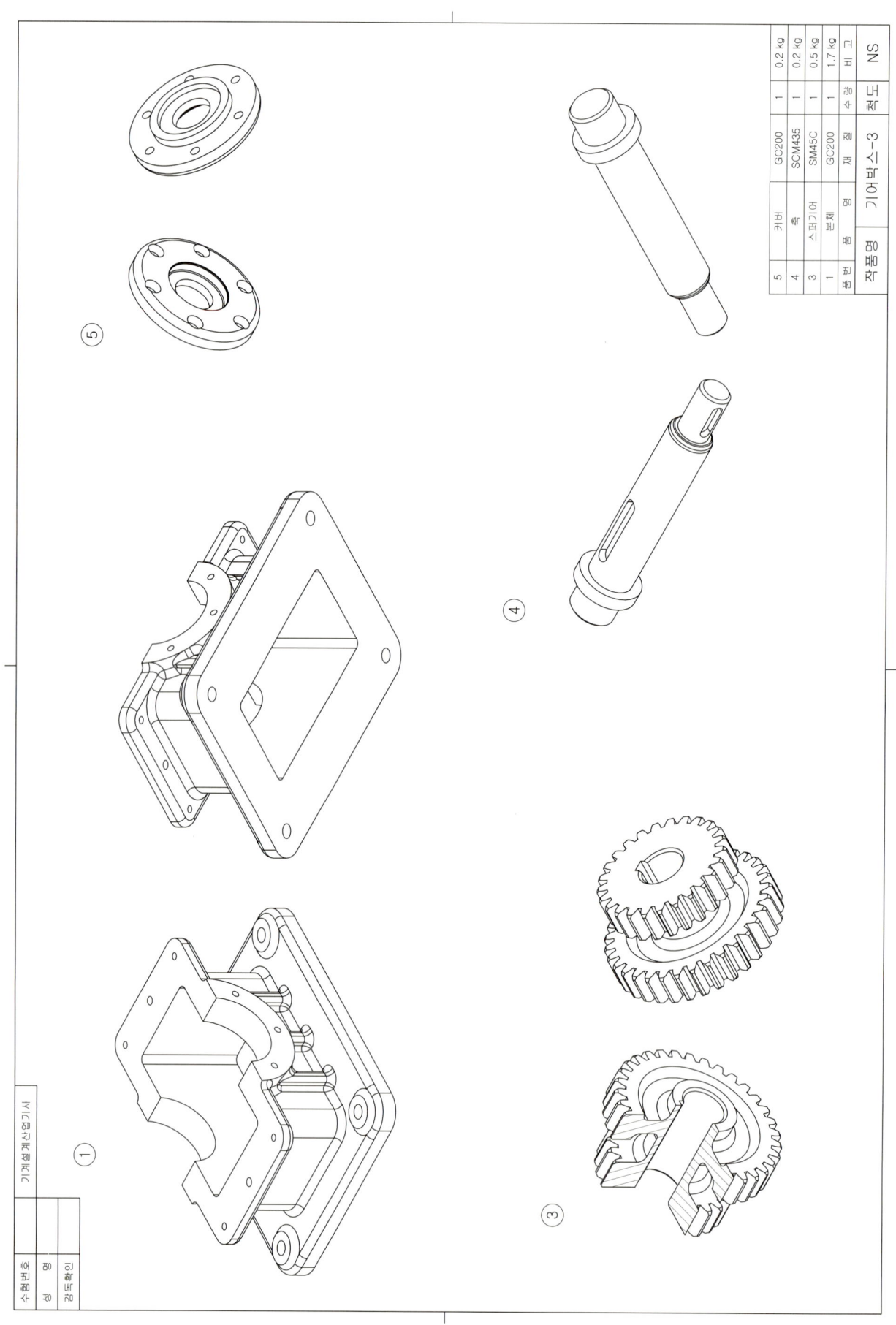

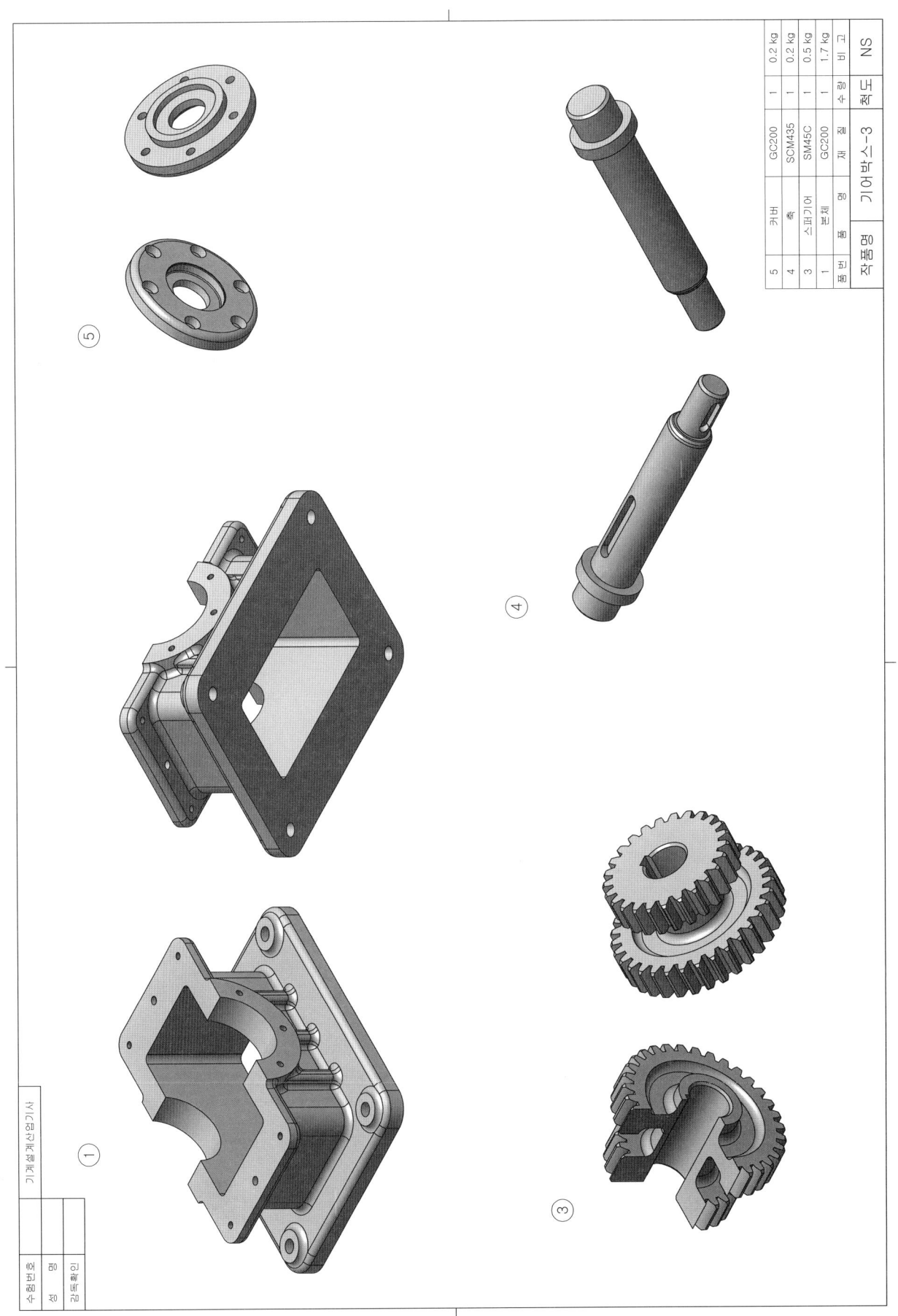

기어박스-3

3D 모델링

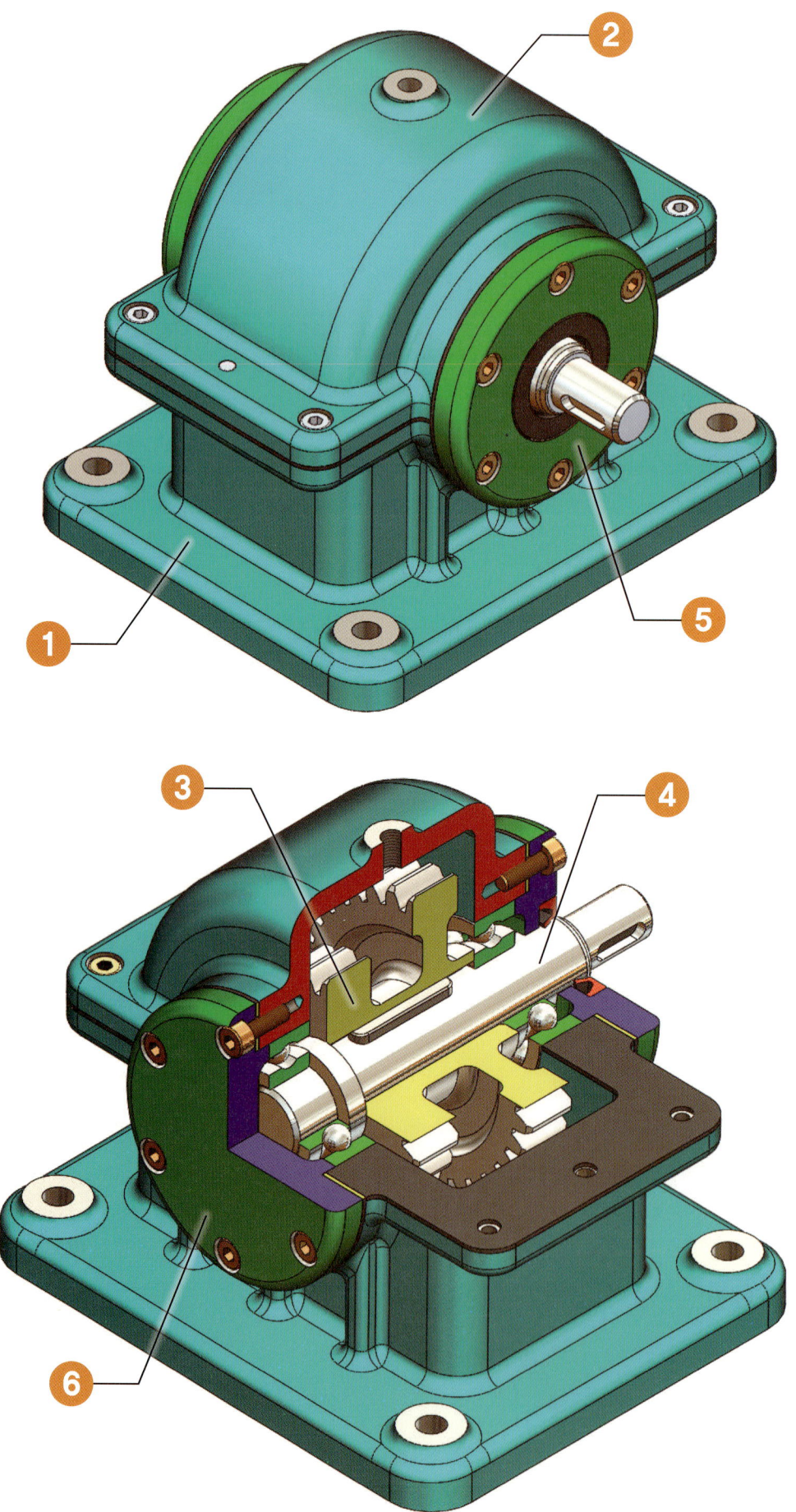

기어박스-3

분해 등각 구조도

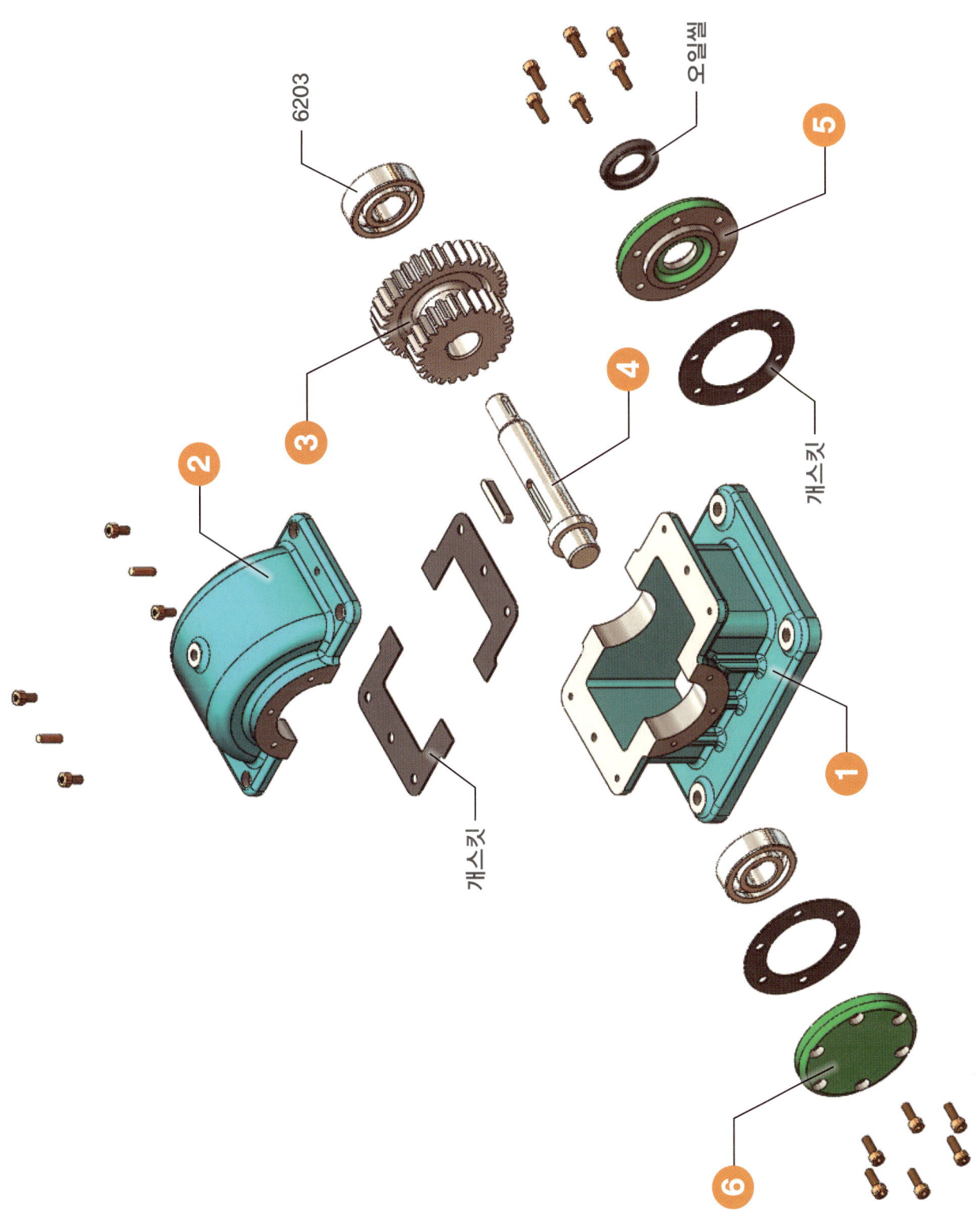

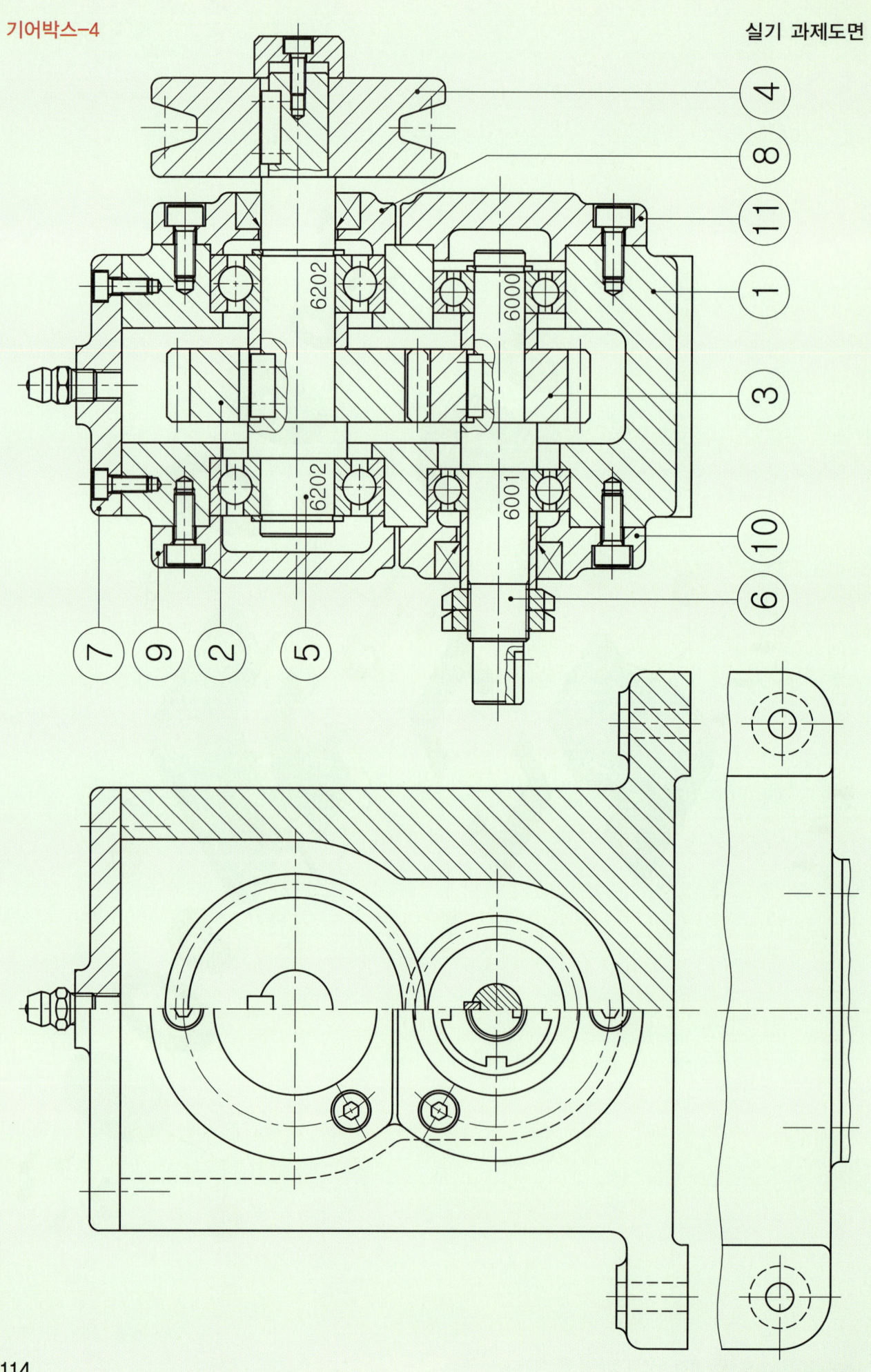

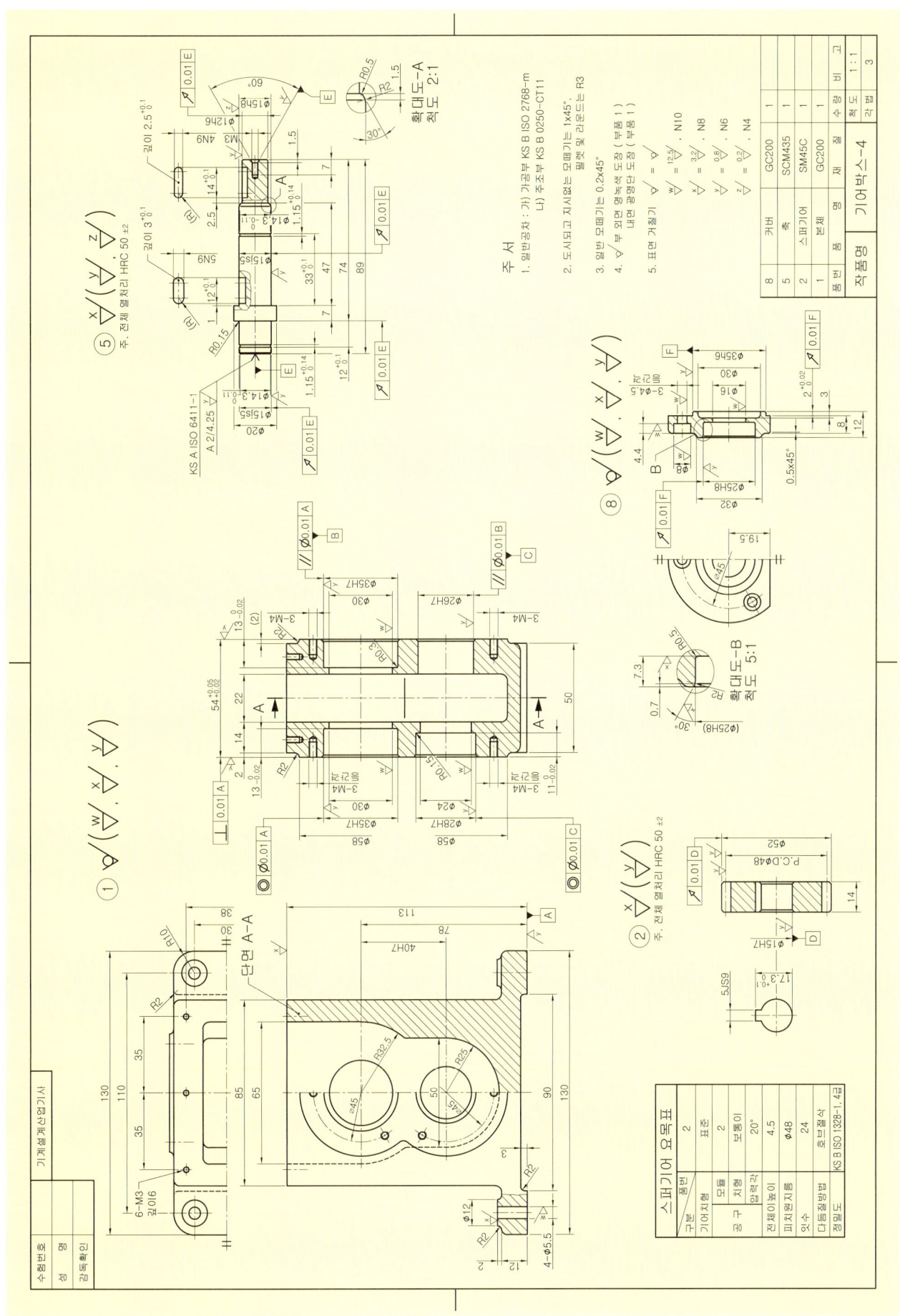

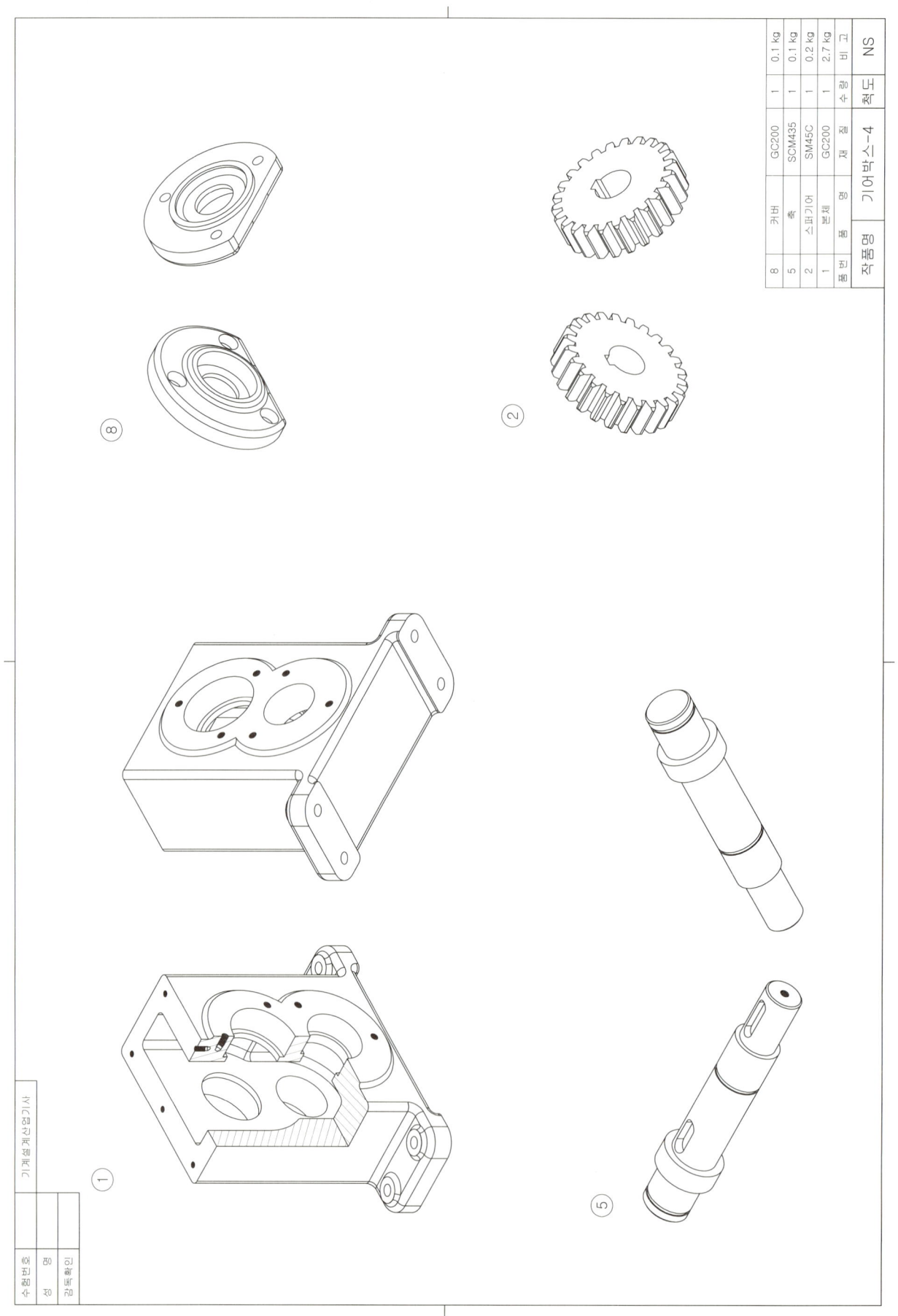

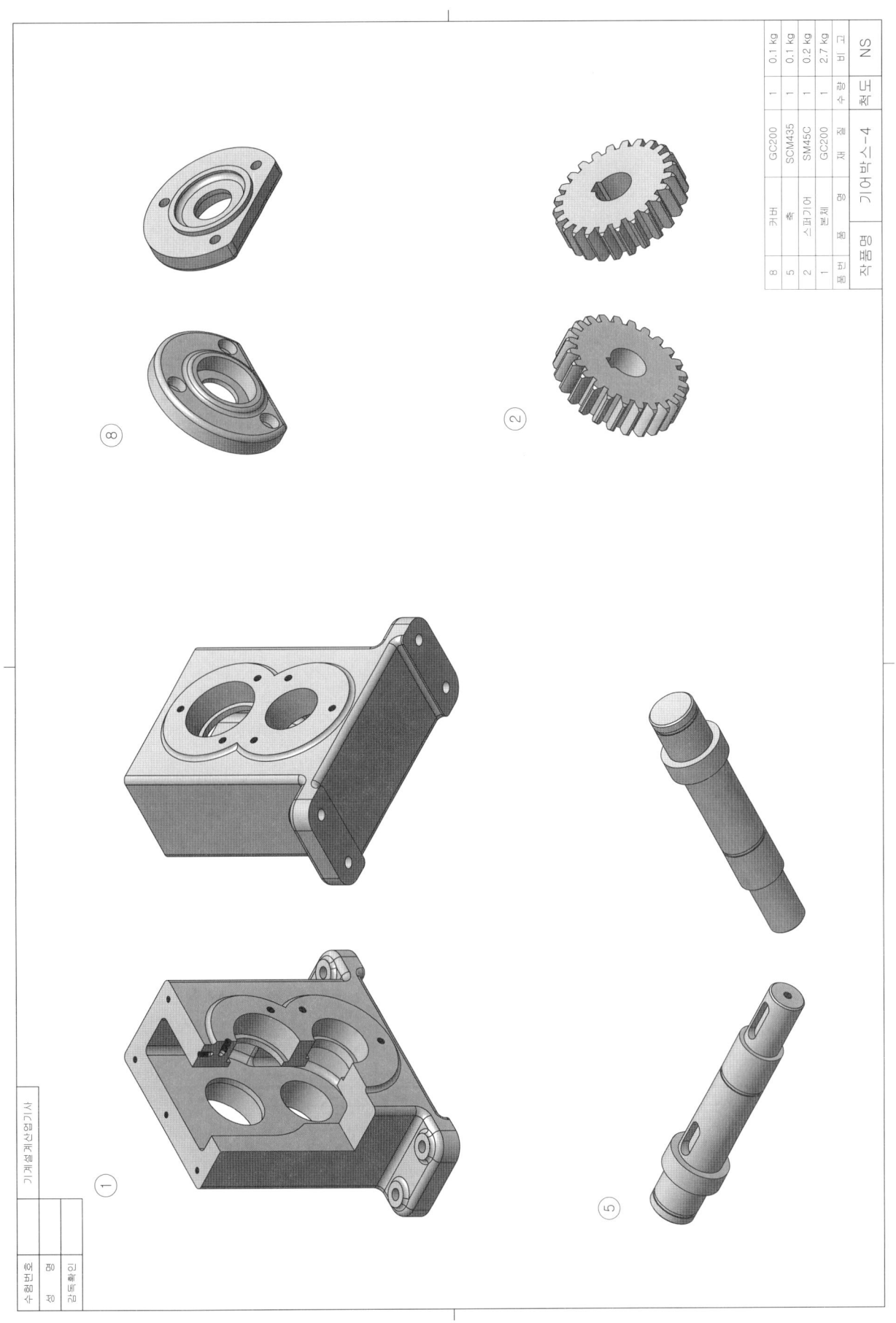

기어박스-4

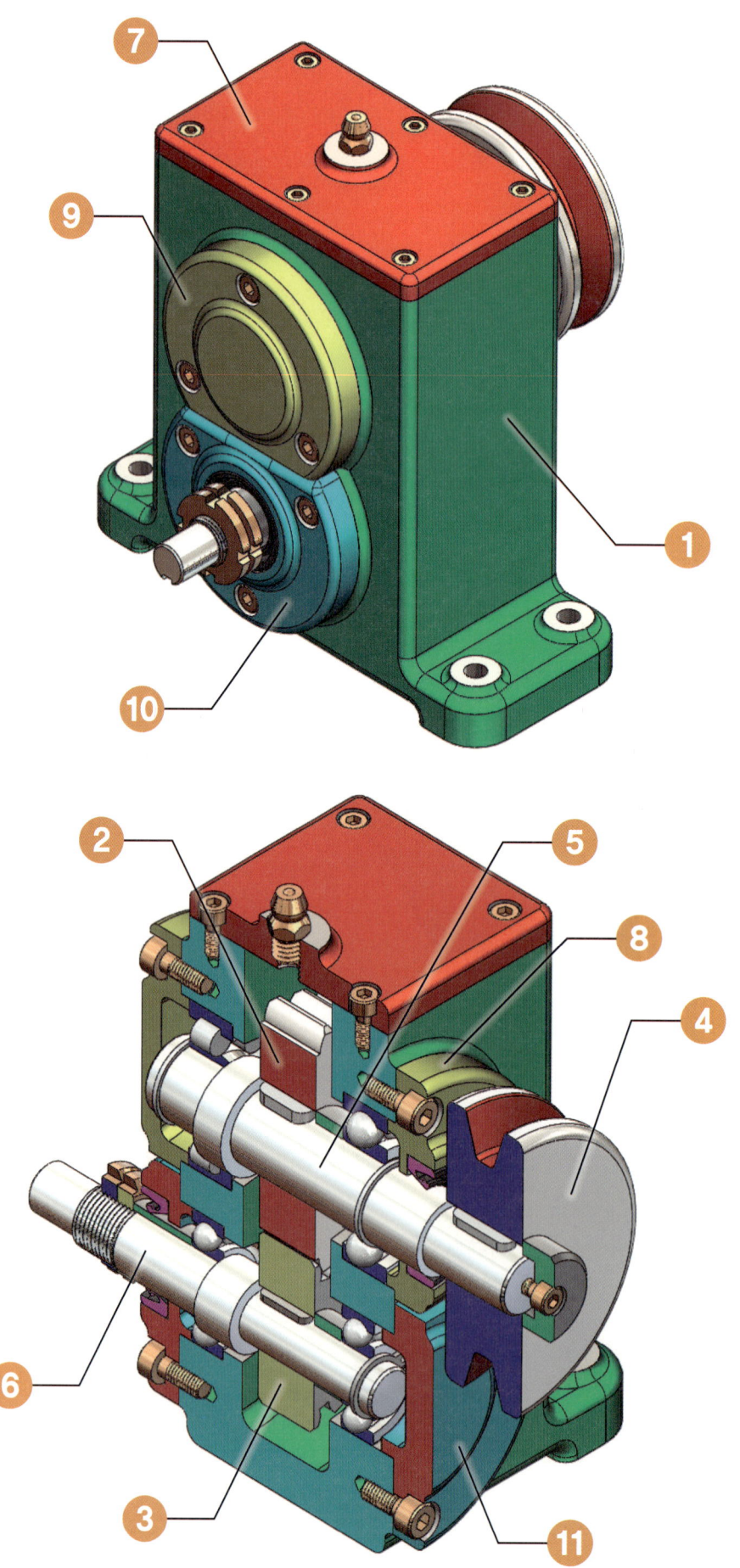

기어박스-4 — 분해 등각 구조도

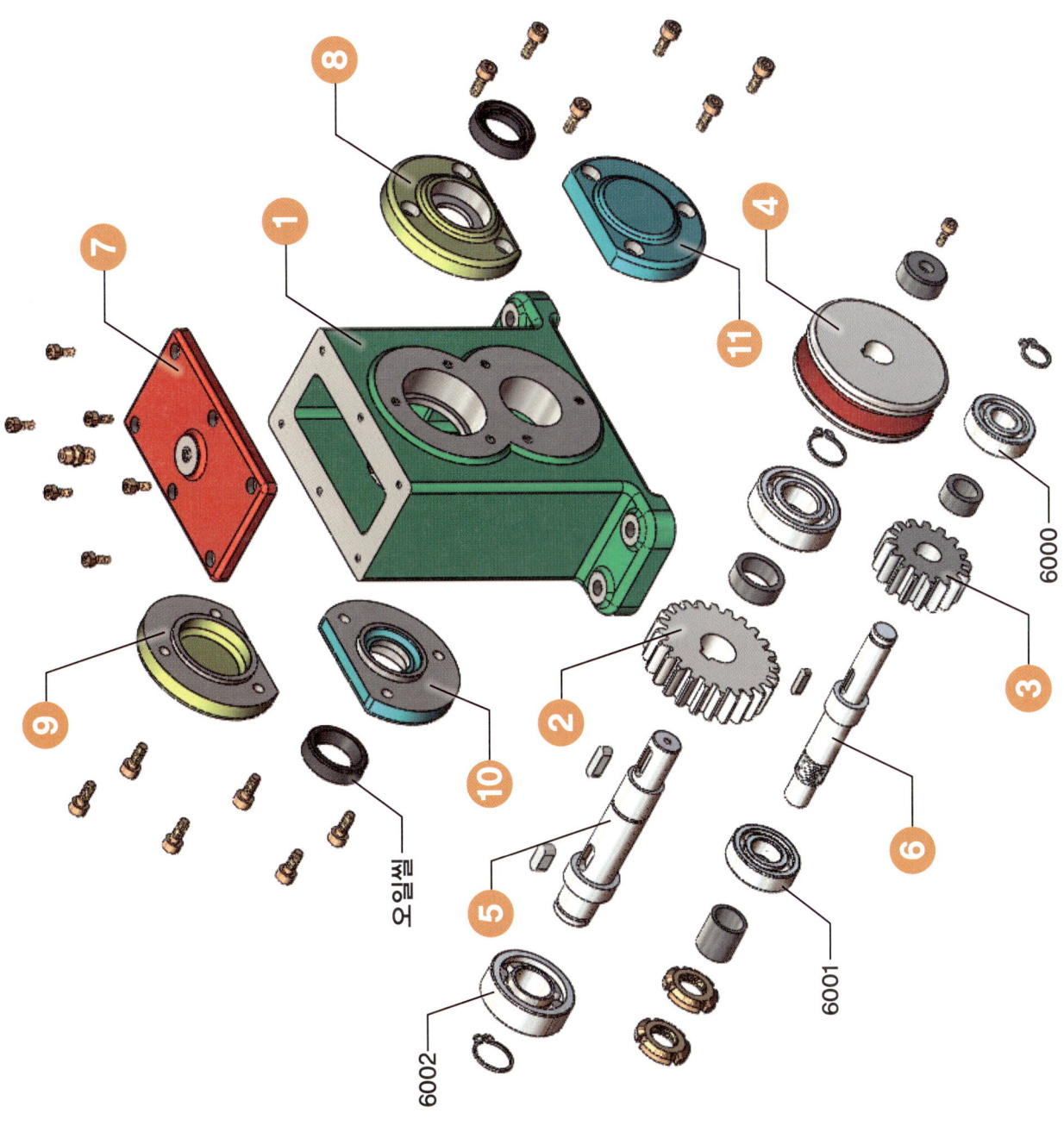

Lesson 8 — V-벨트전동장치

실기 과제도면

V-벨트전동장치-1

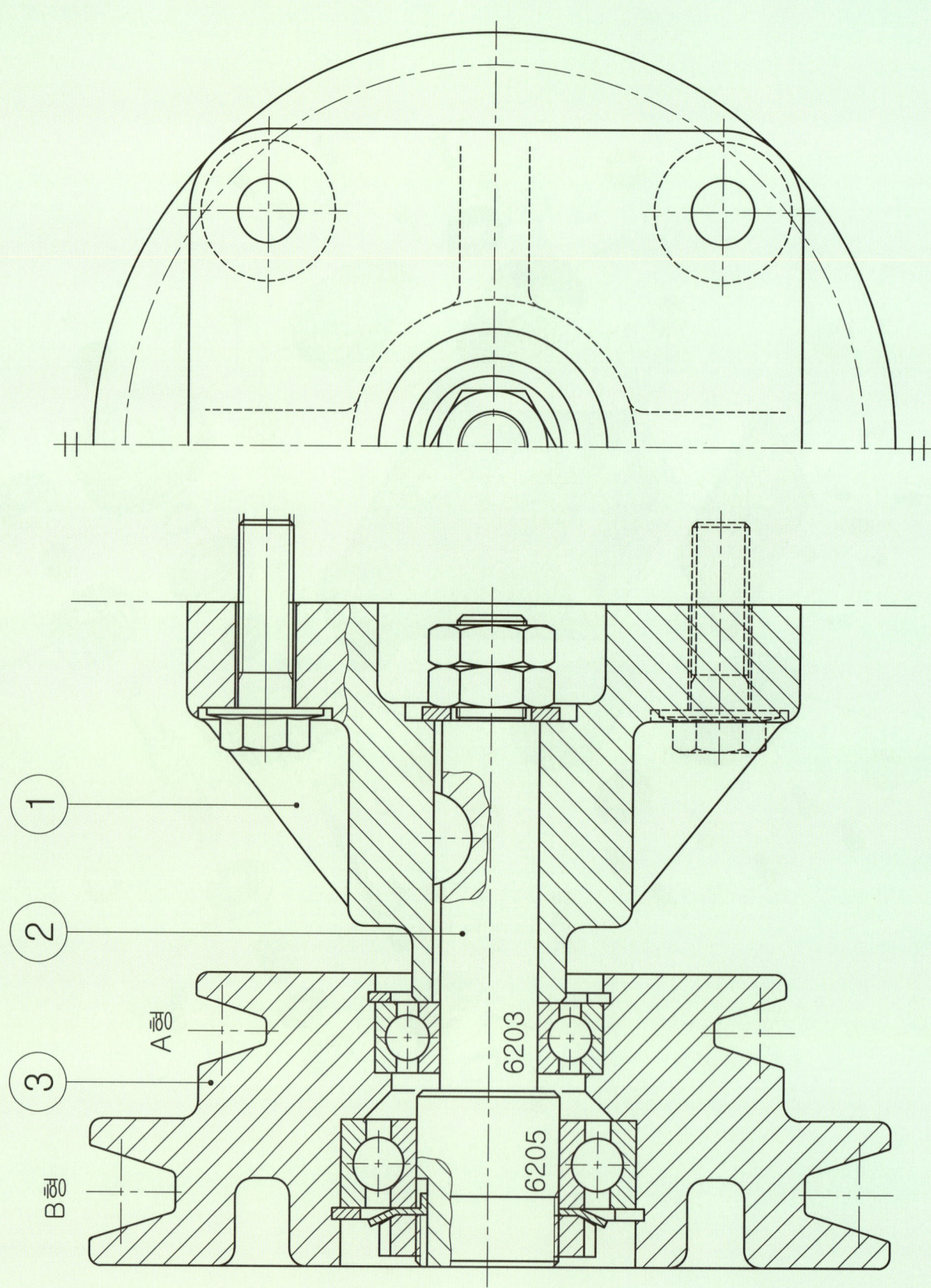

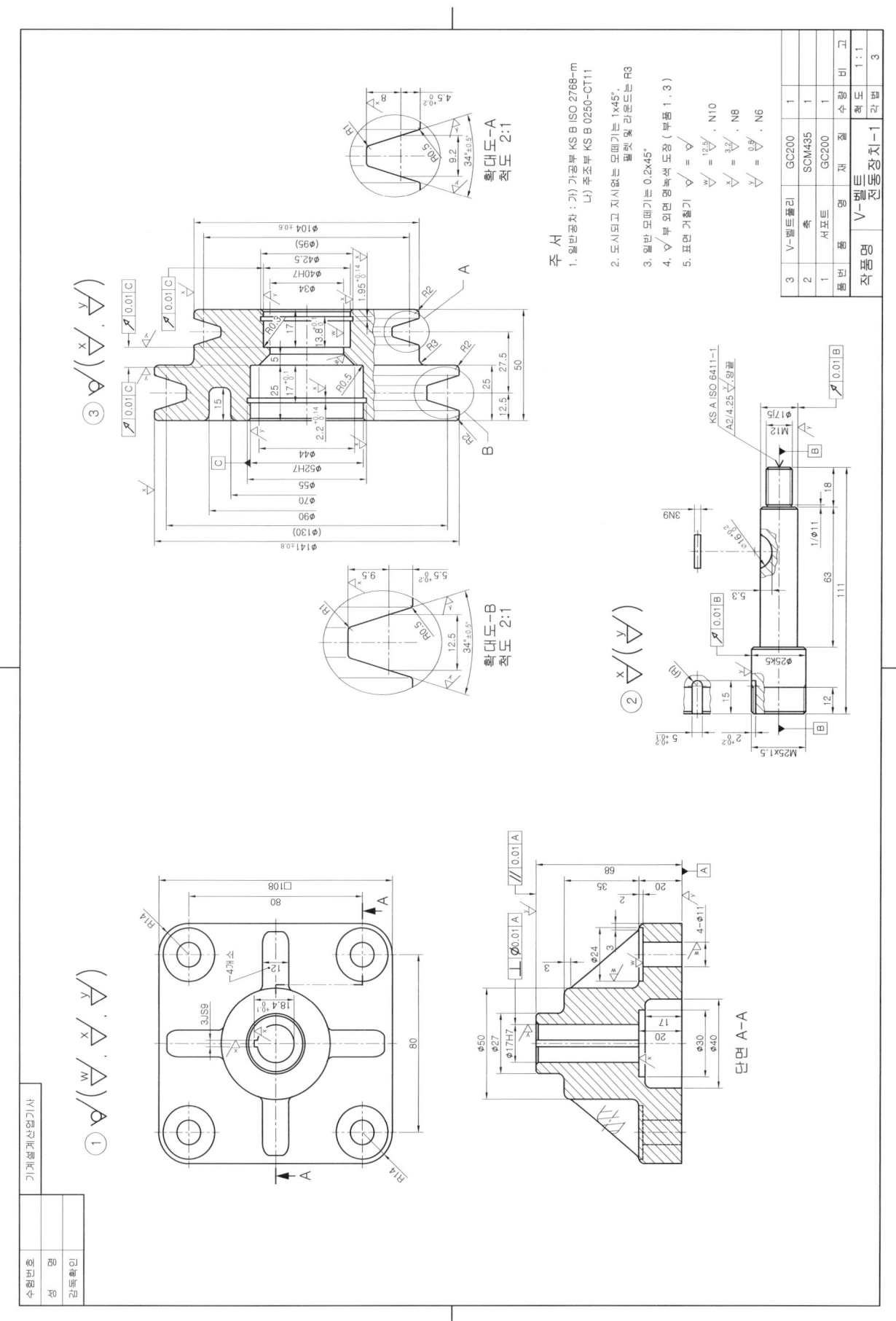

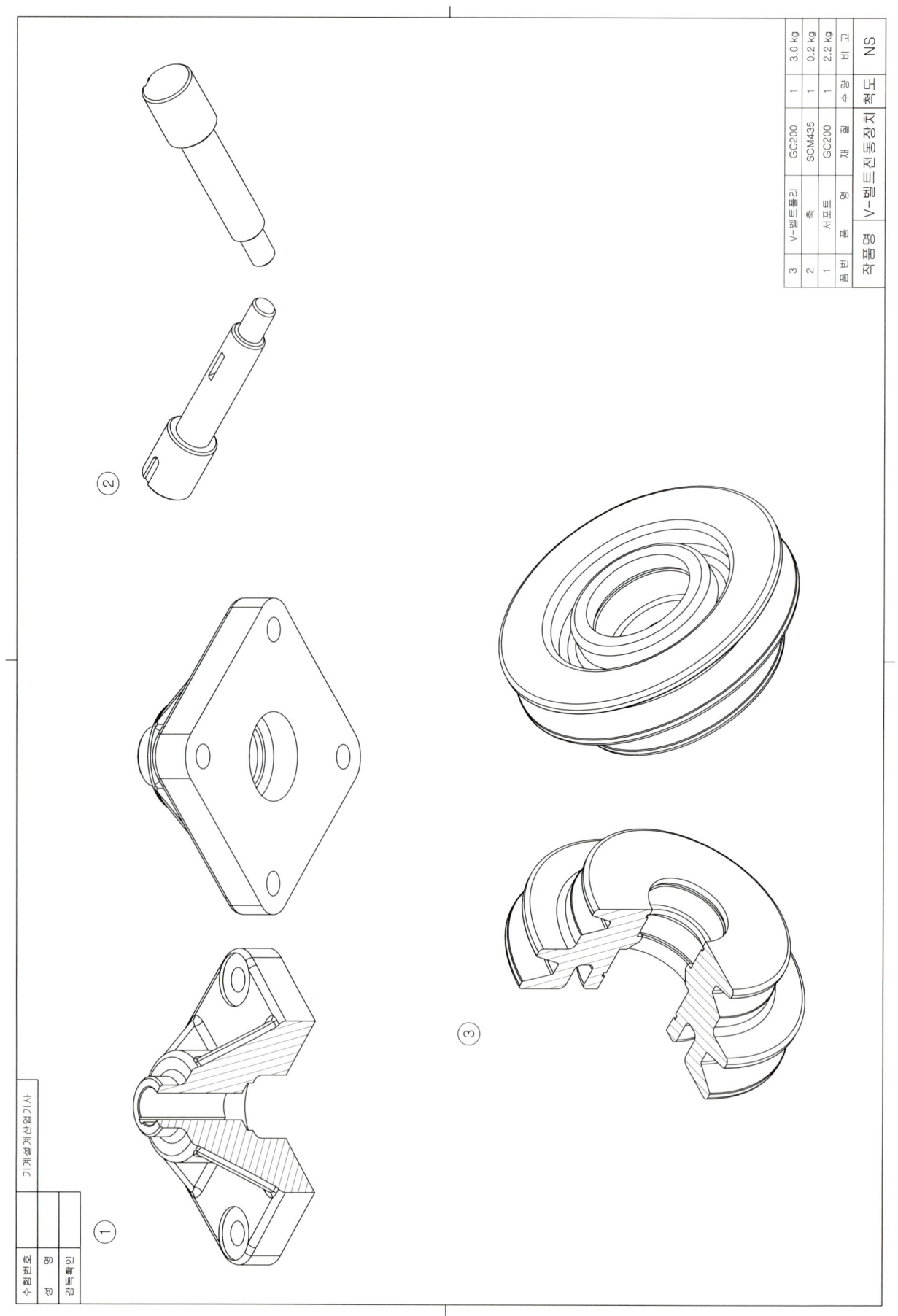

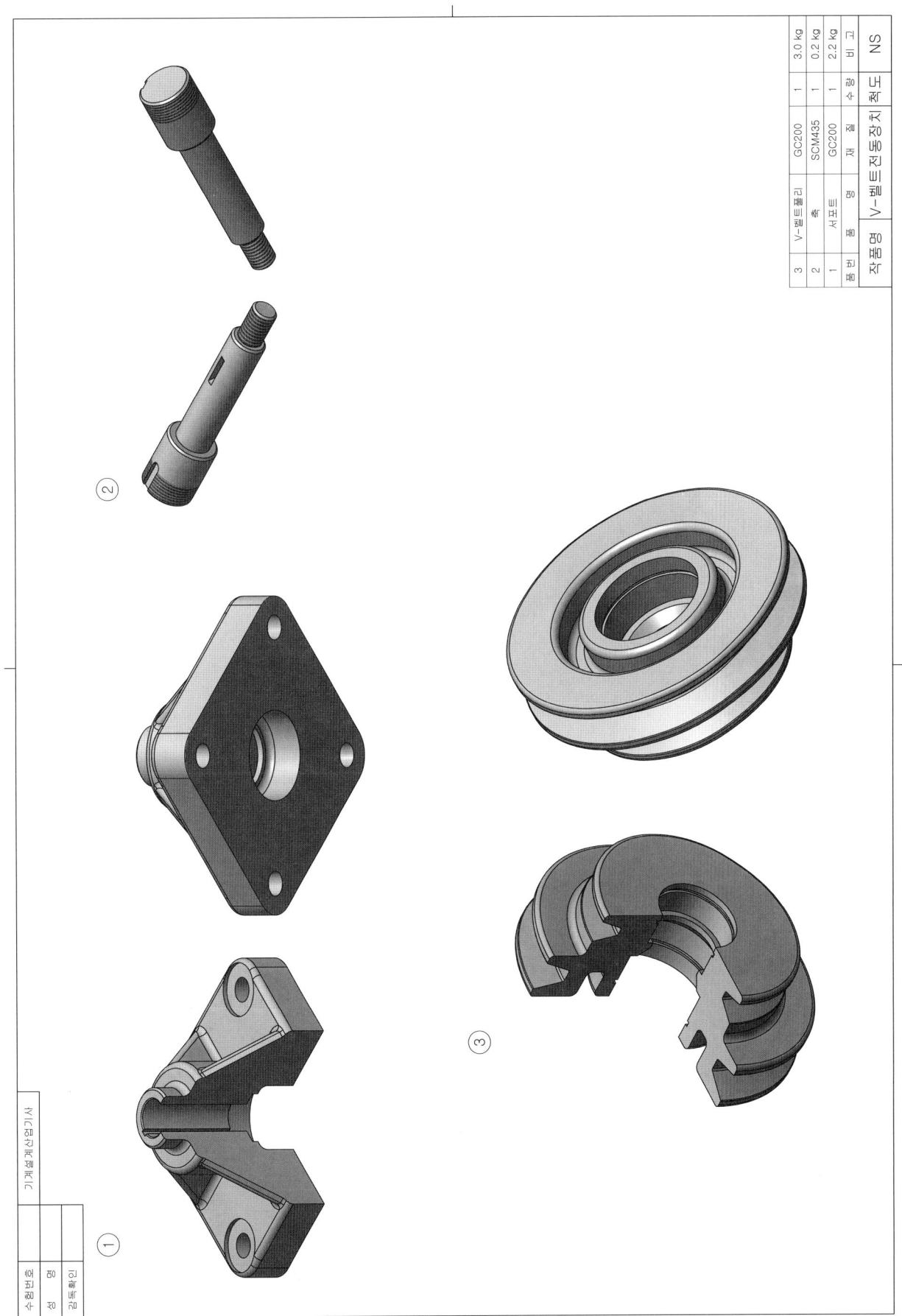

V-벨트전동장치-1

3D 모델링

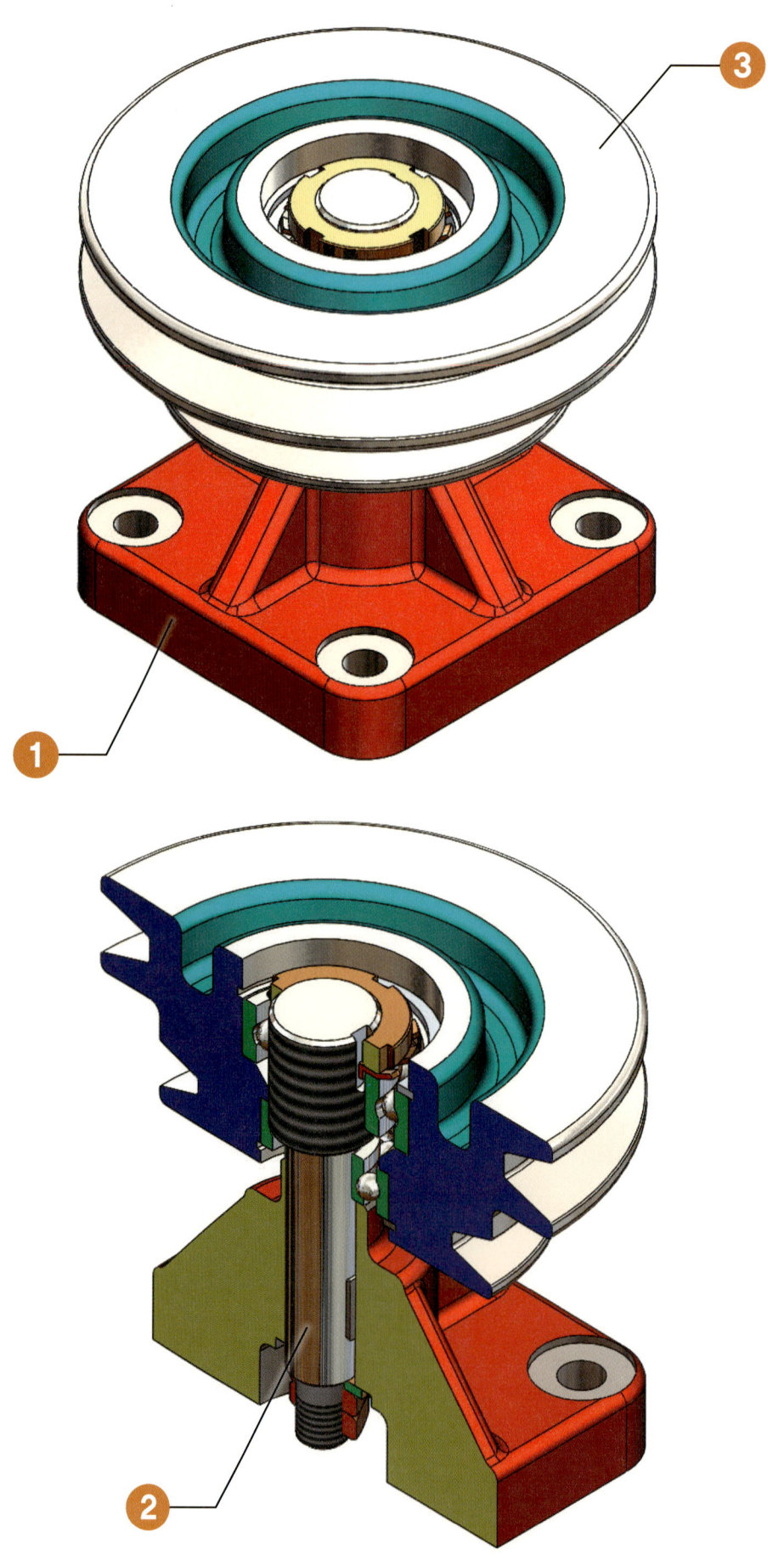

V-벨트전동장치-1

분해 등각 구조도

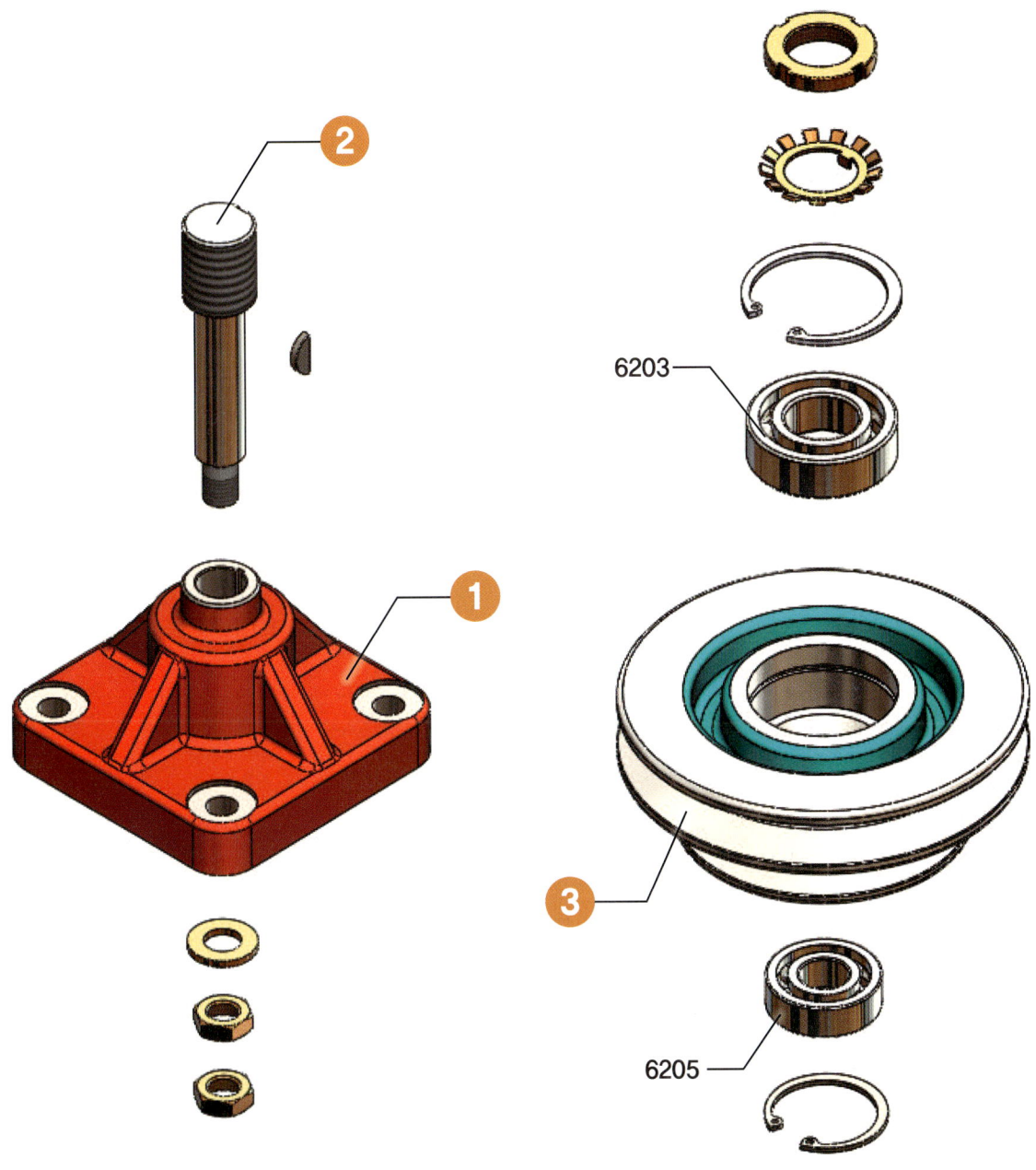

V-벨트전동장치-2

실기 과제도면

단면 A-A

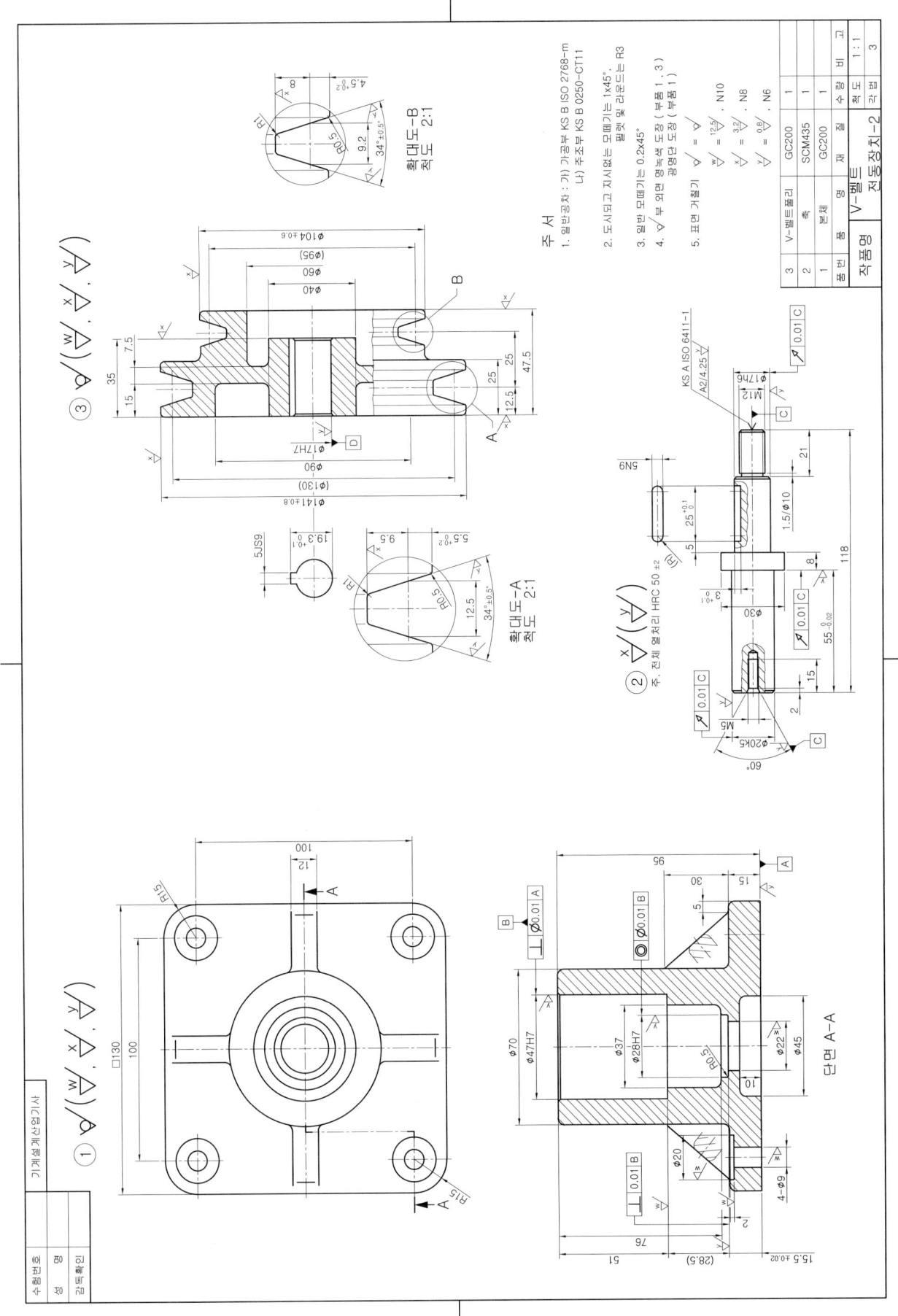

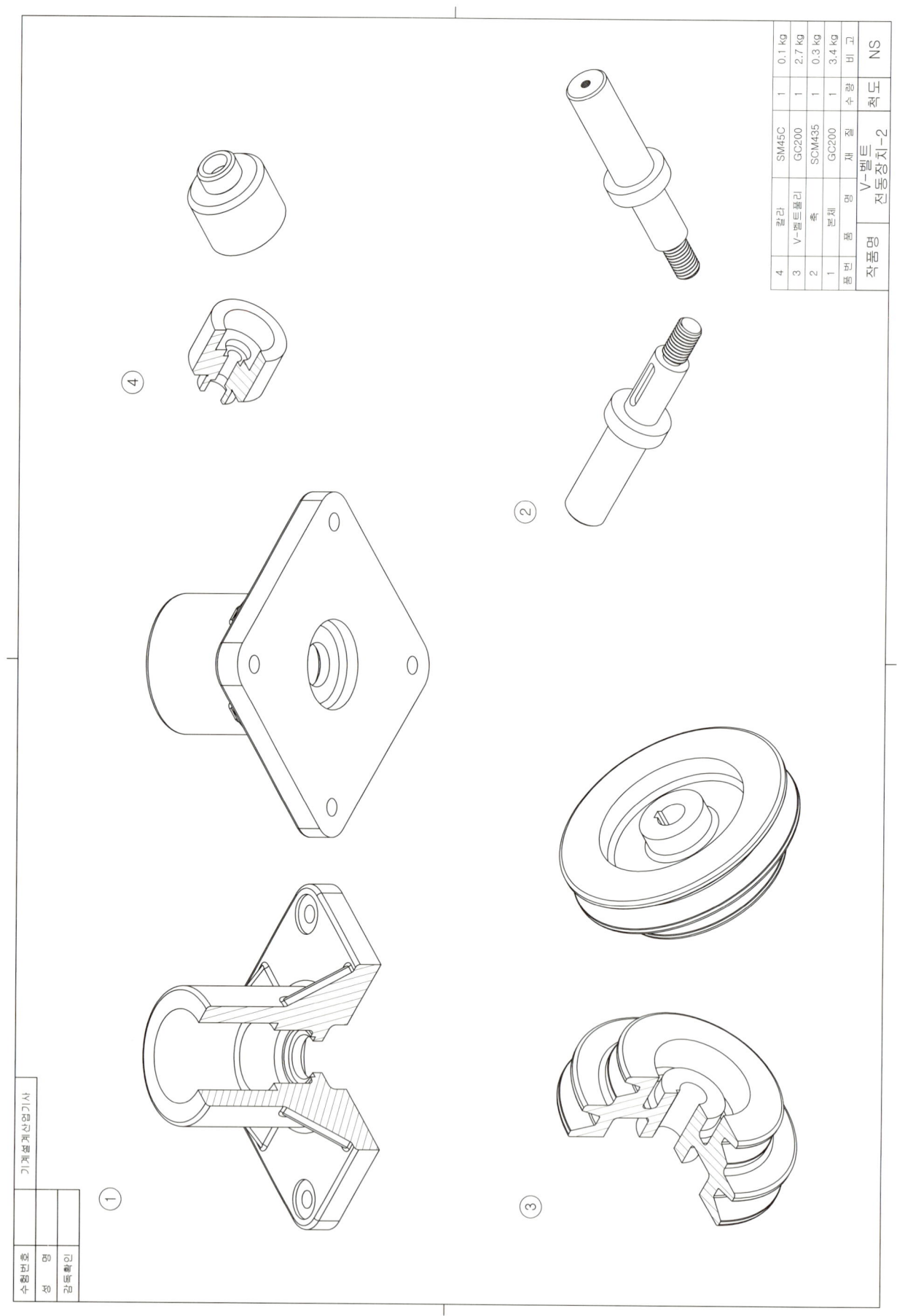

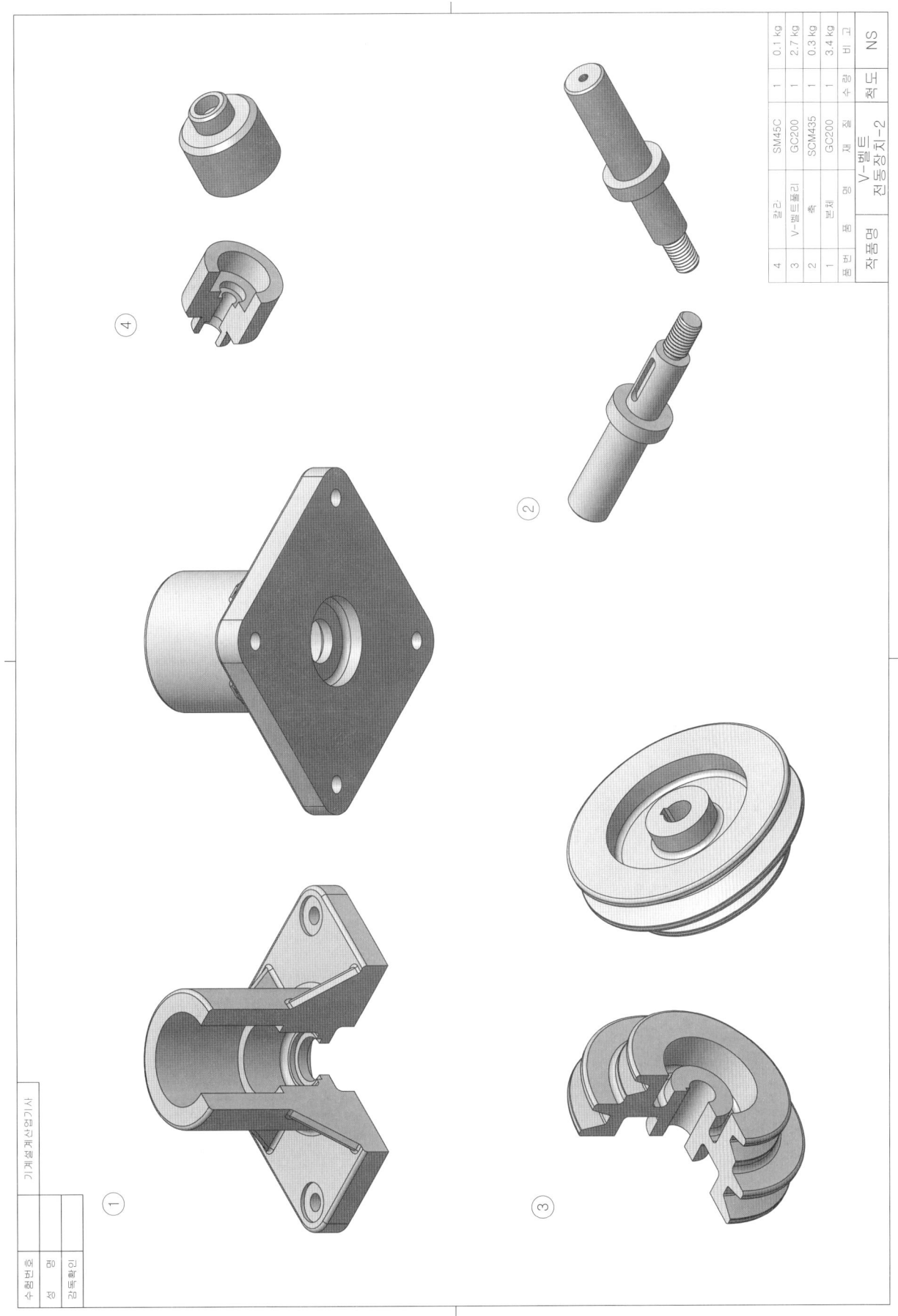

V-벨트전동장치-2

3D 모델링

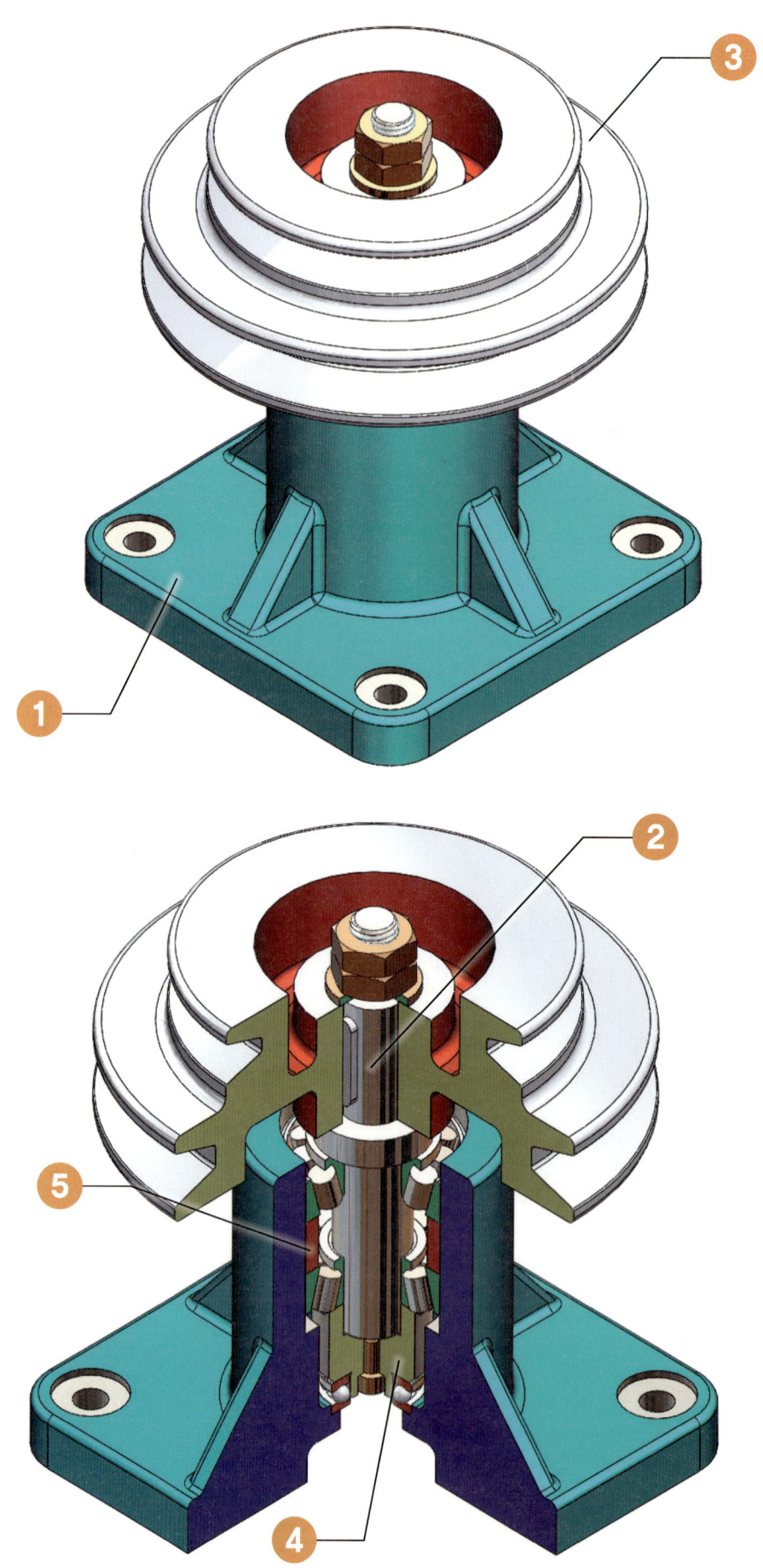

V-벨트전동장치-2

분해 등각 구조도

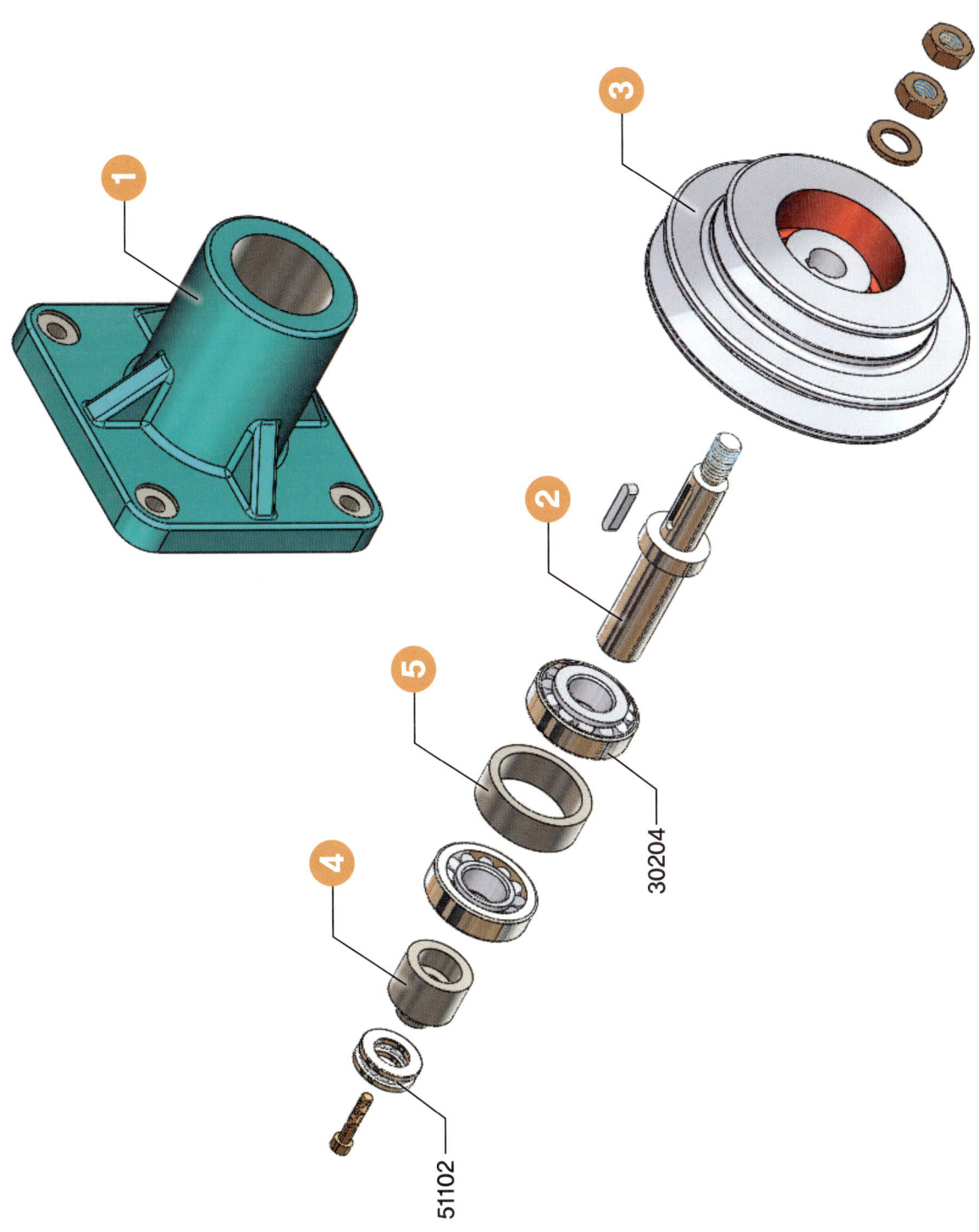

Lesson 9 : 기어펌프

실기 과제도면

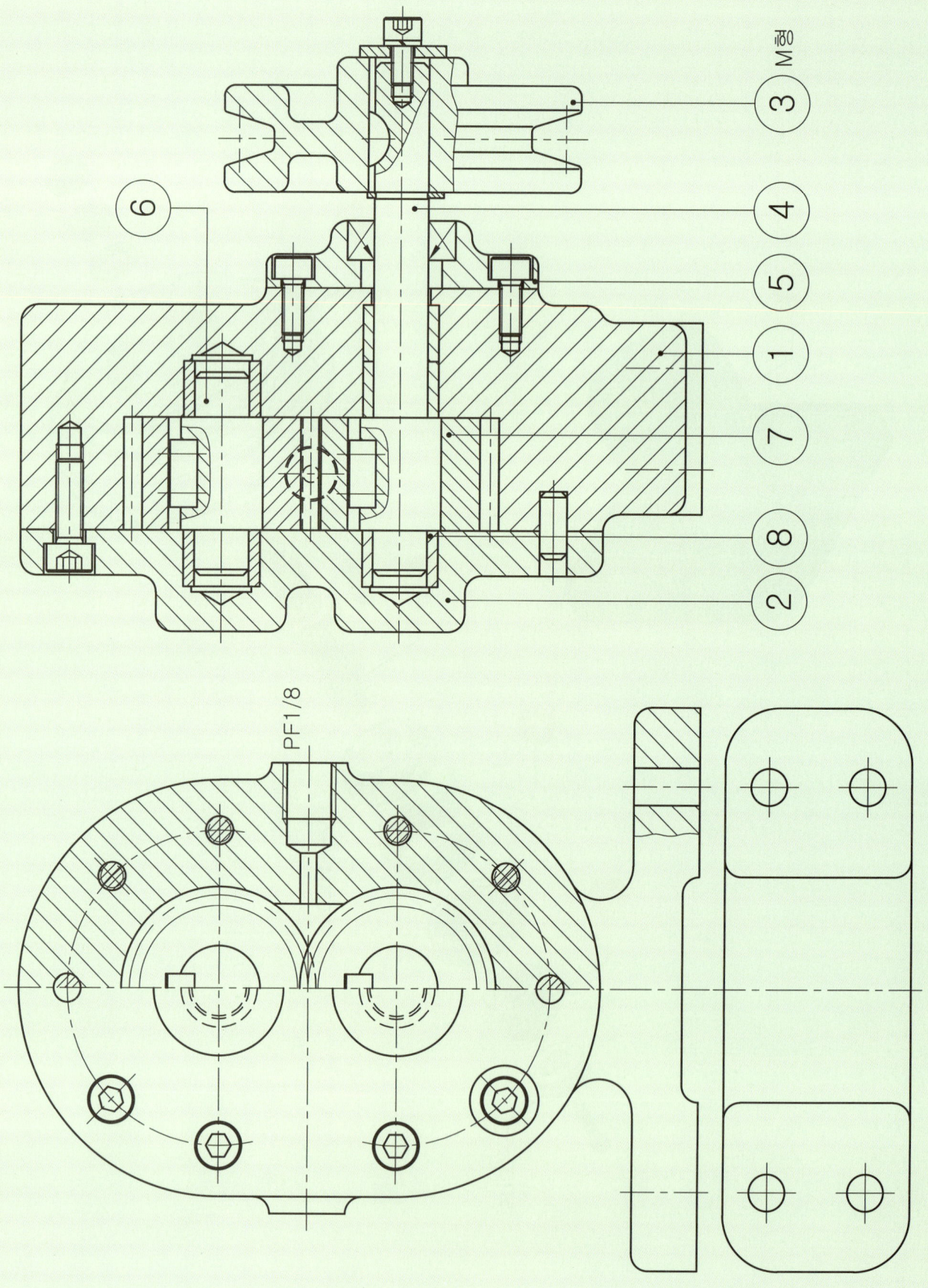

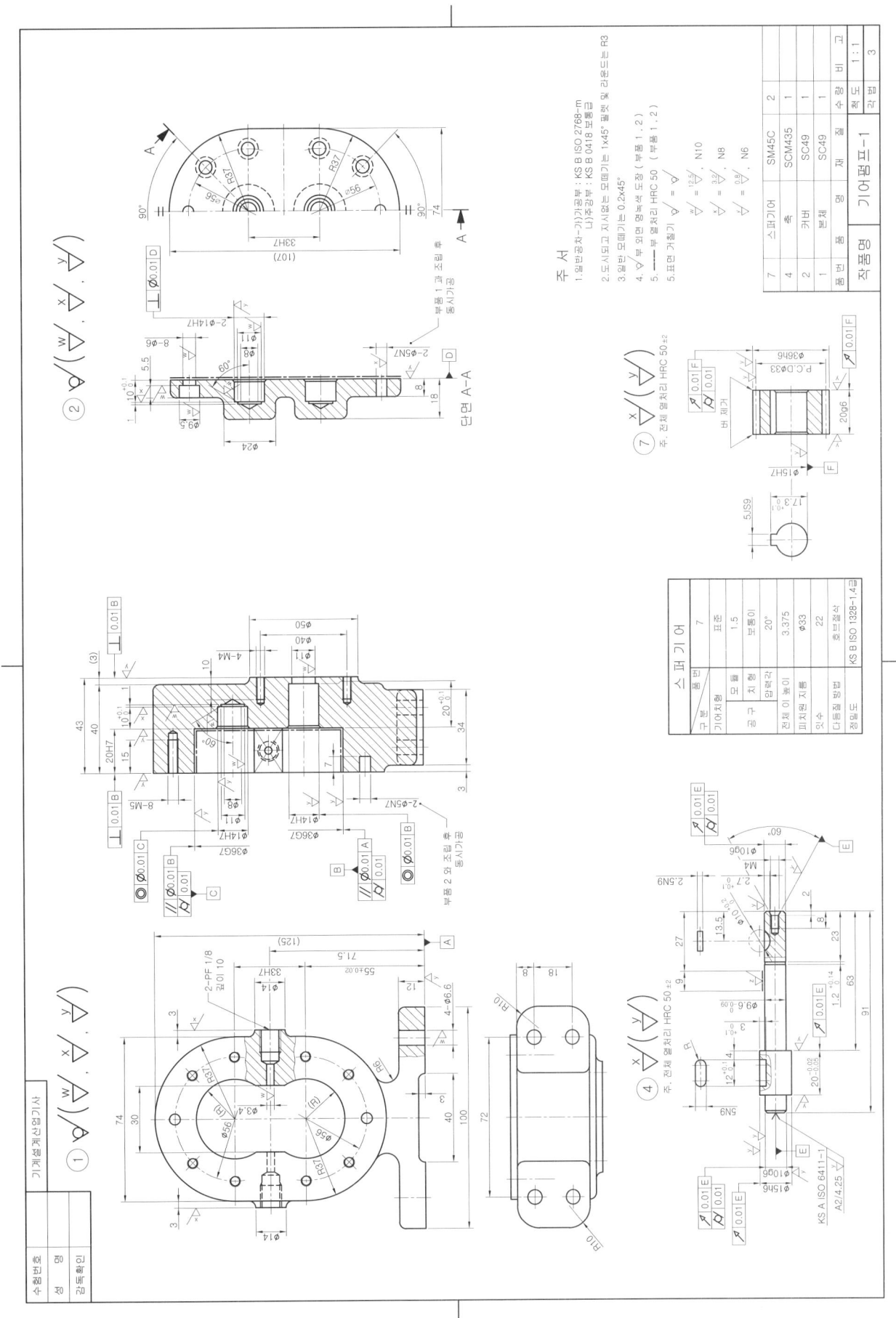

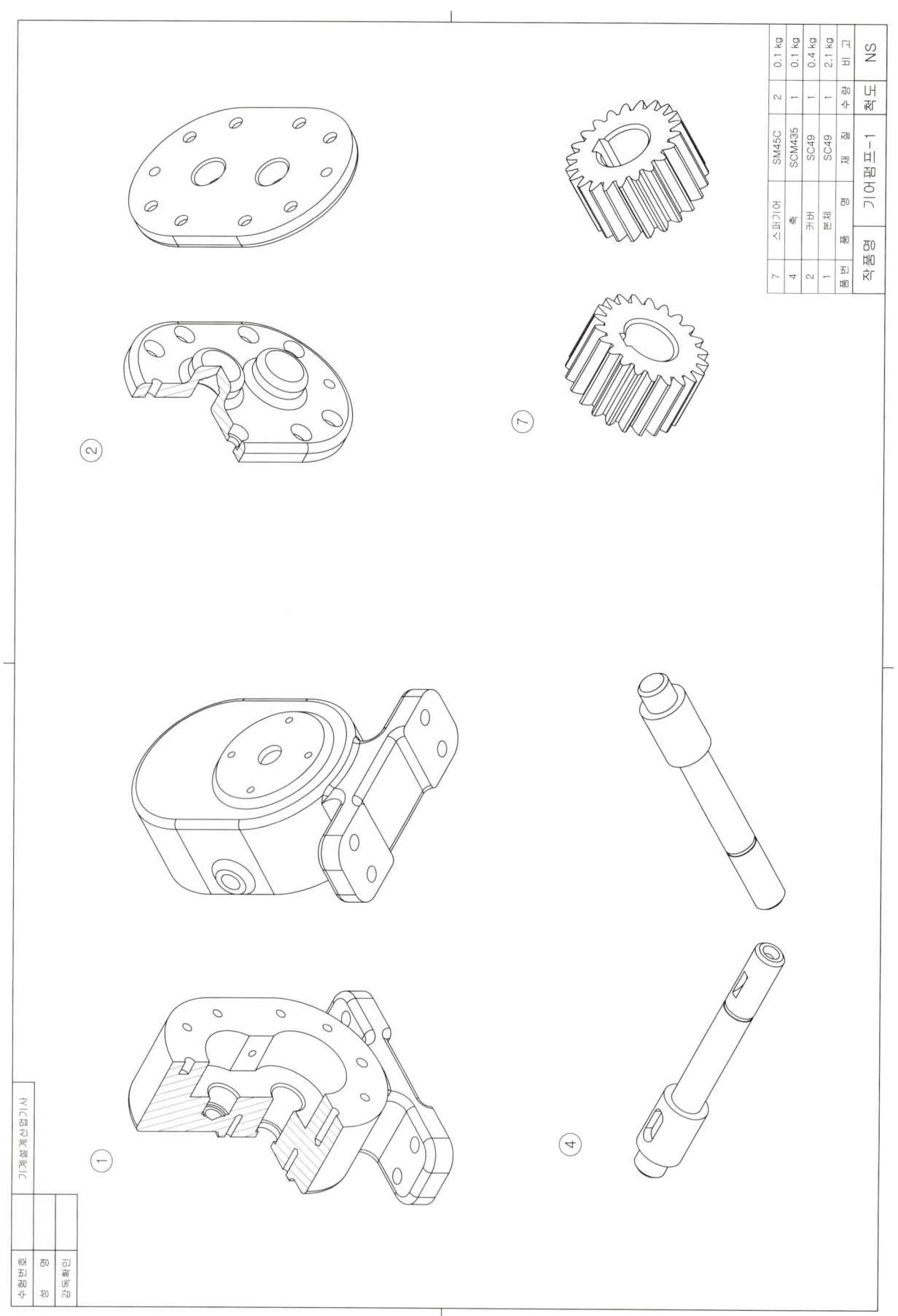

기어펌프

등각투상도-2

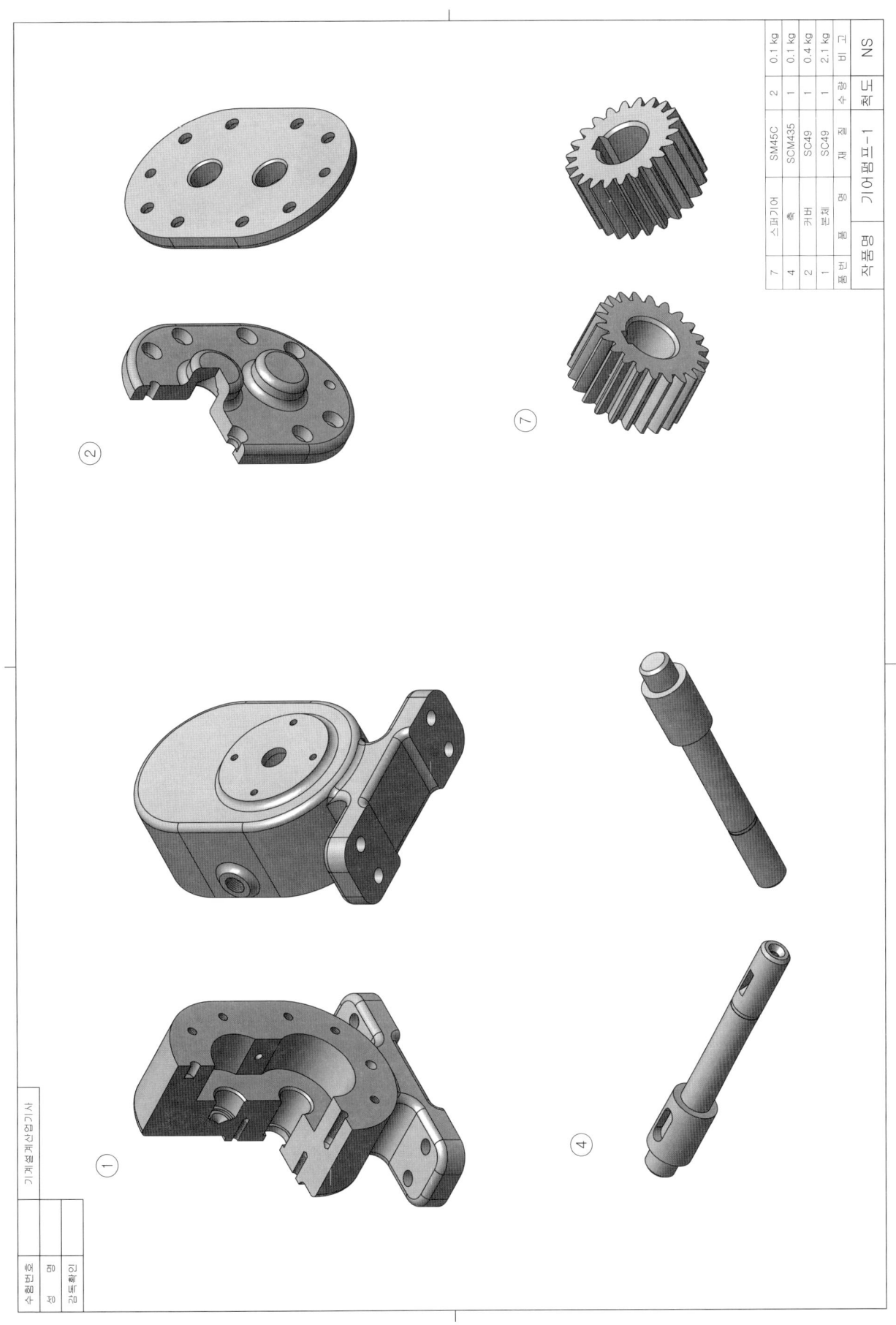

기어펌프

3D 모델링

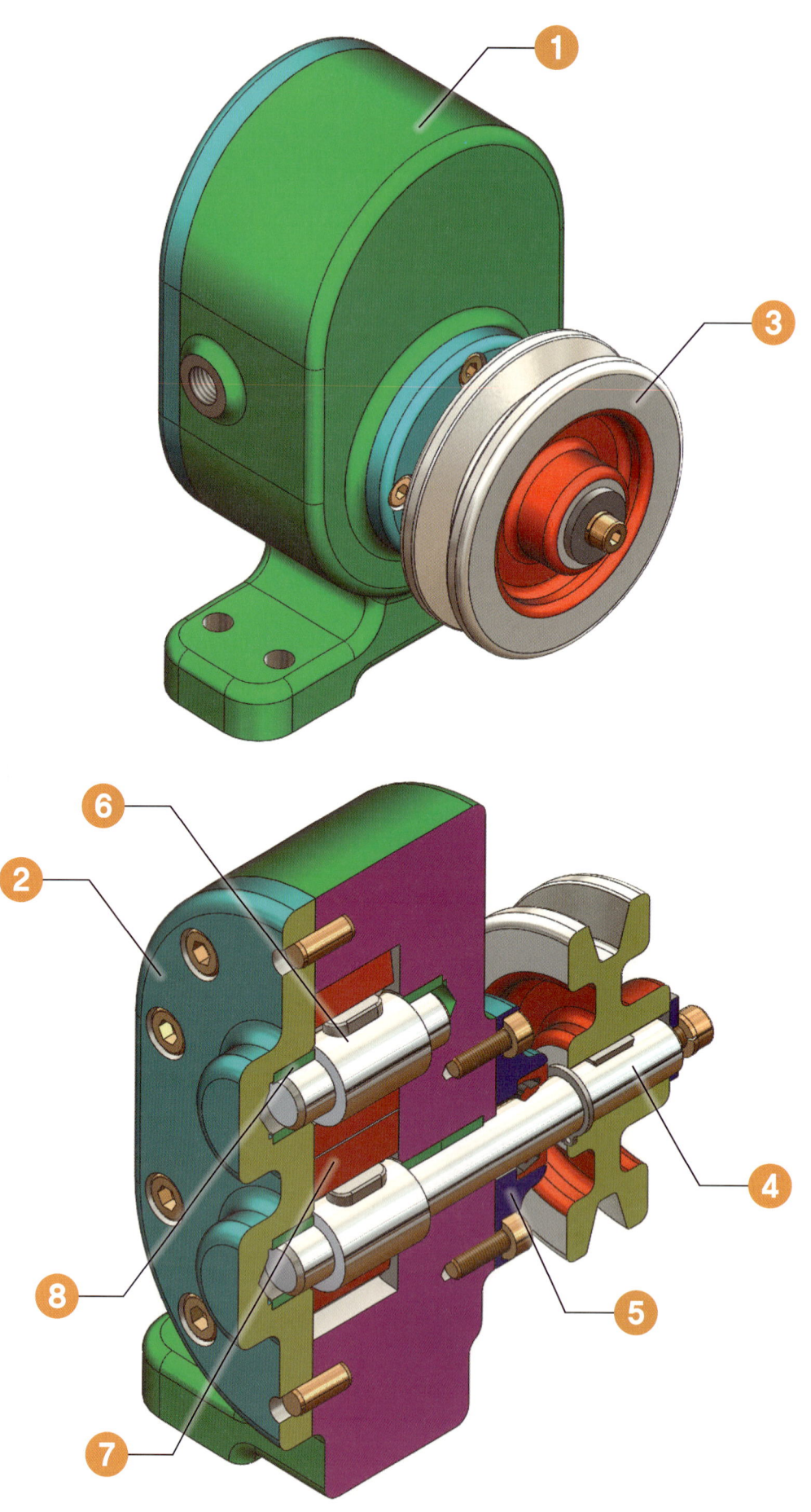

기어펌프

분해 등각 구조도

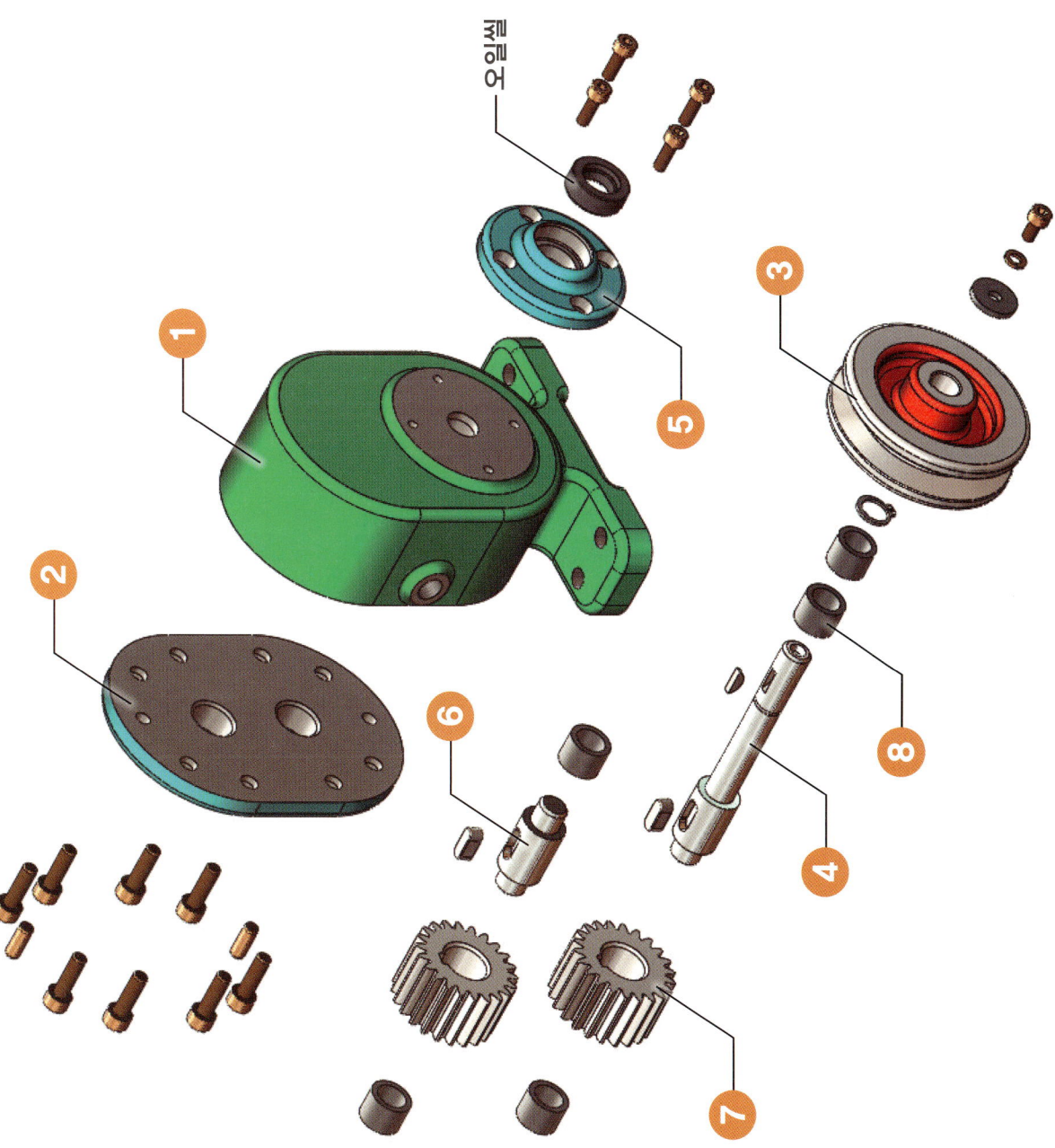

Lesson 10 오일기어펌프

실기 과제도면

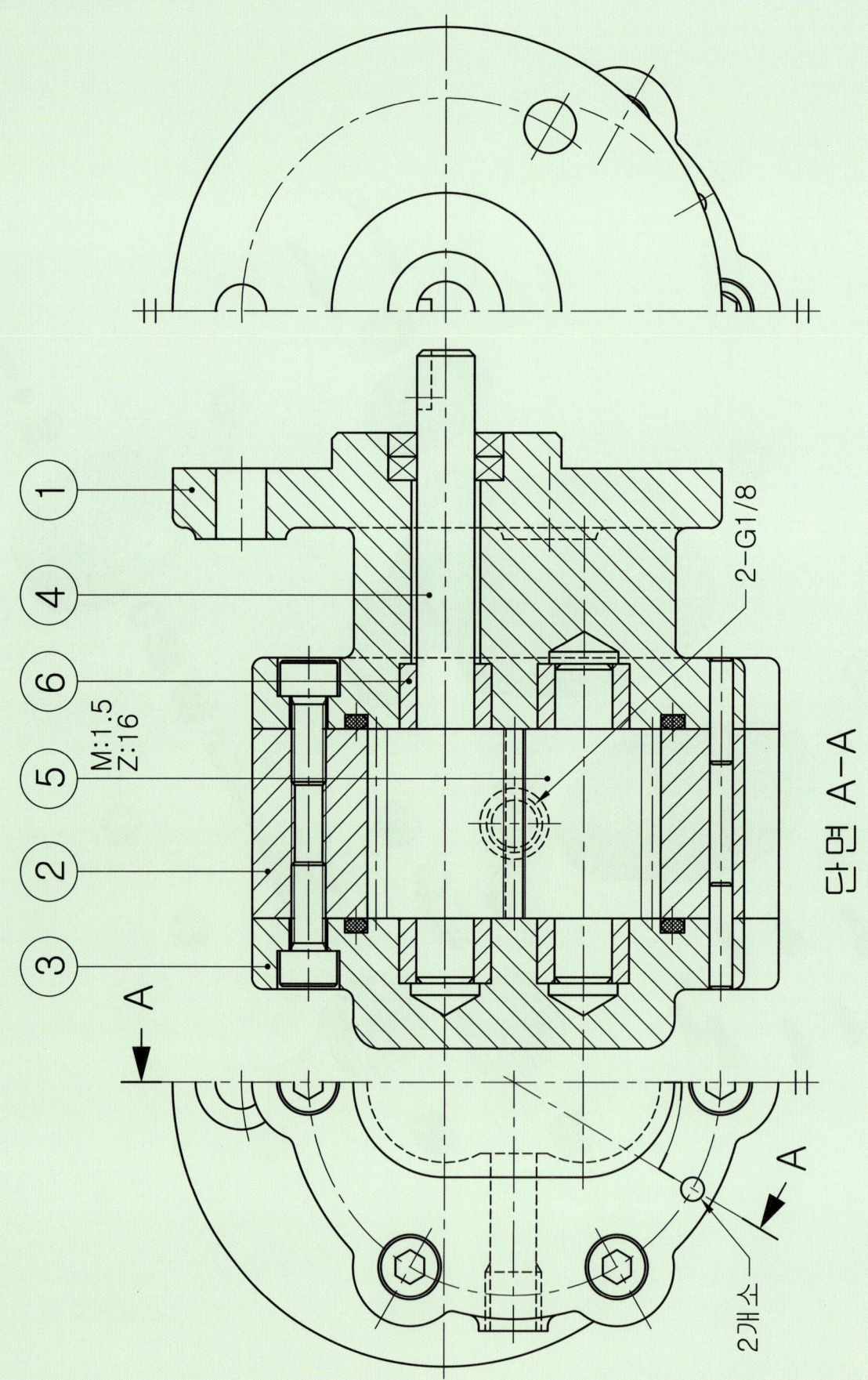

오일기어펌프

부품도 예제도면

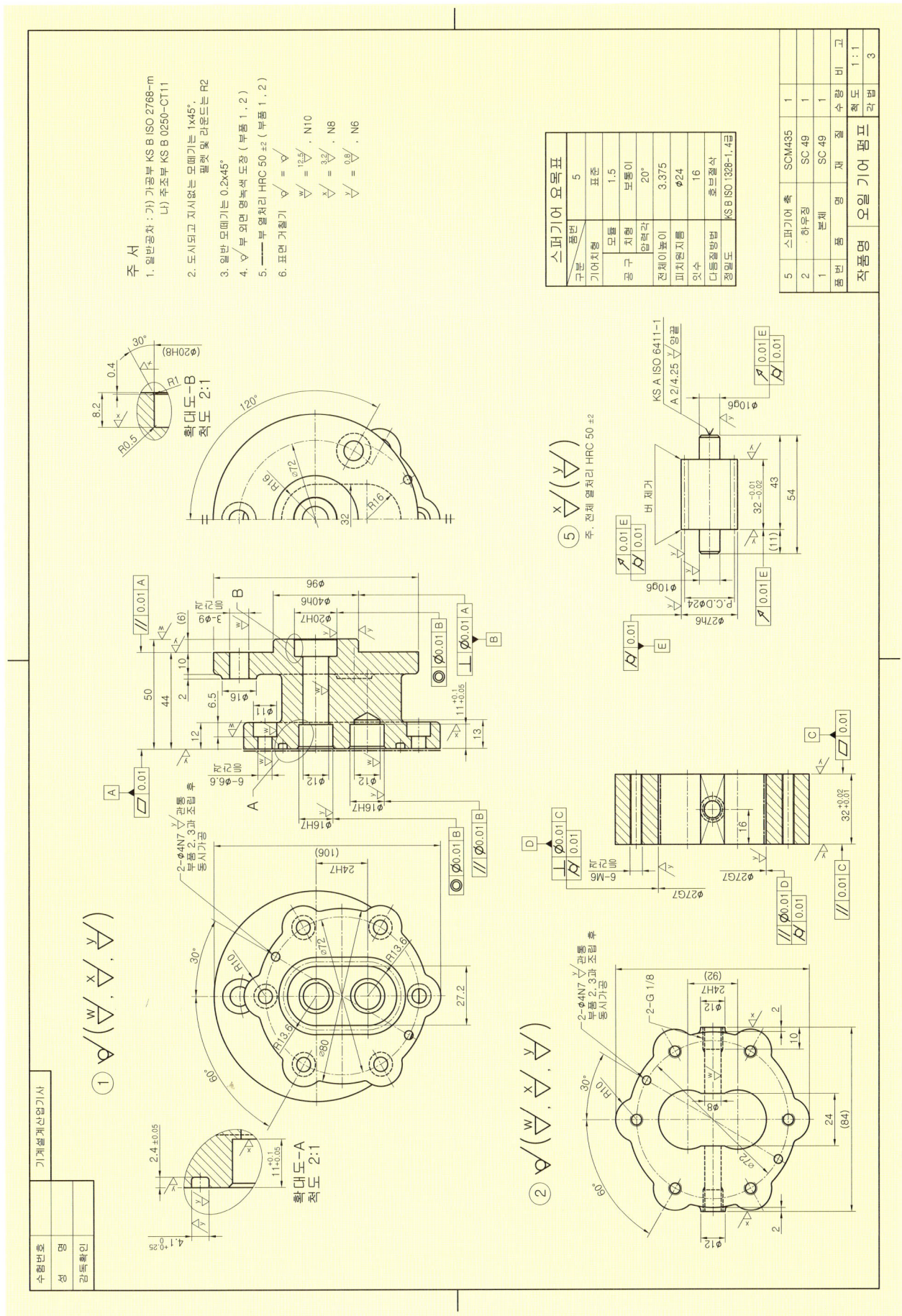

오일기어펌프

등각투상도-1

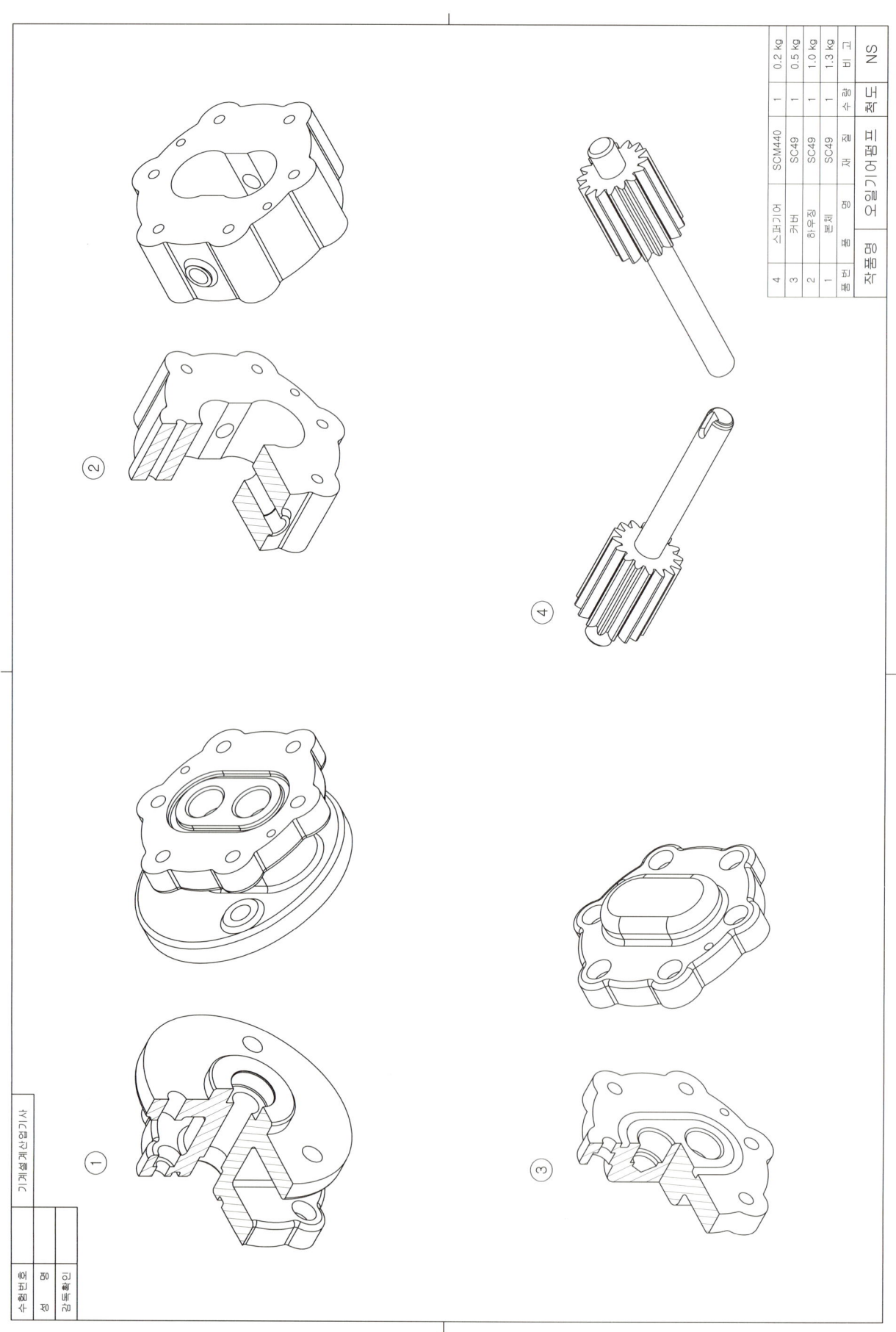

오일기어펌프

등각투상도-2

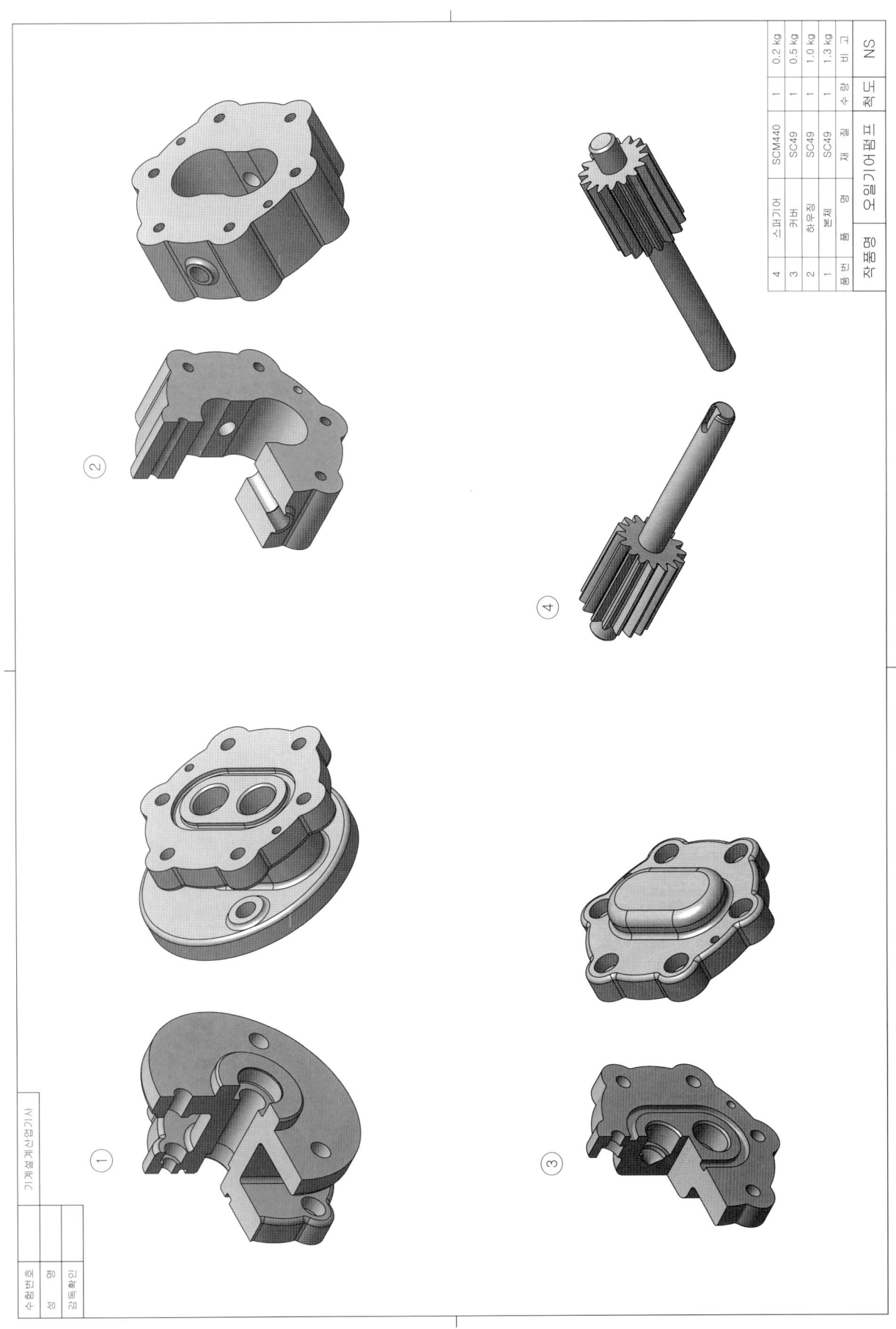

4	3	2	1	품번
스퍼기어	커버	하우징	본체	품명
SCM440	SC49	SC49	SC49	재질
1	1	1	1	수량
0.2 kg	0.5 kg	1.0 kg	1.3 kg	비고

오일기어펌프

오일기어펌프

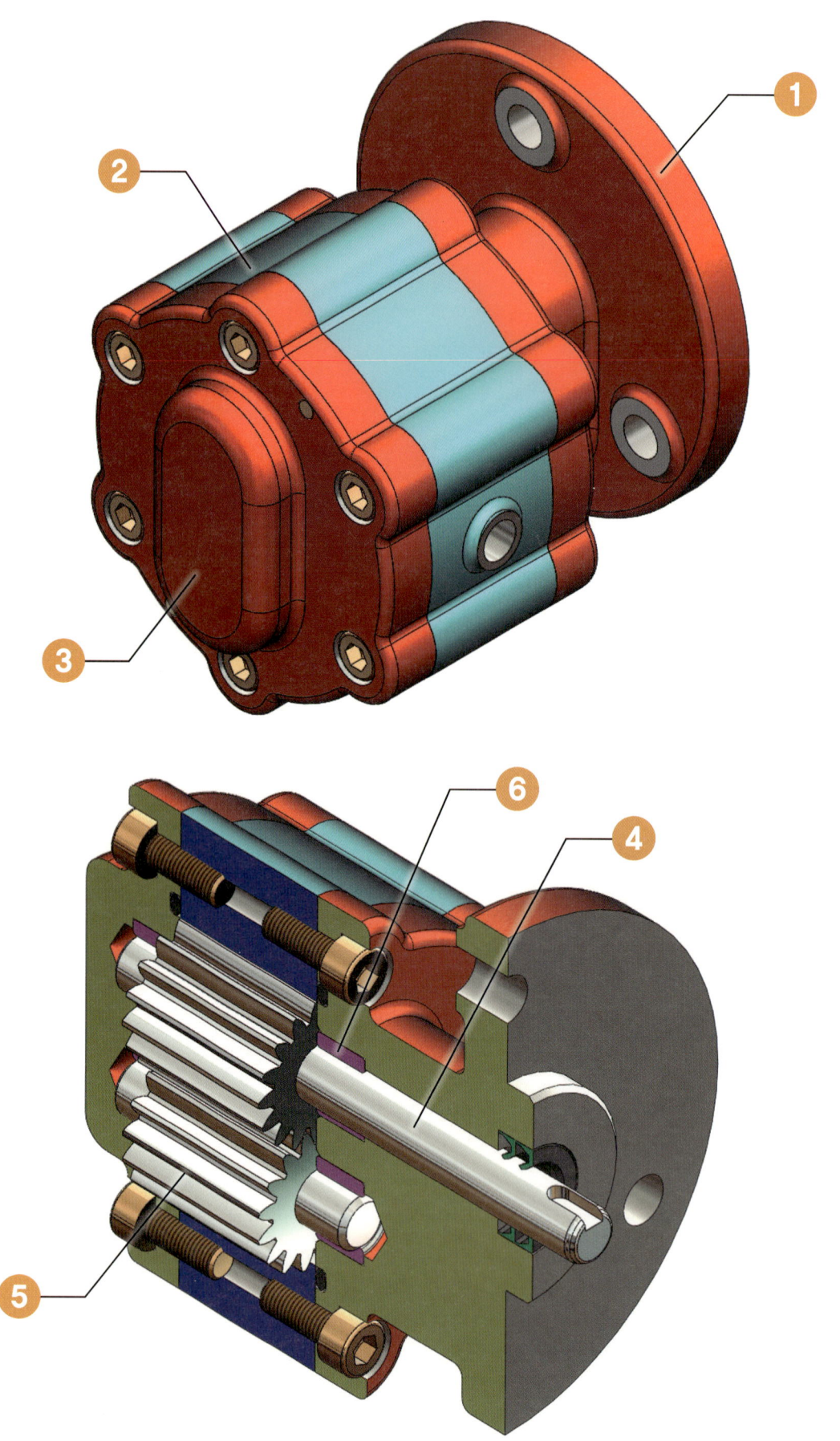

오일기어펌프

분해 등각 구조도

Part 03 작업형 실기 대비 예제 도면의 분석과 해독(2D&3D)

Lesson 11 : 증 감속 장치

실기 과제도면

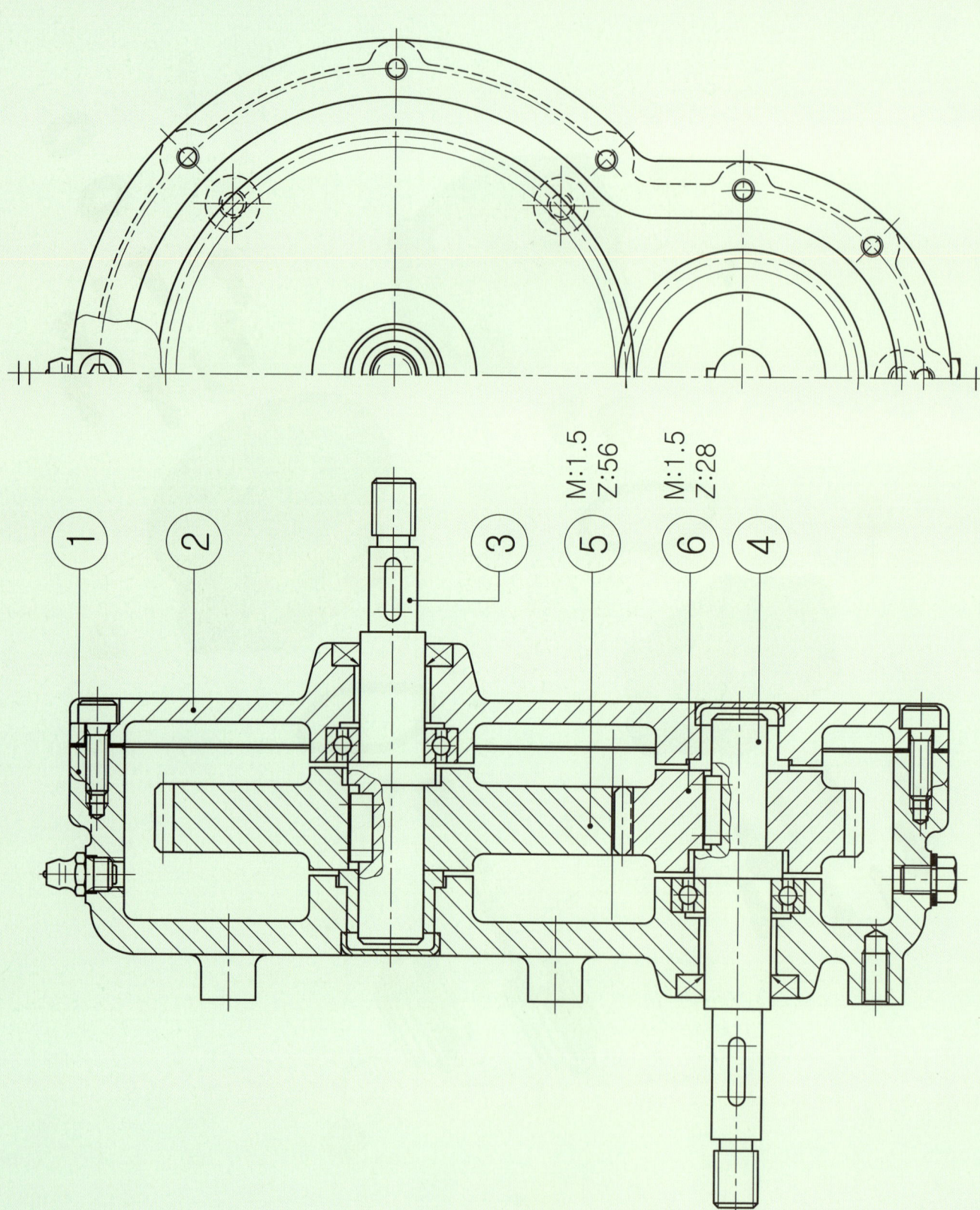

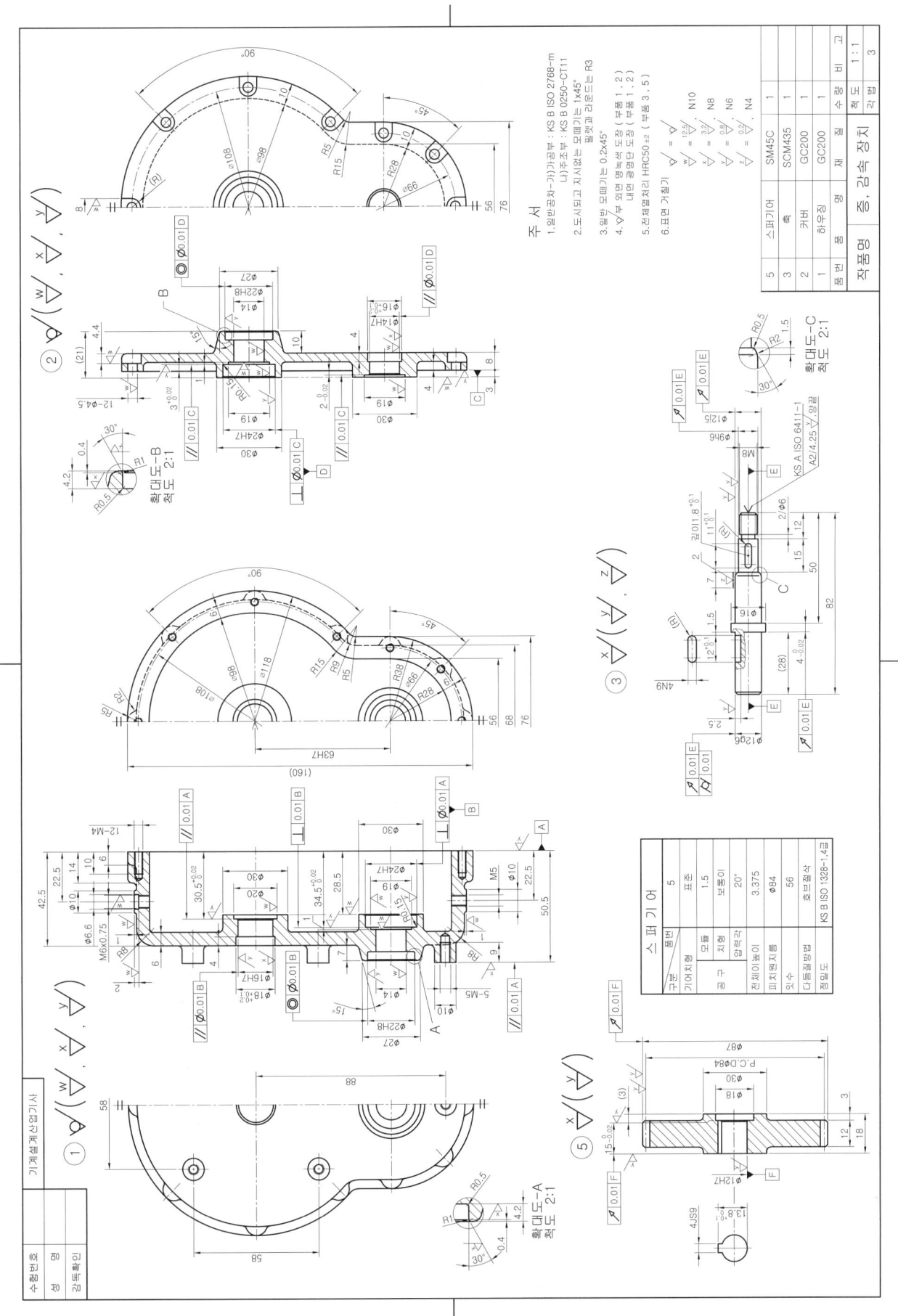

증 감속 장치

등각투상도-1

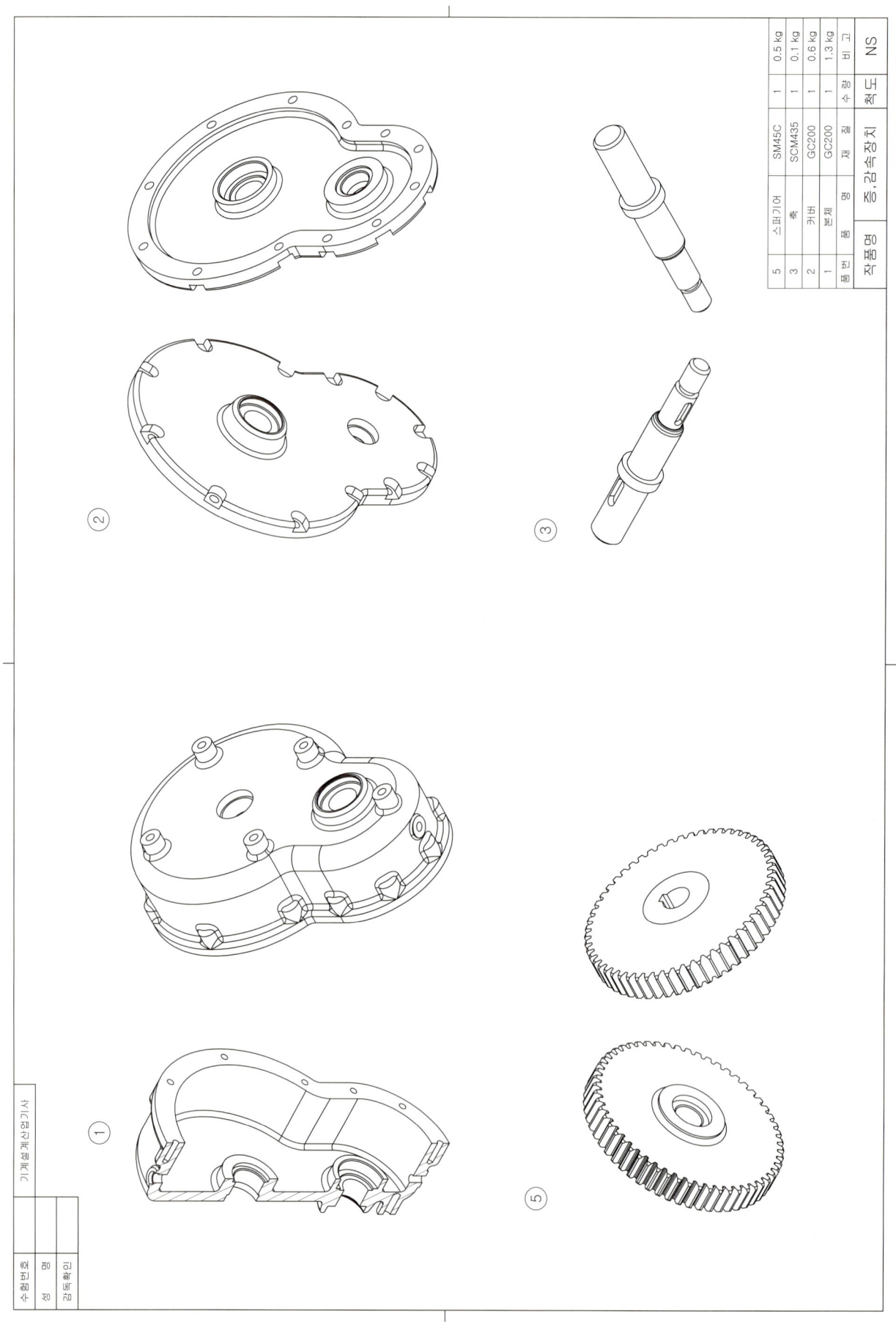

증 감속 장치

등각투상도-2

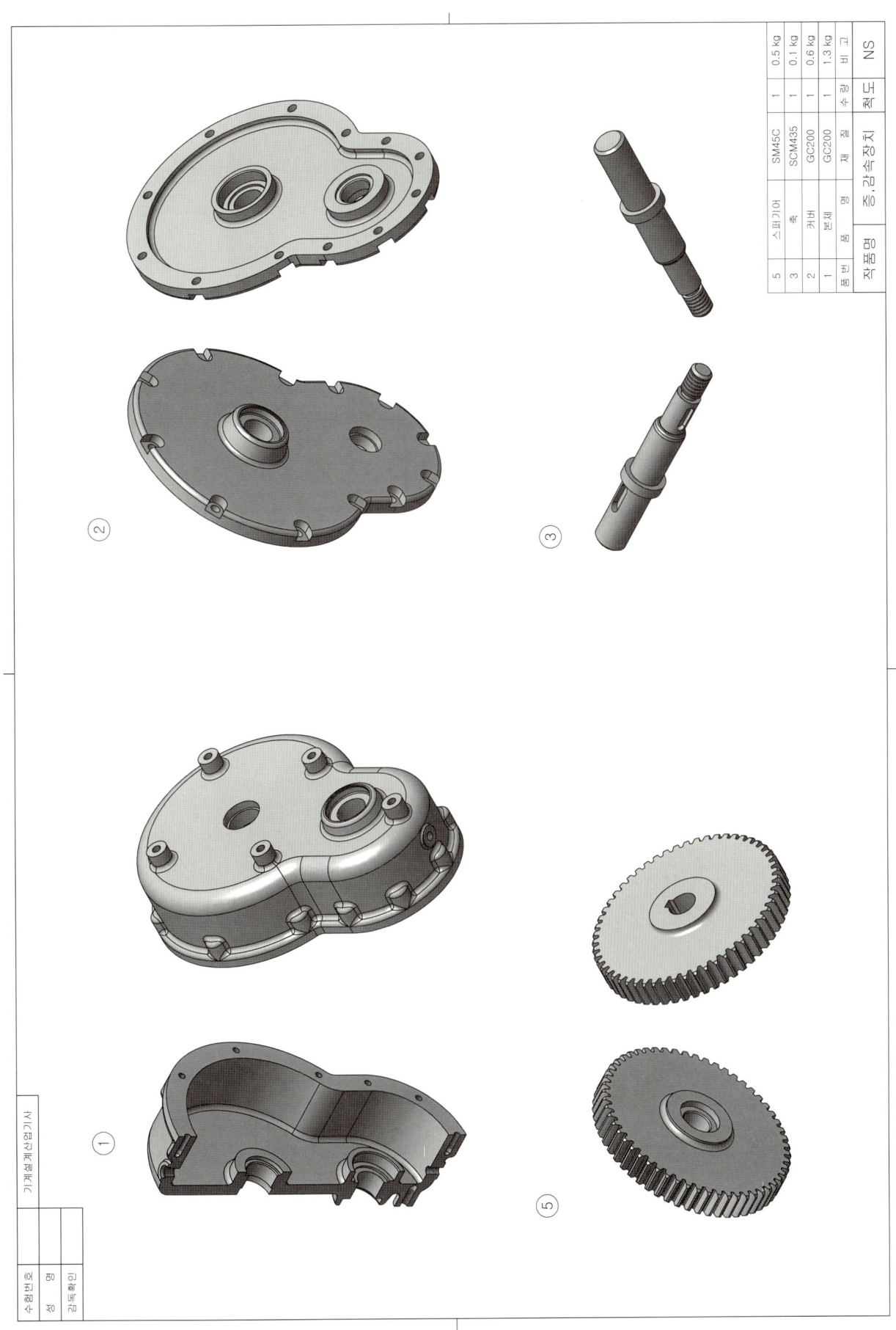

증 감속 장치

3D 모델링

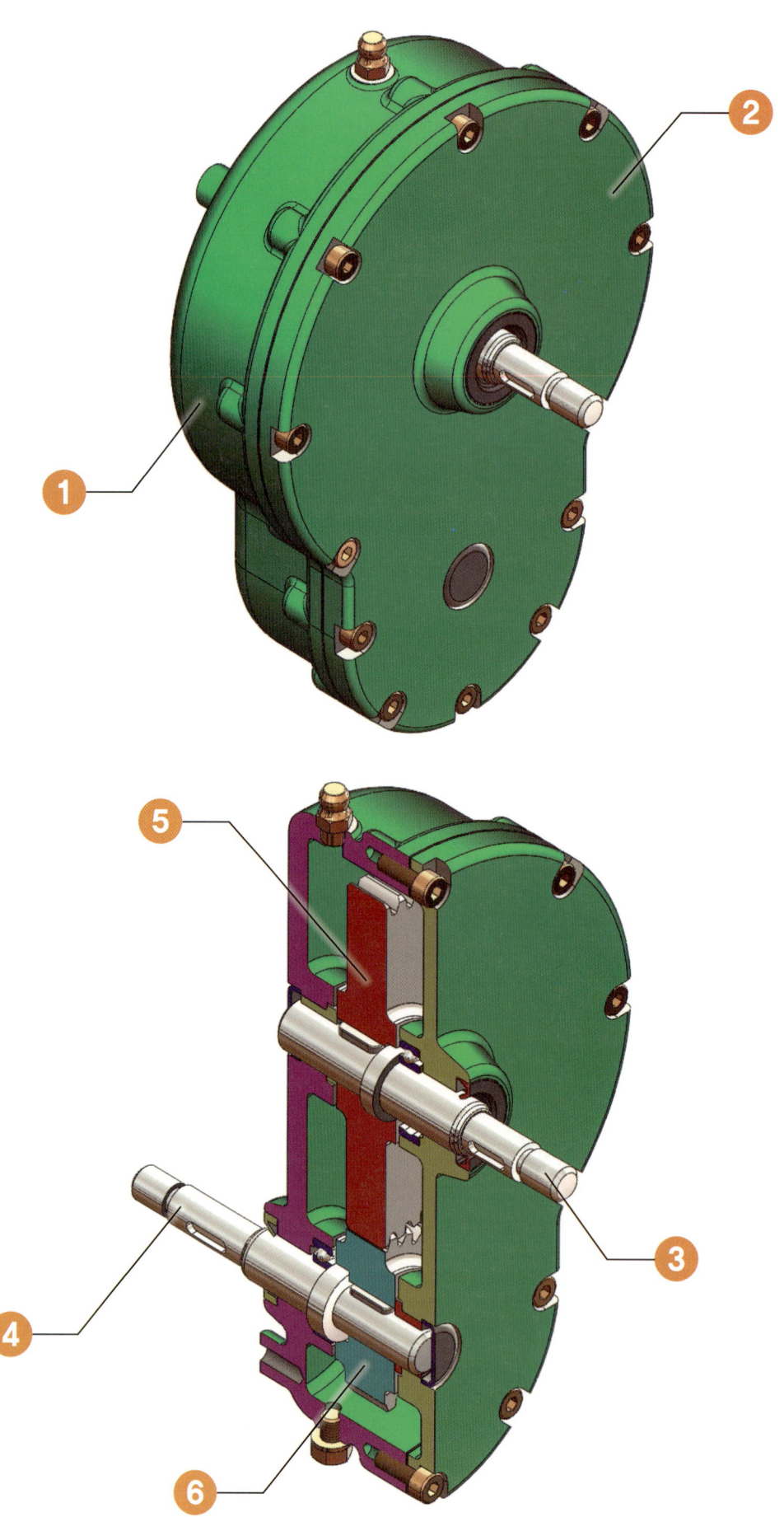

증 감속 장치

분해 등각 구조도

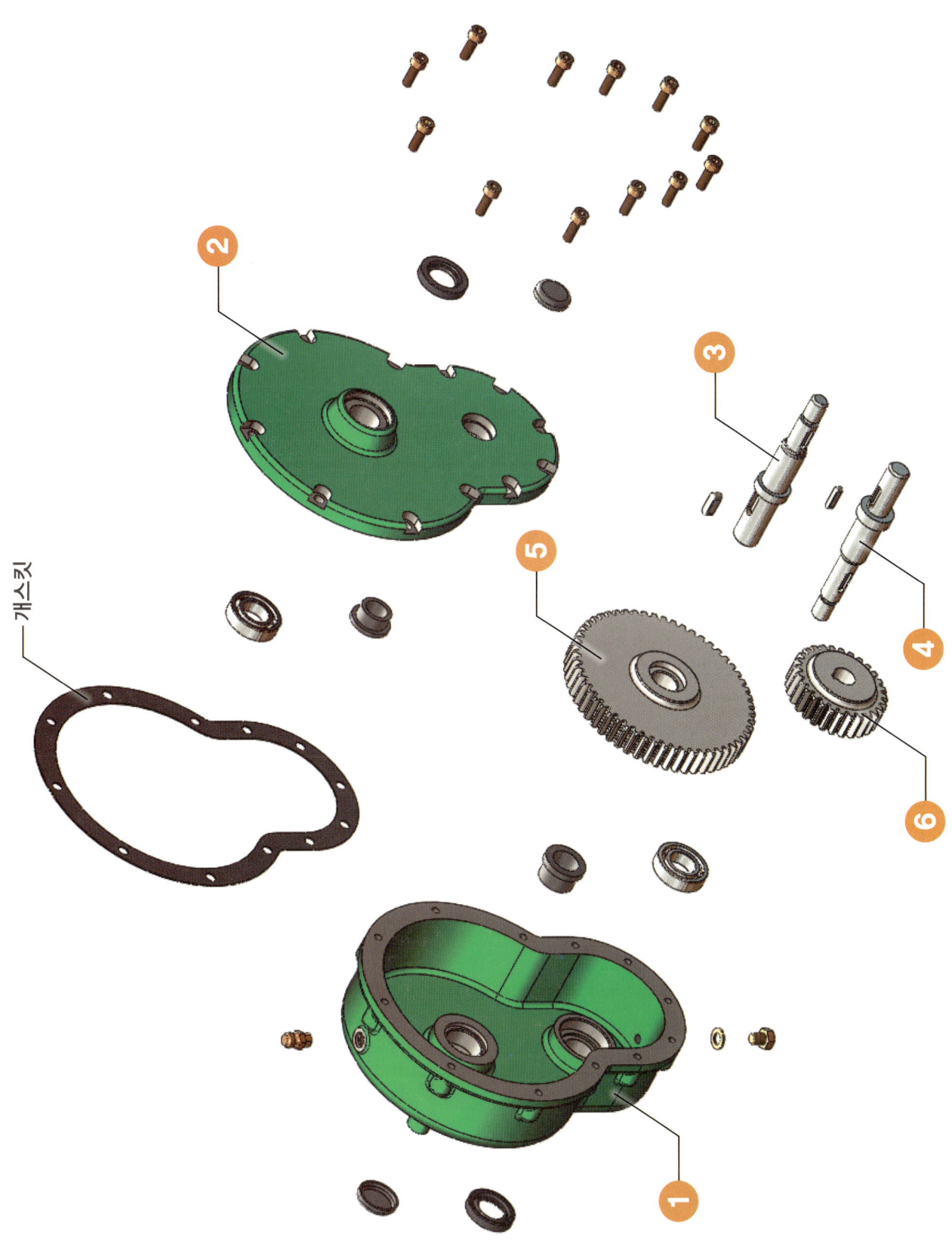

Lesson 12 | 드릴지그

실기 과제도면

드릴지그-1

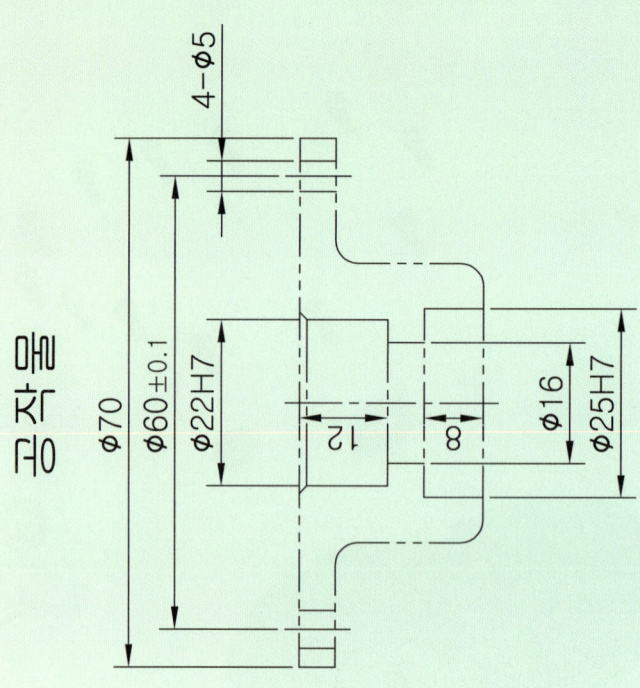

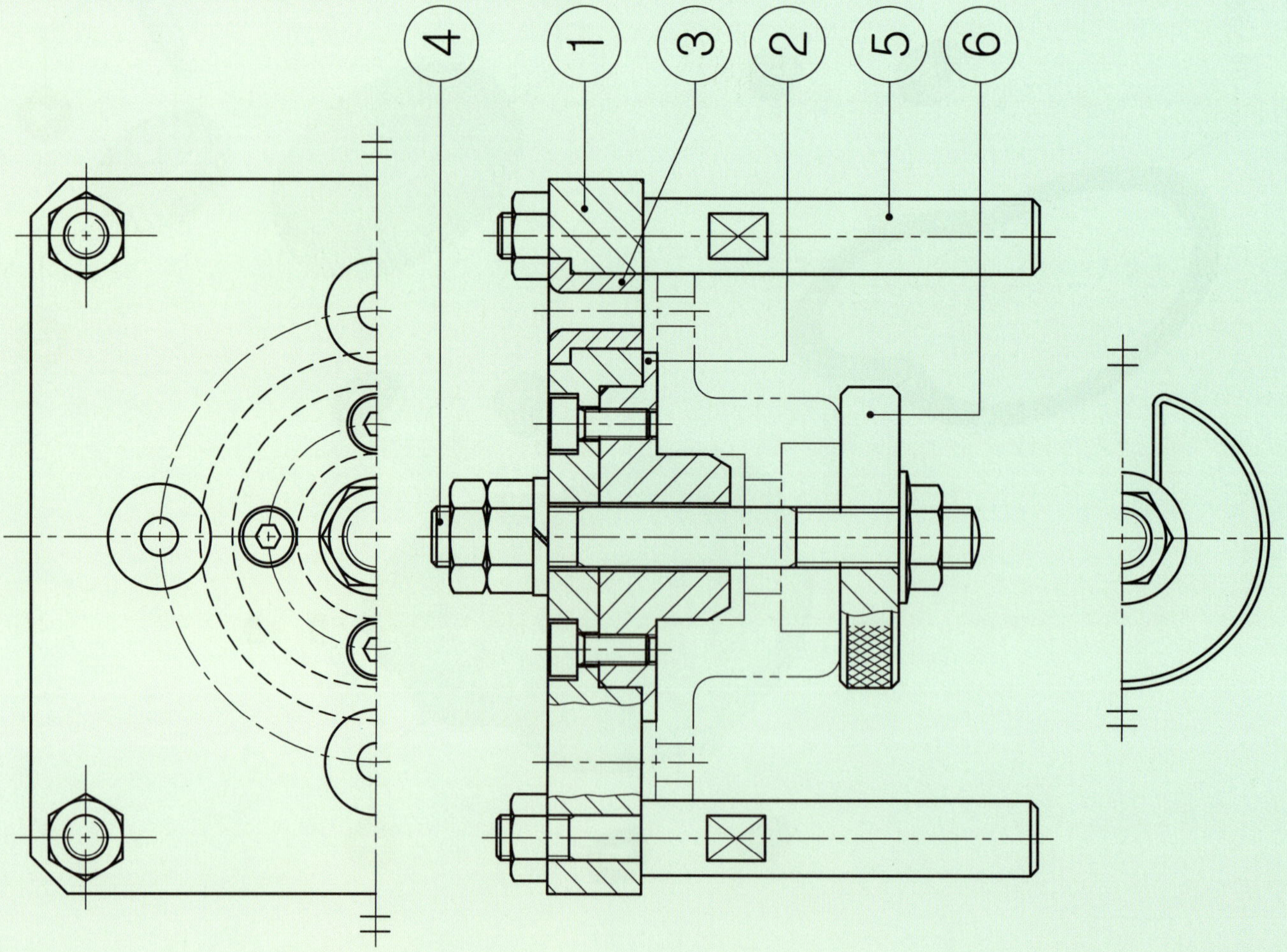

Copyright© 2014 메카피아

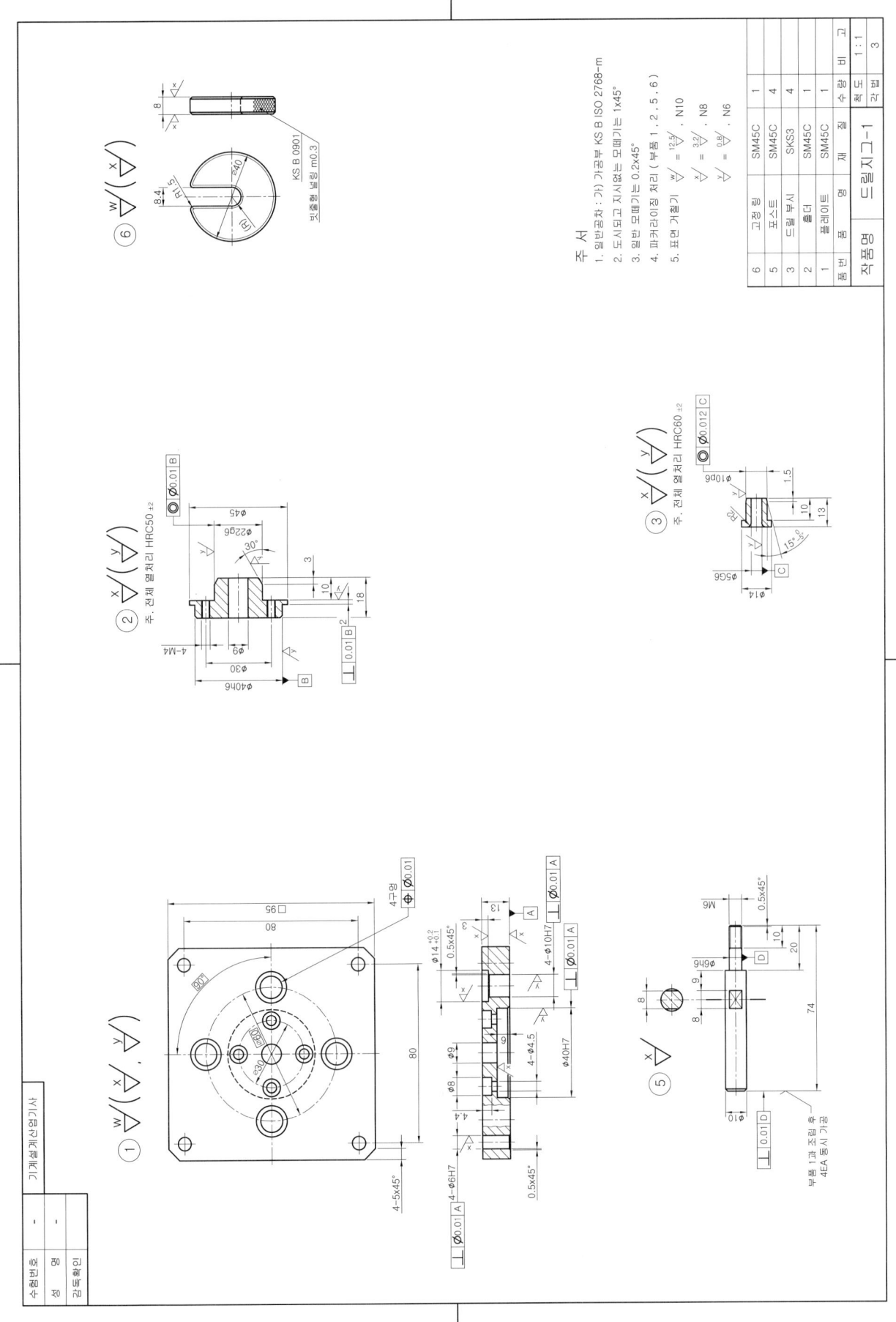

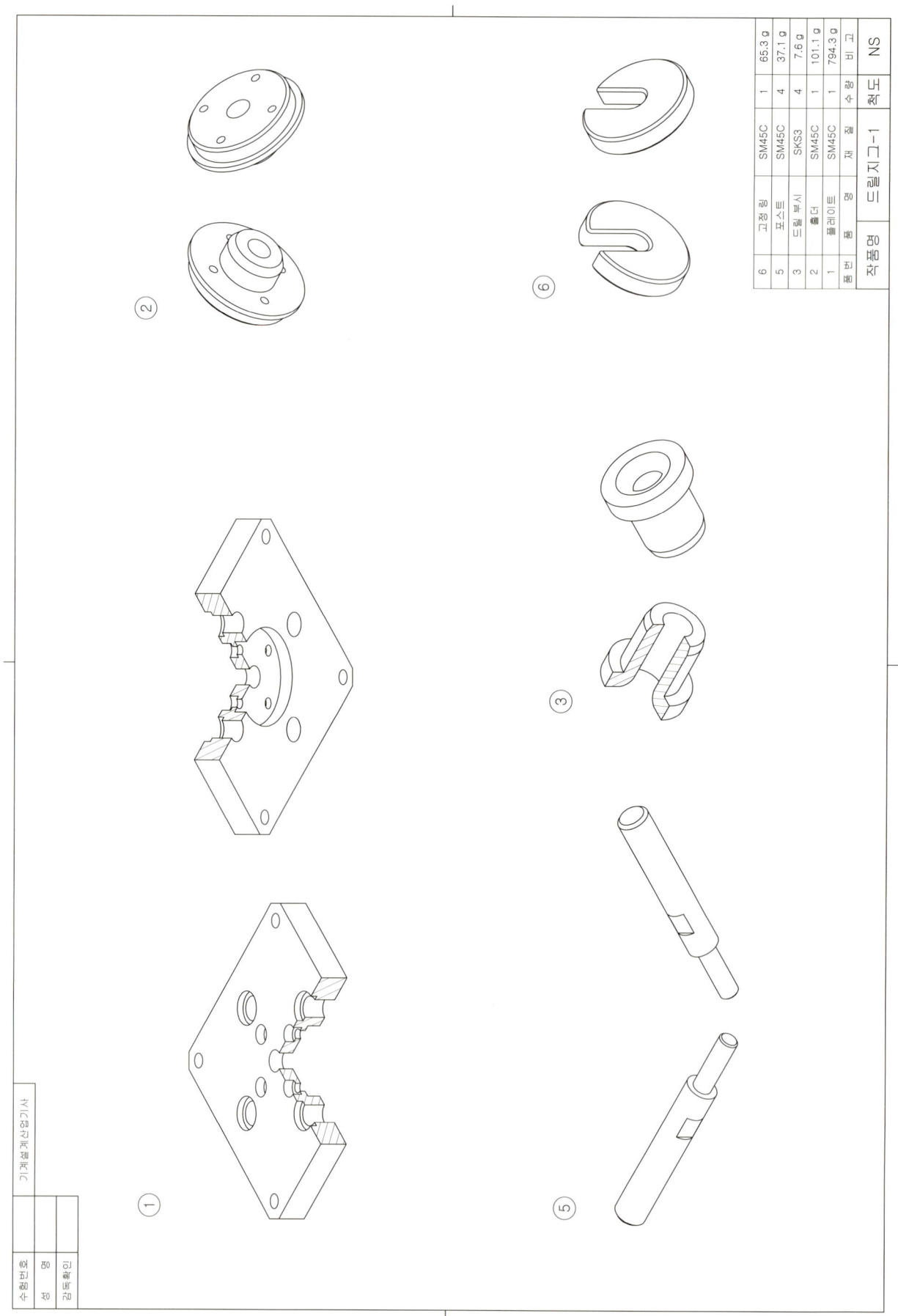

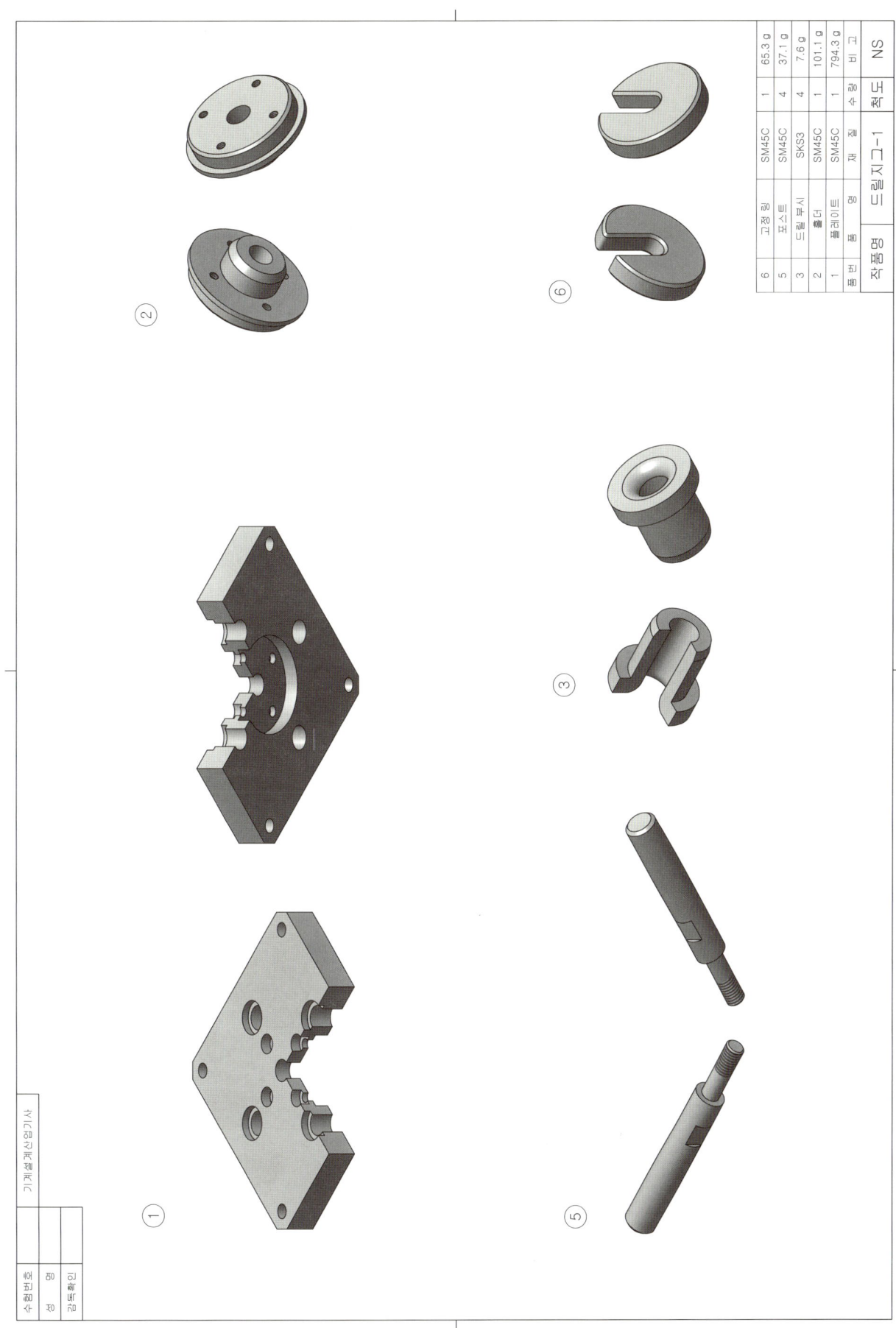

드릴지그-1

3D 모델링

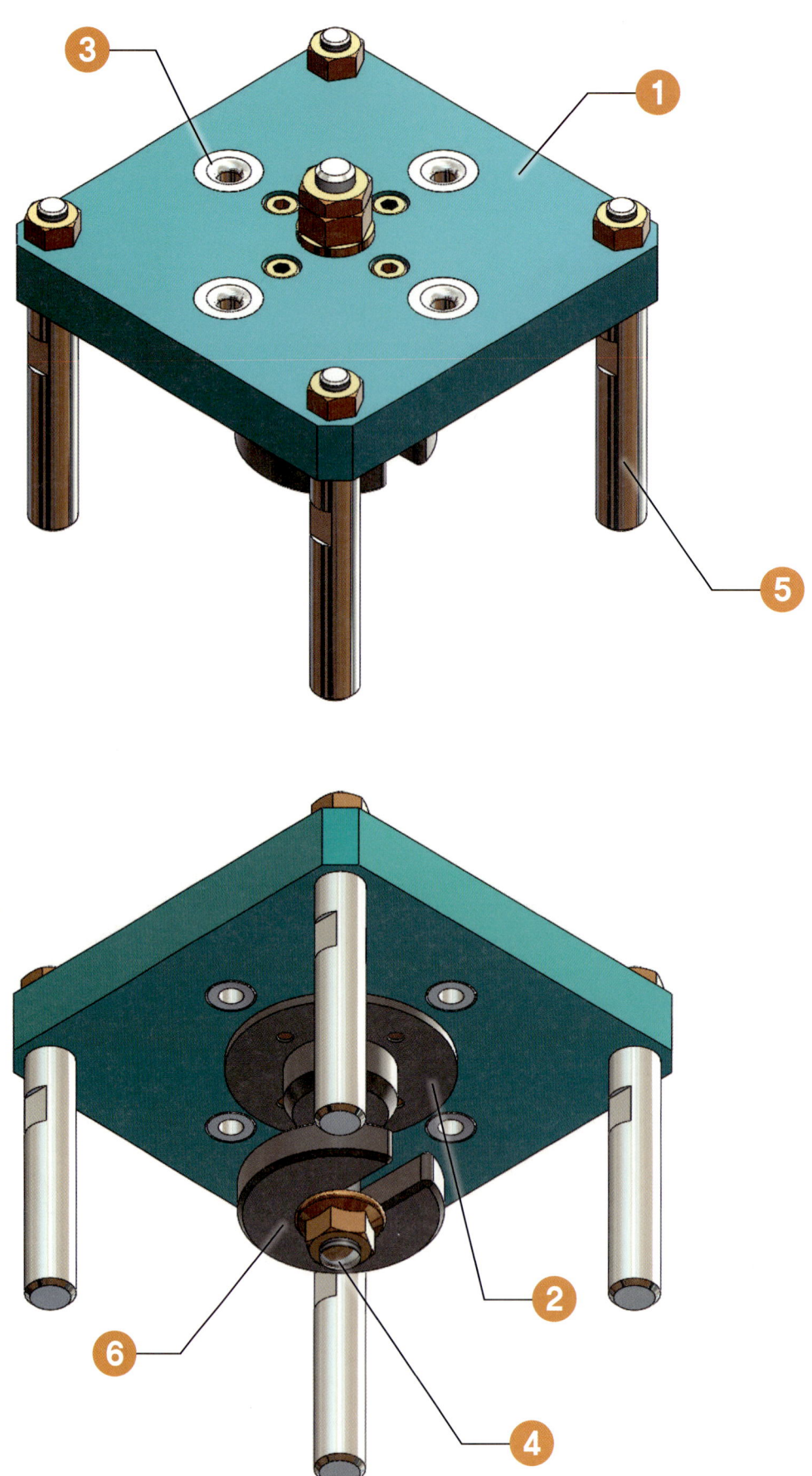

드릴지그-1   분해 등각 구조도

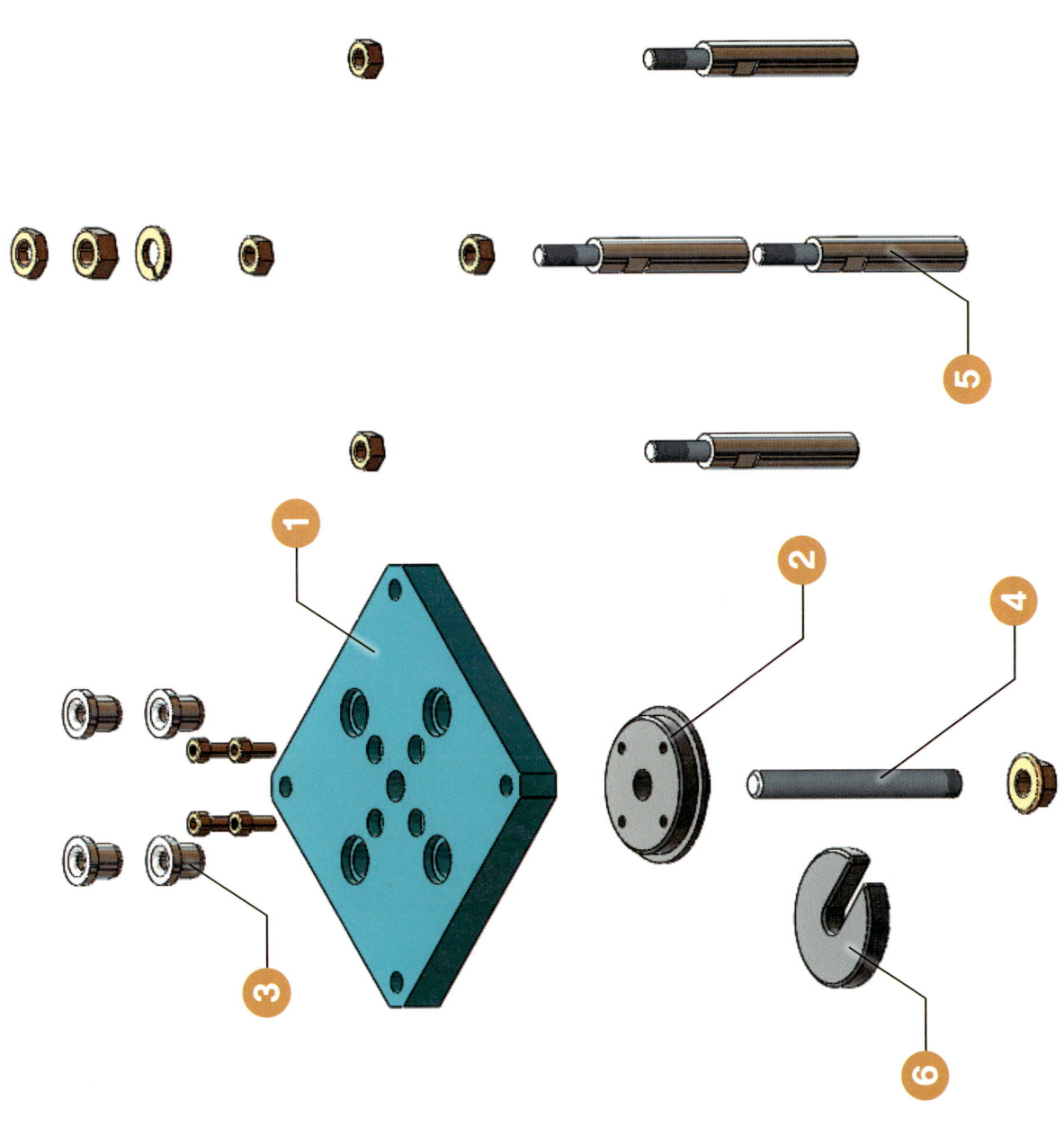

드릴지그-2

실기 과제도면

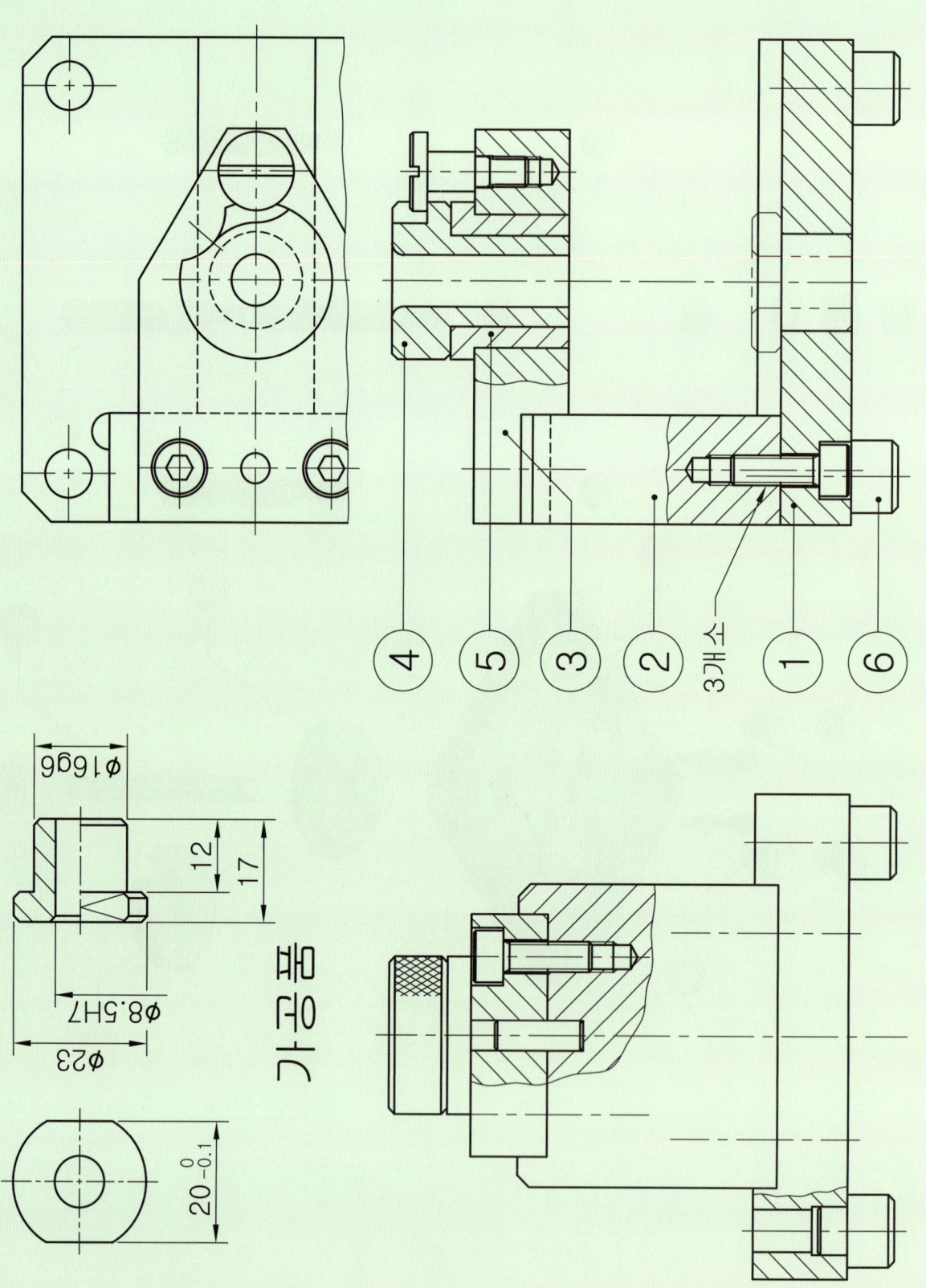

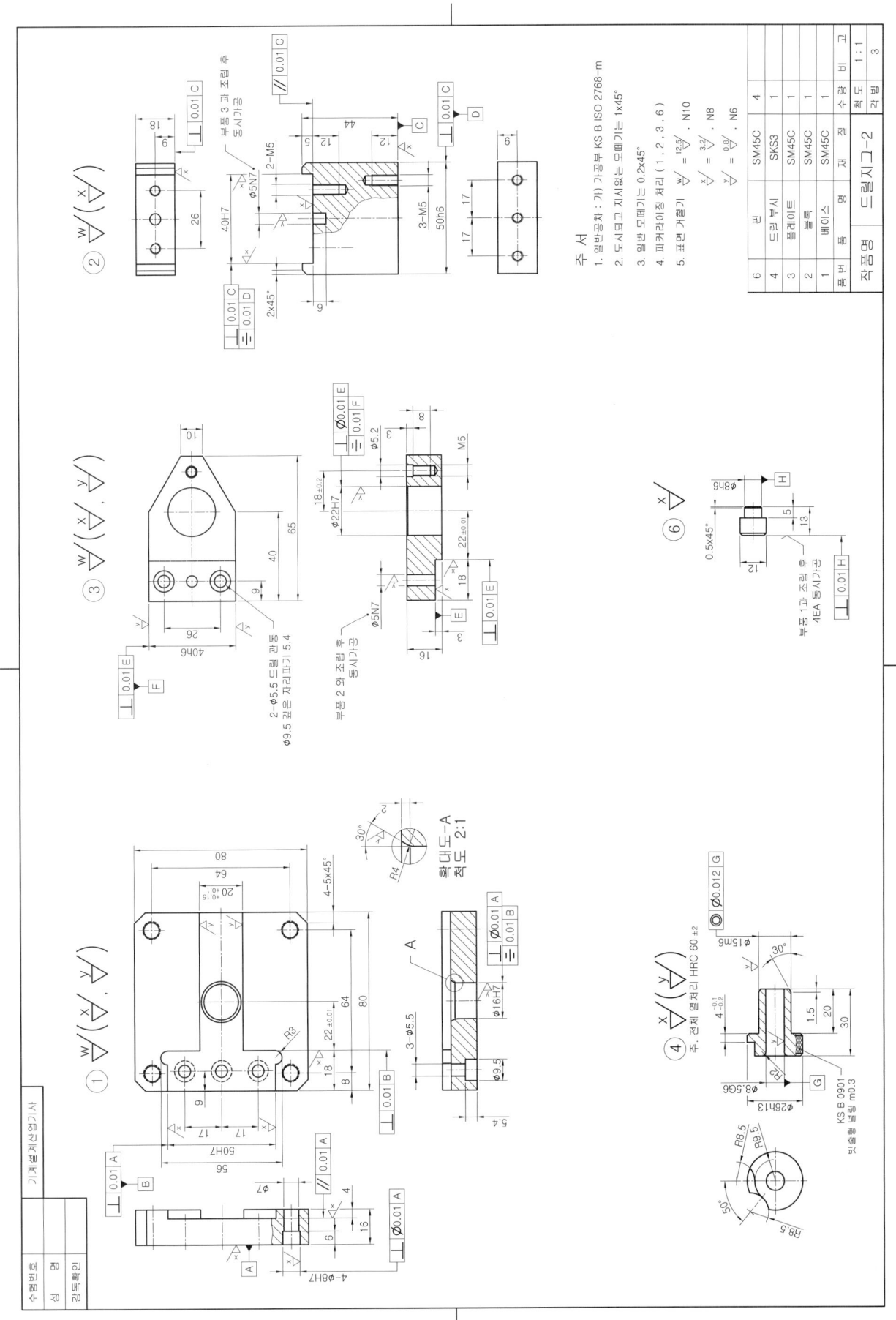

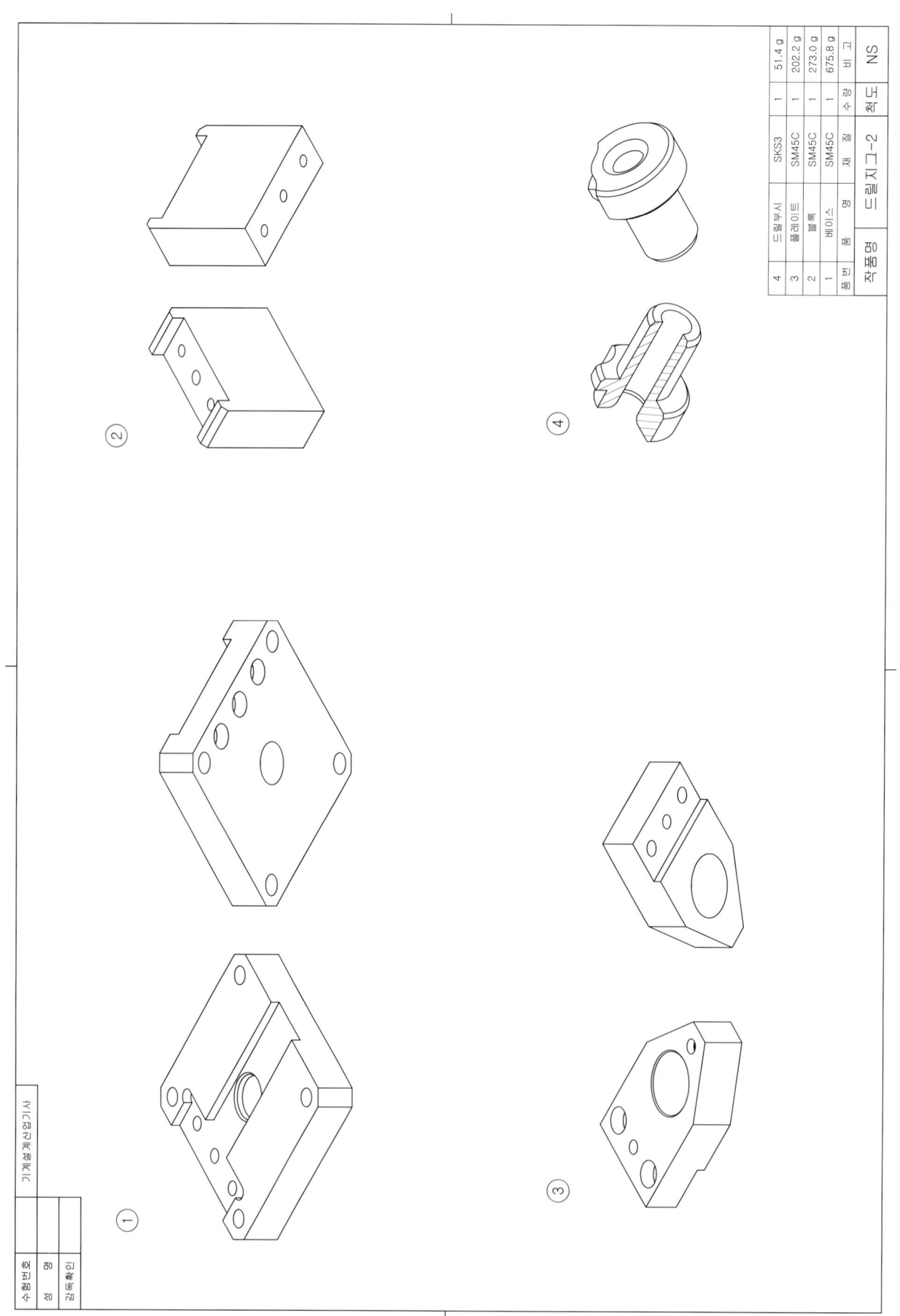

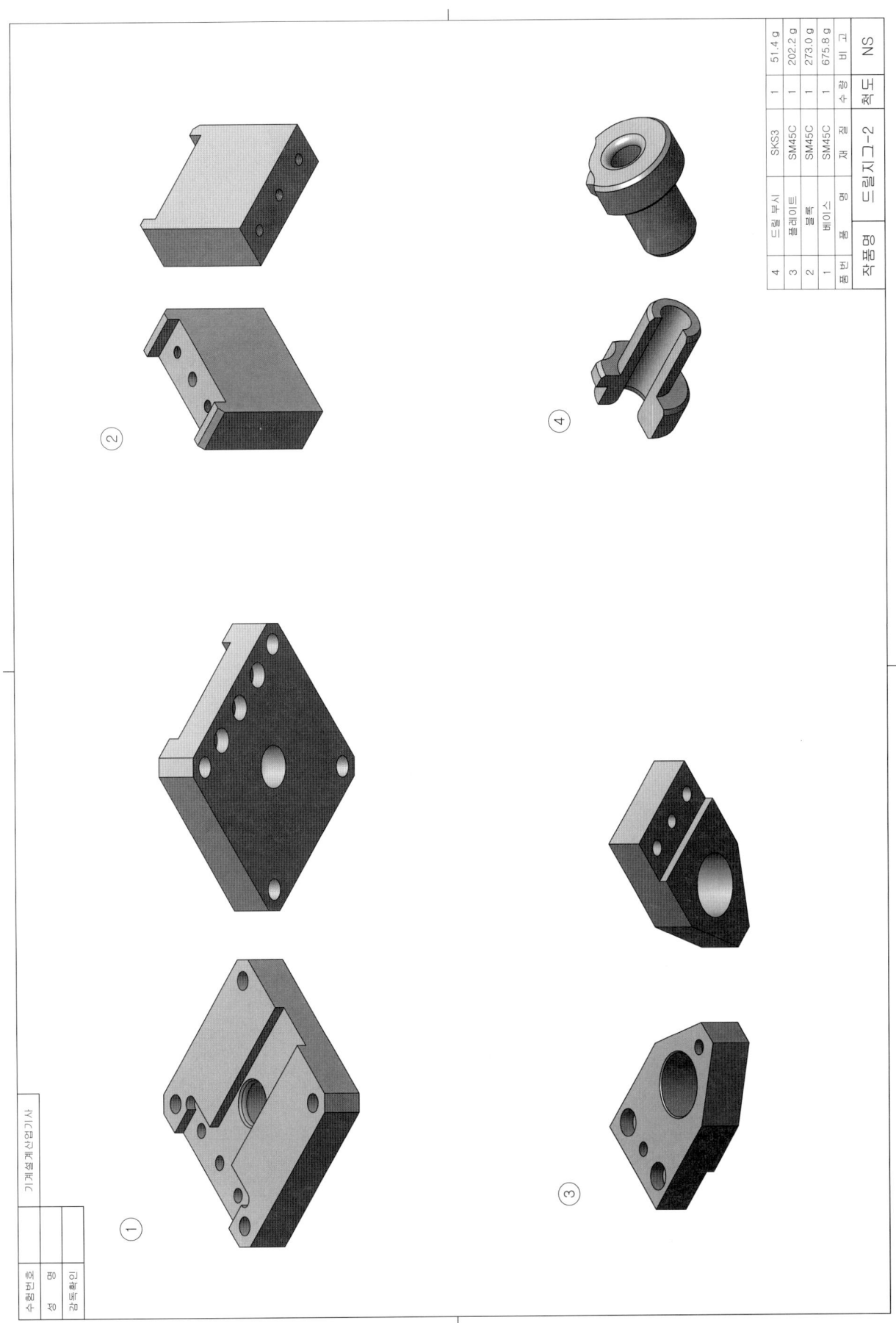

■ 드릴지그-2 3D 모델링

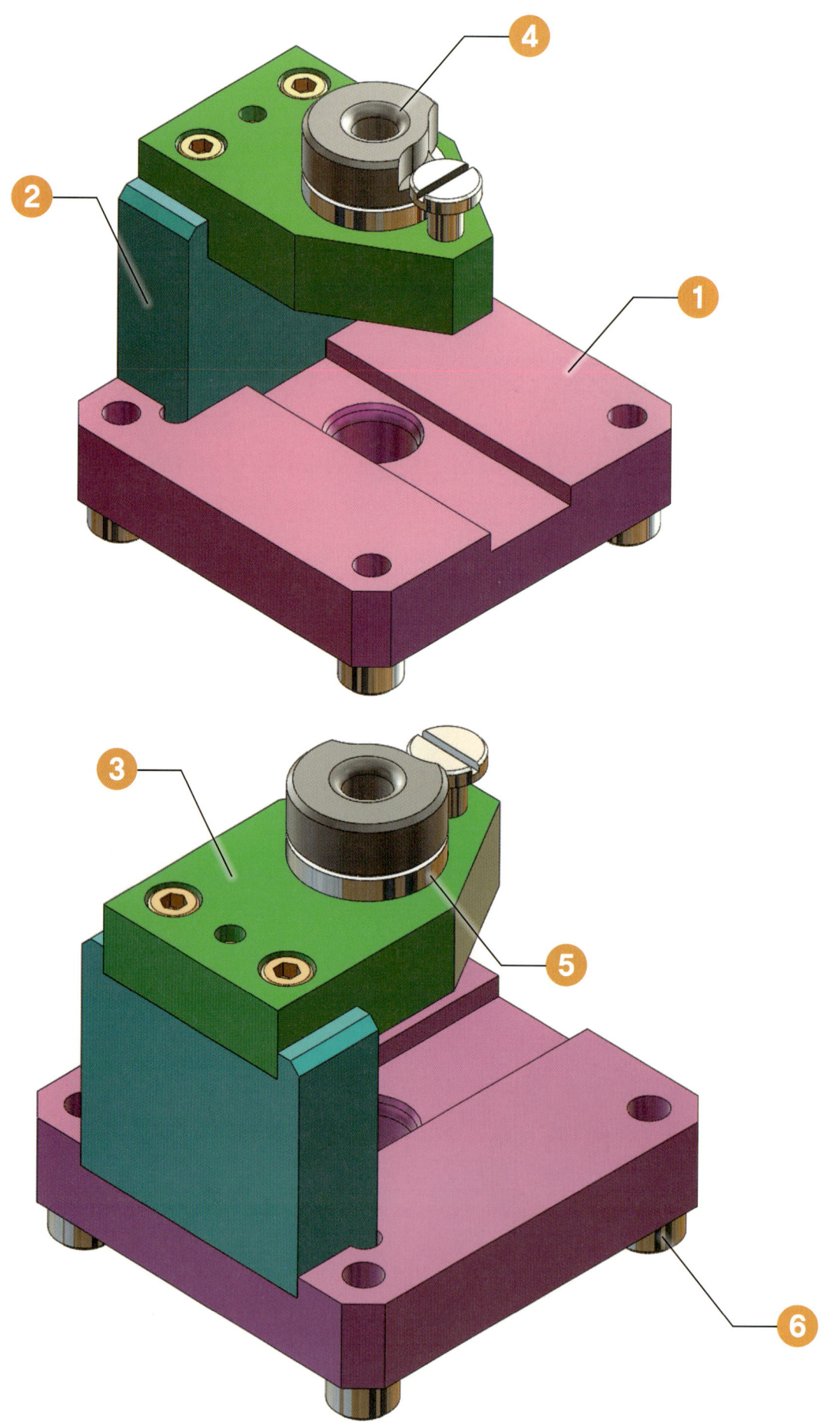

드릴지그-2

분해 등각 구조도

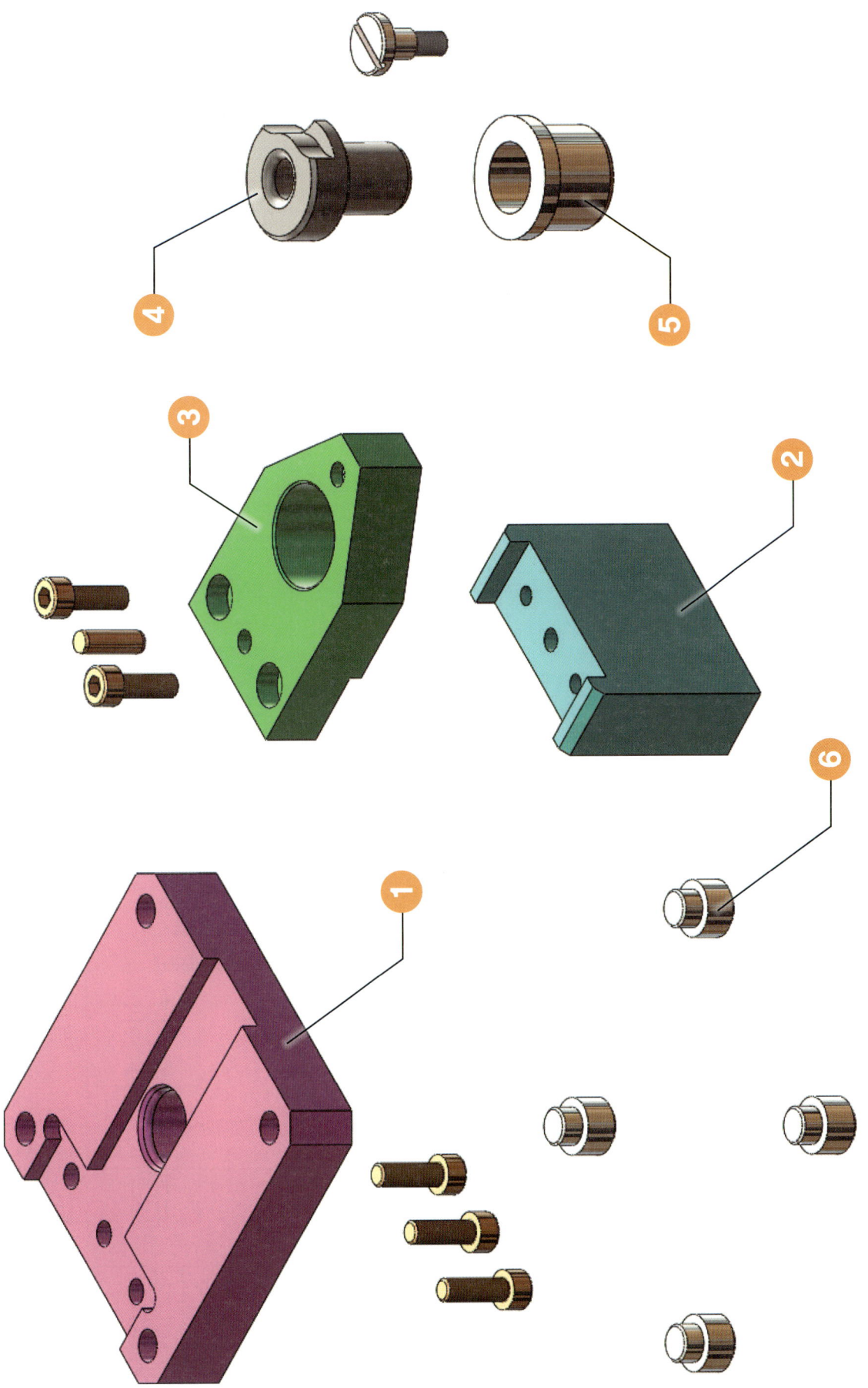

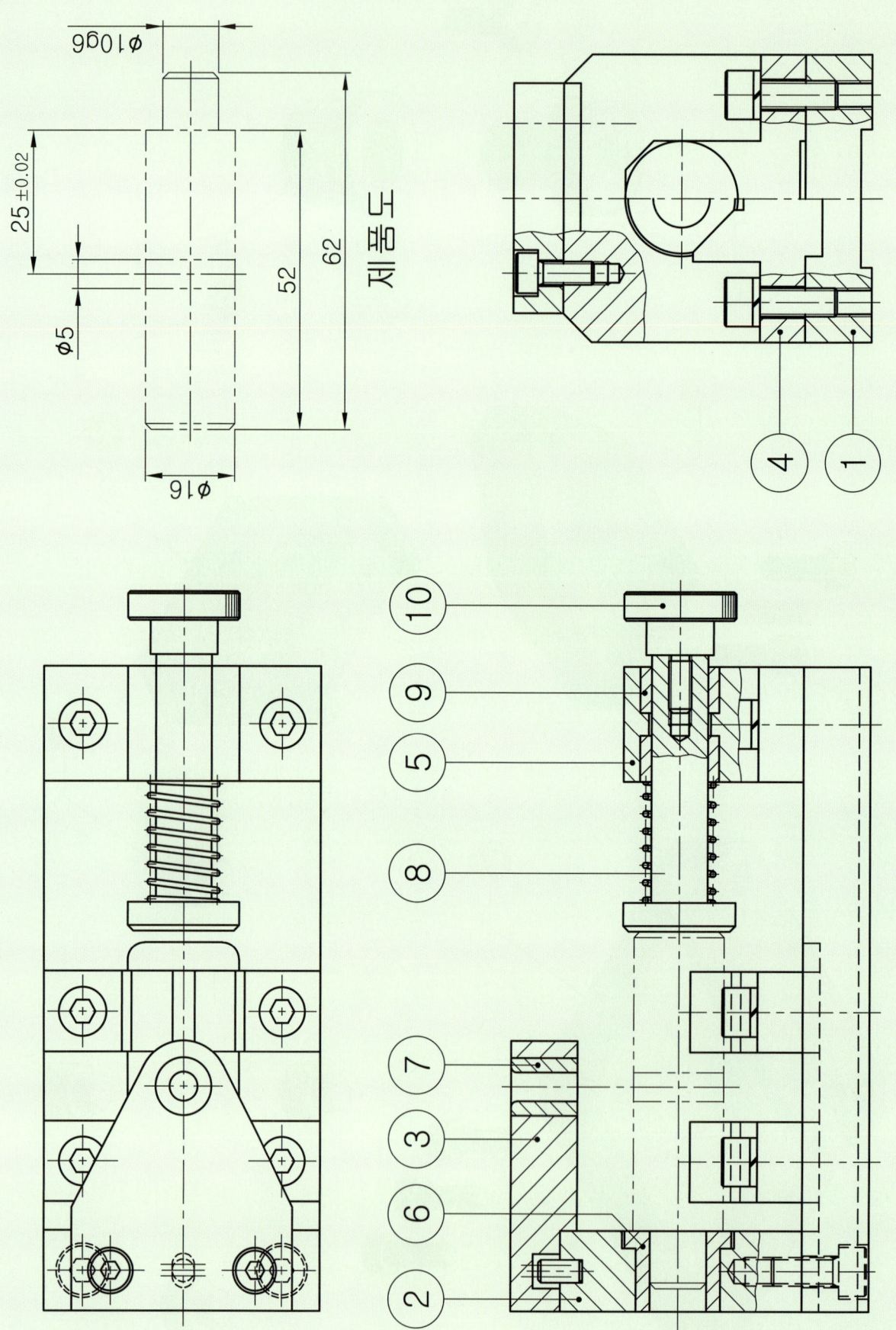

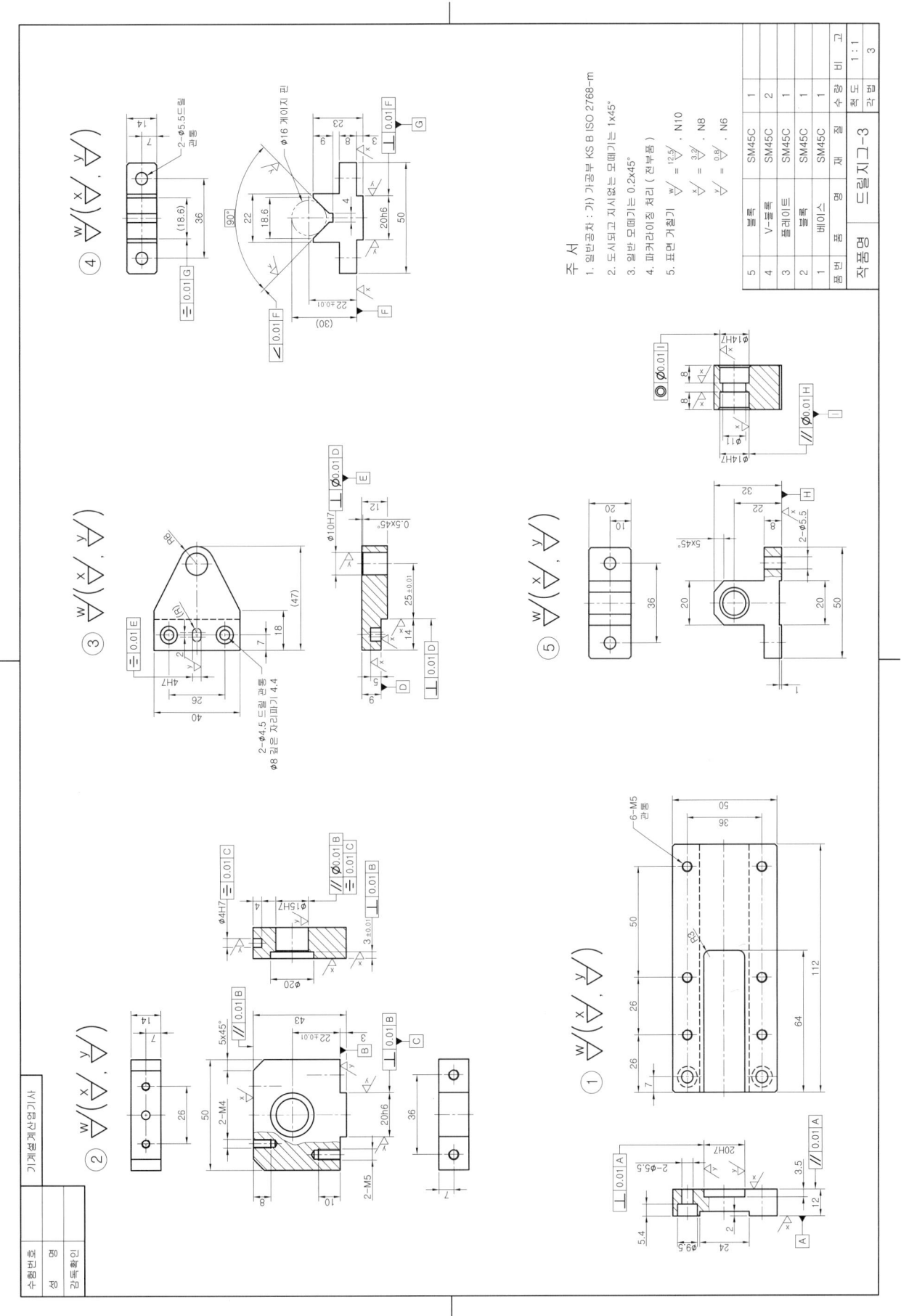

드릴지그-3

등각투상도-1

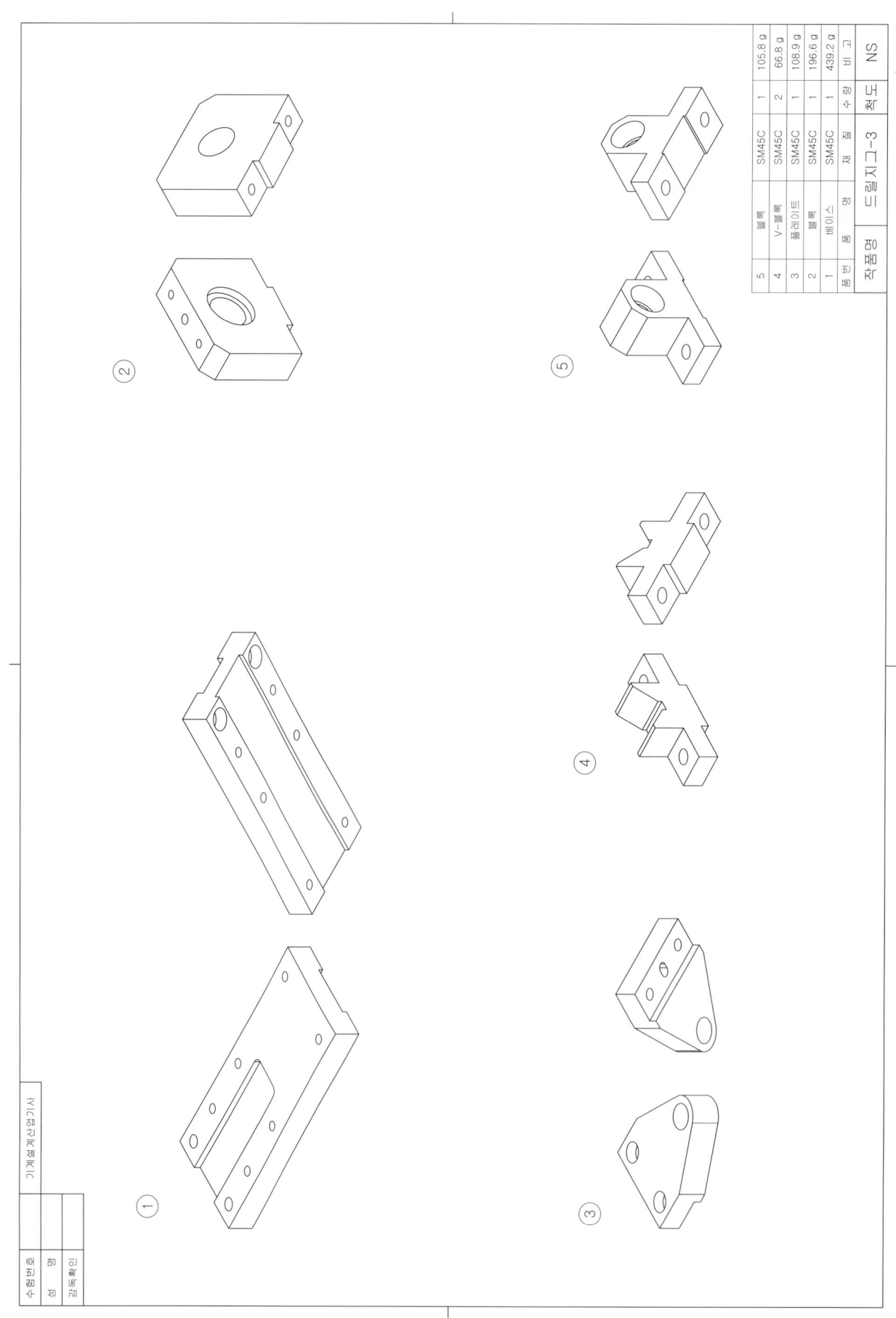

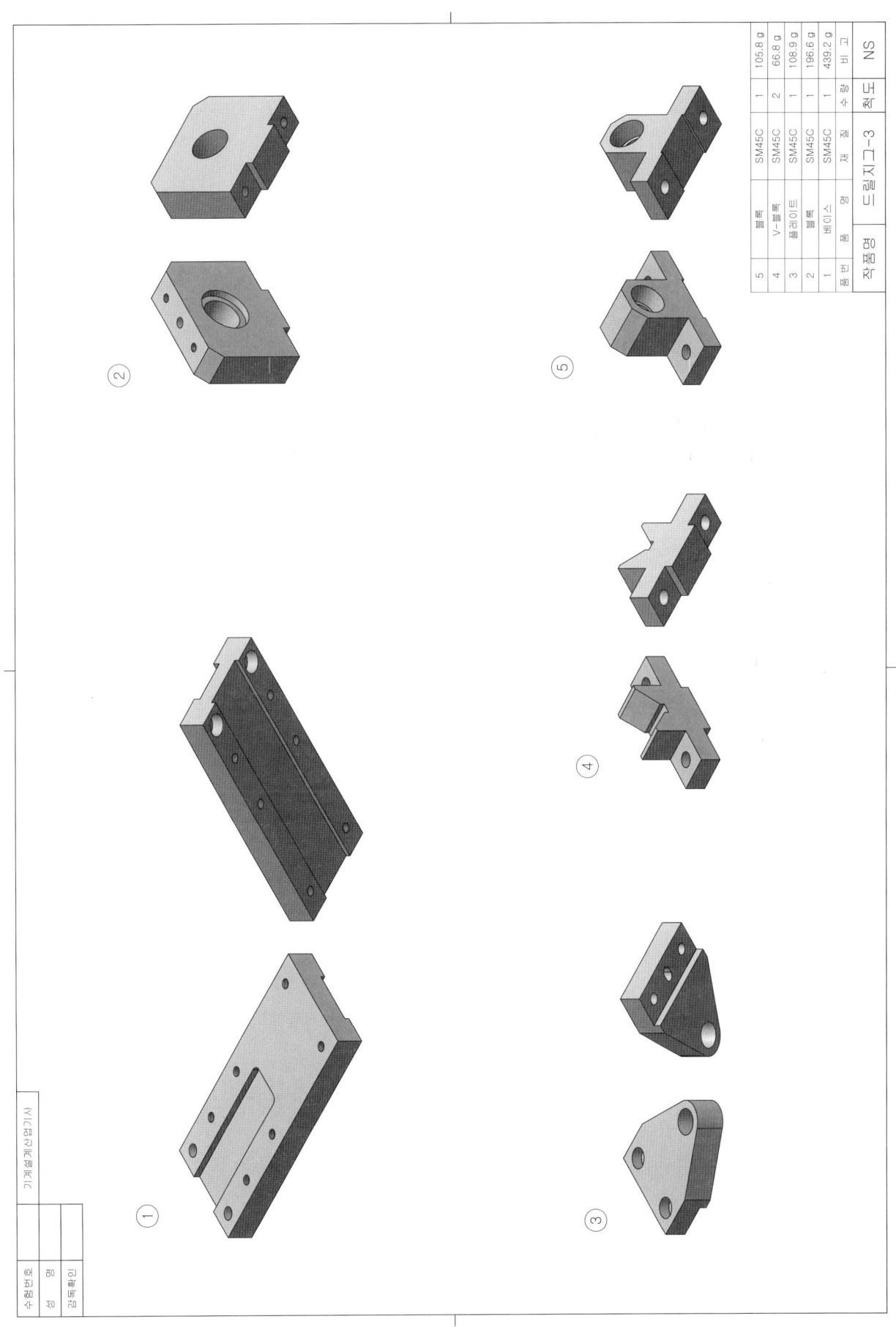

드릴지그-3

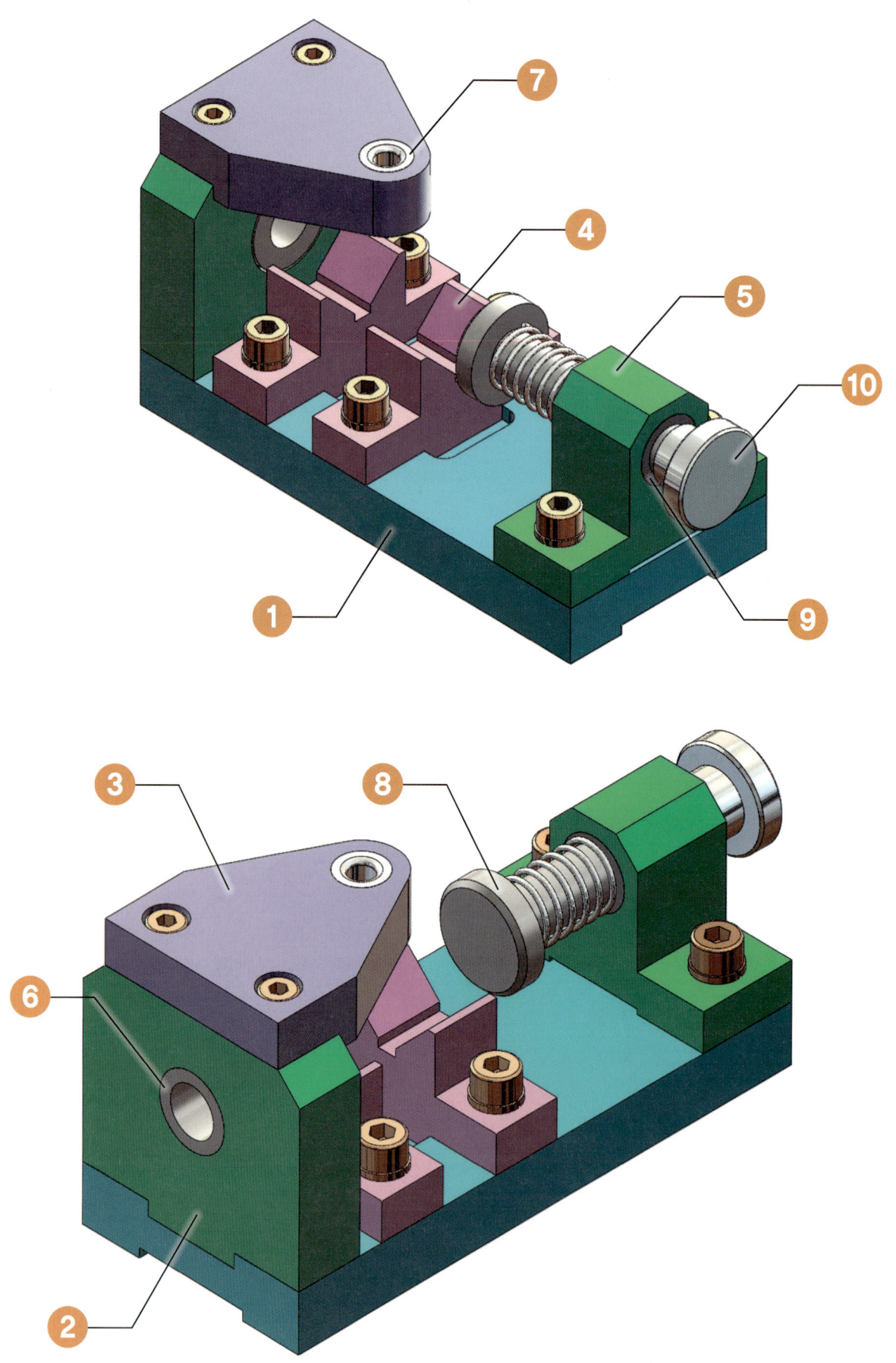

드릴지그-3

분해 등각 구조도

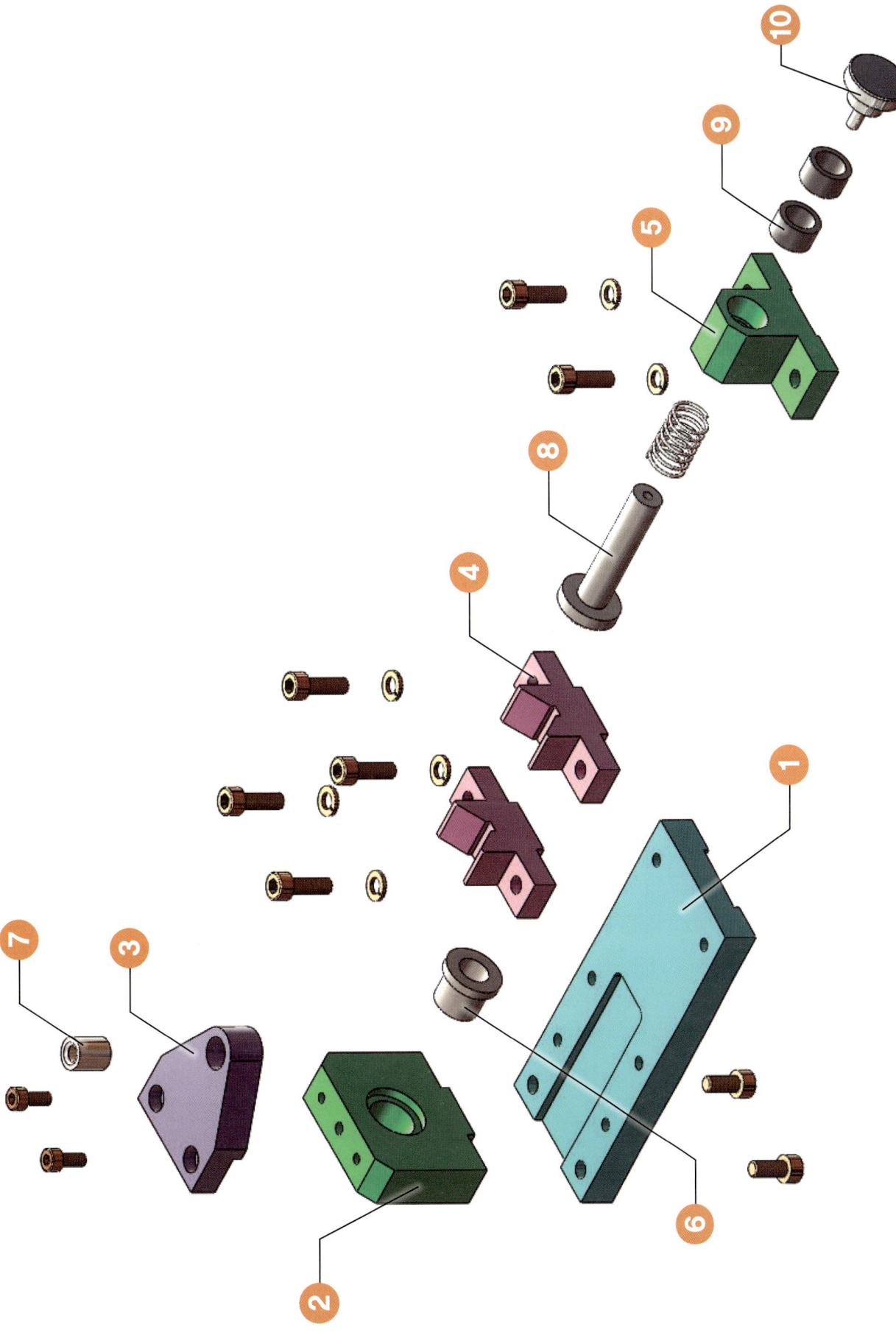

드릴지그-4 실기 과제도면

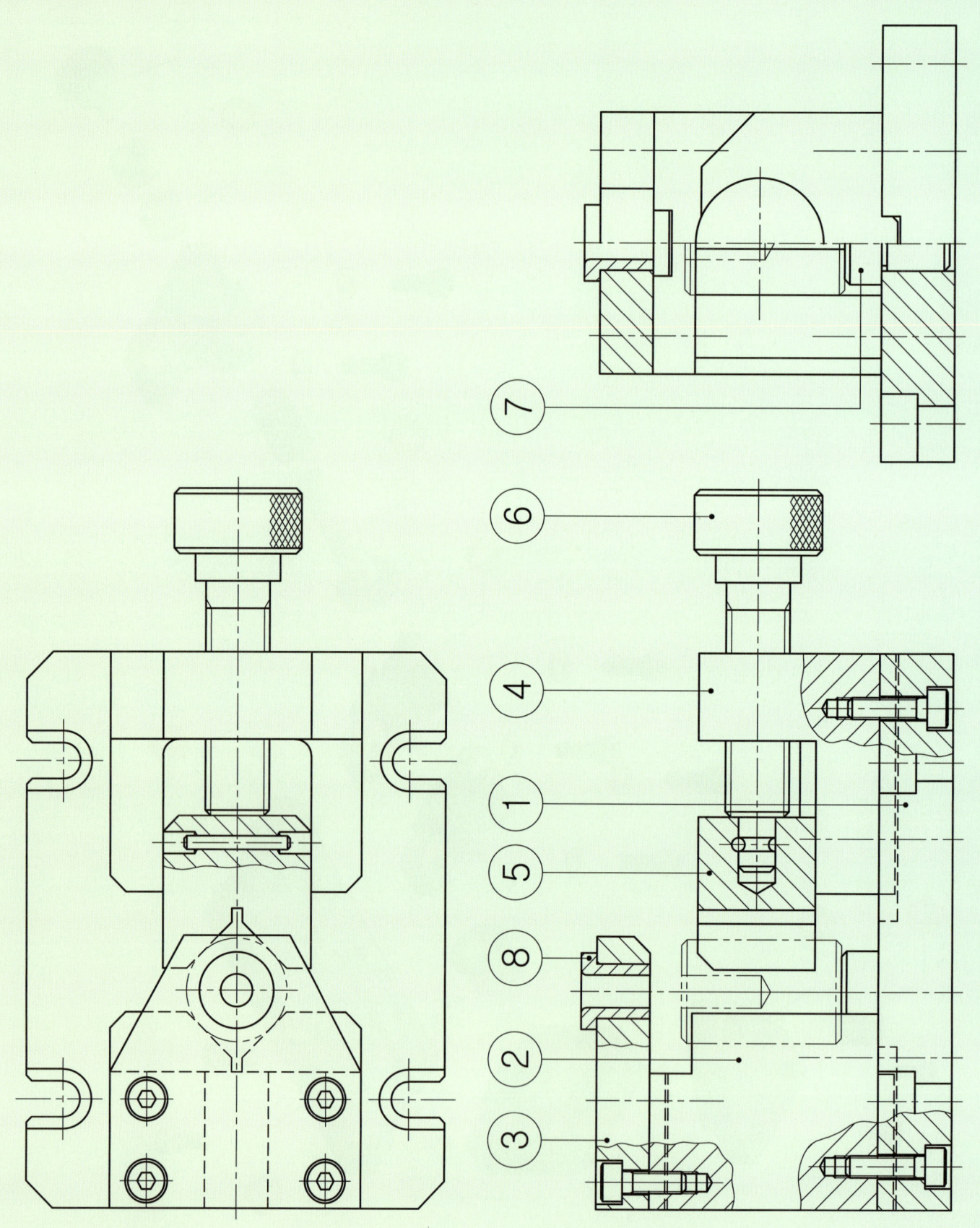

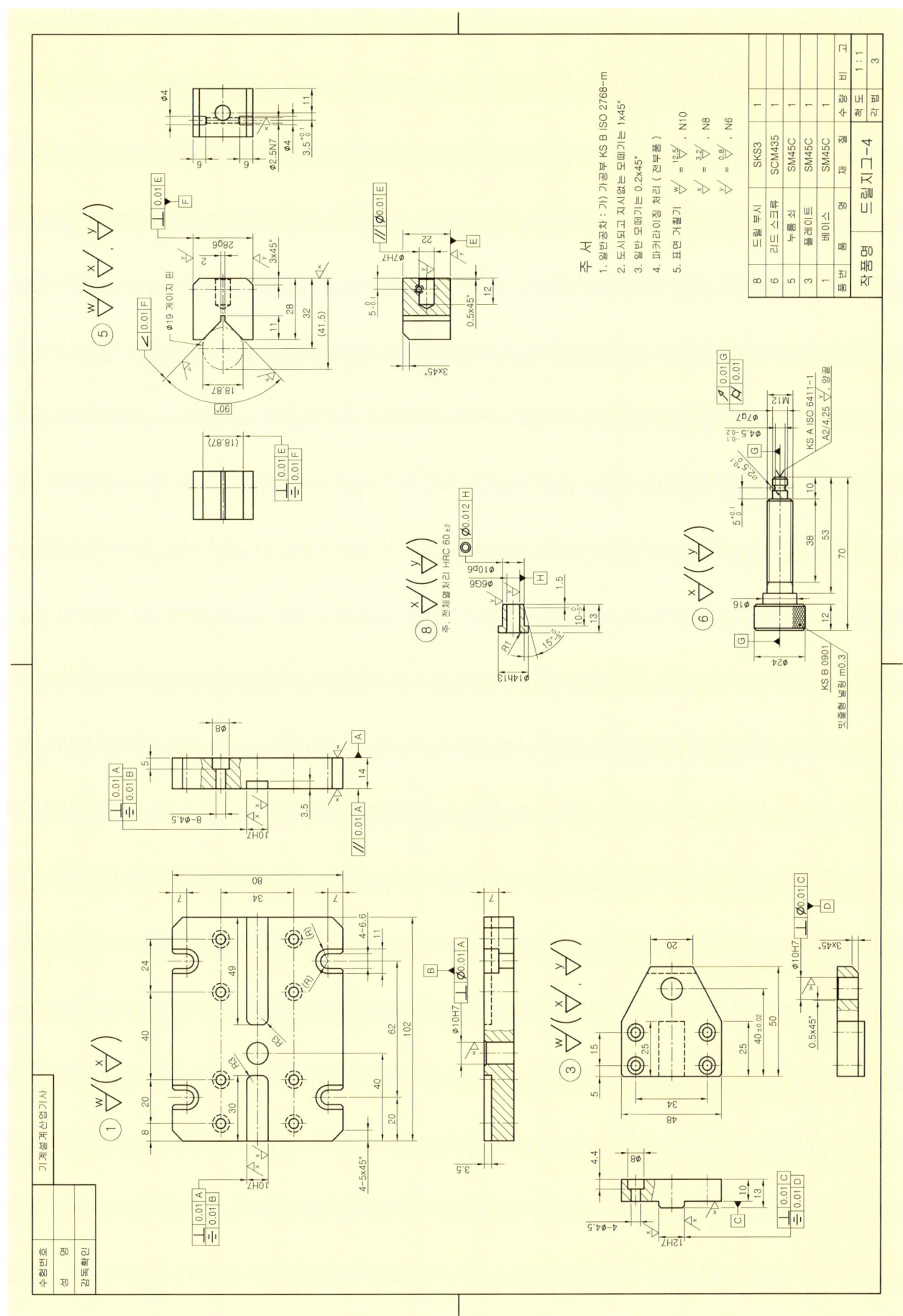

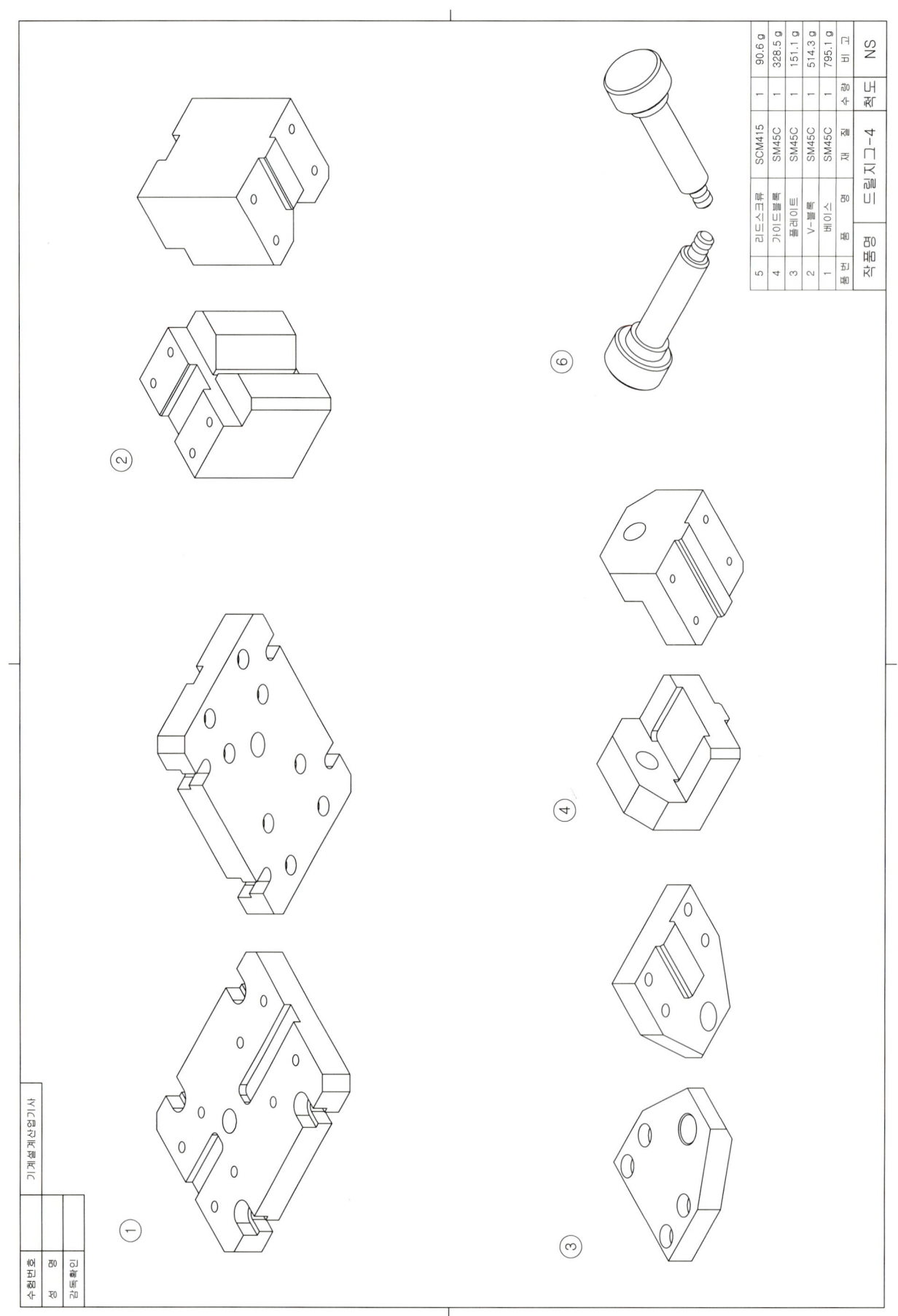

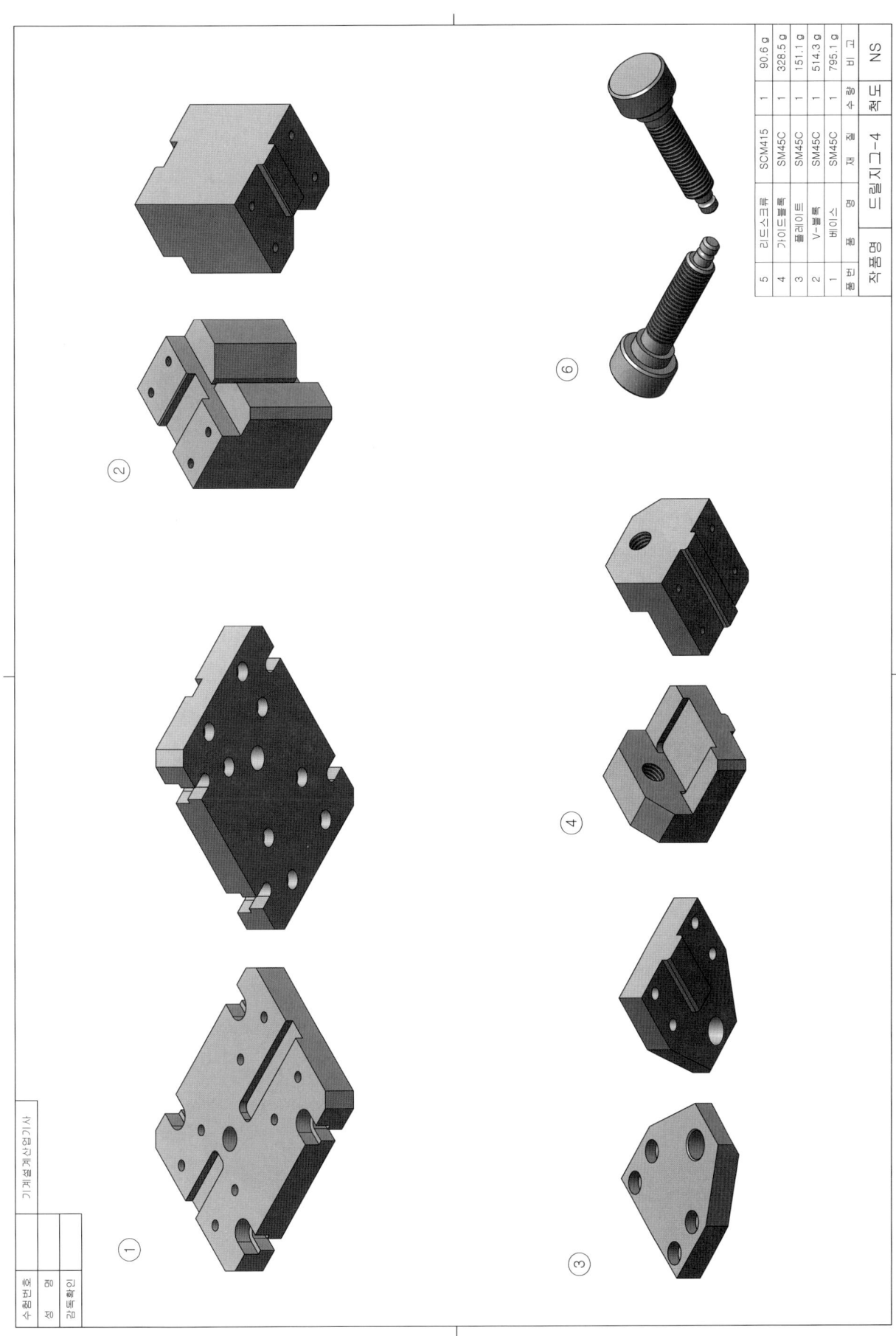

드릴지그-4

3D 모델링

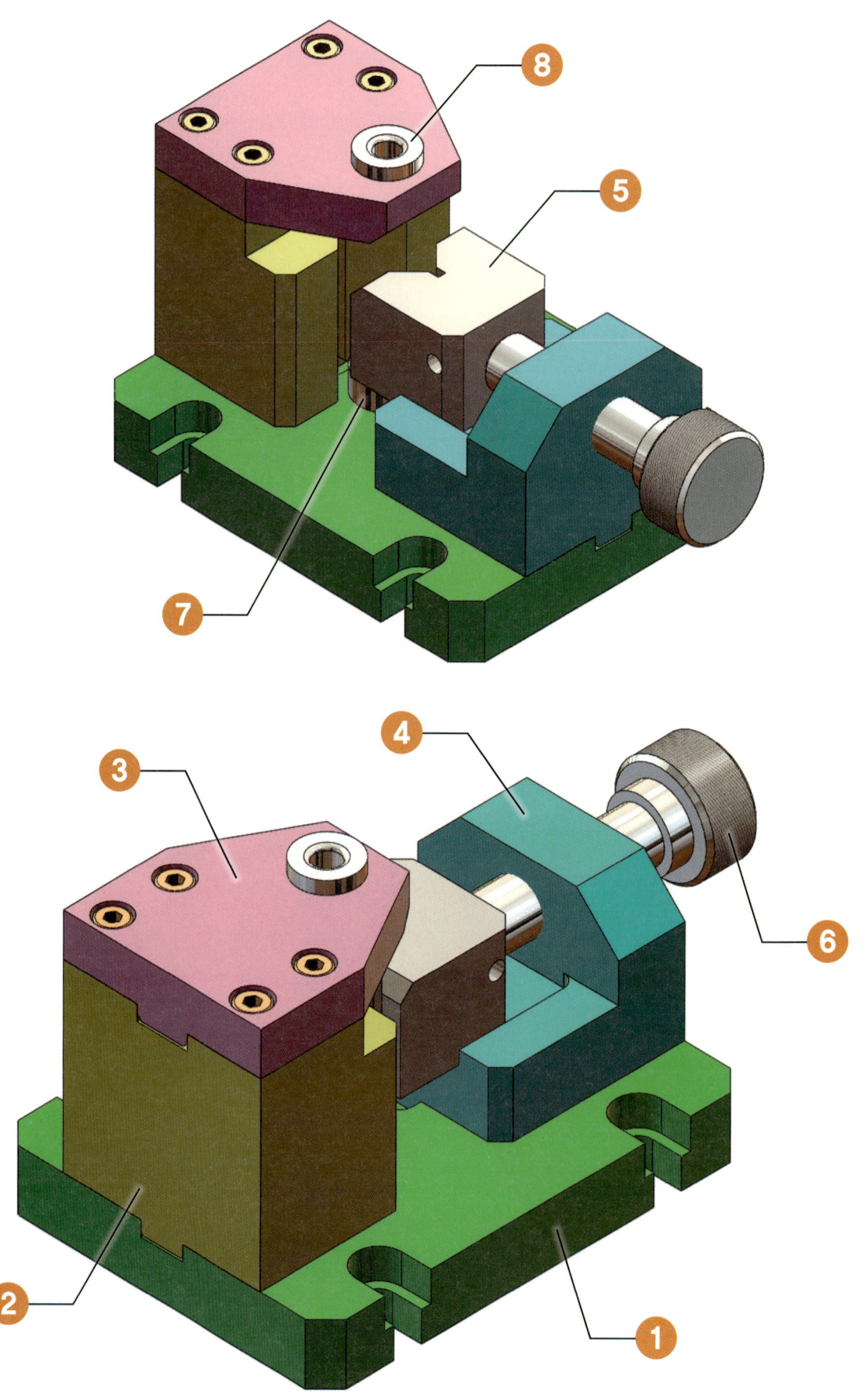

드릴지그-4

분해 등각 구조도

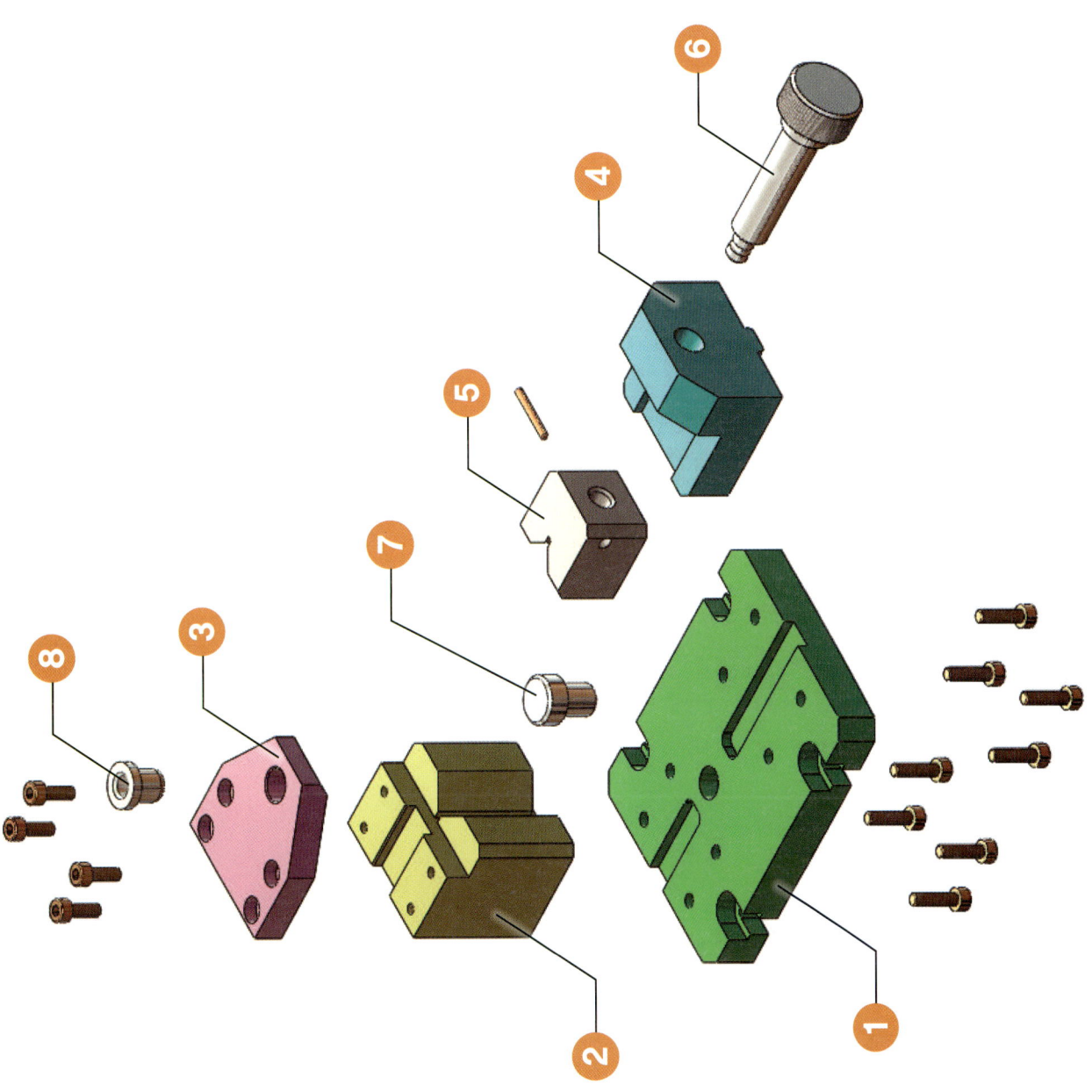

드릴지그-5

실기 과제도면

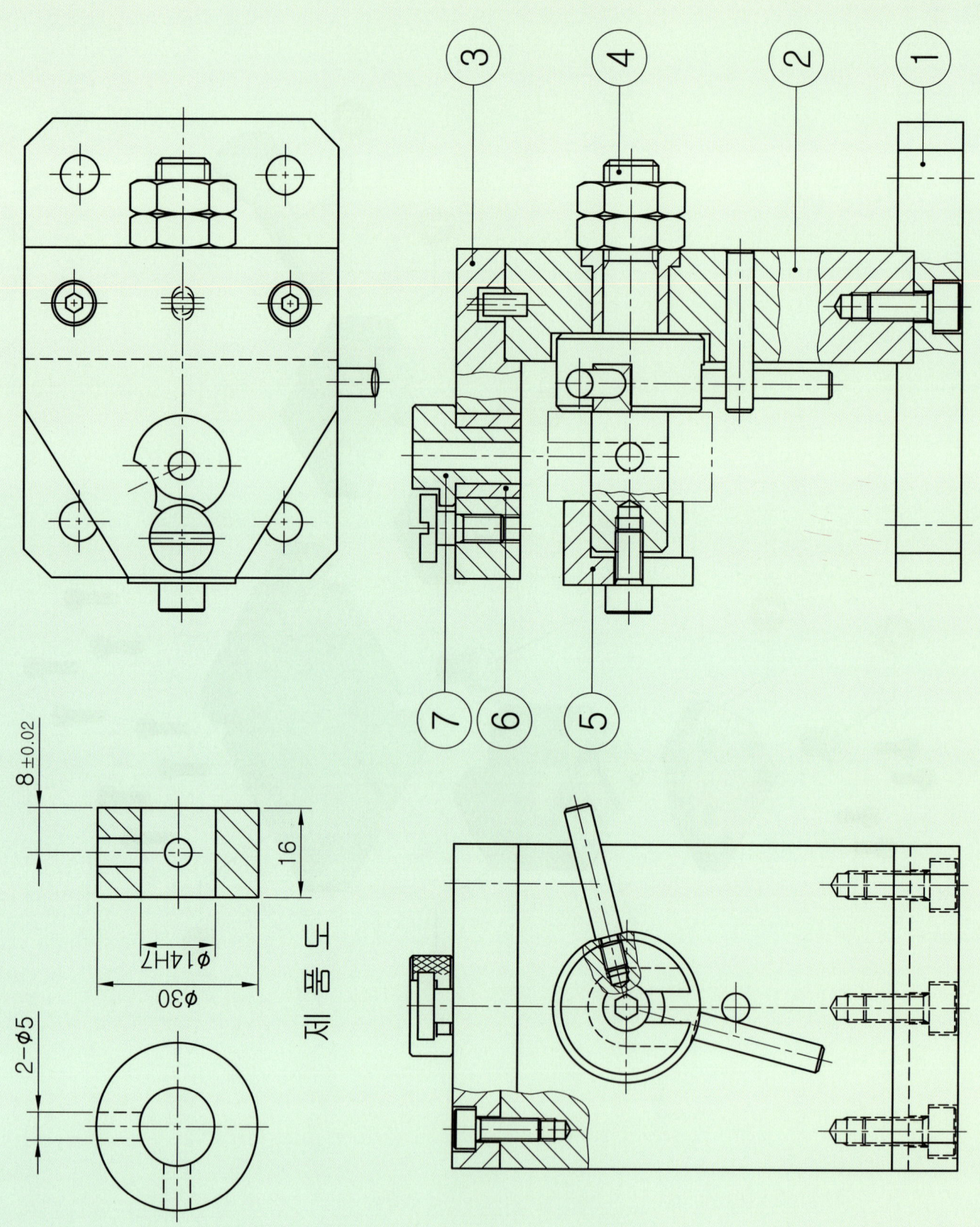

제 품 도

Copyright© 2014 메카피아

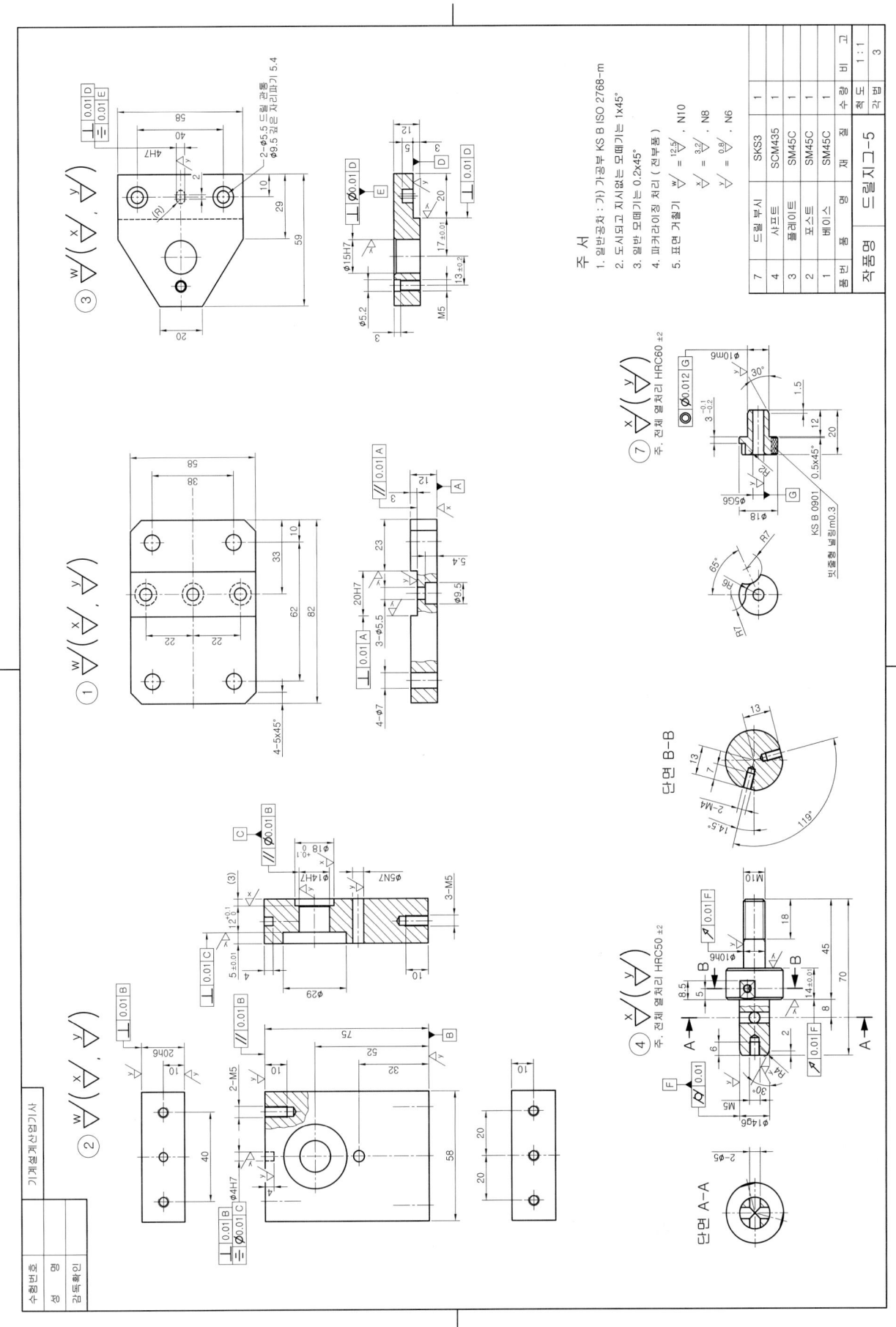

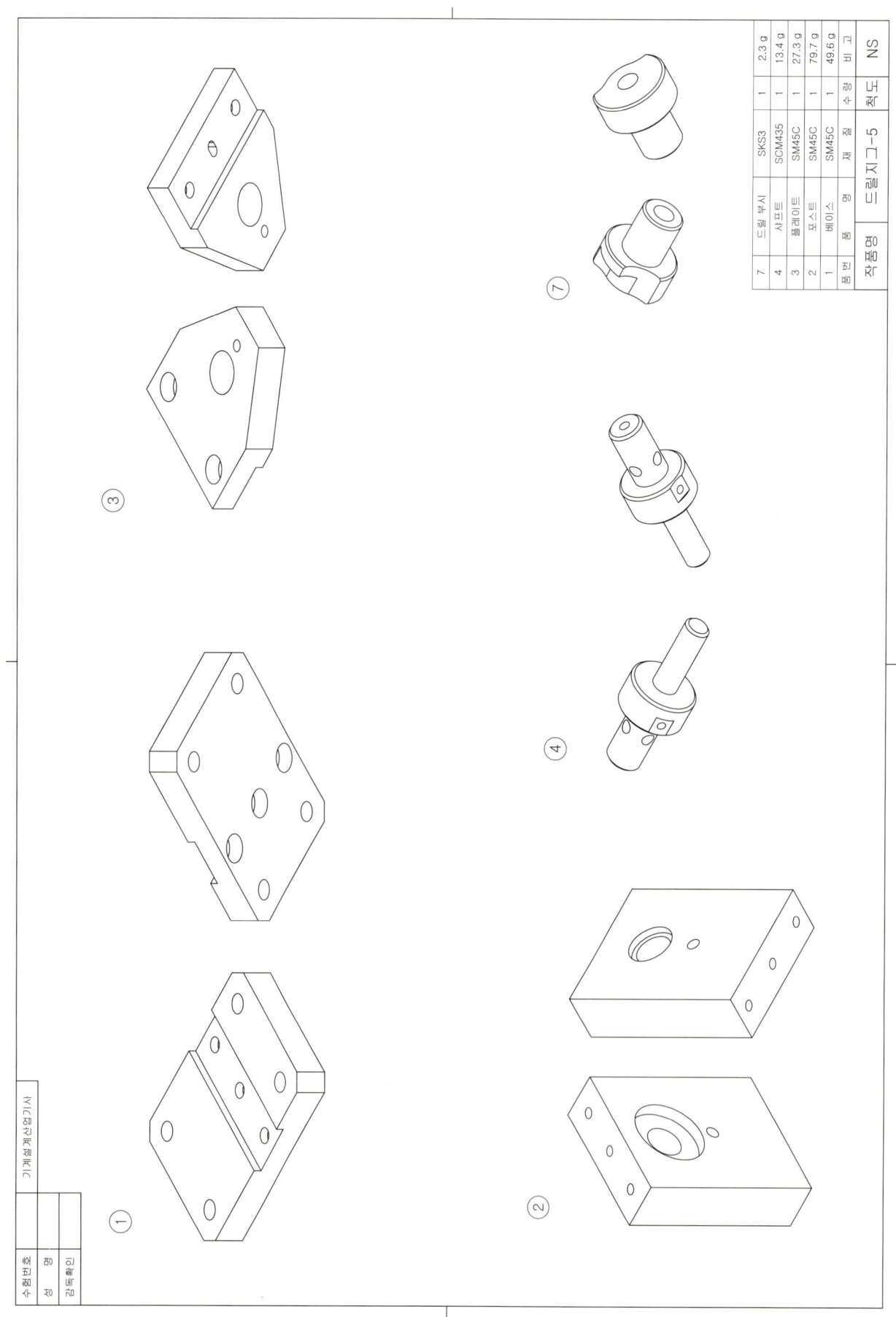

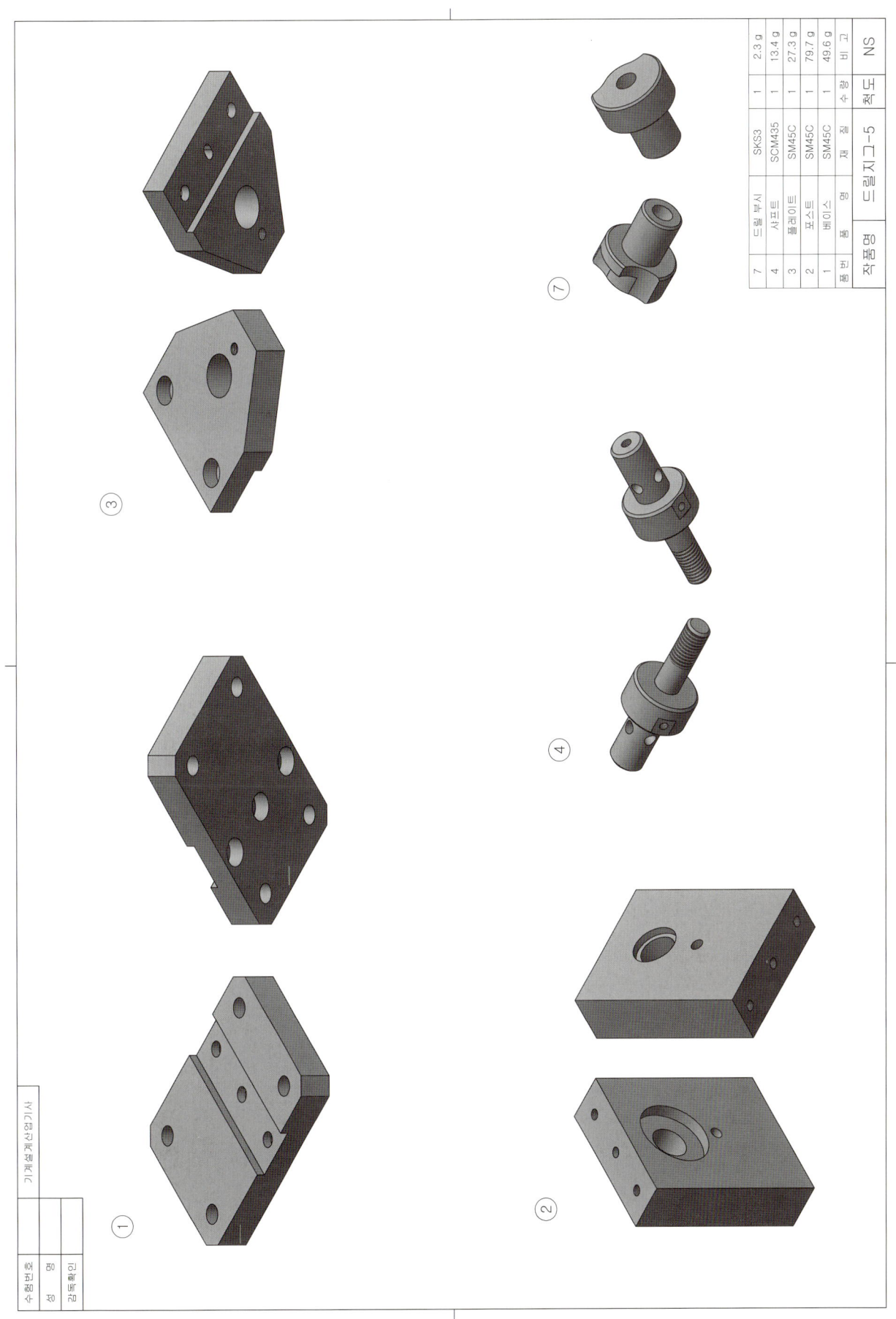

드릴지그-5

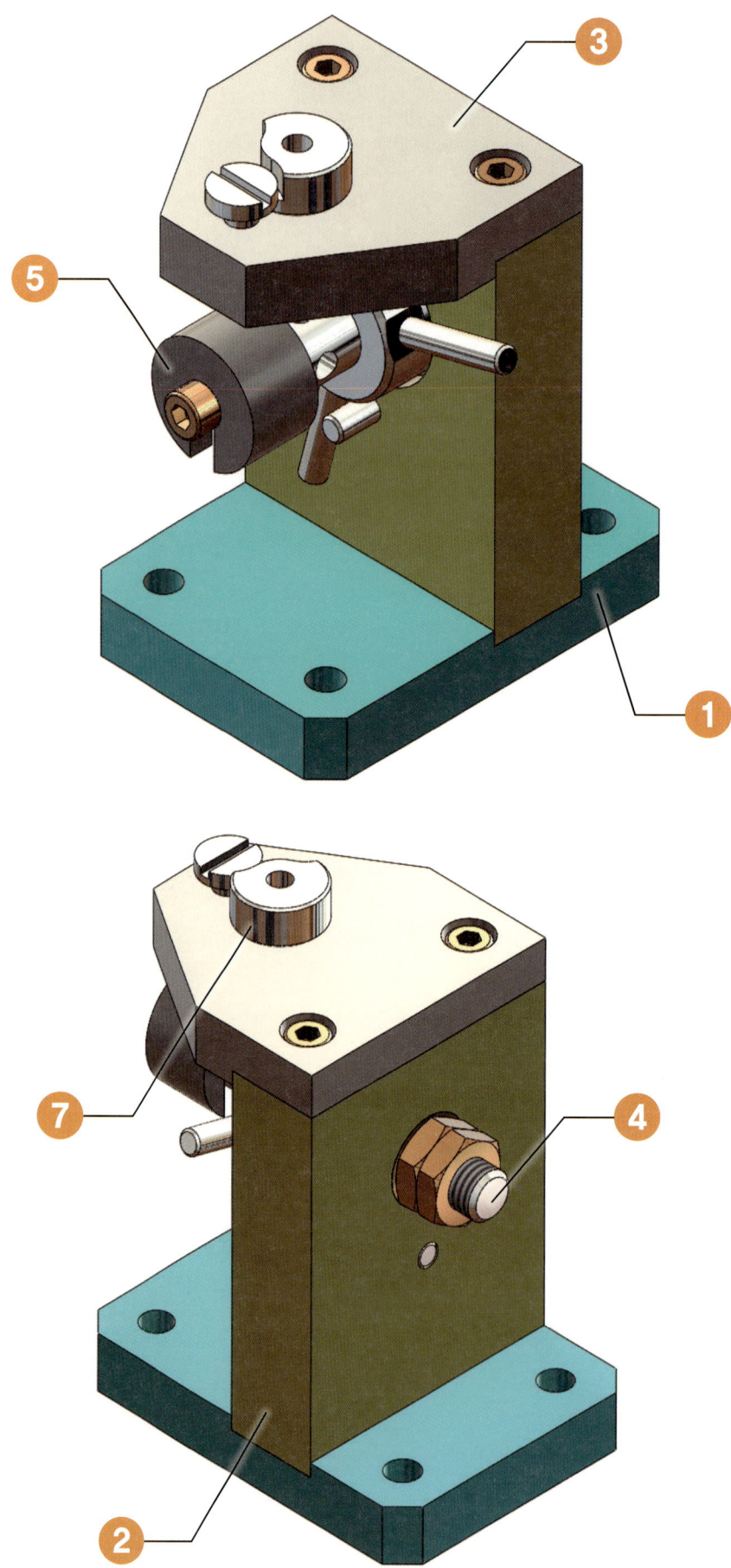

드릴지그-5 — 분해 등각 구조도

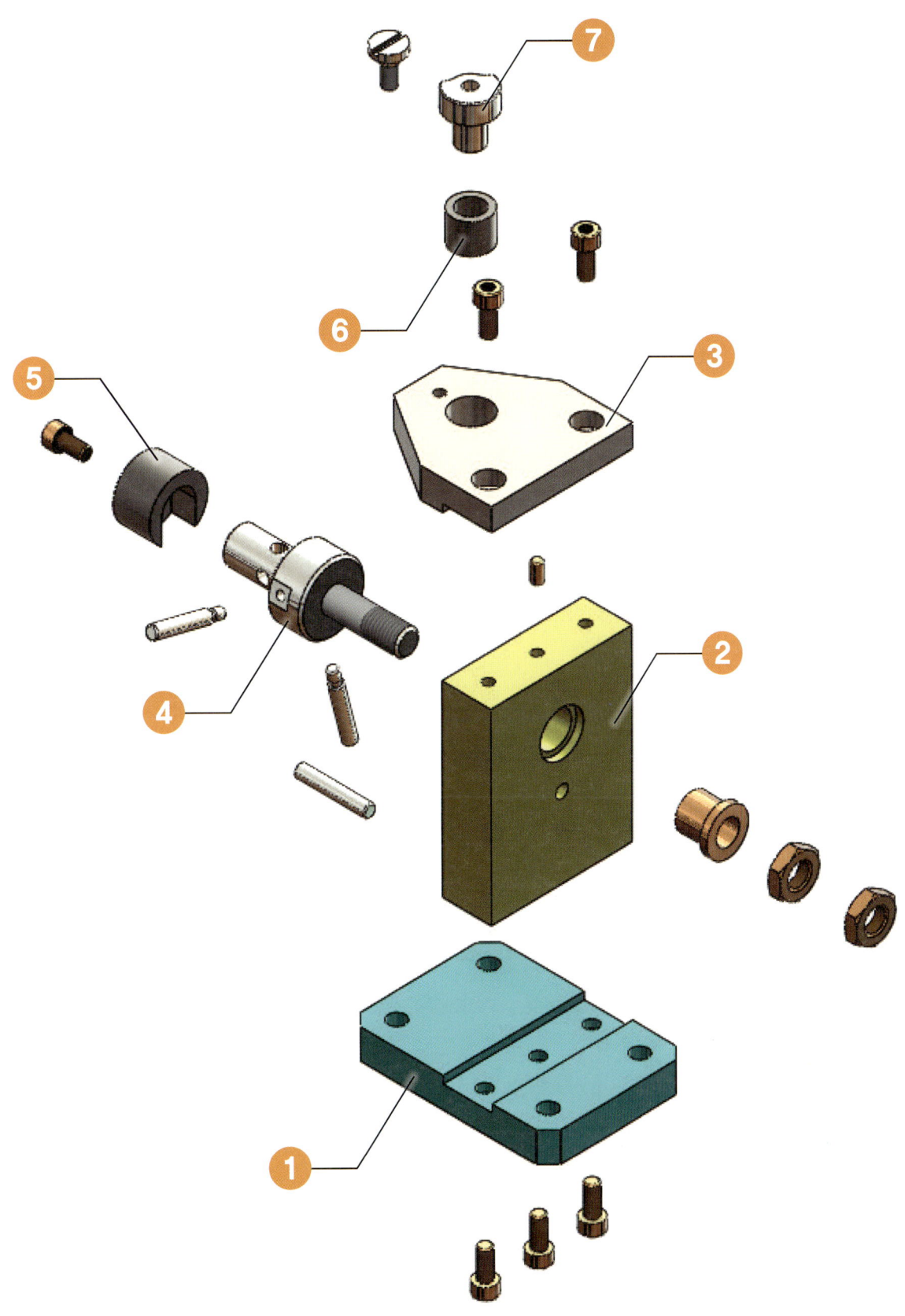

드릴지그-6 실기 과제도면

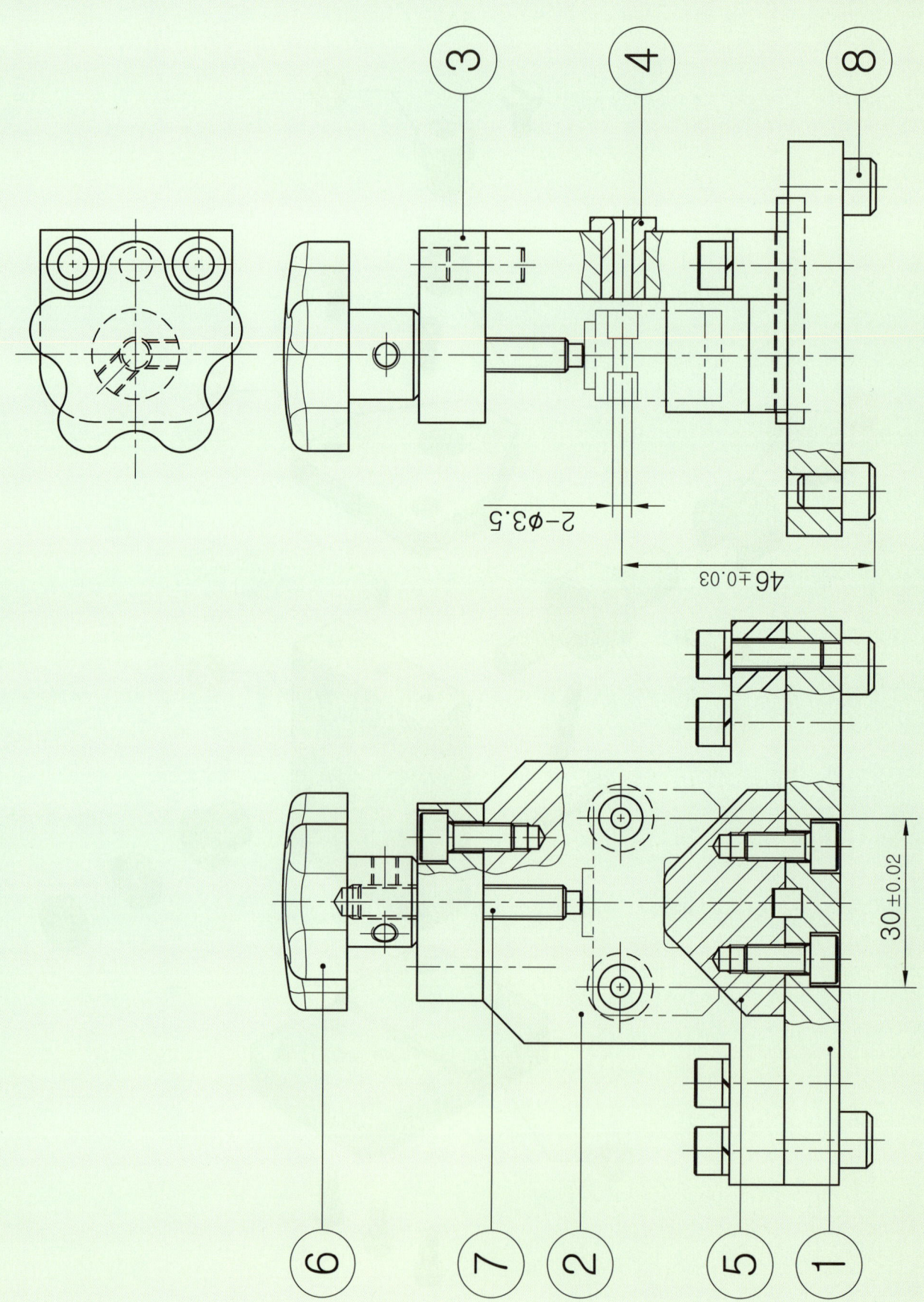

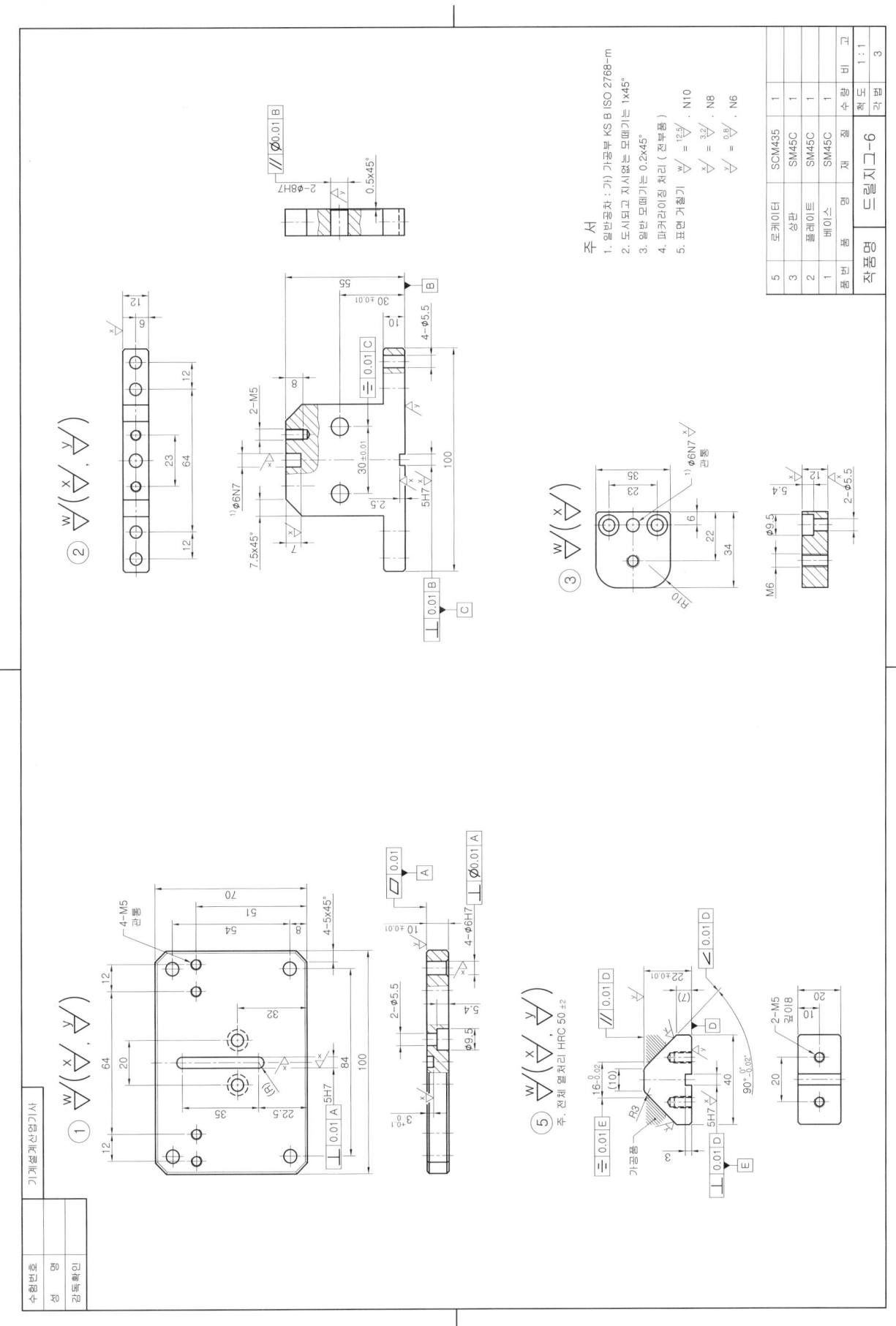

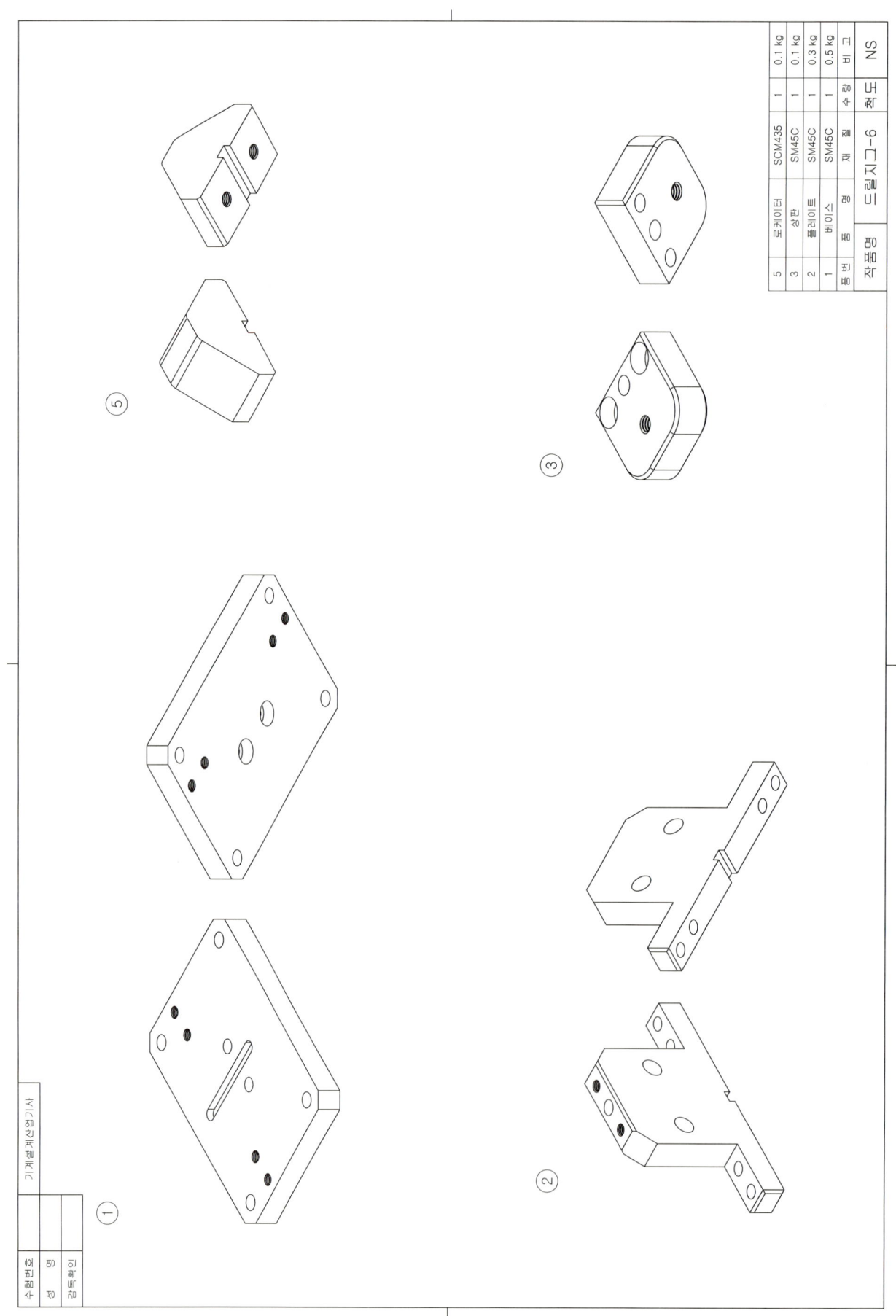

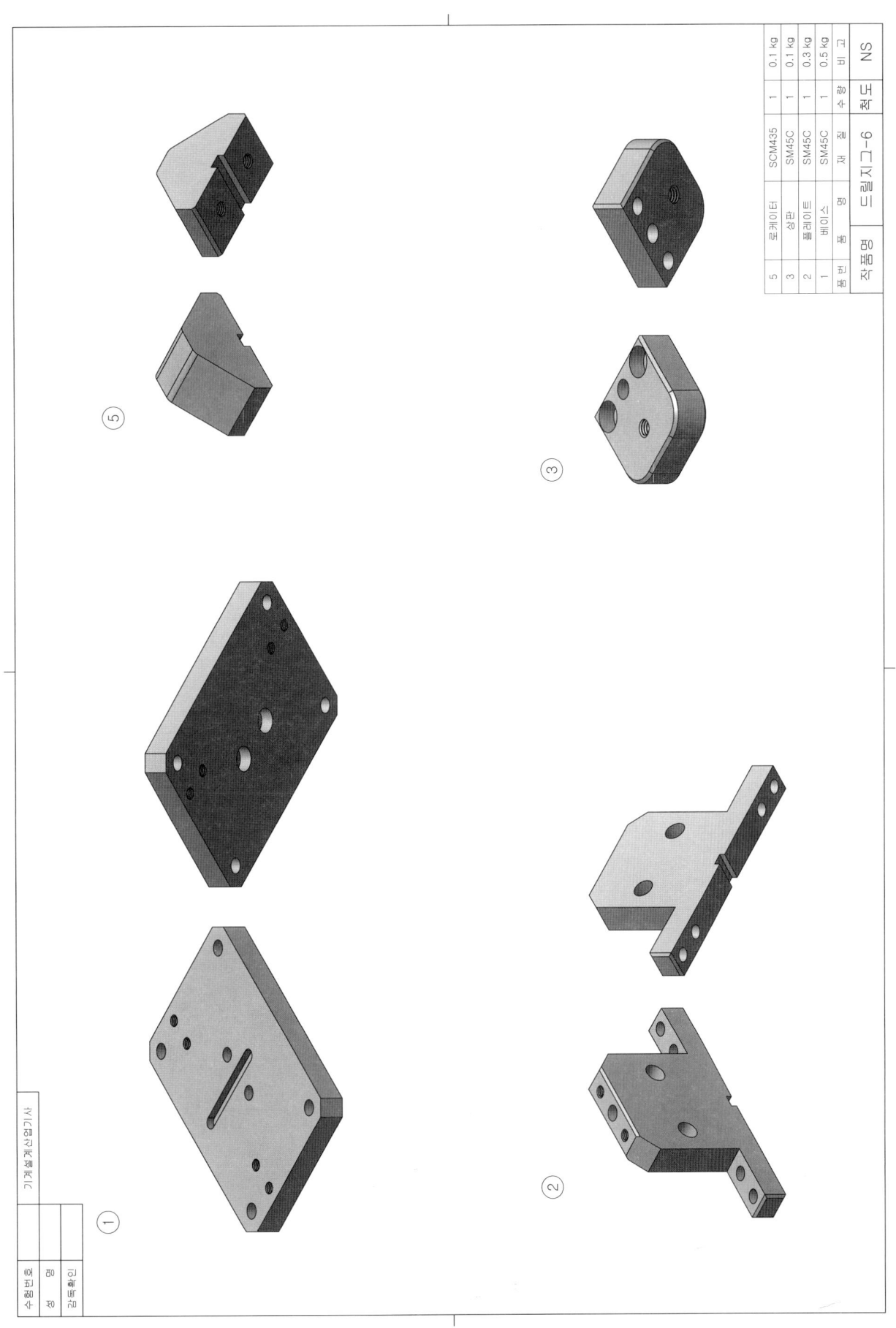

드릴지그-6

3D 모델링

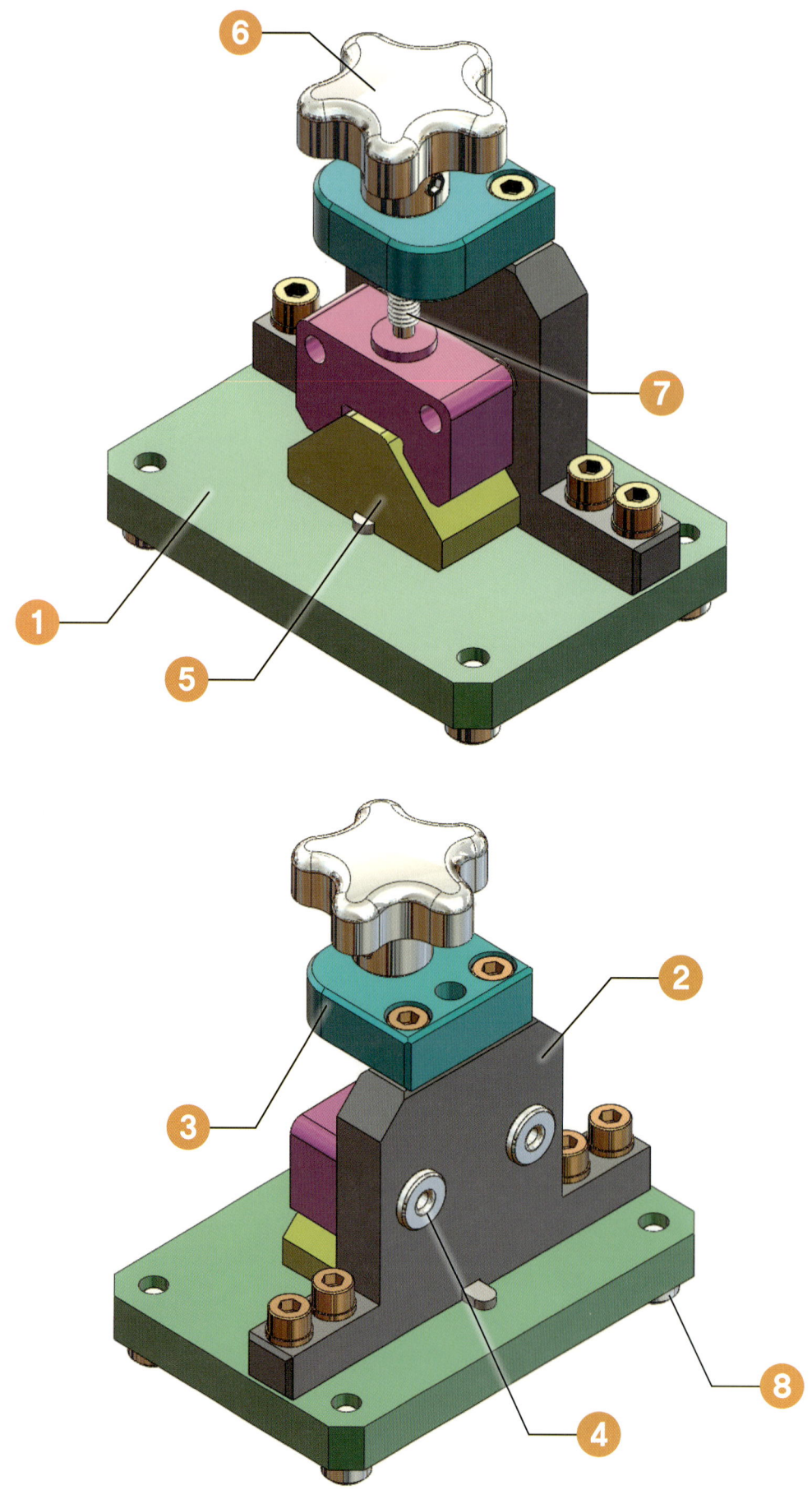

드릴지그-6

분해 등각 구조도

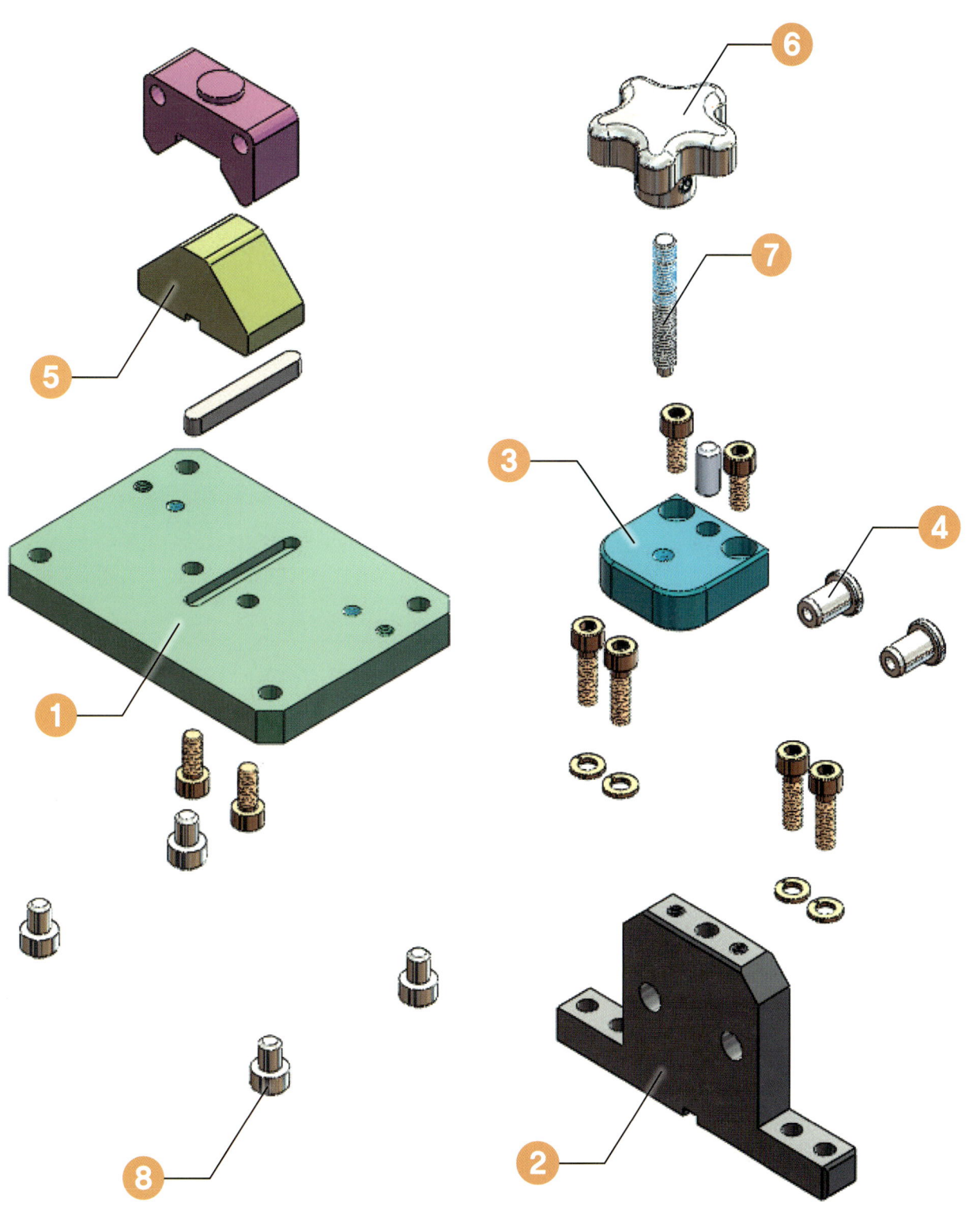

Lesson 13 — 2지형 레버 에어척

실기 과제도면

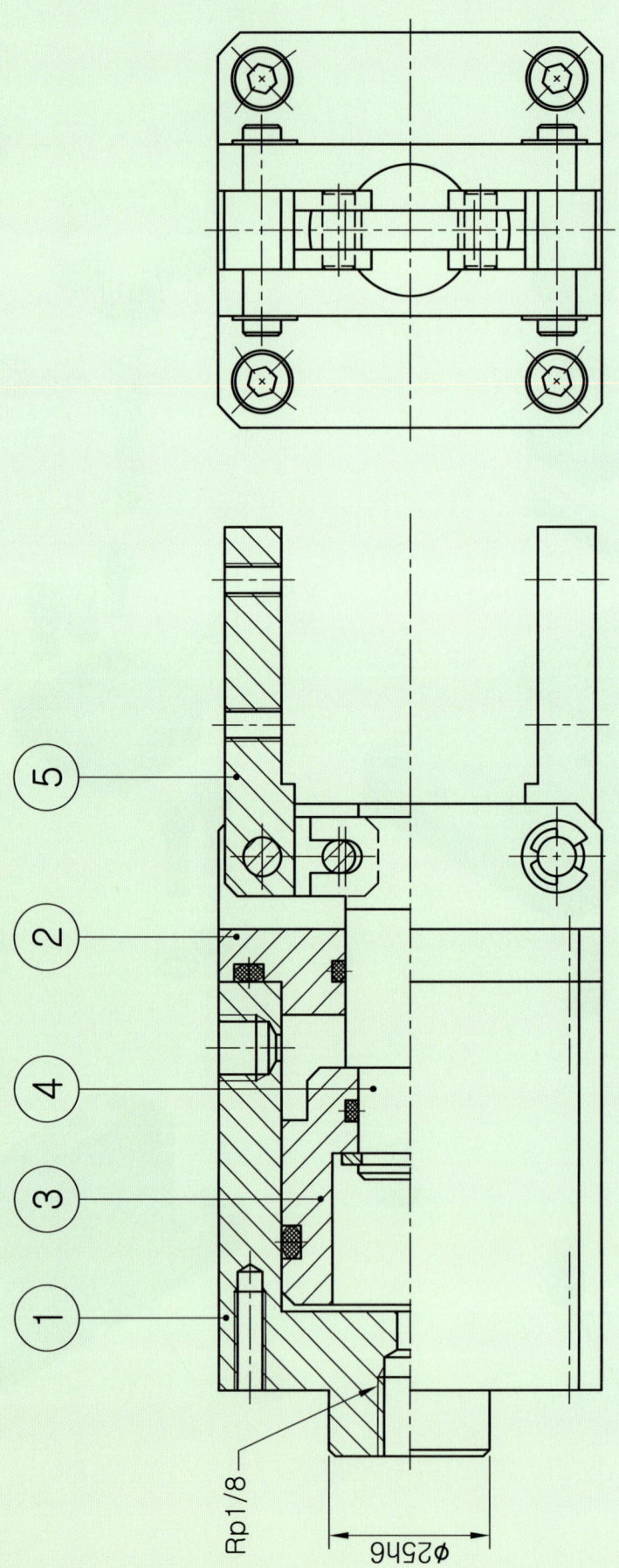

2지형 레버 에어척

부품도 예제도면

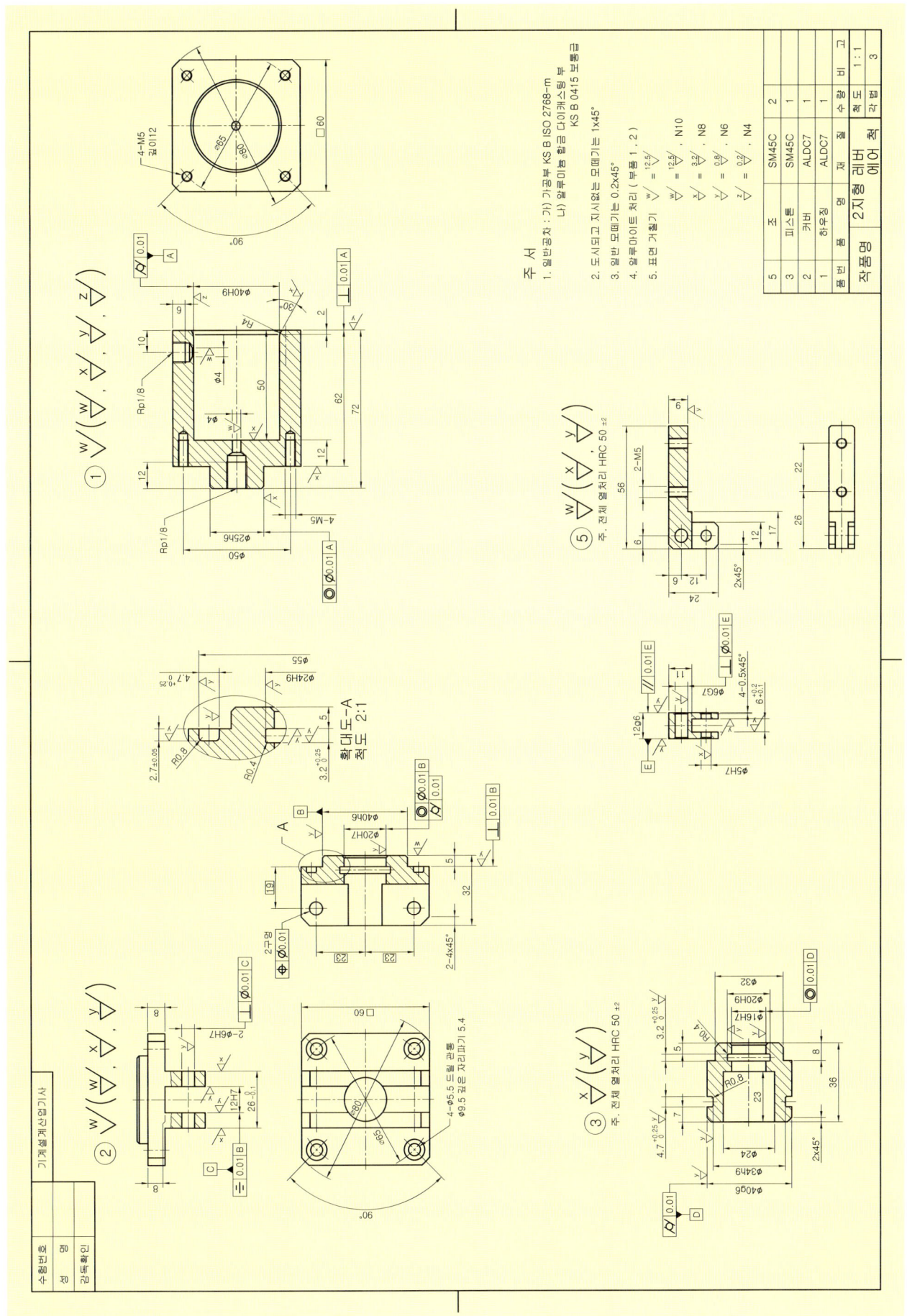

2지형 레버 에어척

등각투상도-1

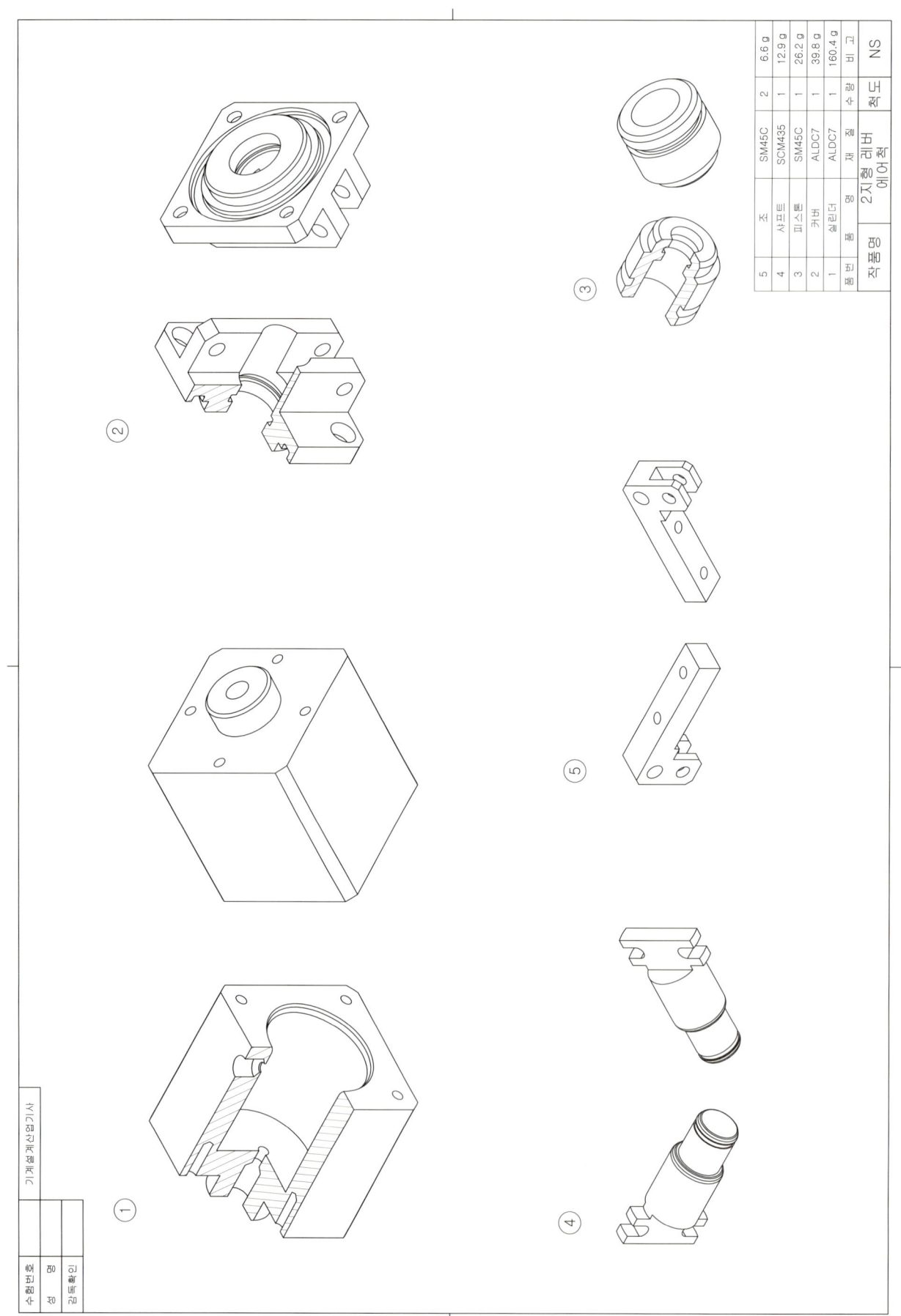

5	4	3	2	1	품번
조	샤프트	피스톤	커버	실린더	품명
SM45C	SCM435	SM45C	ALDC7	ALDC7	재질
2	1	1	1	1	수량
6.6 g	12.9 g	26.2 g	39.8 g	160.4 g	비고

| 작품명 | 2지형 레버 에어척 | 척도 | NS |

2지형 레버 에어척

등각투상도-2

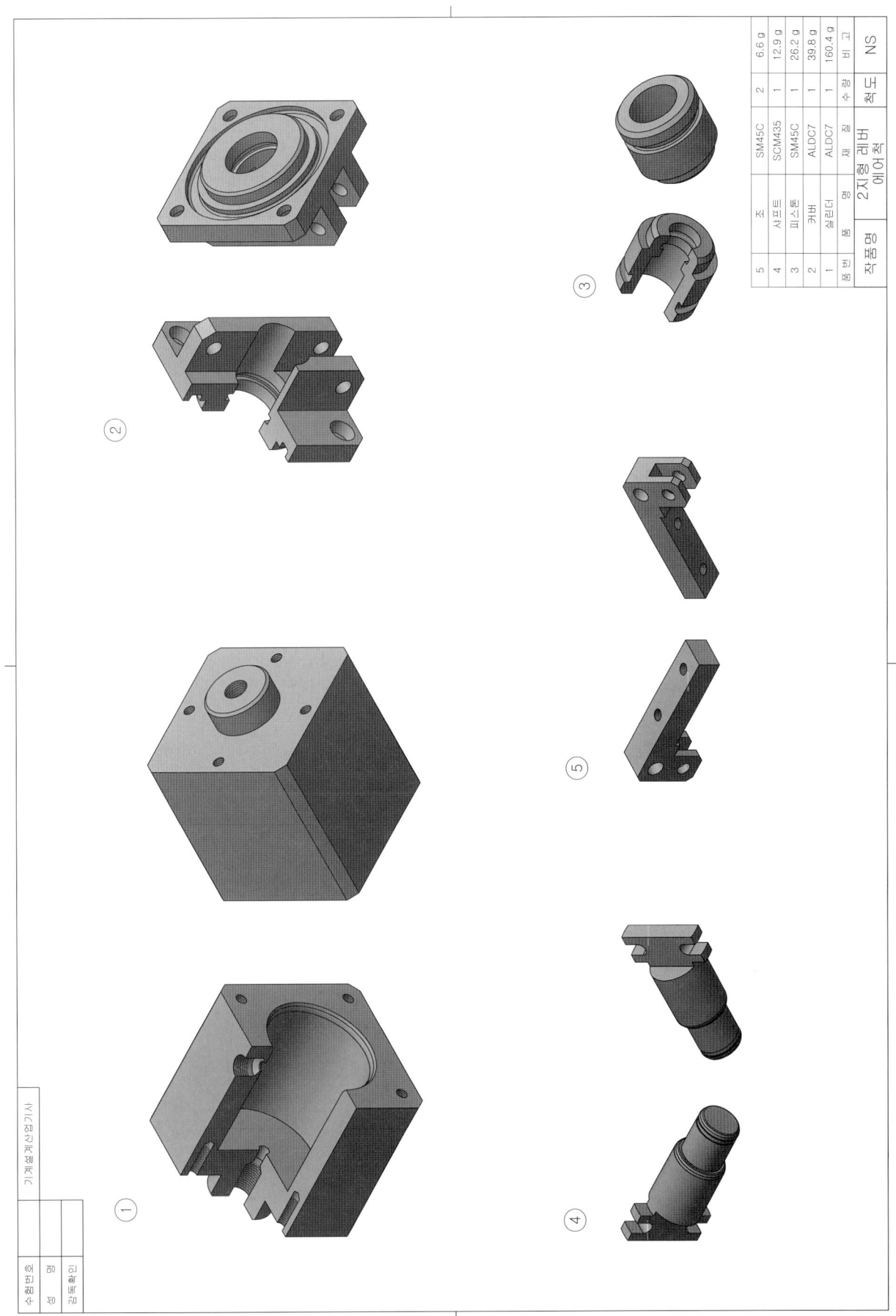

2지형 레버 에어척

3D 모델링

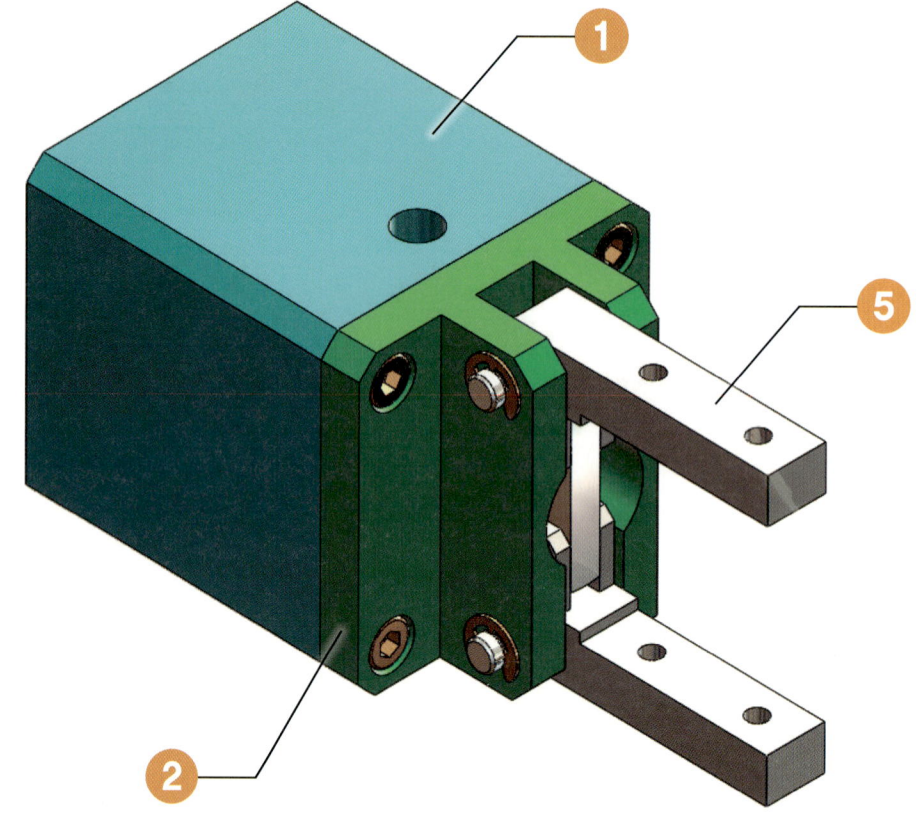

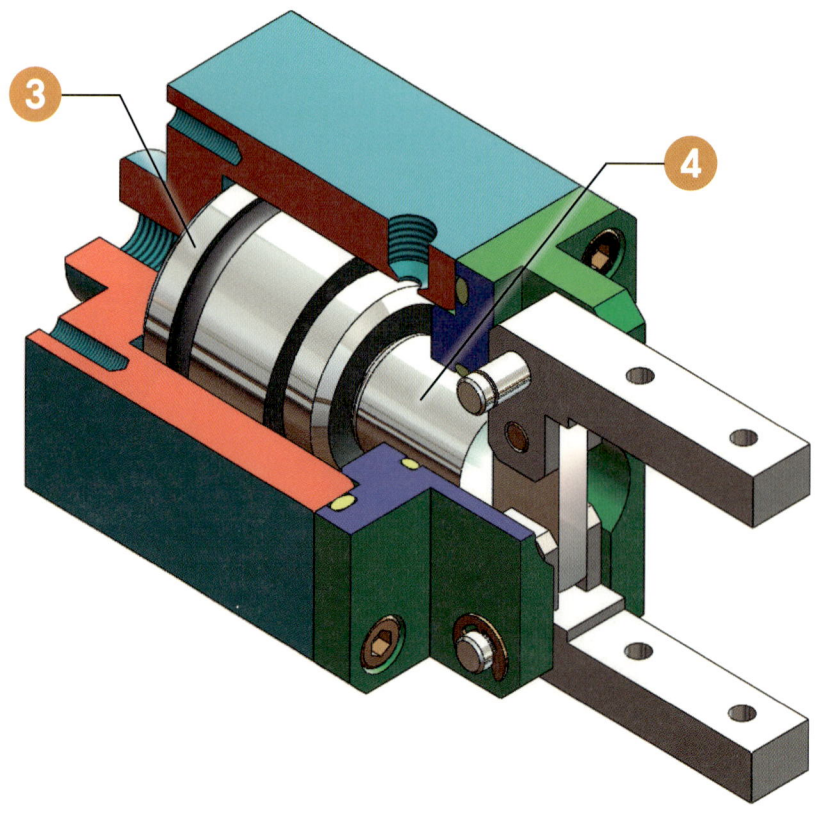

2지형 레버 에어척

분해 등각 구조도

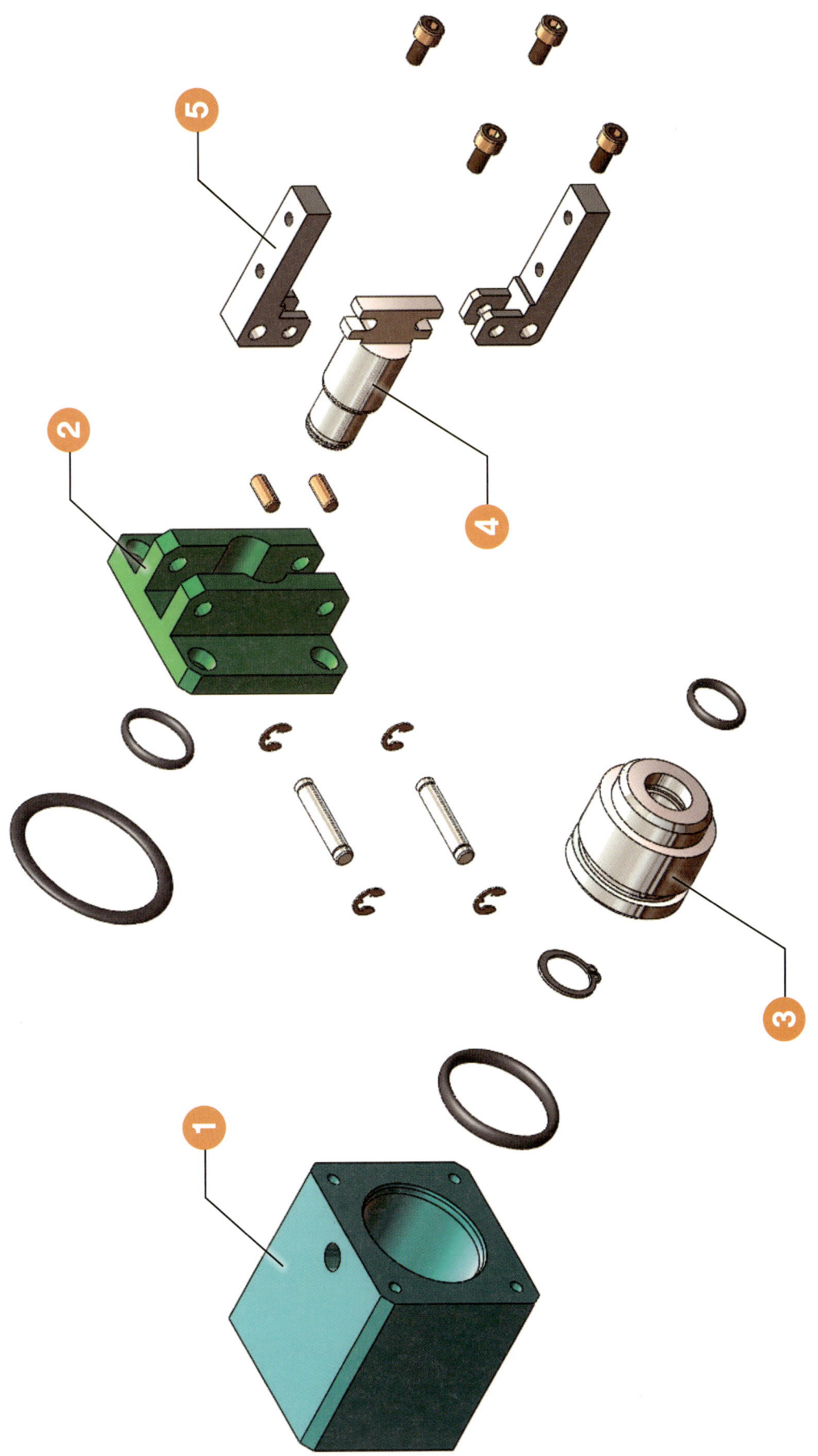

PART 04

자주 출제되는 KS규격의 설계 적용법

Lesson1 키

Lesson2 반달키

Lesson3 경사키

Lesson4 키 및 키홈의 끼워맞춤

Lesson5 자리파기, 카운터보링,
카운터 싱킹

Lesson6 치공구용 지그 부시

Lesson7 기어의 제도

Lesson8 V-벨트풀리

Lesson9 나사

Lesson10 V-블록

Lesson11 더브테일

Lesson12 롤러 체인 스프로킷

Lesson13 T홈

Lesson14 멈춤링(스냅링)

Lesson15 오일실

Lesson16 널링

Lesson17 표면거칠기 기호의 크기 및
방향과 품번의 도시법

Lesson18 구름베어링 로그 너트 및 와셔

Lesson19 센터

Lesson20 오링

Lesson21 구름 베어링의 적용

Part 04 자주 출제되는 KS규격의 설계 적용법

Lesson 01 키(Key)

KS B 1311:2009

■ 용도

보통 축은 베어링에 의해 양단 지지되고 있는 경우가 일반적이며 축의 한쪽 또는 양쪽에 기어나 풀리와 같은 회전체의 보스(boss)와 축에 키홈을 파고 키를 끼워넣어 고정시켜 회전운동시에 미끄럼 발생없이 동력을 전달하는 곳에 사용하는 축계 기계요소이다.

■ 종류

평행키(활동형, 보통형, 조임형), 반달키, 경사키, 접선키, 둥근키, 안장키, 평키(납작키), 원뿔키, 스플라인, 세레이션 등이 있는데 일반적으로 평행키(묻힘키)의 보통형이 가장 널리 사용된다.

1. 여러 가지 키의 종류 및 형상

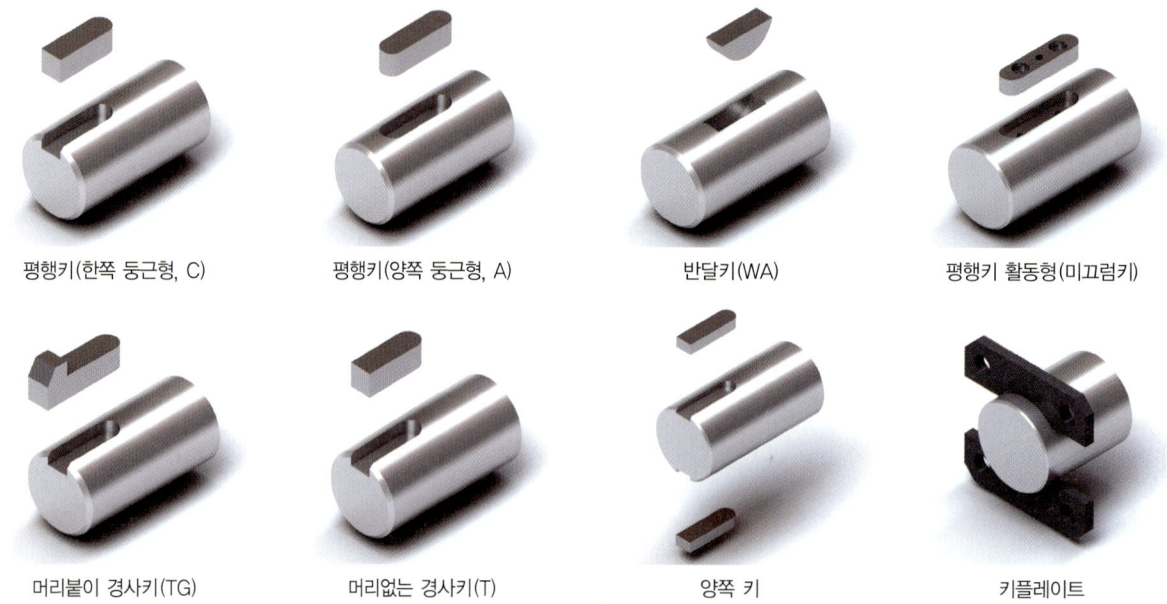

2. 기준치수 및 축과 구멍의 KS규격 주요 치수

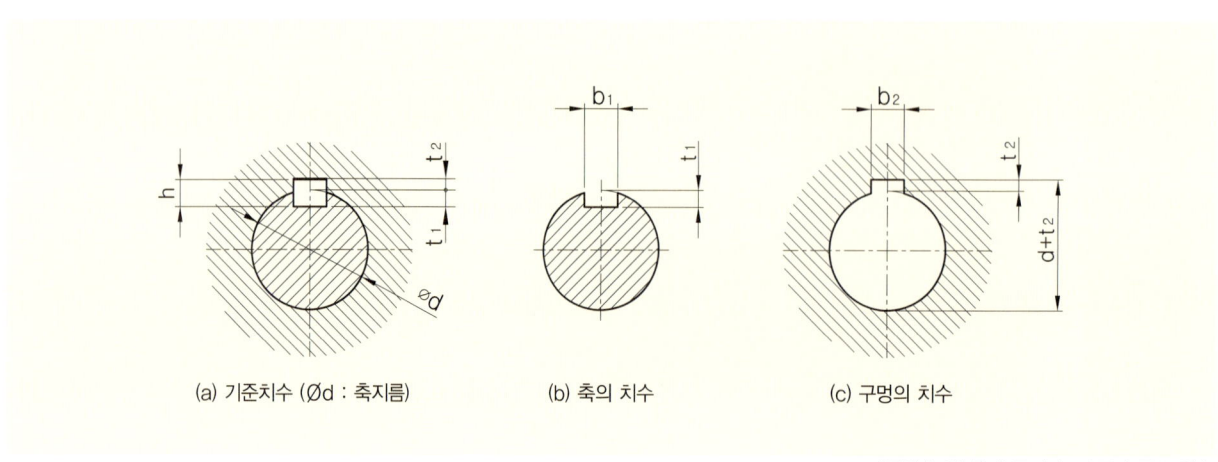

● 기준치수 및 축과 구멍의 KS규격 주요 치수

3. 엔드밀로 가공된 축의 치수 기입 예

축의 키홈은 일반적으로 홈 밀링커터나 엔드밀이라는 절삭공구를 사용하여 가공을 하며 회전체의 보스(구멍)의 키홈은 브로우치(broach)라는 공구나 슬로터(slotter)를 이용해서 가공한다. 슬로터는 대량 생산의 경우 사용하며 키홈 뿐만 아니라 스플라인 등 다각형 구멍의 가공에 편리하다.

■ 밀링머신의 절삭가공 예

● Solid carbide end mill(이미지 제공 : SECO)

● 엔드밀로 축의 키홈 가공 예

● 밀링에서 여러 가지 홈 가공 예
(이미지 제공 : SANDVIK)

■ 브로우치의 키홈 절삭가공 예

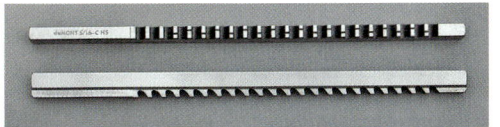
● 키홈 가공용 브로우치

■ 슬로터의 절삭가공 예

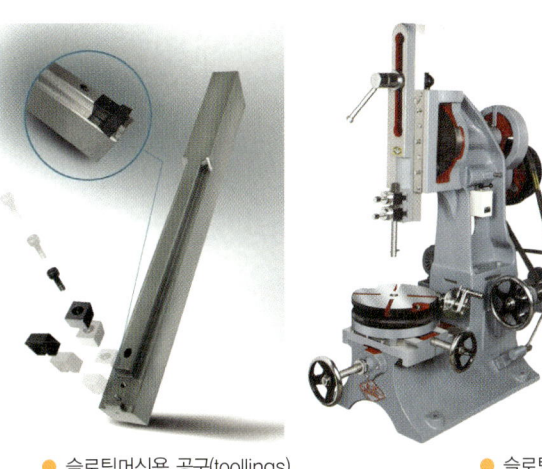
● 슬로팅머신용 공구(toollings)   ● 슬로팅머신

● 브로우치로 기어 내경 키홈 가공 예

■ 엔드밀로 가공된 축의 치수 기입 예

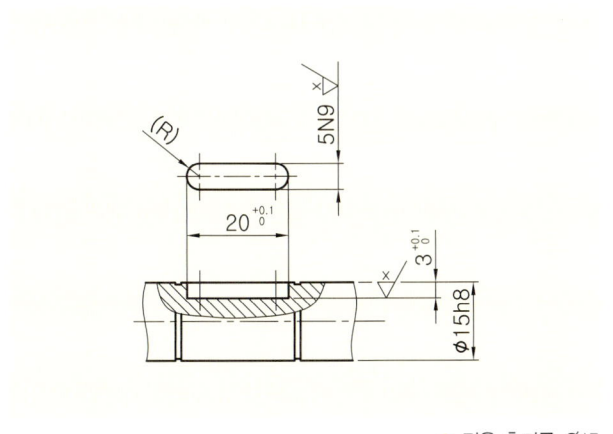
● 적용 축지름 Ø15

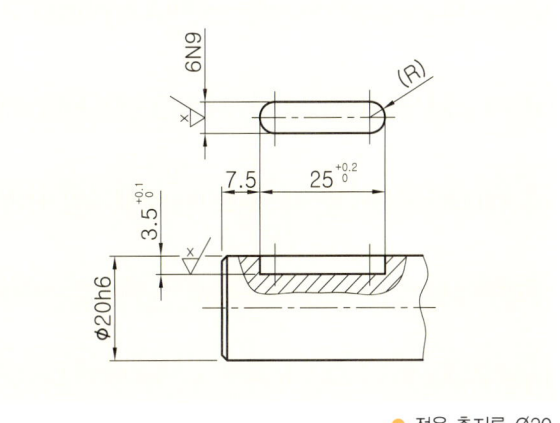
● 적용 축지름 Ø20

4. 밀링커터로 가공된 축의 치수 기입 예

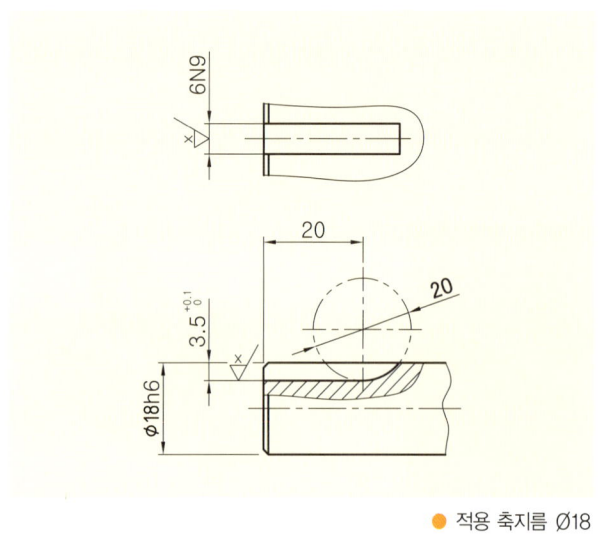

● 적용 축지름 Ø18

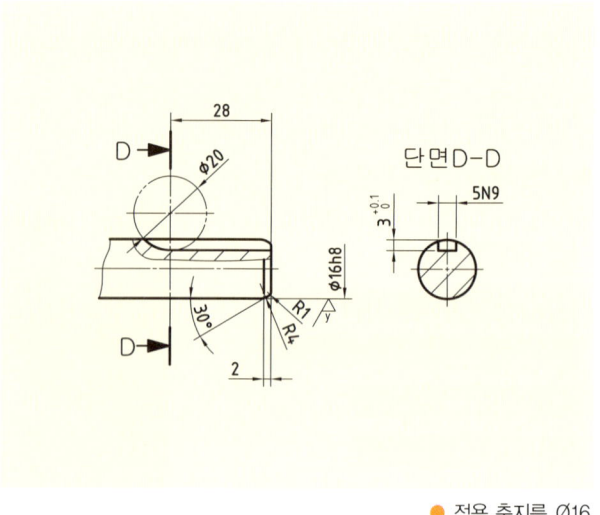

● 적용 축지름 Ø16

5. 구멍의 키홈 치수 기입 예

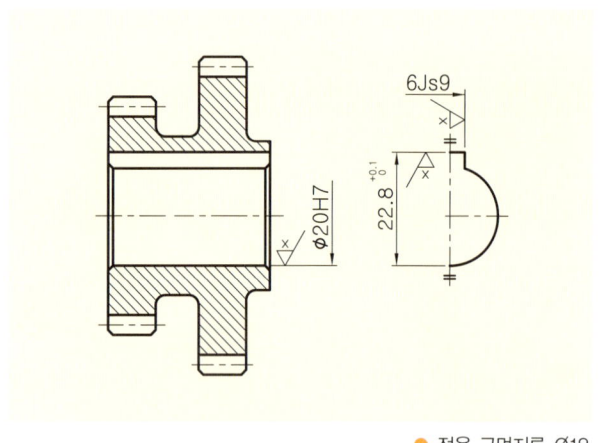

● 적용 구멍지름 Ø18

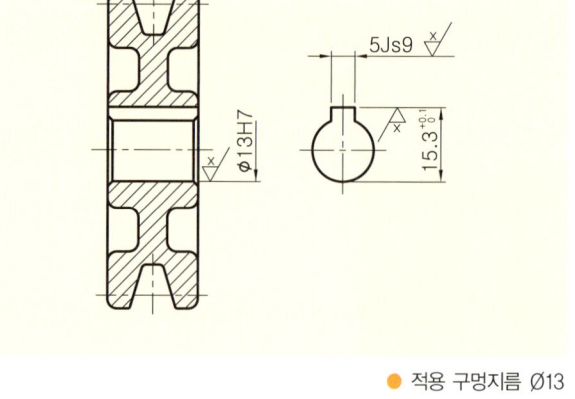

● 적용 구멍지름 Ø13

■ 평행키 보통형(구, 묻힘키 보통급) 주요 규격 치수

적용 축지름 Ød 초과~이하	기준치수 b_1, b_2	축 t_1	구멍 t_2	t_1, t_2의 허용차	축 b_1 허용차 N9	구멍 b_2 허용차 Js9
6~8	2	1.2	1.0	+0.1 0	−0.004 −0.029	±0.0125
8~10	3	1.8	1.4			
10~12	4	2.5	1.8		0 −0.030	±0.0150
12~17	5	3.0	2.3			
17~22	6	3.5	2.8			
20~25	7	4.0	3.0	+0.2 0	0 −0.036	±0.0180
22~30	8					
30~38	10	5.0	3.3			
38~44	12				0 −0.043	±0.0215
44~50	14	5.5	3.8			

6. 동력전달장치에 적용된 평행키의 KS규격을 찾아 도면에 적용하는 법

위에 축과 구멍의 키홈 치수 기입 예처럼 키홈의 치수를 KS규격에서 찾는 방법은 키가 조립되는 **기준 축지름 d**에 해당하는 규격을 찾아 축에는 **키홈의 깊이** t_1과 **폭**인 b_1을 찾아 적용하고 구멍에도 키홈의 깊이 t_2와 폭인 b_2에 해당되는 **허용차**를 기입해 주면 된다. 평행키는 사용빈도가 높고, 실기시험 출제 도면에도 자주 나오는 부분이므로 반드시 키가 조립되는 축과 구멍의 키홈 치수 및 허용차를 올바르게 적용할 수 있어야 한다. 키홈의 치수에는 조임형과 보통형이 있는데 특별한 지시가 없는 한 일반적으로 **보통형**(**허용차** b_1 : N9, b_2 : J_s9)를 적용해 주면 된다.

❶ 동력전달장치에 적용된 키의 치수 기입법

동력전달장치의 축과 회전체(평벨트 풀리, 스퍼기어)에 적용된 평행키(보통형) 관련 KS규격의 주요 규격 치수 및 공차를 찾아서 실제 도면에 적용해 보도록 하겠다.

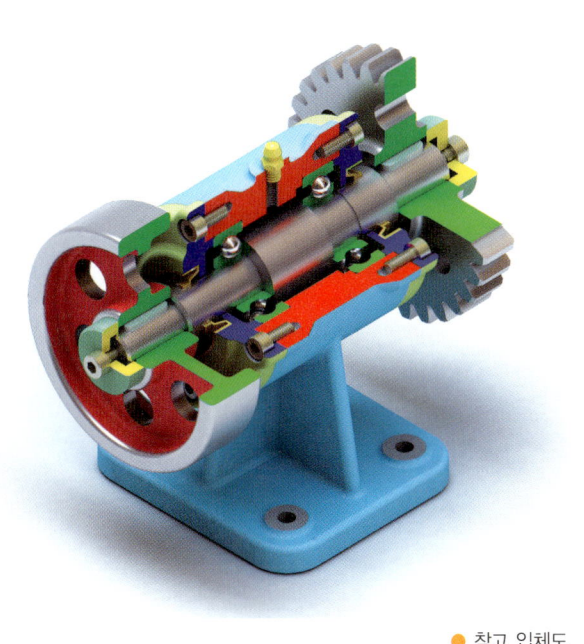

● 참고 입체도

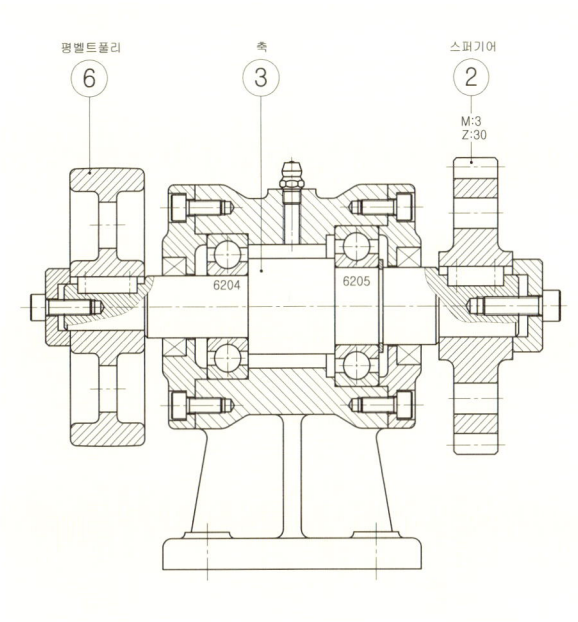

● 동력전달장치에 적용된 평행키

● 평벨트 풀리와 축의 평행키

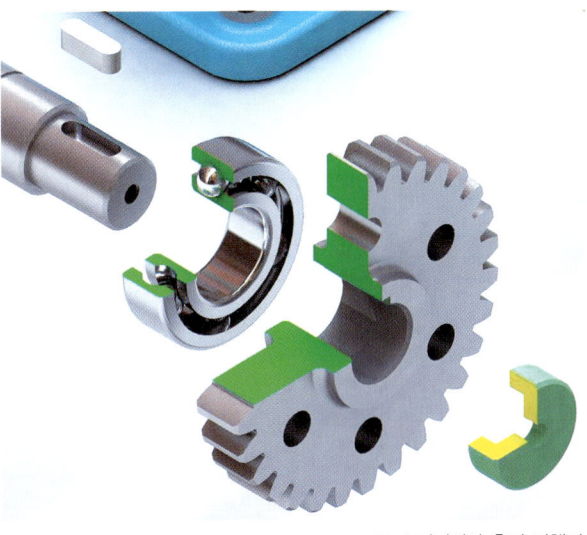

● 스퍼기어와 축의 평행키

❷ 축에 파져 있는 키홈의 치수

축에 관련된 키홈의 치수는 [KS B 1311]에 따라서 제일 먼저 적용하는 **축지름 d**에 해당하는 t_1과 b_1의 치수를 찾아 기입하면 된다.

■ 적용하는 기준 축지름 Ø15mm, Ø20m

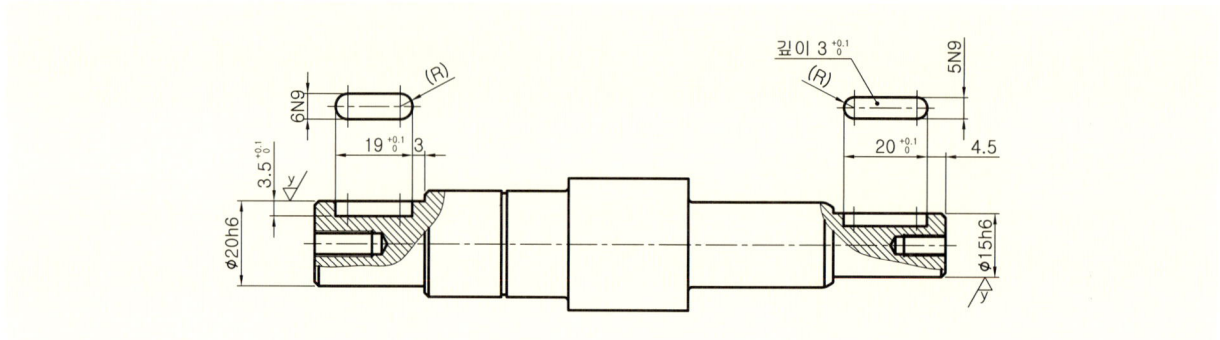

● 축에 관련된 키홈의 주요 KS 규격 치수

[주] 투상도 및 치수는 평행키와 관련된 사항들만 도시하였다.

❸ 구멍에 파져 있는 키홈의 치수

평벨트풀리와 스퍼기어의 구멍에 관련된 키홈의 치수는 축의 경우와 마찬가지로 제일 먼저 적용하는 **축지름 d**에 해당하는 t_2와 b_2의 치수를 찾아 기입하면 된다. 이때 주의 사항으로 구멍쪽의 키홈의 깊이인 t_2는 축지름 **d**와 합한 값을 기입하고 공차를 적용해주는 것이 바람직하다.

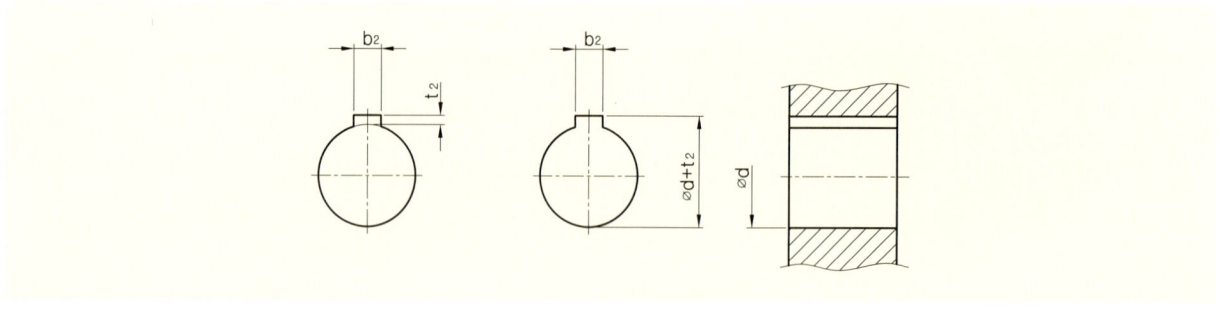

● 구멍에 관련된 키홈의 주요 KS 규격 치수

❹ 구멍에 끼워지는 축지름이 기준이 된다. 구멍지름 : Ø15mm, Ø20mm

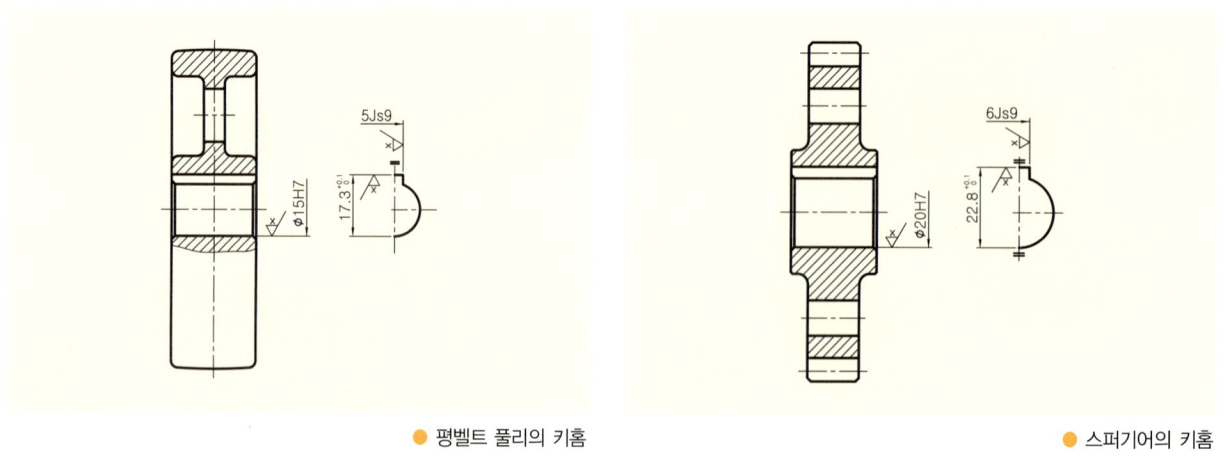

● 평벨트 풀리의 키홈   ● 스퍼기어의 키홈

[주] 투상도 및 치수는 평행키와 관련된 사항들만 도시하였다.

- **평행키의 KS규격 [KS B 1311]**

묻힘키 및 키홈에 대한 표준은 일반 기계에 사용하는 강제의 평행키, 경사키 및 반달키와 이것들에 대응하는 키홈에 대하여 아래와 같이 KS규격으로 규정하고 있다.

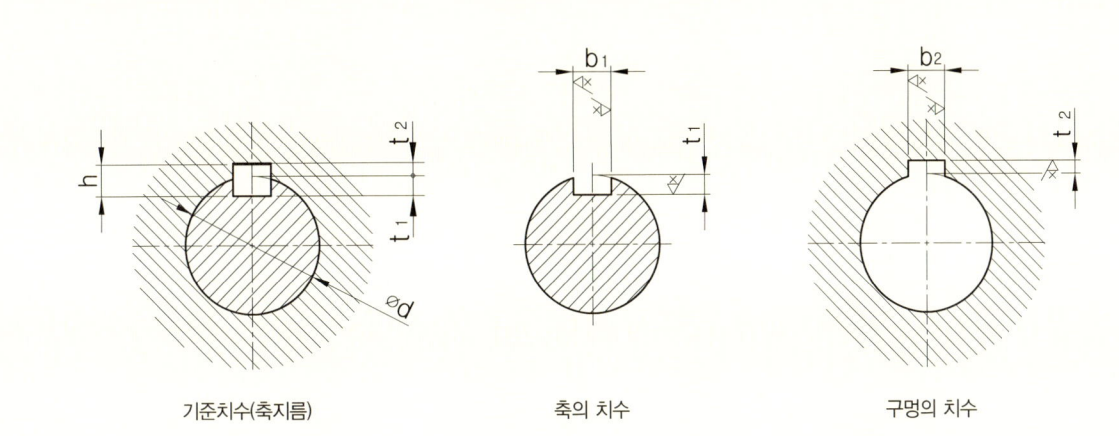

기준치수(축지름)   축의 치수   구멍의 치수

[단위 : mm]

키의 호칭 치수 b×h	키 의 치 수						키 홈 의 치 수							참 고
	b		h		c	l	b₁ b₂ 의 기준치수	조립형	보통형		r₁ 및 r₂	t₁ (축) 기준치수	t₂ (구멍) 기준치수	t₁ t₂ 의 허용오차	적용하는 축지름 d (초과~이하)
	기준치수	허용차 (h9)	기준치수	허용차				b₁, b₂ 허용차 (P9)	b₁ (축) 허용차 (N9)	b₂ (구멍) 허용차 (Js9)					
2×2	2	0 −0.025	2	0 −0.025	0.16 ~ 0.25	6~20	2	−0.006 −0.031	−0.004 −0.029	±0.0125	0.08 ~ 0.16	1.2	1.0	+0.1 0	6~8
3×3	3		3			6~36	3					1.8	1.4		8~10
4×4	4		4			8~45	4					2.5	1.8		10~12
5×5	5	0 −0.030	5	0 −0.030		10~56	5	−0.012 −0.042	0 −0.030	±0.015 0		3.0	2.3		12~17
6×6	6		6		0.25 ~ 0.40	14~70	6				0.16 ~ 0.25	3.5	2.8		17~22
(7×7)	7	0 −0.036	7	0 −0.036		16~80	7	−0.015 −0.051	0 −0.036	±0.018 0		4.0	3.3		20~25
8×7	8		7			18~90	8					4.0	3.3		22~30
10×8	10		8			22~110	10					5.0	3.3		30~38
12×8	12		8	0 −0.090	0.40 ~ 0.60	28~140	12				0.25 ~ 0.40	5.0	3.3	+0.2 0	38~44
14×9	14		9			36~160	14					5.5	3.8		44~50
(15×10)	15	0 −0.043	10			40~180	15	−0.018 −0.061	0 −0.043	±0.0215		5.0	5.3		50~55
16×10	16		10			45~180	16					6.0	4.3		50~58
18×11	18		11	0 −0.110		50~200	18					7.0	4.4		58~65

Tip

적용하는 **기준 축지름**은 키의 강도에 대응하는 **토크**(Torque)에서 구할 수 있는 것으로 일반 용도의 기준으로 나타낸다. 키의 크기가 전달하는 토크에 대하여 적절한 경우에는 적용하는 축지름보다 굵은 축을 사용하여도 좋다.

그 경우에는 키의 옆면이 축 및 허브에 균등하게 닿도록 t_1, t_2를 수정하는 것이 좋다. 적용하는 축지름보다 가는 축에는 사용하지 않는 편이 좋다. 도면에 키가 적용되어 있는 경우 자로 재면 여러 가지 수치가 나오는데 키의 길이 'l'의 치수는 키홈처럼 규격화 된 것이 아니라 표준으로 제작되는 범위 내에서 설계자가 선정해주면 된다.

키홈의 길이는 키보다 긴 경우가 많으며, 실제로 현장에서는 표준길이로 절단하여 판매하는 키를 구매하여 필요에 맞게 절단하고 거친 절단부를 다듬질하여 사용한다. 적용하는 축지름이 겹치는 경우가 있는데 예를 들어 20~25와 22~30과 같은 경우에는 키의 호칭치수(b×h)를 보고 (7×7)의 경우처럼 괄호로 표기한 것은 국제규격(ISO)에 없는 경우로서 가능하면 설계에 사용하지 않는 것이 좋다.

Lesson 02 반달키(Woodruff Key)

홈 밀링커터로 축에 반달 모양의 홈가공을 하고 반원판 모양의 키를 회전체에 끼워맞추어 사용하는데 축에 테이퍼가 있어도 사용이 가능하며 단점으로는 축에 홈을 깊이 파야 하므로 축의 강도가 저하될 수가 있어 비교적 큰 힘이 걸리지 않는 곳에 사용한다. 키 홈은 A종 둥근바닥과 B종 납작바닥으로 구분한다. 둥근바닥의 반달키는 기호로 WA, 납작바닥의 반달키는 기호 WB로 표기하며 키는 홈 속에서 자유롭게 기울어질 수 있어 키가 자동적으로 축과 보스에 조정된다.

한국산업표준 [KS B 1311]에 따르면 반달키는 보통형과 조임형으로 세분하고, 구멍용 키홈의 너비 b_2의 허용차를 **보통형**에서는 Js9로 **조임형**에서는 P9로 새로 규정하고 있다. 반달키의 KS규격을 찾는 방법은 평행키와 동일하며 축지름 d를 기준으로 키홈지름 d_1의 치수가 작은 것과 키홈의 깊이 t_1의 깊이치수가 작은 것을 찾아 적용하고 나머지 규격 치수를 찾아 적용하면 된다.

● 모터 축에 적용된 반달키

● 반달키 가공용 홈 밀링커터

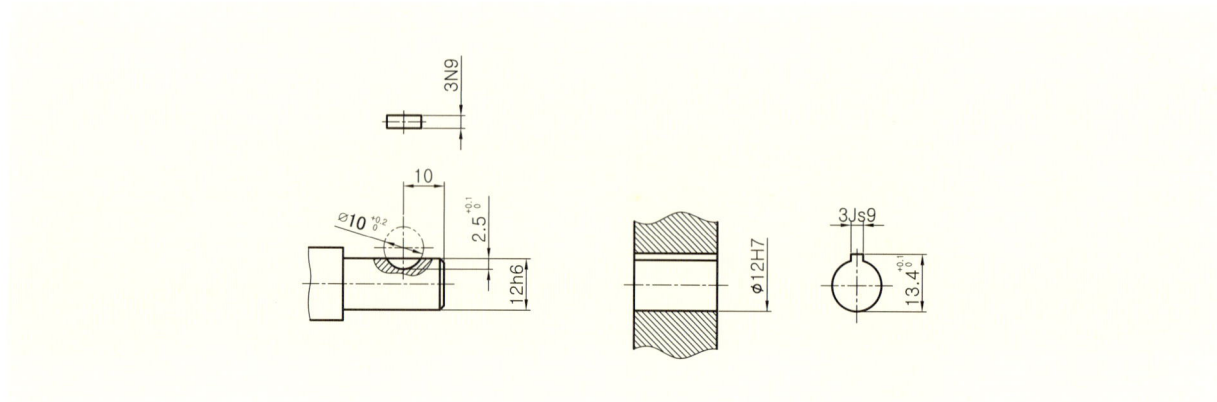
● 반달키 치수 기입 예 (기준 축지름 Ø12)

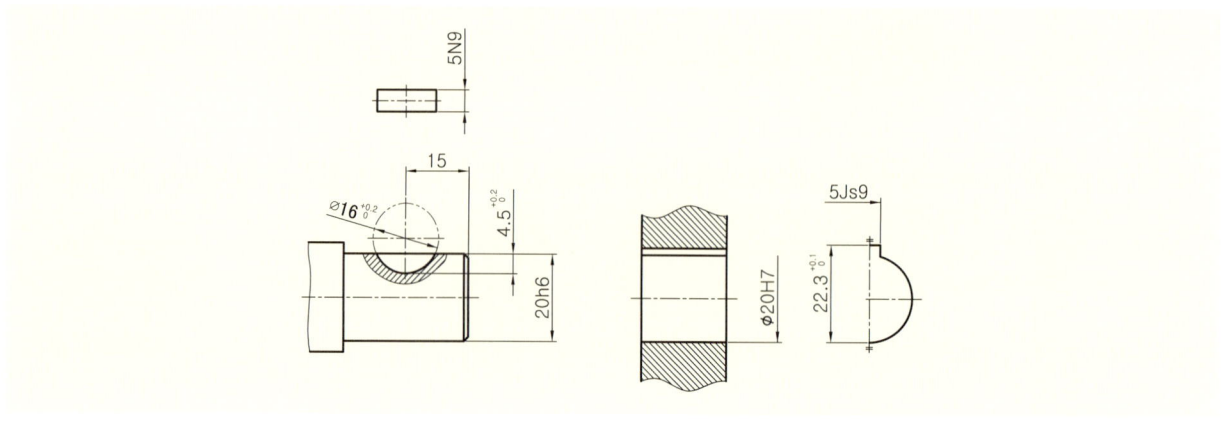
● 반달키 치수 기입 예 (기준 축지름 Ø20)

■ 반달키의 허용차

키의 종류		새로운 규격				키의 종류	구 규격			
		키의 너비 b	키의 높이 h	키홈의 너비			키의 너비 b	키의 높이 h	키홈의 너비	
				b_1	b_2				b_1	b_2
반달키	보통형	h9	h11	N9	Js9	반달키	h9	h11	N9	F9
	조임형			P9						

■ 반달키 키홈의 모양과 치수 KS B 1311:2009

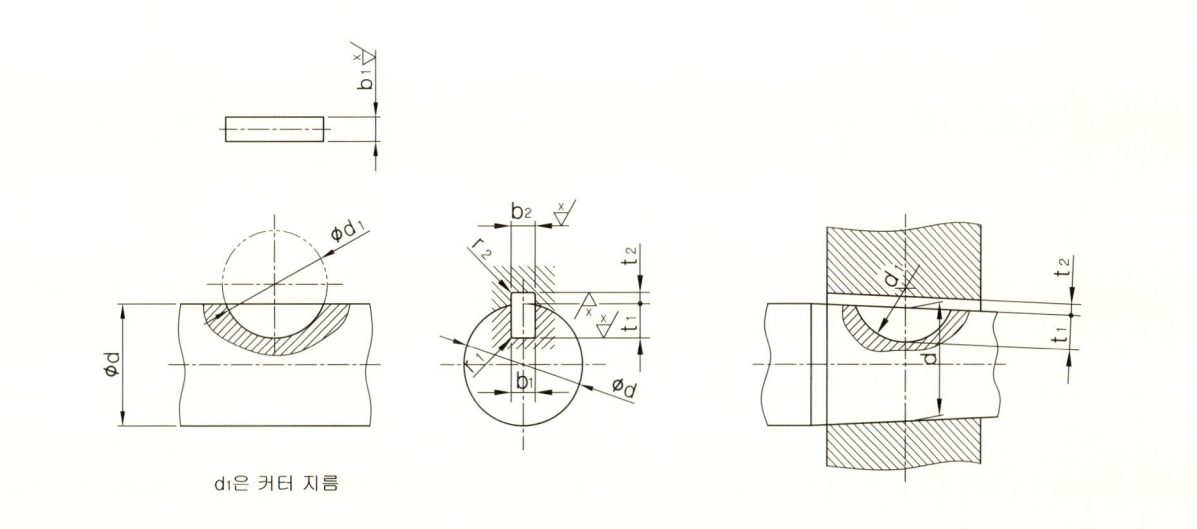

d_1은 커터 지름

● 기준치수 및 축과 구멍의 KS규격 주요 치수

[단위 : mm]

키의 호칭 치수 $b \times d_0$	b_1, b_2의 기준 치수	키 홈 의 치 수									참고 (계열 3)
		보통형		조임형	t_1 (축)		t_2 (구멍)		r_1 및 r_2	d_1		적용하는 축 지름 d (초과~이하)
		b_1 허용차 (N9)	b_2 허용차 (Js9)	b_1, b_2의 허용차 (P9)	기준 치수	허용차	기준 치수	허용차	키 홈 모서리	기준 치수	허용차 (h9)	
2.5×10	2.5	-0.004 -0.029	±0.012	-0.006 -0.031	2.7	+0.1 0	1.2		0.08~0.16	10	+0.2 0	7~12
(3×10)	3				2.5					10		8~14
3×13	3				3.8	+0.2 0	1.4			13		9~16
3×16	3				5.3					16		11~18
(4×13)	4	0 -0.030	±0.015	-0.012 -0.042	3.5	+0.1 0	1.7	+0.1 0	0.16~0.25	13		11~18
4×16	4				5.0		1.8			16		12~20
4×19	4				6.0	+0.2 0				19	+0.3 0	14~22
5×16	5				4.5		2.3			16	+0.2 0	14~22
5×19	5				5.5					19		15~24
5×22	5				7.0					22		17~26
6×22	6				6.5	+0.3 0	2.8	+0.2 0		22	+0.3 0	19~28
6×25	6				7.5					25		20~30
(6×28)	6				8.6	+0.1 0	2.6	+0.1 0		28		22~32
(6×32)	6				10.6					32		24~34

Lesson 03 경사키

KS B 1311:2009

경사키는 테이퍼키(Taper key) 혹은 구배키라고도 한다. 경사키와 축, 경사키와 보스는 폭방향으로 서로 평행하며, 경사키는 축과 보스에 모두 헐거운 끼워맞춤을 적용한다. 키의 폭 b는 축부분 키홈의 폭 b_1보다 작고, 보스 부분 키홈의 폭 b_2보다도 작다. 즉, 경사키의 폭방향 끼워맞춤에서 축부분 키홈과 키 사이의 결합을 **D10/h9**(**헐거운 끼워맞춤**)로 적용한다.

■ 경사키 및 키홈의 모양과 치수 – KS B 1311

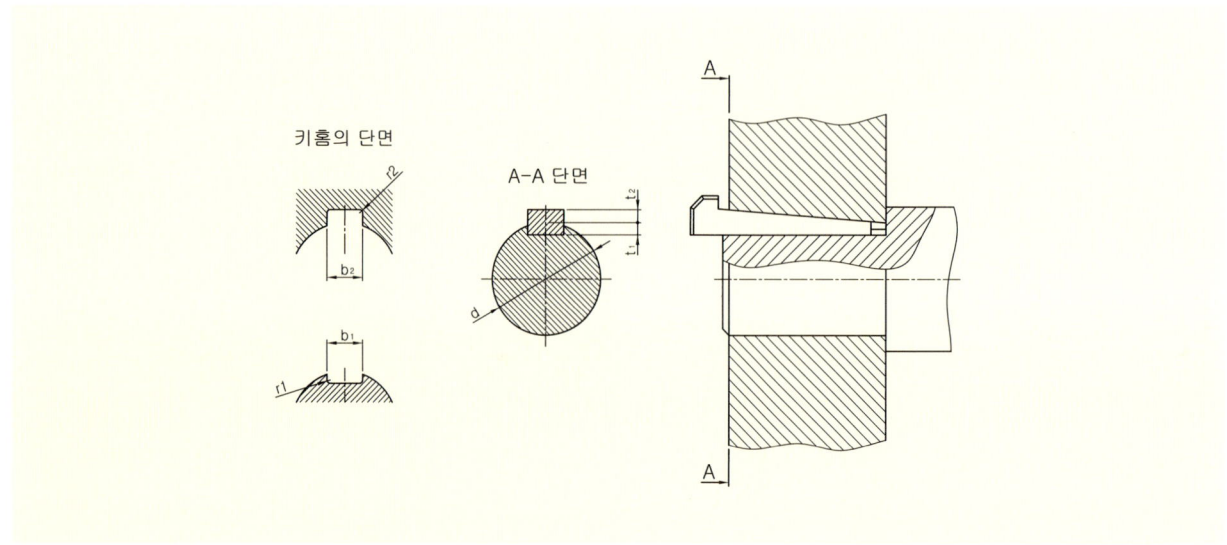

● 기준치수 및 축과 구멍의 KS규격 주요 치수

[단위 : mm]

키의 호칭 치수 b×h	키 의 치 수							키 홈 의 치 수						참 고
	b		h		h_1	c	l	b_1 및 b_2		r_1 및 r_2	t_1 (축) 기준 치수	t_2 (구멍) 기준 치수	t_1, t_2 허용 오차	적용하는 축 지름 d (초과~이하)
	기준 치수	허용차 (h9)	기준 치수	허용차				기준 치수	허용차 (D10)					
2×2	2	0 −0.025	2	0 −0.025	−	0.16 ~ 0.25	6~20	2	+0.060 +0.020	0.08 ~ 0.16	1.2	0.5	+0.05 0	6~8
3×3	3		3		−		6~36	3			1.8	0.9		8~10
4×4	4	0 −0.030	4	0 −0.030	7	h9	8~45	4	+0.078 +0.030		2.5	1.2	+0.1 0	10~12
5×5	5		5		8	0.25 ~ 0.40	10~56	5			3.0	1.7		12~17
6×6	6		6		10		14~70	6		0.16 ~ 0.25	3.5	2.2		17~22
(7×7)	7	0 −0.036	7.2	0 −0.036			16~80	7	+0.098 +0.040		4.0	3.0		20~25
8×7	8		7		11		18~90	8			4.0	2.4		22~30
10×8	10		8	0 −0.090	12		22~110	10			5.0	2.4	+0.2 0	30~38
12×8	12		8		12		28~140	12			5.0	2.4		38~44
14×9	14		9		14	0.40 ~ 0.60	36~160	14		0.25 ~ 0.40	5.5	2.9		44~50
(15×10)	15	0 −0.043	10.2	0 −0.110	15		40~180	15	+0.120 +0.050		5.0	5.0	+0.1 0	50~55
16×10	16		10	0 −0.090	16		45~180	16			6.0	3.4		50~58
18×11	18		11		18		50~200	18			7.0	3.4	+0.2 0	58~65
20×12	20	0 −0.052	12	0 −0.110	20	0.60 ~ 0.80	56~220	20	+0.149 +0.065	0.40 ~ 0.60	7.5	3.9		65~75

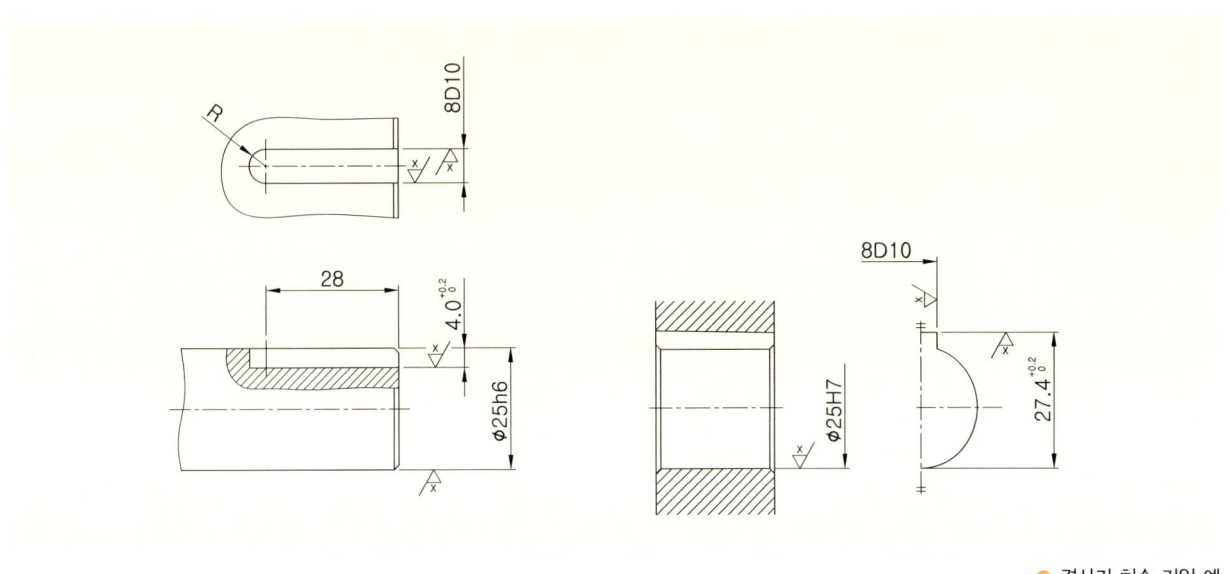

● 경사키 치수 기입 예

Lesson 04 키 및 키홈의 끼워맞춤

키 및 키홈 관계의 표준은 1965년에 KS B 1311(묻힘키 및 키홈), KS B 1312(반달키 및 키홈) 및 KS B 1313(미끄럼키 및 키홈)이 제정되었다. 1984년에 KS B 1313은 ISO 표준을 가능한 한 도입하여 대폭적인 개정이 이루어졌는데 평행키에서 **보통형**은 구 규격 묻힘키의 '보통급', **조임형**은 묻힘키의 '정밀급'을 나타내며, **활동형**은 구 규격에서 미끄럼키를 말한다. 아직 규격의 개정전인 도서나 KS 규격집에는 구 규격을 나타낸 것들이 있으니 혼동하지 않도록 주의를 필요로 한다.

■ [키의 종류 및 기호] KS B 1311:2009

종 류	모 양	기 호
평행키 (보통형, 조임형)	나사용 구멍 없는 평행키	P (Parallel key)
평행키 (활동형)	나사용 구멍 부착 평행키	PS (Parallel Sliding keys)
경사키	머리 없는 경사키	T (Taper key)
	머리붙이 경사키	TG (Taper key with Gib head)
반달키	둥근 바닥 반달키	WA (Woodruff keys A type)
	납작 바닥 반달키	WB (Woodruff keys B type)

■ [신 규격과 구 규격의 끼워맞춤 방식 대조표] 키에 의한 축, 허브의 경우 KS B 1311:2009

신 규격						구 규격				
키의 종류		키의 너비 b	키의 높이 h	키홈의 너비		키의 종류	키의 너비 b	키의 높이 h	키홈의 너비	
				b_1	b_2				b_1	b_2
평행키	활동형	h9	정사각형 단면 h9 / 직사각형단면 h11	H9	D10	미끄럼키	h8	h10	N9	E9
	보통형			N9	Js9	평행키 2종			H9	
	조임형			P9		평행키 1종	p7	h9	H8	F7
경사키				D10		경사키	h9	h10	D10	
반달키	보통형			N9	Js9	반달키	h9	h11	N9	F9
	조임형			P9						

Part 04 자주 출제되는 KS규격의 설계 적용법

키의 호칭 치수 b×h	키의 치수						키 홈의 치수							참고
	b		h		c	l	b_1 b_2 의 기준 치수	조립형 b_1, b_2 허용차 (P9)	보통형 b_1 (축) 허용차 (N9)	보통형 b_2 (구멍) 허용차 (Js9)	r_1 및 r_2	t_1 (축) 기준 치수	t_2 (구멍) 기준 치수	t_1 t_2 의 허용 오차	적용하는 축지름 d (초과~이하)
	기준 치수	허용차 (h9)	기준 치수	허용차											
2×2	2	0 −0.025	2	0 −0.025	0.16 ~ 0.25	6~20	2	−0.006 −0.031	−0.004 −0.029	±0.0125	0.08 ~ 0.16	1.2	1.0	+0.1 0	6~8
3×3	3		3			6~36	3					1.8	1.4		8~10
4×4	4		4			8~45	4					2.5	1.8		10~12
5×5	5	0 −0.030	5	0 −0.030		10~56	5	−0.012 −0.042	0 −0.030	±0.0150	0.16 ~ 0.25	3.0	2.3		12~17
6×6	6		6		0.25 ~ 0.40	14~70	6					3.5	2.8		17~22
(7×7)	7	0 −0.036	7	0 −0.036		16~80	7	−0.015 −0.051	0 −0.036	±0.0180		4.0	3.3		20~25
8×7	8		7			18~90	8					4.0	3.3		22~30
10×8	10		8			22~110	10					5.0	3.3		30~38
12×8	12		8	0 −0.090	0.40 ~ 0.60	28~140	12					5.0	3.3	+0.2 0	38~44
14×9	14		9	h11		36~160	14				0.25 ~ 0.40	5.5	3.8		44~50
(15×10)	15	0 −0.043	10			40~180	15	−0.018 −0.061	0 −0.043	±0.0215		5.0	5.3		50~55
16×10	16		10			45~180	16					6.0	4.3		50~58
18×11	18		11	0 −0.110		50~200	18					7.0	4.4		58~65

■ [키와 축 및 허브(보스)와의 관계]

형 식	적용하는 키	설명
활동형	평행키	축과 허브가 상대적으로 축방향으로 미끄러지며 움직일 수 있는 결합
보통형	평행키, 반달키	축에 고정된 키에 허브를 끼우는 결합(주)
조임형	평행키, 경사키, 반달키	축에 고정된 키에 허브를 조이는 결합(주) 또는 조립된 축과 허브 사이에 키를 넣는 결합

[주] 선택 끼워맞춤이 필요하다.
여기서 허브(hub)란 기어나 V-벨트풀리, 스프로킷, 캠 등의 회전체의 보스(boss)를 말한다.

Lesson 05 자리파기, 카운터보링, 카운터싱킹 | KS B 1003, KS B 1003의 부속서

6각 구멍붙이(6각 홈붙이) 볼트에 관한 규격은 KS B 1003에 규정되어 있으며, 6각 구멍붙이 볼트를 사용하여 기계 부품을 결합시킬 때 볼트의 머리가 노출되지 않도록 볼트 머리 높이보다 약간 깊은 자리파기(카운터보링, DCB) 가공을 실시하는 데 KS B 1003의 부속서에 6각 구멍붙이 볼트에 대한 자리파기 및 볼트 구멍 치수의 규격이 정해져 있다. 볼트 구멍 지름 및 카운터 보어 지름은 KS B 1007에 규정되어 있으며, 볼트 구멍 지름의 등급은 나사의 호칭 지름과 볼트의 구멍 지름에 따라 1~4급으로 구분하며, 4급은 주로 주조 구멍에 적용한다.

■ 자리파기용 공구와 자리파기의 종류

■ 볼트 구멍 및 카운터보어 지름

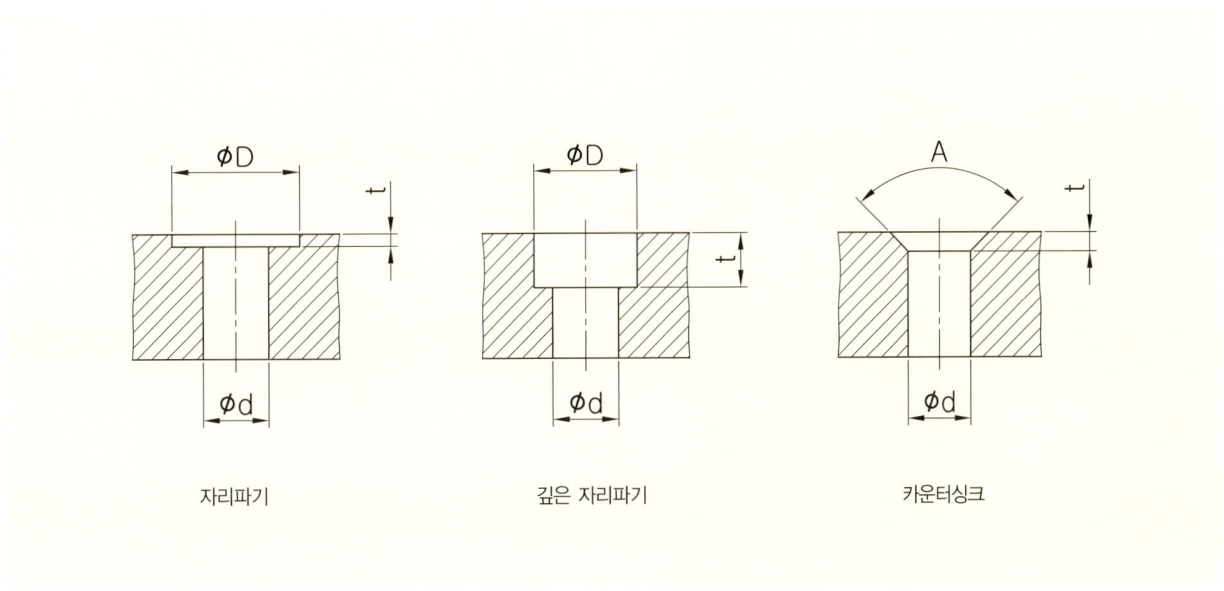

호칭		자리파기 (Spot Facing)		깊은 자리파기 (Counter Bore)		카운터싱크 (Counter sink)		도면 지시 예
나사	⌀d	⌀D	깊이(t)	⌀D	깊이(t)	깊이(t)	각도(A)	
M3	3.4	9	0.2	6.5	3.3	1.75	90°⁺²⁻₀	5.5D / DS ⌀13 DP 0.3
M4	4.5	11	0.3	8	4.4	2.3		
M5	5.5	13	0.3	9.5	5.4	2.8		
M6	6.6	15	0.5	11	6.5	3.4		
M8	9	20	0.5	14	8.6	4.4		
M10	11	24	0.8	17.5	10.8	5.5	90°⁺²⁻₀	6.6D / DCB ⌀11 DP 6.5
M12	14	28	0.8	22	13	6.5		
M14	16	32	0.8	23	15.2	7		
M16	18	35	1.2	26	17.5	7.5		
M18	20	39	1.2	29	19.5	8		
M20	22	43	1.2	32	21.5	8.5		
M22	24	46	1.2	35	23.5	13.2	60°⁺²⁻₀	4.5D / DCS 90° DP 2.3
M24	26	50	1.6	39	25.5	14		
M27	30	55	1.6	43	29	–		
M30	33	62	1.6	48	32	16.6		
M33	36	66	2.0	54	35	–		

- **스폿페이싱(Spot Facing)** : 6각 볼트의 머리나 너트, 와셔가 접촉되는 면이 2차 기계가공을 하기 전의 거친 다듬질로 되어있는 주조부 등에 올바른 접촉면을 가질 수 있도록 평탄하게 다듬질하는 가공
- **카운터보링(Counter Boring)** : 6각 구멍붙이 볼트의 머리가 부품에 묻혀 외부로 돌출되지 않도록 드릴 가공한 구멍에 깊은 자리파기를 하는 가공
- **카운터싱킹(Counter Sinking)** : 접시머리볼트나 작은나사의 머리 부분이 완전히 묻힐 수 있도록 구멍의 가장자리를 원뿔형으로 경사지게 자리파기를 하는 가공

[적용 예]

편심구동장치 본체에 M4의 TAP 가공이 되어 있는 경우 품번③ 커버에 카운터보링(DCB)에 관한 치수기입의 적용 예로 치수기입은 지시선에 의한 치수기입법과 치수선과 치수보조선에 의한 방법을 예로 도시하였다.

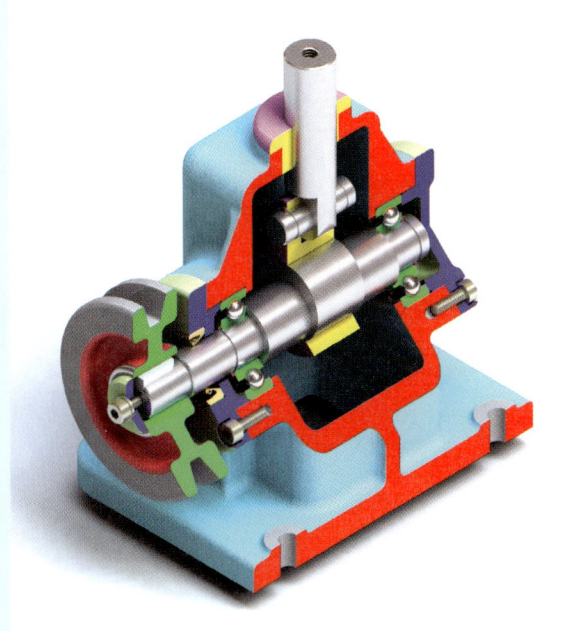

● 편심구동장치 입체도

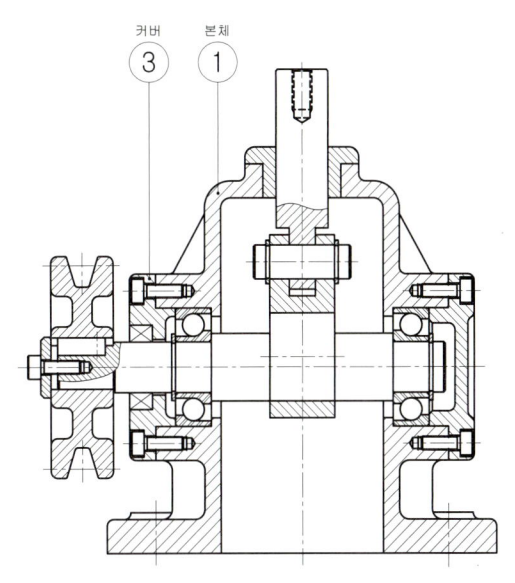

● 편심구동장치 커버에 적용된 깊은 자리파기(카운터보링)

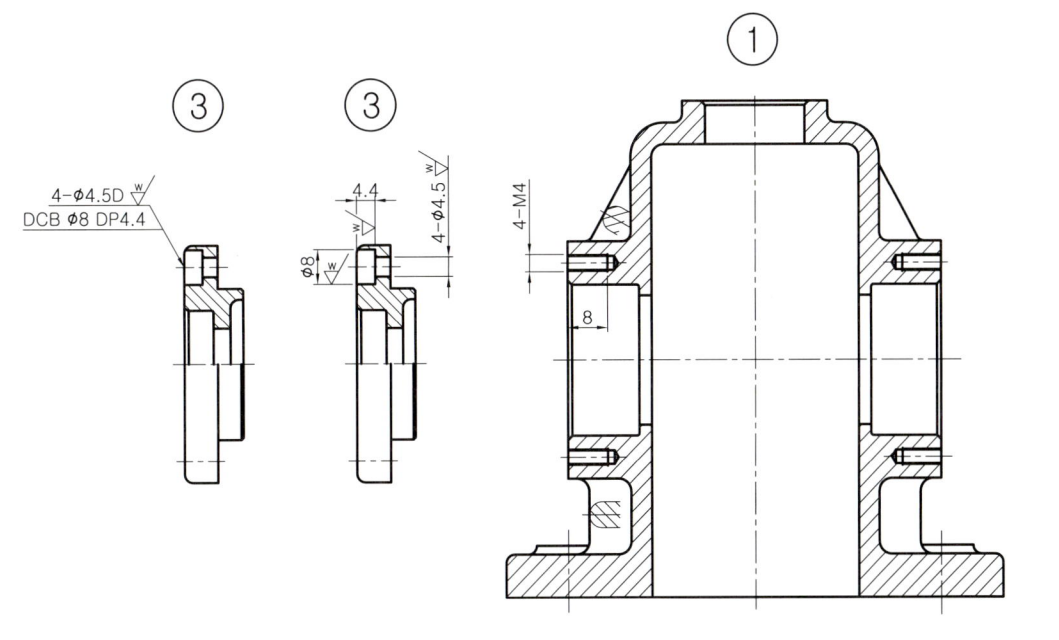

● 편심구동장치 부품도 치수 기입 예

207

Part 04 자주 출제되는 KS규격의 설계 적용법

Lesson 06 치공구용 지그 부시

부시(bush)는 드릴(drill), 리이머(reamer), 카운터 보어(counter bore), 카운터 싱크(counter sink), 스폿 페이싱(spot facing) 공구와 기타 구멍을 뚫거나 수정하는데 사용하는 회전공구를 위치결정(locating)하거나 안내(guide)하는데 사용하는 정밀한 치공구(Jig & Fixture) 요소이다.
부시는 반복 작업에 의한 재료의 마모와 가공 후 정밀도를 유지하기 위해 통상 열처리를 실시하고 정확한 치수로 연삭되어 있으며 동심도는 일반적으로 0.008 이내로 한다.

■ 여러 가지 치공구 요소의 형상

| 칼라없는 고정부시 | 칼라있는 고정부시 | 노치형 삽입부시 | 노치형 삽입부시 |

| 지그용 멈춤쇠 | 지그용 멈춤나사 | 지그용 너트 | 지그용 너트(평면 자리붙이형) |

| 지그용 너트(구면 자리붙이형) | C형 와셔 | 구면 와셔 | 고리 모양 와셔 |

위치결정 핀   스트랩 클램프

■ 여러 가지 부시의 조립상태

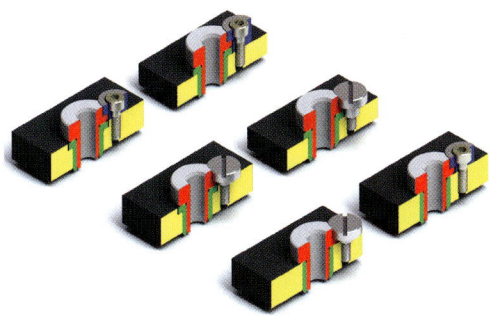

- 드릴 부시의 치수결정 순서
1. 드릴 직경 선정
2. 부시의 내경과 외경 선정
3. 부시의 길이와 부시 고정판(jig plate) 두께 결정
4. 부시의 위치결정(locating)

1. 고정 부시(press fit bush)

고정 부시는 머리가 없는 고정 부시와 머리가 있는 고정 부시의 두 가지 종류가 있으며 부시를 자주 교환할 필요가 없는 소량 생산용 지그에 사용한다.

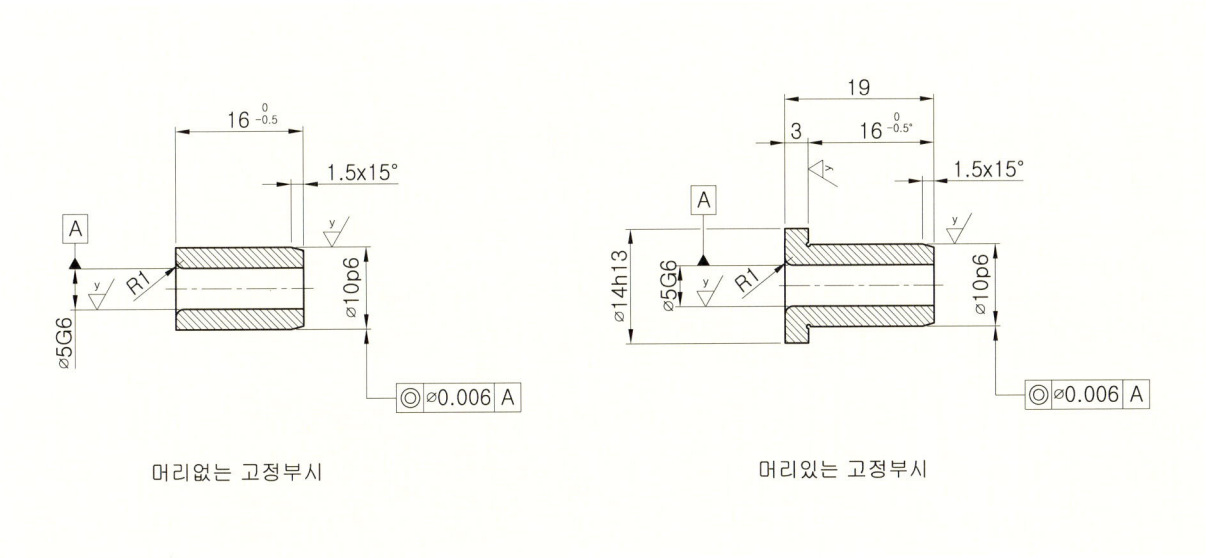

머리없는 고정부시   머리있는 고정부시

● 지그용 고정 부시 치수 기입 예

1. 드릴(drill)이나 리머(reamer) 가공시 공구(tool)의 안내(guide) 역할을 하는 치공구 요소이다.
2. 재질은 STC3(탄소공구강), SKS3(합금공구강) 등을 사용한다.
3. 전체 열처리를 한다. (예 : HRC 60±2)

■ 지그용 고정부시 [KS B 1030]

칼라없는 고정부시   칼라있는 고정부시

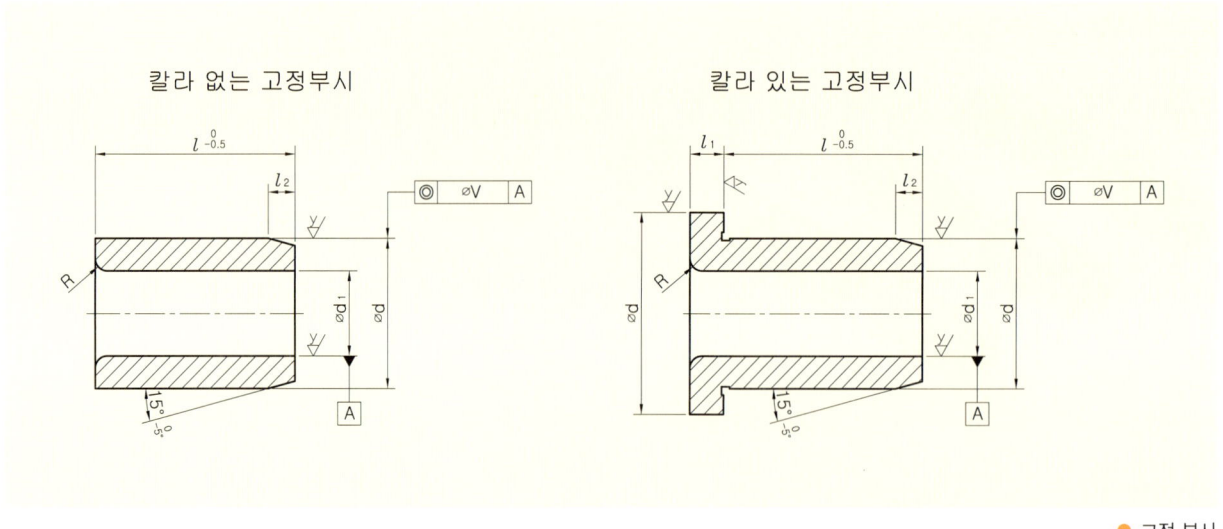

● 고정 부시

d_1 드릴용(G6) 리머용(F7)	d		d_2		공차 $(l_{-0.5}^{0})$	l_1	l_2	R
	기준 치수	허용차(p6)	기준치수	허용차(h13)				
1 이하	3	+ 0.012 + 0.006	7	0 − 0.220	6 8	2	1.5	0.5
1 초과 1.5 이하	4	+ 0.020 + 0.012	8					
1.5 초과 2 이하	5		9		6 8 10 12			0.8
2 초과 3 이하	7	+ 0.024 + 0.015	11	0 − 0.270	8 10 12 16	2.5		
3 초과 4 이하	8		12					1.0
4 초과 6 이하	10		14		10 12 16 20	3		
6 초과 8 이하	12	+ 0.029 + 0.018	16	0 − 0.330	12 16 20 25			2.0
8 초과 10 이하	15		19					
10 초과 12 이하	18		22			4		

2. 삽입부시(renewable bush)

삽입부시는 지그 플레이트에 라이너 부시(가이드 부시)를 설치하여 라이너 부시 내경에 삽입 부시 외경이 미끄럼 끼워맞춤 되도록 연삭되어 있으며, 부시가 마모되면 교환을 할 수 있는 다량 생산용 지그에 적합하며, 다양한 작업을 위하여 라이너 부시에 여러 용도의 삽입 부시를 교환하여 사용된다. 삽입 부시는 회전 삽입 부시와 고정 삽입부시로 분류한다.

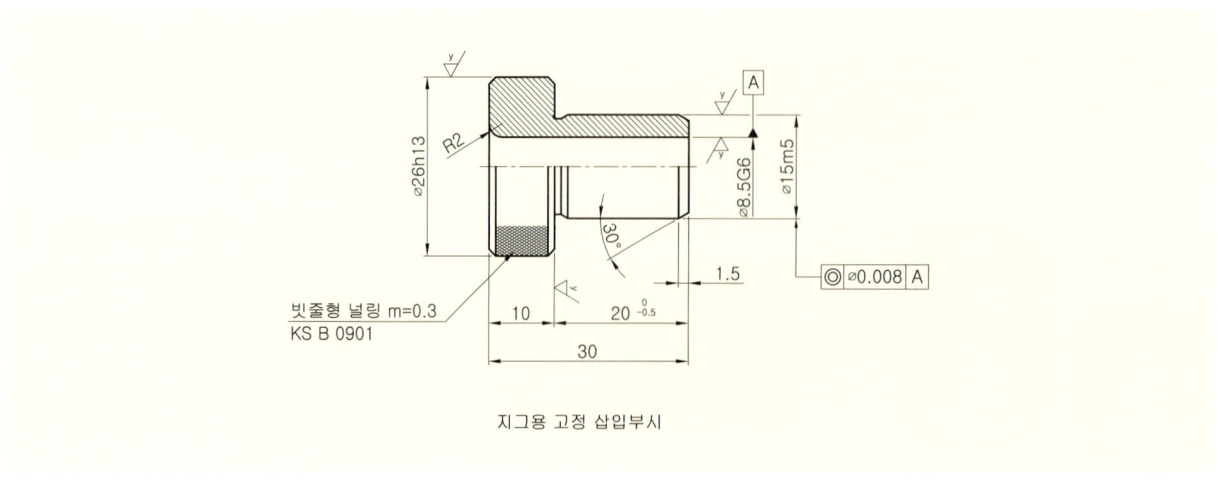

지그용 고정 삽입부시

● 지그용 고정 삽입부시 치수 기입 예

■ 지그용 고정 삽입부시 [KS B 1030]

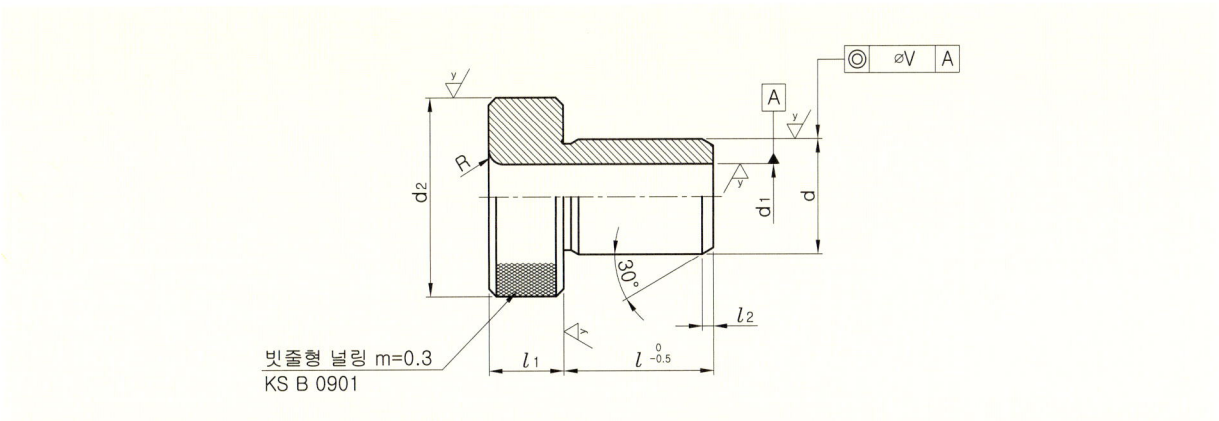

d_1 드릴용(G6) 리머용(F7)	d		d_2		$l_{-0.5}^{0}$	l_2	R
	기준 치수	허용차 (m5)	기준 치수	허용차 (h13)			
4 이하	8	+ 0.012 + 0.006	15	0 − 0.270	10 12 16	8	1
4 초과 6 이하	10		18		12 16 20 25		
6 초과 8 이하	12	+ 0.015 + 0.007	22	0 − 0.330		10	1.5
8 초과 10 이하	15		26		16 20 (25) 28 36		2
10 초과 12 이하	18		30				
12 초과 15 이하	22	+ 0.017 + 0.008	34	0 − 0.390	20 25 (30) 36 45	12	
15 초과 18 이하	26		39				
18 초과 22 이하	30		46		25 (30) 36 45 56		3

1. 하나의 구멍에 여러 가지 작업을 할 경우 교체 및 장착이 용이한 부시로 노치형 부시라고도 한다.
2. 부시 재질은 STC3(탄소공구강), SKS3(합금공구강) 등을 사용한다.
3. 전체 열처리를 한다. (예 : HRC 60±2)

3. 라이너 부시(liner bush)

삽입 부시의 안내용 고정부시로 지그판에 영구히 설치하며, 정밀하고 높은 경도를 지니기 때문에 지그의 정밀도를 장기간 유지할 수 있다. 머리 없는 것과 머리 있는 것의 두가지가 있다.

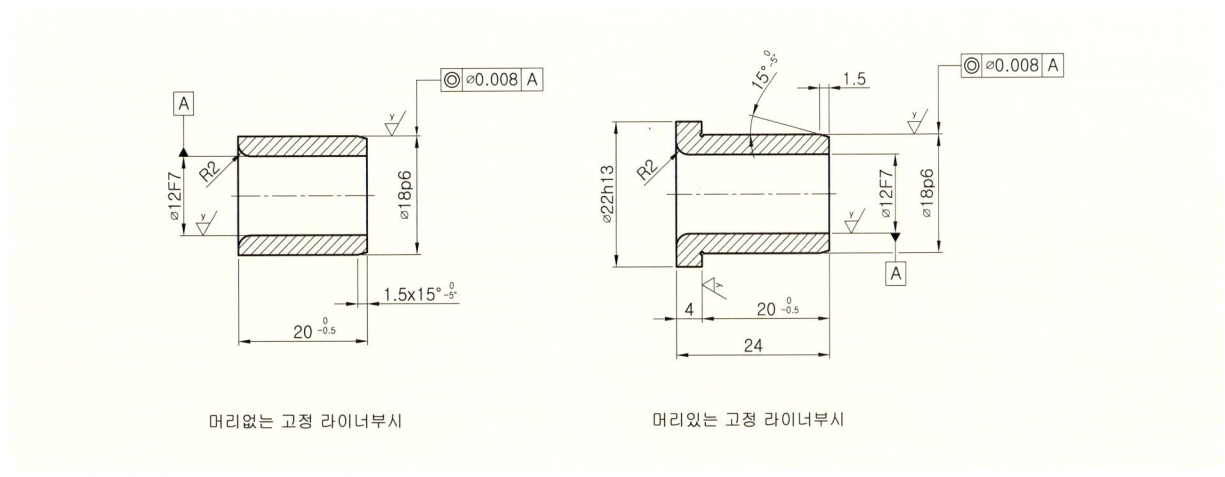

머리없는 고정 라이너부시   머리있는 고정 라이너부시

● 라이너 부시 치수 기입 예

211

■ 라이너 부시 [KS B 1030]

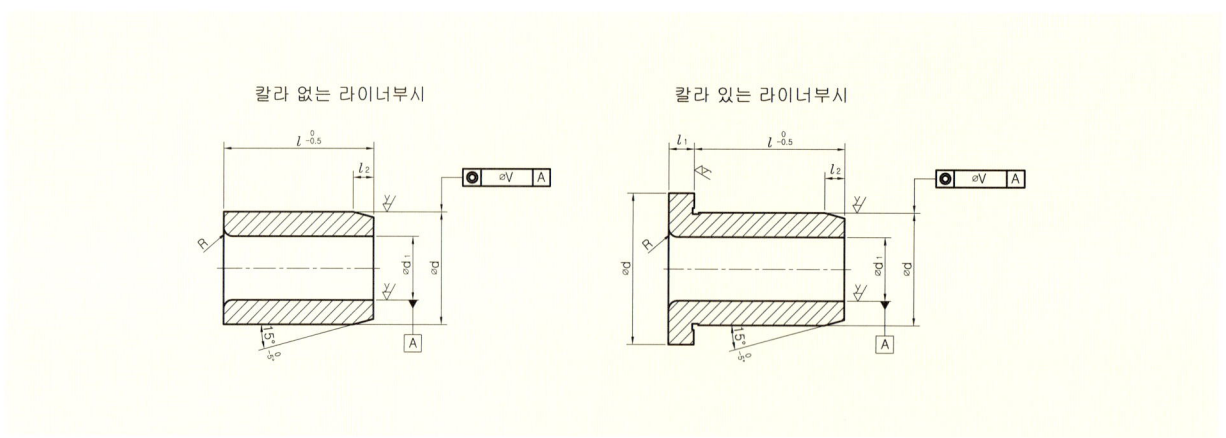

[단위:mm]

d_1 기준 치수	d_1 허용차 (F7)	d 기준 치수	d 허용차 (p6)	d_2 기준 치수	d_2 허용차 (h13)	$l_{-0.5}^{0}$	l_1	l_2	R
8	+0.028 +0.013	12	+0.029 +0.018	16	0 −0.270	10 12 16	3		
10		15		19					
12	+0.034 +0.016	18		22	0 −0.330	12 16 20 25	4	1.5	2
15		22	+0.035 +0.022	26		16 20 (25) 28 36			
18		26		30					
22	+0.041 +0.020	30		35	0 −0.390	20 25 (30) 36 45	5		3
26		35	+0.042 +0.026	40					
30		42		47		25 (30) 36 45 56			

4. 노치형 부시

회전 삽입 부시(slip renewable bush)라고도 하며, 이 부시는 한 구멍에 여러 가지 가공 작업을 할 경우 라이너 부시를 지그판에 고정시킨 후 노치형 부시를 삽입한 후 플랜지부에 잠금나사로 고정시켜 사용한다.

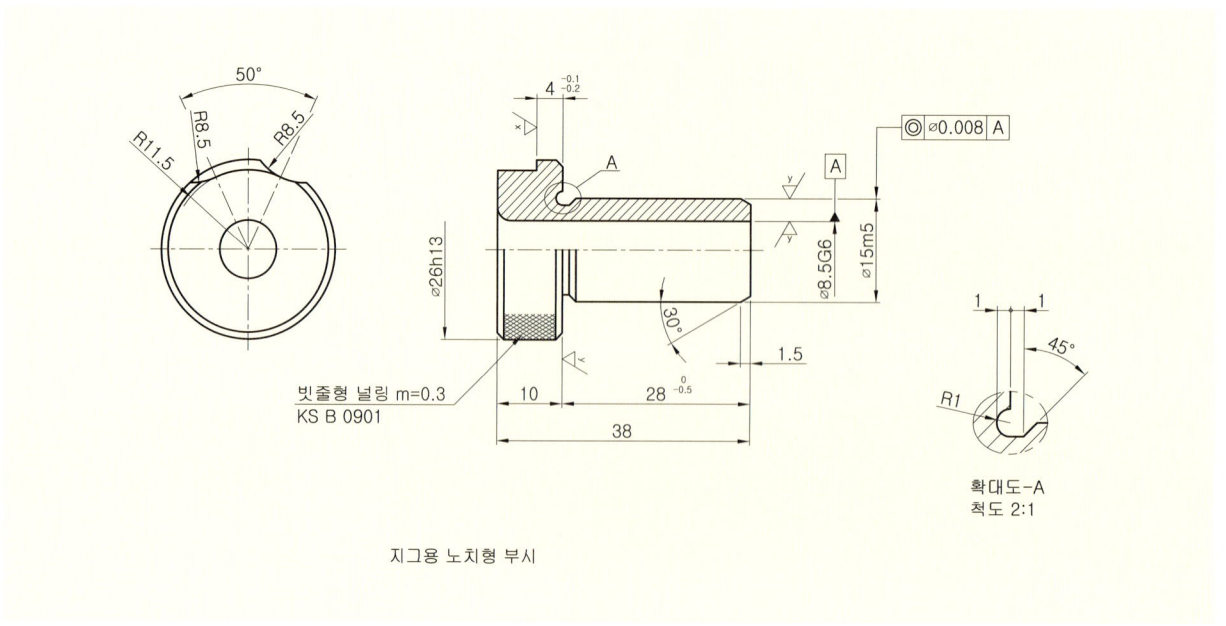

지그용 노치형 부시

● 노치형 부시 치수 기입 예

■ 노치형 부시 [KS B 1030]

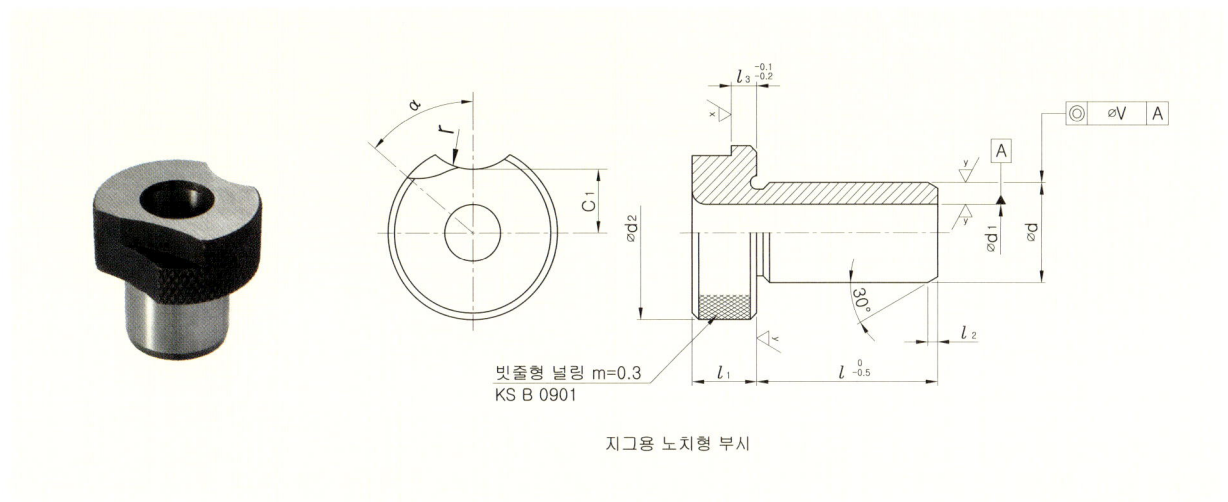

● 지그용 노치형 부시

● 노치형 부시의 주요 치수

[단위:mm]

d_1 드릴용(G6) 리머용(F7)		d		d_2		$l_{-0.5}^{0}$	l_1	l_2	R	l_3		C_1	r	α (°)
		기준 치수	허용차 (m5)	기준 치수	허용차 (h13)					기준 치수	허용차			
	4 이하	8	+0.012 +0.006	15	0 −0.270	10 12 16	8	1.5	1	3	−0.1 −0.2	4.5	7	65
4 초과	6 이하	10		18		12 16 20 25						6		
6 초과	8 이하	12		22								7.5		60
8 초과	10 이하	15	+0.015 +0.007	26	0 −0.330	16 20 (25) 28 36	10		2	4		9.5	8.5	50
10 초과	12 이하	18		30								11.5		
12 초과	15 이하	22	+0.017 +0.008	34	0 −0.390	20 25 (30) 36 45	12					13	10.5	35
15 초과	18 이하	26		39								15.5		
18 초과	22 이하	30		46		25 (30) 36 45 56			3	5.5		19		30

5. 드릴지그 사례

● 드릴지그-1   ● 드릴지그-2

213

6. 지그 설계의 치수 표준

❶ 센터 구멍

선반, 밀링용 지그의 구멍은 다음의 5종류로 한다.

D = 12mm 이하 ± 0.01mm

D = 16mm 이하 ± 0.01mm

D = 20mm 이하 ± 0.01mm

D = 25mm 이하 ± 0.01mm

(선반은 가급적 이 구멍을 이용한다.)

D = 35mm 이하 ± 0.01mm

(밀링은 가급적 이 구멍을 이용한다.)

❷ 중심 맞춤 구멍

중심 맞춤 구멍(중심맞춤 센터 및 리머 볼트용 구멍)의 중심거리에 대해서는 다음의 치수공차를 적용한다.

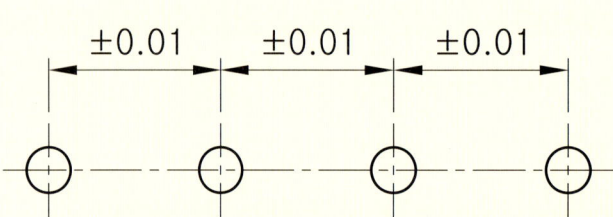

❸ 볼트 구멍의 거리

볼트 구멍 등과 같이 축과 구멍과 0.5mm 이상의 틈새를 갖는 구멍의 중심거리에 대해서는 다음의 치수공차를 적용한다.

❹ 각도

특히 정밀도를 요구하지 않는 각도에는 다음의 치수공차를 적용한다. ±30′

Lesson 07 기어의 제도

KS B 0002

기어는 2개 또는 그 이상의 축 사이에 회전 또는 동력을 전달하는 요소로 한 축으로 부터 다른 축으로 동력을 전달하는 데 사용되는 대표적인 동력전달용 기계요소이다. 또한 기어는 동력을 주고받는 두 축 사이의 거리가 가까운 경우에 사용되며, 동력전달이 확실하고 속도비를 일정하게 유지할 수 있는 장점이 있어 전동 장치, 변속 장치 등에 널리 이용된다. 맞물려 회전하는 한 쌍의 기어에서 잇수가 많은 쪽을 **기어**, 잇수가 적은 쪽을 **피니언**(pinion)이라 한다. 기어의 정밀도에 관한 등급 규정은 기존 **KS B 1405**는 폐지(2005-0293)되었으며 **KS B ISO 1328-1**에서 스퍼어기어 및 헬리컬기어의 등급에 관하여 규정하고 있으며 기어의 등급은 정밀도에 따라서 9등급으로 한다. (0급, 1급, 2급, 3급, 4급, 5급, 6급, 7급, 8급)

1. 기어의 종류

❶ 두 축이 평행한 기어

■ **스퍼 기어(spur gear)** : 잇줄이 축에 평행한 직선의 원통형 기어로 평기어라고도 하며 제작하기 쉬우므로 일반적인 기구나 기계장치에 가장 널리 사용되지만 소음이 발생되는 단점이 있다.

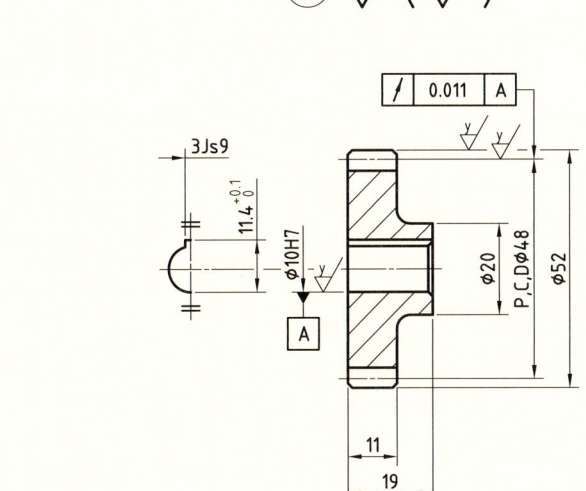

스퍼기어 요목표	
기어 치형	표준
공구	모듈	2
	치형	보통이
	압력각	20°
전체이높이	4.5
피치원지름	ø48
잇수	24
다듬질 방법	호브절삭
정밀도	KS B ISO 1328-1, 4급

● 스퍼기어의 제도와 요목표

스퍼 기어 제원	스퍼 기어 주요 계산 공식	
1. 모듈(m) : 2 2. 잇수(z) : 24 3. 피치원 지름 : 48 4. 재질 : SM45C, SCM415 대형기어의 경우 주강품 SC420, SC450	피치원 지름(P.C.D)	P.C.D = m×z = 2×24 = 48
	이끝원 지름(D)	외접 기어 외경 D=PCD+(2m)=48+(2×2)=52 내접 기어 D=PCD−(2m)=48−(2×2)=44
	전체 이 높이(h)	h=2.25×m=2.25×2=4.5

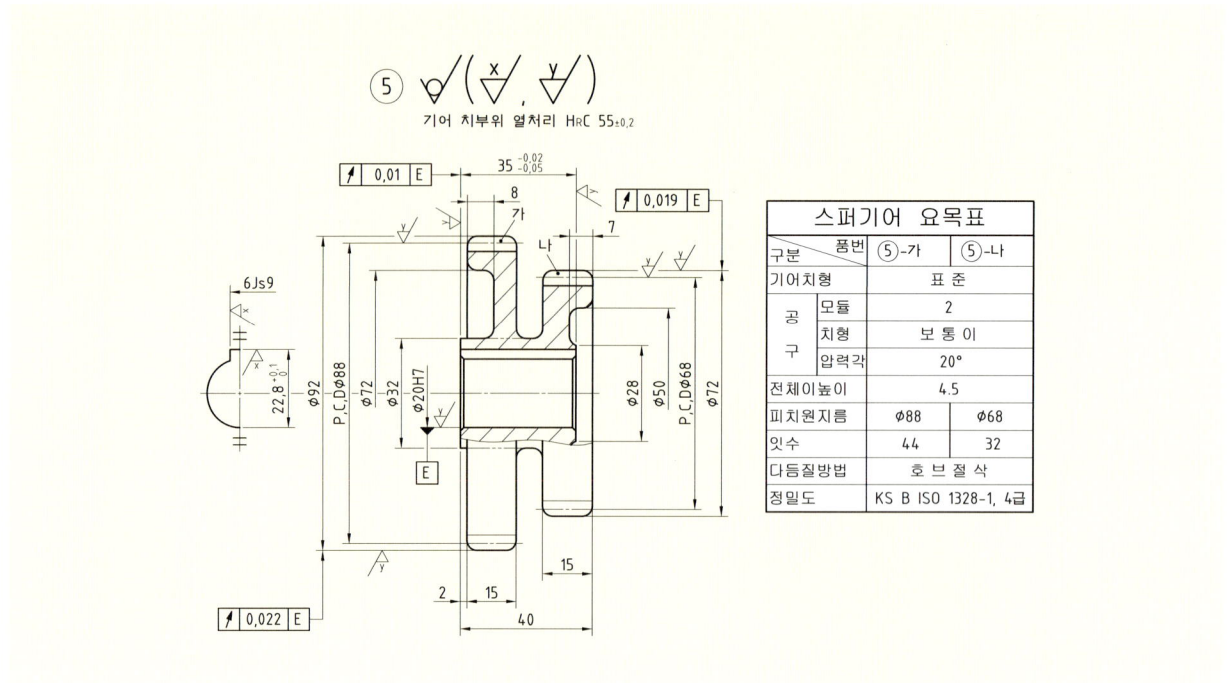

● 이중 스퍼기어의 제도와 요목표

■ **래크 기어(rack gear)** : 스퍼기어와 맞물리는 래크는 직선 형태의 기어로 피치원통 반지름이 무한대 ∞ 인 기어의 일부분이다. 래크와 맞물리는 기어 짝을 피니언(pinion)이라 한다. 래크는 직선 왕복 운동을 하고 피니언은 회전 운동을 한다.

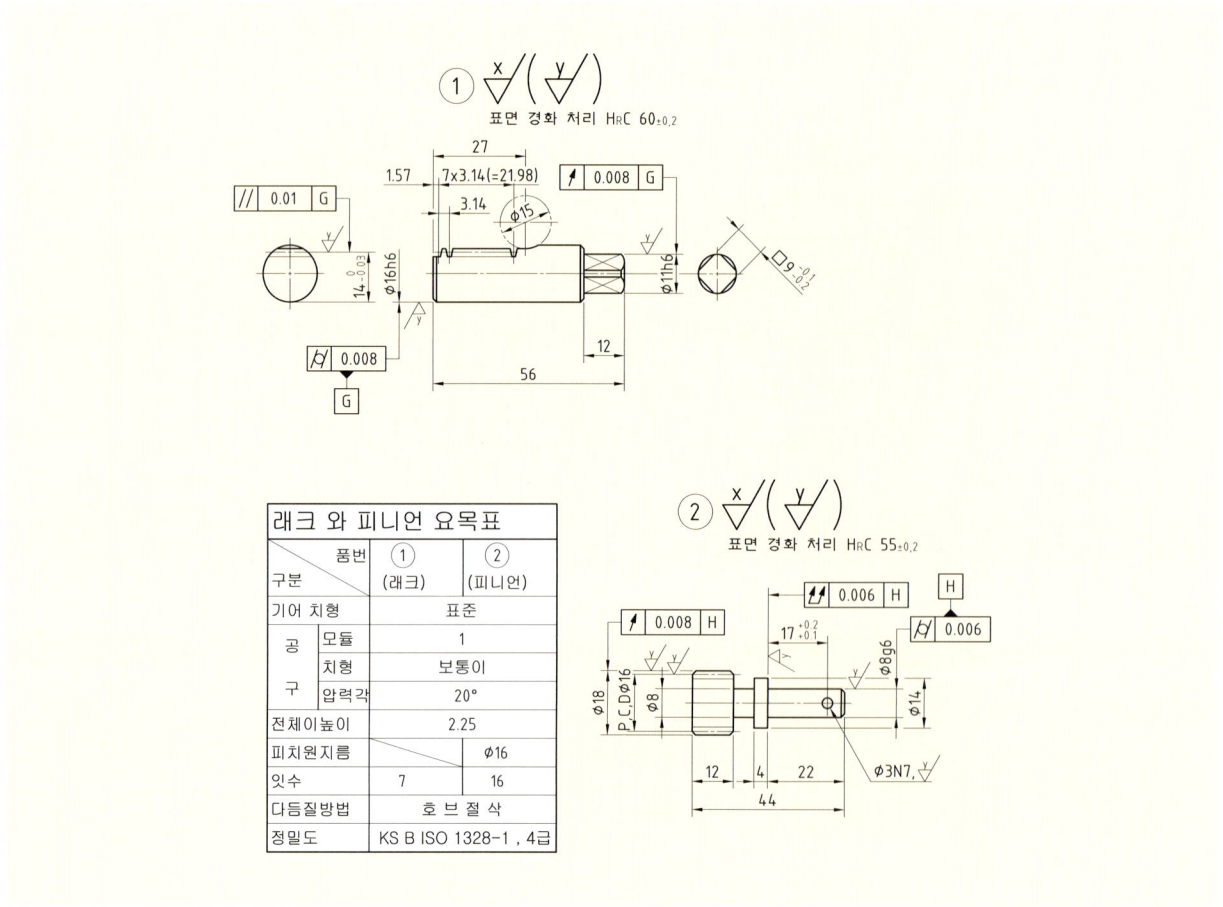

● 래크와 피니언

래크와 피니언 제원	피니언 기어 주요 계산 공식	
1. 모듈(m) : 1 2. 래크 잇수(z_1) : 7 　피니언 기어 잇수(z_2) : 16 3. 피치원 지름 : 16 4. 재질 : SM45C, SCM415 　SCM435 등	피니언 기어 피치원 지름(P.C.D)	$P.C.D = m \times z = 1 \times 16 = 16$
	이끝원 지름(D)	피니언 기어 외경 $D = PCD + (2m) = 16 + (2 \times 1) = 18$
	전체 이 높이(h)	$h = 2.25 \times m = 2.25 \times 1 = 2.25$

■ **내접 기어(internal gear)** : 원형의 링(ring) 안쪽에 이가 있는 원통형 기어로 공간을 적게 차지하고 원활하게 작동하며 높은 속도비를 얻을 수 있다. 일반적으로 감속기나 유성기어 장치(planetary gear system), 기어 커플링 등에 사용된다.

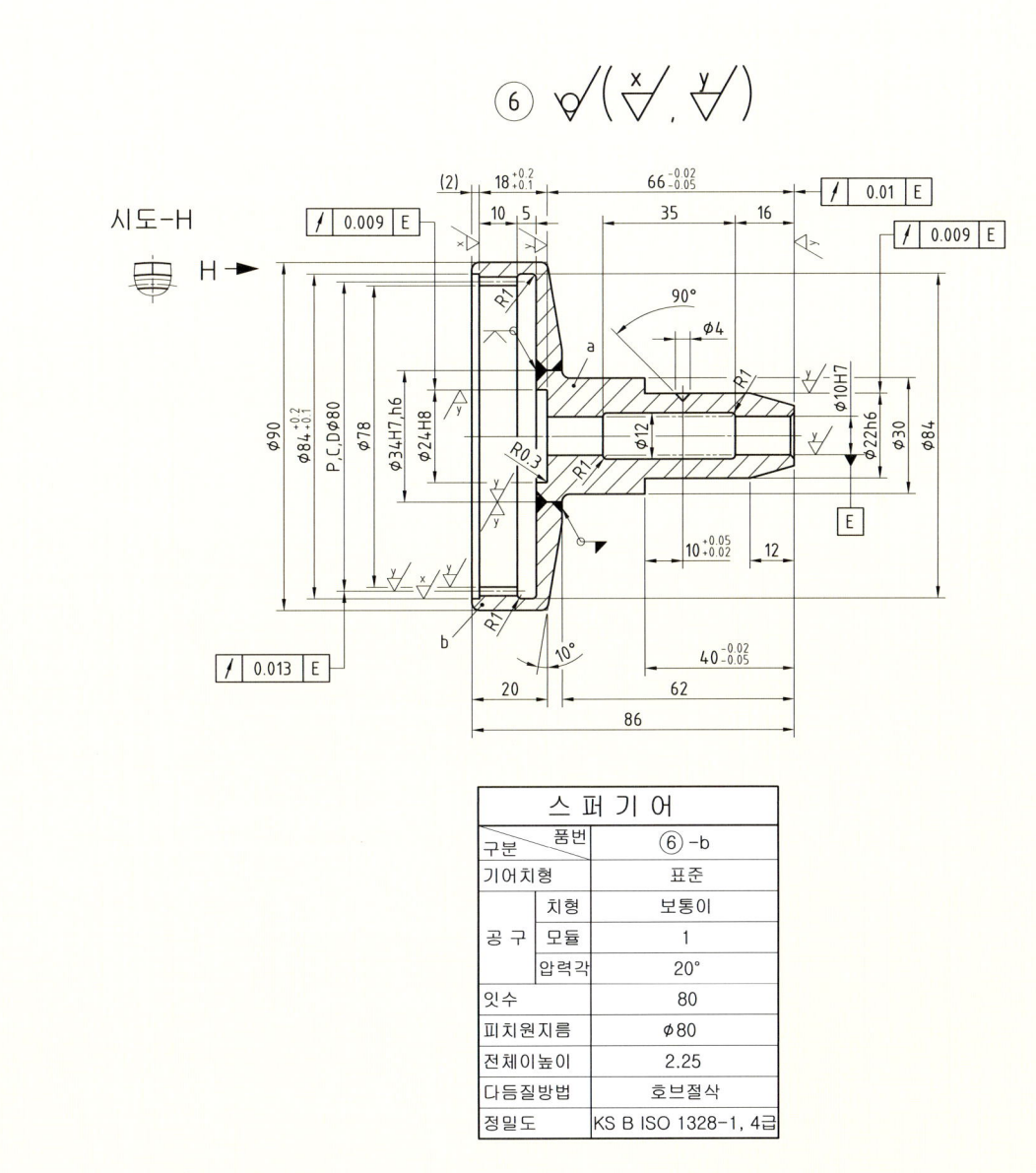

● 내접 기어의 제도와 요목표

내접 기어 제원	내접 기어 주요 계산 공식	
1. 모듈(m) : 1 2. 잇수(z) : 80 3. 피치원 지름 : 80 4. 재질 : SM45C, SCM415 　　대형기어의 경우 주강품 　　SC420, SC450	피치원 지름(P.C.D)	P.C.D = m×z 　　　 = 1×80 = 80
	이끝원 지름(D)	내접 기어 외경 D=PCD−(2m)=80−(2×1)=78
	전체 이 높이(h)	h=2.25×m=2.25×1=2.25

■ **헬리컬 기어(helical gear)** : 축에 대하여 비틀린 이(나선)를 가진 원통형 기어로 스퍼 기어에 비해서 더 큰 하중에 견딜 수 있으며 소음도 적어서 정숙한 운전이 가능하여 자동차 변속기 등에 널리 사용된다. 다만, 이의 비틀림 때문에 축방향의 추력(thrust)이 발생하는 것이 단점이다. 그러나 이중 헬리컬 기어(double helical gear)나 헤링본 기어(herringbone gear)는 왼쪽 비틀림(LH) 이와 오른쪽 비틀림(RH) 이를 둘 다 가지고 있기 때문에 추력을 방지할 수 있다.

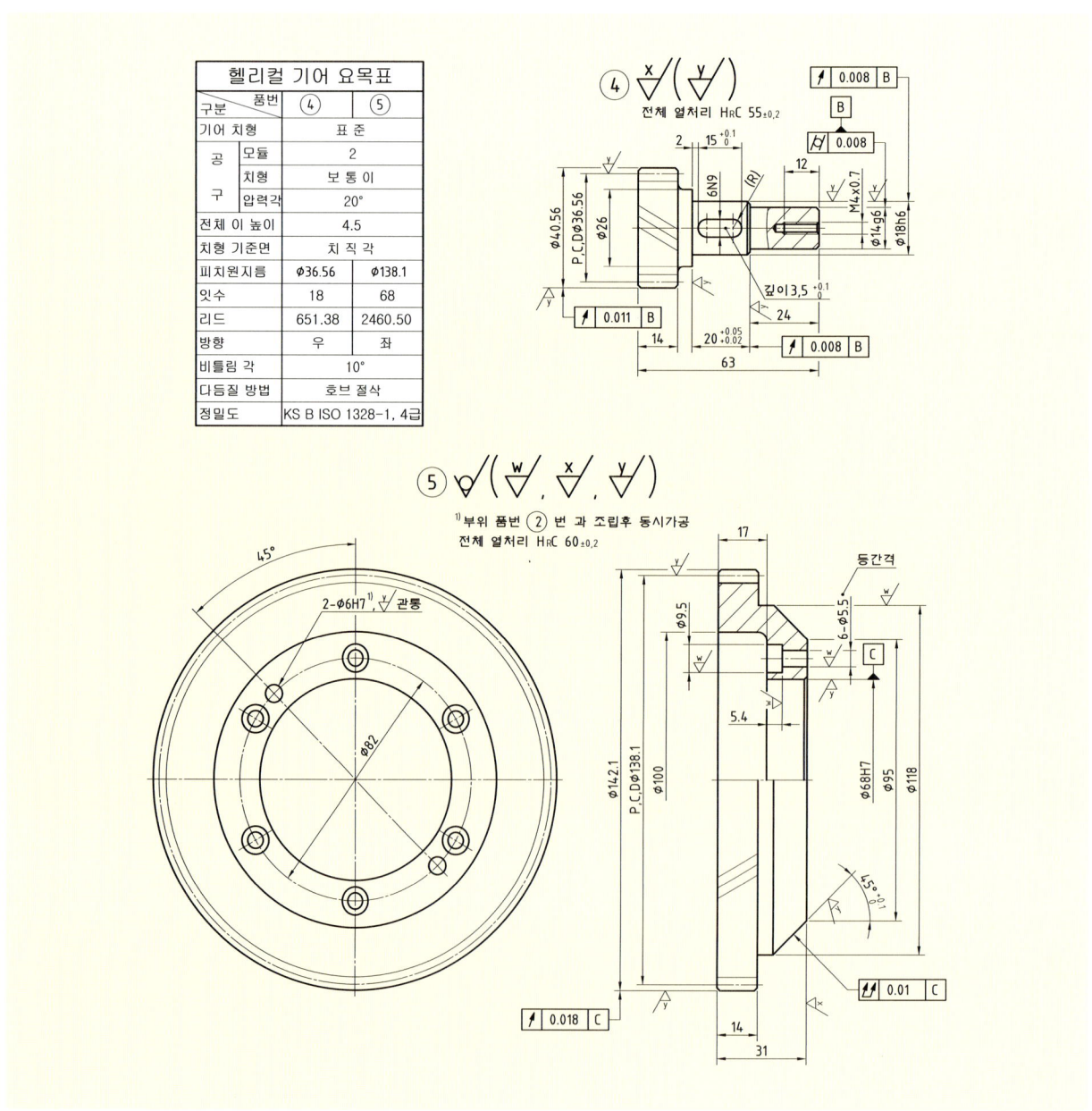

● 헬리컬기어의 제도와 요목표

헬리컬 기어 제원	표준 헬리컬 기어 주요 계산 공식			
	항 목	기호	소기어 ④	대기어 ⑤

1. 치직각 모듈 : 2
2. 잇수(z) : 18, 68
3. 피치원 지름 : 36.56, 138.1
4. 비틀림각 : 10°
5. 재질 : SM45C, SCM415
    대형기어의 경우 주강품
    SC420, SC450
	치직각 모듈	m_n	$m_n = m_t \cos\beta = \dfrac{d\cos\beta}{z}$	

	피치원 지름	d	$d_1 = \dfrac{z_1 m_n}{\cos\beta}$ $= \dfrac{18 \times 2}{\cos 10°} = 36.56$	$d_2 = \dfrac{z_2 m_n}{\cos\beta}$ $= \dfrac{68 \times 2}{\cos 10°} = 138.10$
	비틀림각	β	$\beta = \tan^{-1}\left(\dfrac{\pi d}{p_z}\right) = \cos^{-1}\left(\dfrac{z m_n}{d}\right)$	
	리드	p_z	$p_z = \dfrac{\pi d}{\tan\beta} = \dfrac{\pi z m_n}{\sin\beta}$ $= \dfrac{\pi \times 36.56}{\tan 10°} = 651.38$	$p_z = \dfrac{\pi d}{\tan\beta} = \dfrac{\pi z m_n}{\sin\beta}$ $= \dfrac{\pi \times 138.1}{\tan 10°} = 2460.50$
	이끝 높이	h_a	$h_a = m_n = 2$	
	이뿌리 높이	h_f	$h_f = 1.25 m_n = 1.25 \times 2 = 2.5$	
	전체 이 높이	h	$h = h_a + h_f = 2.25 m_n = 4.5$	
	중심거리	a	$a = \dfrac{(d_1 + d_2)}{2} = \dfrac{(z_1 + z_2) m_n}{2\cos\beta} = \dfrac{(36.56 + 138.1)}{2\cos 10°} = 88.68$	

■ **헬리컬 랙(helical rack)** : 헬리컬기어와 맞물리는 비틀림을 가진 직선 치형의 기어로 헬리컬 기어의 피치원통 반지름이 무한대 ∞로 된 기어이다.

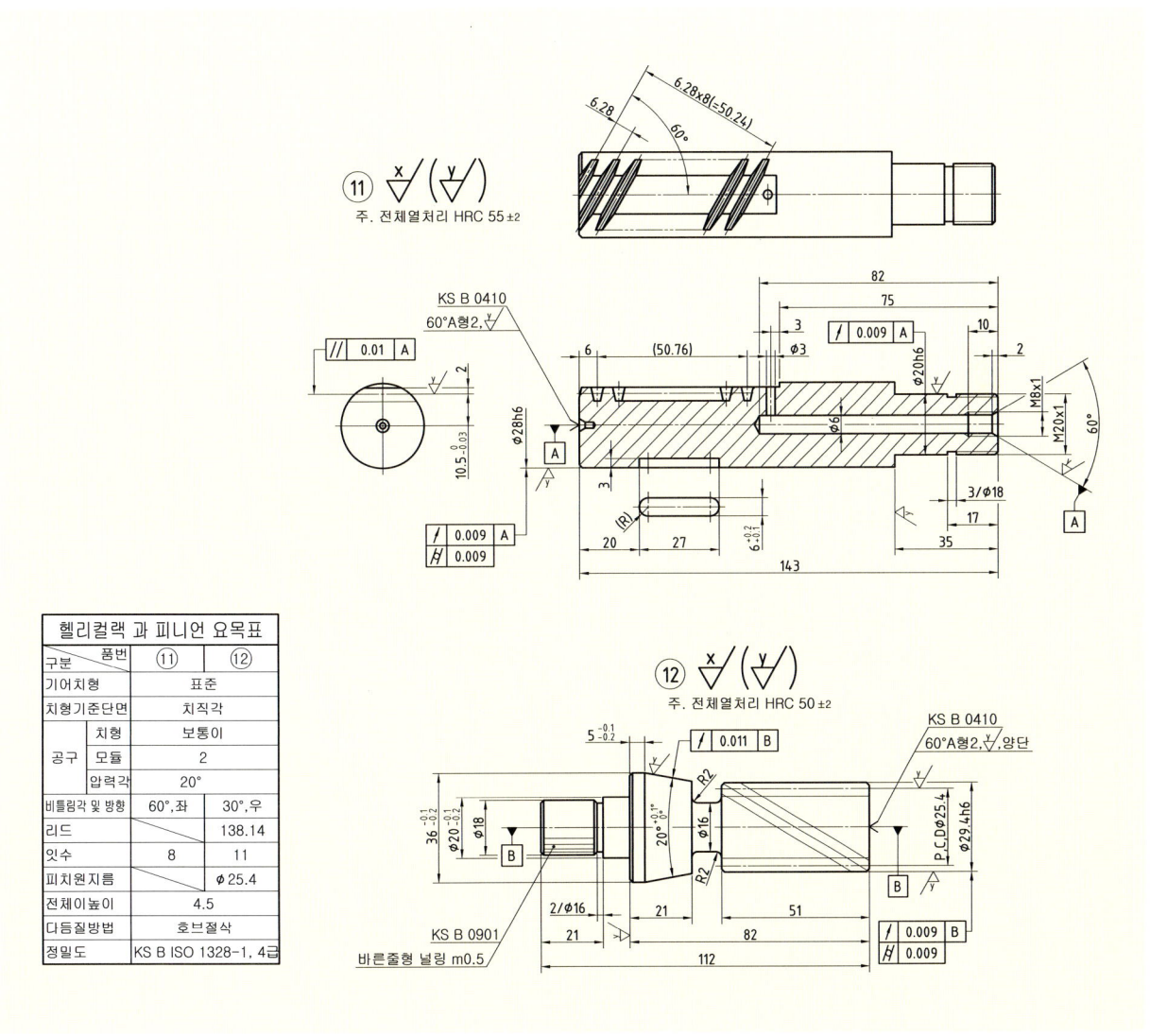

● 헬리컬랙과 피니언의 제도와 요목표

Part 04 자주 출제되는 KS규격의 설계 적용법

❷ 두 축이 교차하는 기어

■ **직선 베벨기어(straight bevel gear)** : 잇줄이 직선인 베벨기어로 피치 원뿔(pitch cone)의 모선과 같은 방향으로 경사진 원뿔형 이를 가진 기어이다. 주로 두 축이 90°로 교차하는 곳에 사용되며 동력전달용 베벨기어로 가장 널리 사용된다.

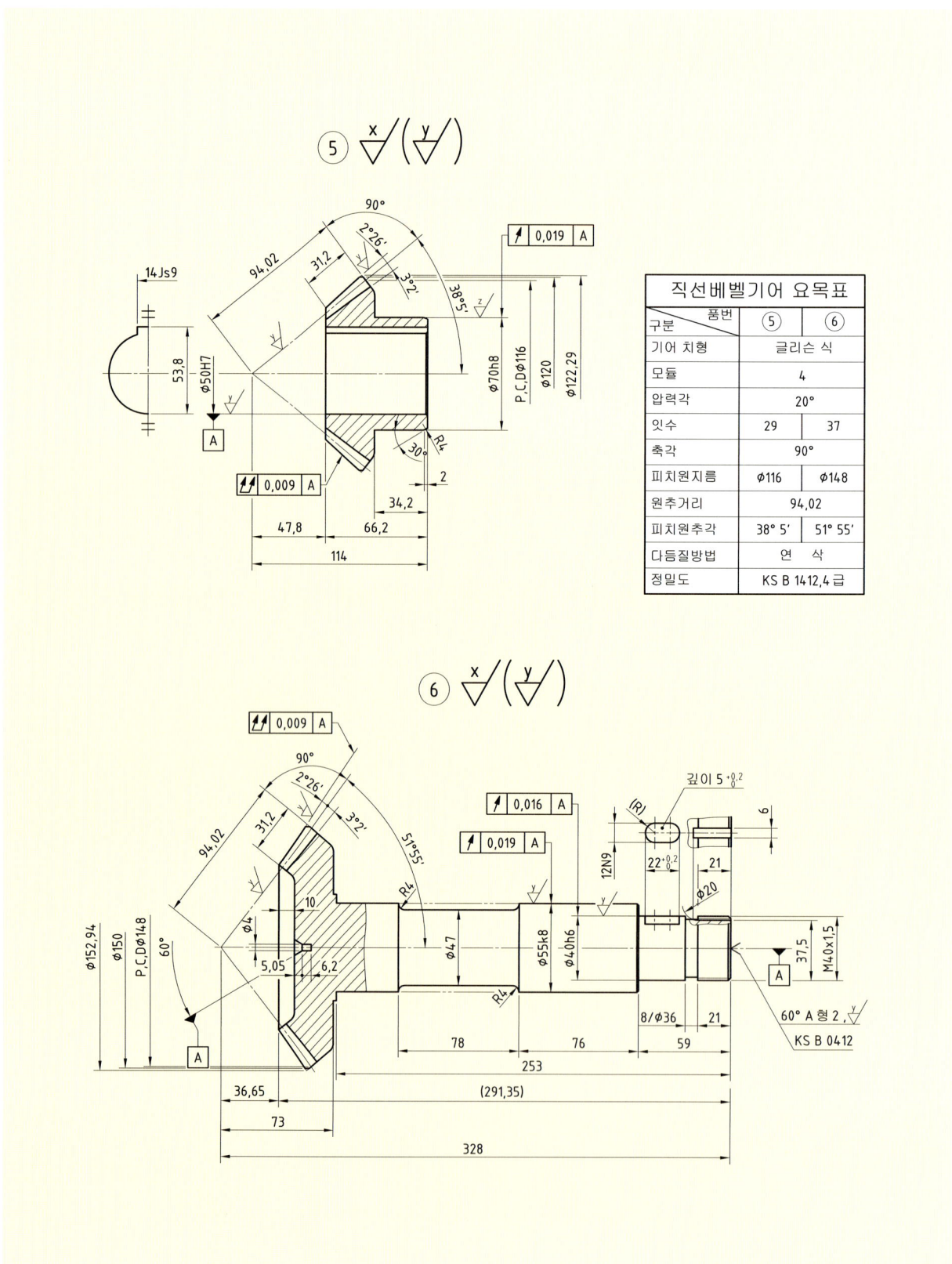

● 직선 베벨기어의 제도와 요목표

용어	기호	직선 베벨기어 주요 계산 공식	
		소기어 ⑤	대기어 ⑥
피치원 직경	d	$d_1 = z_1 m$	$d_2 = z_2 m$
피치원추각	δ	$\delta_1 = \tan^{-1} \dfrac{z_1}{z_2}$	$\delta_2 = 90° - \delta_1$
원추거리	R_e	$R_e = \dfrac{d_2}{2\sin\delta_2}$	
이끝각	θ_a	$\theta_a = \tan^{-1}\dfrac{h_a}{R_e}$	
이뿌리각	θ_f	$\theta_f = \tan^{-1}\dfrac{h_f}{R_e}$	
이끝원추각	δ_a	$\delta_{a1} = \delta_1 + \theta_a$	$\delta_{a2} = \delta_2 + \theta_a$
이뿌리원추각	δ_f	$\delta_{f1} = \delta_1 - \theta_f$	$\delta_{f2} = \delta_2 - \theta_f$
이끝원직경 (바깥단)	d_a	$d_{a1} = d_1 + 2h_a \cos\delta_1$	$d_{a2} = d_2 + 2h_a \cos\delta_2$
배원추각	δ_b	$\delta_{b1} = 90° - \delta_1$	$\delta_{b2} = 90° - \delta_2$
이끝원추와 배원추와의 각	θ_1	$\theta_1 = 90° - \theta_a$	
원추 정점에서 바깥단까지	R	$R_1 = \dfrac{d_2}{2} - h_a \sin\delta_1$	$R_2 = \dfrac{d_1}{2} - h_a \sin\delta_2$
이끝 사이의 축방향거리	X_b	$X_{b1} = \dfrac{b\cos\delta_{a1}}{\cos\theta_a}$	$X_{b2} = \dfrac{b\cos\delta_{a2}}{\cos\theta_a}$
축각	Σ	$\Sigma = \delta_1 + \delta_2 = 90°$	
이폭	b	$b = \dfrac{d}{6\sin\delta}$ 또는 $b \leq \dfrac{R_e}{3}$	

❸ 두 축이 어긋난 기어

■ **웜과 웜휠(worm & worm wheel)** : 웜은 수나사와 비슷하다. 웜과 짝을 이루는 웜휠은 헬리컬 기어와 비슷하지만 웜의 축 방향에서 보면 웜을 감싸듯이 맞물린다는 점이 다르다. 웜과 웜휠의 두드러진 특징은 매우 큰 속도비를 얻을 수 있다는 것이다. 그러나 미끄럼 때문에 전동 효율은 매우 낮은 편이다.

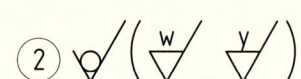

웜과 웜휠 요목표		
품번 구분	① (웜)	② (웜휠)
원주 피치	4.71	
리드	9.42	
피치원 지름	Ø29	Ø39
잇수	-	26
치형 기준 단면	축 직 각	
줄 수, 방향	2줄, 우	
압력각	20°	
진행각	5°54'	
모듈	1.5	
다듬질 방법	연삭	호브절삭

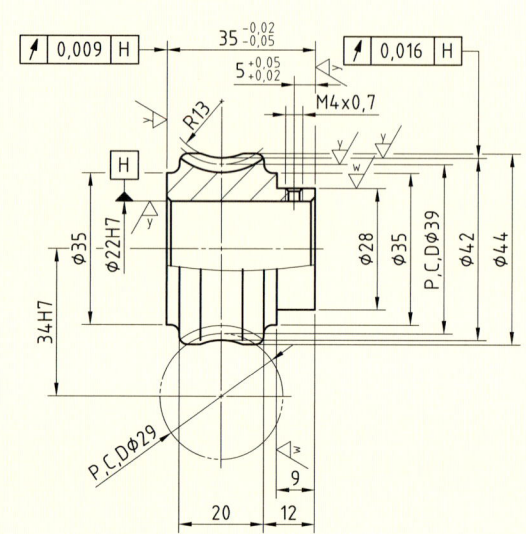

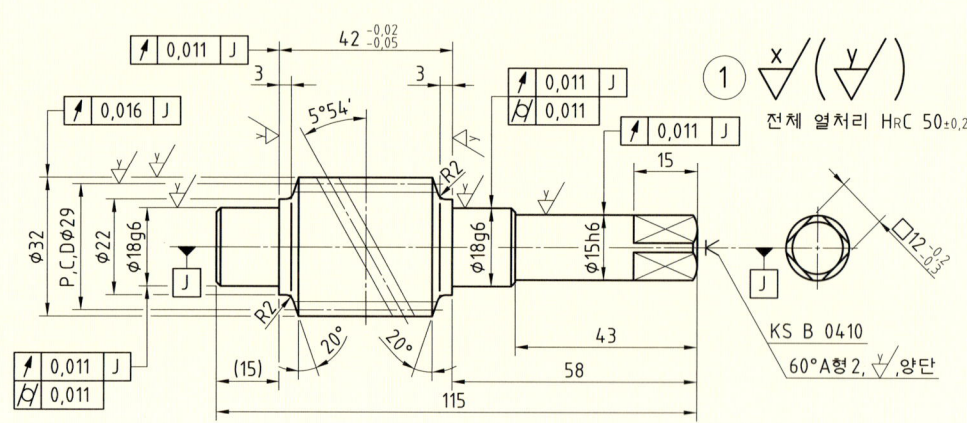

● 웜과 웜휠의 제도와 요목표

용어	기호	표준 웜기어 주요 계산 공식	
		웜	웜휠
중심거리	a	$a = \dfrac{d_1 + d_2}{2}$	
축방향피치	p_x	$p_x = \dfrac{p_z}{z_1} = \dfrac{p_n}{\cos\gamma} = \pi m_t$	–
정면피치	p_t	–	$p_t = \dfrac{\pi d_2}{z} = \dfrac{p_n}{\cos\gamma}$
치직각피치		$p_n = \pi m_n = p_x \cos\gamma$	
리드		$p_z = z_1 p_x = z_1 \pi m_t$	–
진행각		$\gamma = \tan^{-1}\left(\dfrac{p_z}{\pi d_1}\right)$	
피치원 직경	d	$d_1 = \dfrac{p_z}{\pi \tan\gamma}$	$d_2 = \dfrac{z_2 m_n}{\cos\gamma}$
이끝원직경	d_a	$d_{a1} = d_1 + 2h_a$	$d_{a2} = d_t + 2r_t\left(1 - \cos\dfrac{\theta}{2}\right)$
이뿌리원직경	d_f	$d_{f1} = d_1 - 2h_f$	$d_{f2} = d_2 - 2h_f$
목의 둥근 반지름	r_t	–	$r_t = \dfrac{d_1}{2} - h_a = a - \dfrac{d_t}{2}$
목의 직경	d_t	–	$d_t = d + 2h_a$
축평면압력각	α_a	$\alpha_a = \tan^{-1}\left(\dfrac{\tan\alpha_n}{\cos\gamma}\right)$	
치직각압력각	α_n	$\alpha_n = \tan^{-1}(\tan\alpha_a \cos\gamma)$ 또는 20°	
정면모듈	m_t	$m_t = \dfrac{p_x}{\pi} = \dfrac{m_n}{\cos\gamma}$	
치직각모듈	m_n	$m_n = m_t \cos\gamma = \dfrac{p_x \cos\gamma}{\pi}$	
잇수	z	$z_1 = \dfrac{p_z}{p_x}$	$z_2 = \dfrac{d_2 \cos\gamma}{m_n} = \dfrac{\pi d_2}{p_t}$

Lesson 08 V-벨트 풀리

벨트 풀리는 평벨트 풀리와 이붙이 벨트 풀리(타이밍 벨트 풀리) 및 V-벨트 풀리 등으로 분류하며 이 중에서 V-벨트 풀리는 말 그대로 풀리에 V자 형태의 홈 가공을 하고 단면이 사다리꼴 모양인 벨트를 걸어 동력을 전달할 때 풀리와 벨트 사이에 발생하는 쐐기 작용에 의해 마찰력을 더욱 증대시킨 풀리로 주철제가 많지만 강판이나 경합금제의 것도 있다.

KS 규격에서는 KS B 1400, 1403에 규정되어 있으며, V-벨트 풀리의 종류로는 호칭 지름에 따라서 M형, A형, B형, C형, D형, E형 등 6종류가 있는데 M형의 호칭 지름이 가장 작으며 E형으로 갈수록 호칭 지름 및 형상 치수가 크게 된다. 타이밍 벨트는 벨트의 이와 풀리의 홈이 서로 맞물려 동력을 전달하는 것으로 벨트의 미끄러짐이 없어 벨트의 장력 조절이 필요없고 윤활유 급유가 장치가 필요 없는 장점이 있으며 속도 범위와 동력전달 범위가 넓어 널리 사용되고 있다. 타이밍 풀리의 치형은 인벌류트 치형을 사용하고 있으며 인벌류트 치형은 벨트가 풀리에 맞물려 돌아갈 때 벨트 치형의 운동에 따라서 조성된 궤적을 기본으로 설계하는데 회전 중의 벨트 이와 풀리의 이의 간섭이 적고 매우 부드러운 회전을 얻을 수가 있다.

1. KS규격의 적용방법

아래 V-벨트의 KS규격에서 기준이 되는 호칭치수는 V-벨트의 형별(M,A,B,C,D,E)과 호칭지름(dp)가 된다. 일반적으로 도면에서는 형별을 표기해주는데 형별 표기가 없는 경우 조립도면에서 호칭지름(dp)과 α의 각도를 재서 작도하면 된다.

예를들어 V-벨트의 형별이 **A형**으로 되어있고 **호칭지름(dp)**이 **87mm**라고 한다면, 아래 규격에서 $\alpha°$, l_0, k, k_0, e, f, de 치수를 찾아 적용하고 부분확대도를 적용하는 경우 확대도를 작도한 후에 r_1, r_2, r_3의 수치를 찾아 적용해주면 된다.

■ V-벨트 풀리의 KS규격

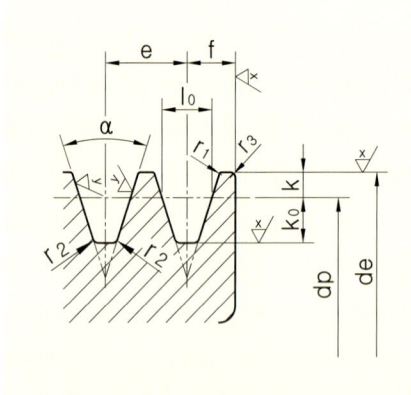

■ 홈부 각 부분의 치수허용차

V벨트의 형별	α의 허용차(°)	k의 허용차	e의 허용차	f의 허용차
M	± 0.5	+0.2 / 0	—	±1
A		+0.2 / 0	± 0.4	±1
B		+0.2 / 0	± 0.4	±1
C		+0.3 / 0	± 0.5	+2 / −1
D		+0.4 / 0	± 0.5	+2 / −1
E		+0.5 / 0	± 0.5	+3 / −1

【주】 k의 허용차는 바깥지름 de를 기준으로 하여, 홈의 나비가 l_0가 되는 dp의 위치의 허용차를 나타낸다.

■ 주철제 V-벨트 풀리 홈부분의 모양 및 치수 [KS B 1400]

V벨트 형별	호칭지름 (dp)	α°	l_0	k	k_0	e	f	r_1	r_2	r_3	(참고) V벨트의 두께	비고
M	50 이상 71 이하 71 초과 90 이하 90 초과	34 36 38	8.0	2.7	6.3	—	9.5	0.2~0.5	0.5~1.0	1~2	5.5	M형은 원칙적으로 한 줄만 걸친다.(e)
A	71 이상 100 이하 100 초과 125 이하 125 초과	34 36 38	9.2	4.5	8.0	15.0	10.0	0.2~0.5	0.5~1.0	1~2	9	
B	125 이상 160 이하 160 초과 200 이하 200 초과	34 36 38	12.5	5.5	9.5	19.0	12.5	0.2~0.5	0.5~1.0	1~2	11	
C	200 이상 250 이하 250 초과 315 이하 315 초과	34 36 38	16.9	7.0	12.0	25.5	17.0	0.2~0.5	1.0~1.6	2~3	14	
D	355 이상 450 이하 450 초과	36 38	24.6	9.5	15.5	37.0	24.0	0.2~0.5	1.6~2.0	3~4	19	
E	500 이상 630 이하 630 초과	36 38	28.7	12.7	19.3	44.5	29.0	0.2~0.5	1.6~2.0	4~5	25.5	

■ V-벨트 풀리의 바깥둘레 흔들림 및 림 측면 흔들림의 허용값

호칭지름	바깥둘레 흔들림의 허용값	림 측면 흔들림의 허용값	바깥지름 d_e의 허용값
75 이상 118 이하	± 0.3	± 0.3	± 0.6
125 이상 300 이하	± 0.4	± 0.4	± 0.8
315 이상 630 이하	± 0.6	± 0.6	± 1.2
710 이상 900 이하	± 0.8	± 0.8	± 1.6

1. 호칭치수는 형별(예 : M형)과 호칭지름(dp)이 된다.
2. 풀리의 재질은 보통 회주철(GC250)을 적용한다.
3. 형별 중 M형은 원칙적으로 한줄만 걸친다.(기호 : e)
4. 크기는 형별에 따라 M, A, B, C, D, E형으로 분류하고, 폭이 가장 좁은 것은 M형, 가장 넓은 것은 E형이다.

2. V-벨트풀리 치수 기입 예

■ 아래 편심구동장치에서 품번 ② M형, dp=60mm 일 때 작도 및 치수 기입 적용 예

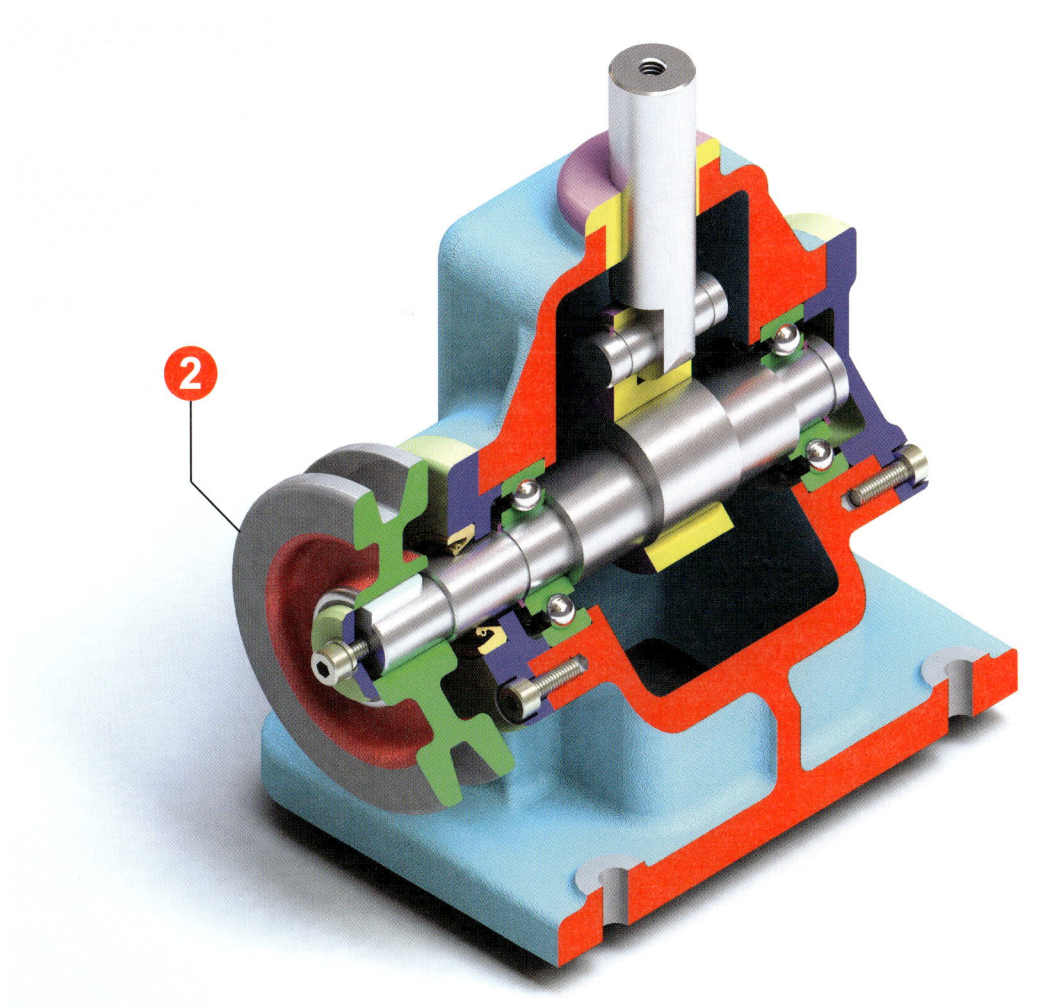

● 편심구동장치 등각도

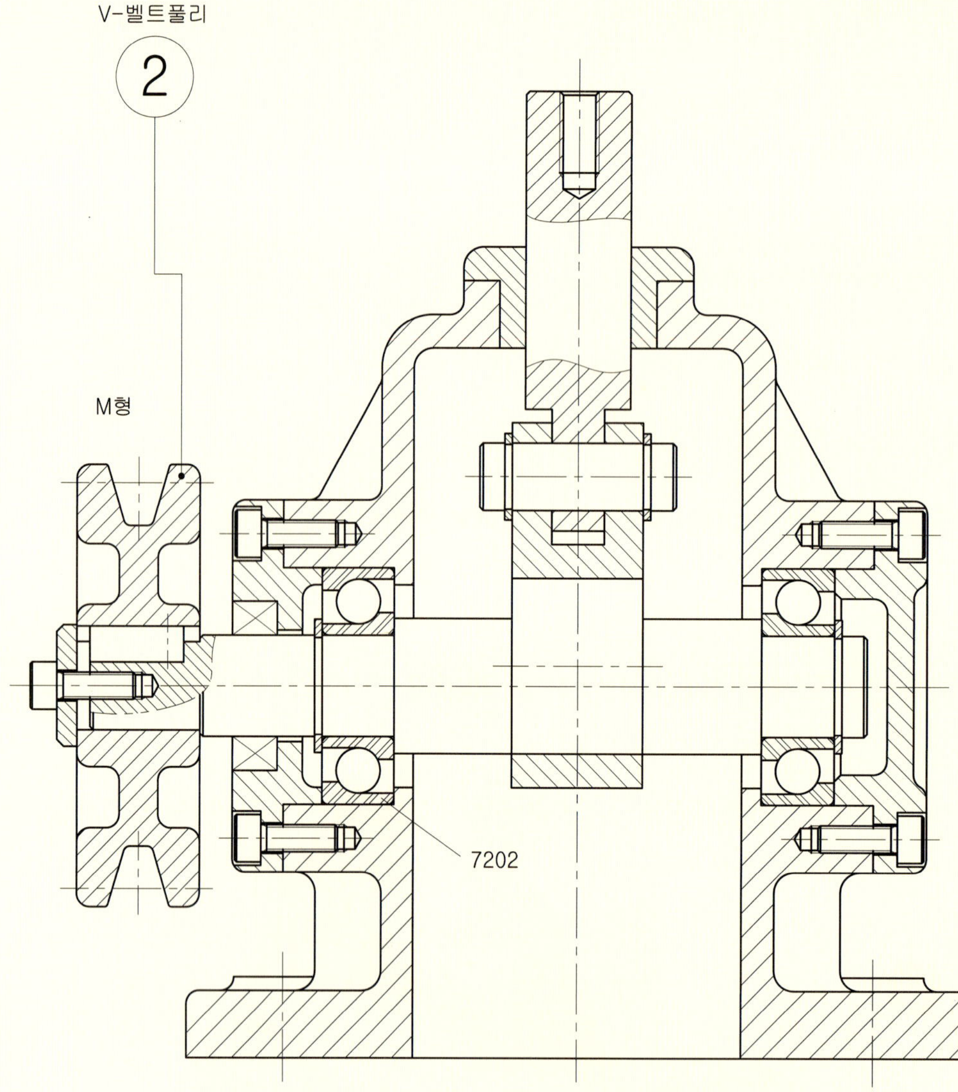

V-벨트풀리
②
M형

7202

● 편심구동장치 조립도

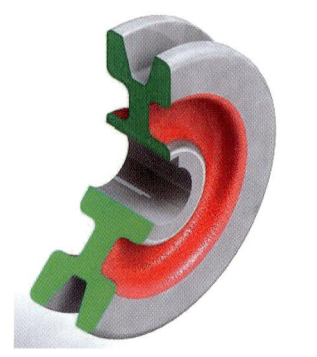

● M형 V-벨트풀리 입체도

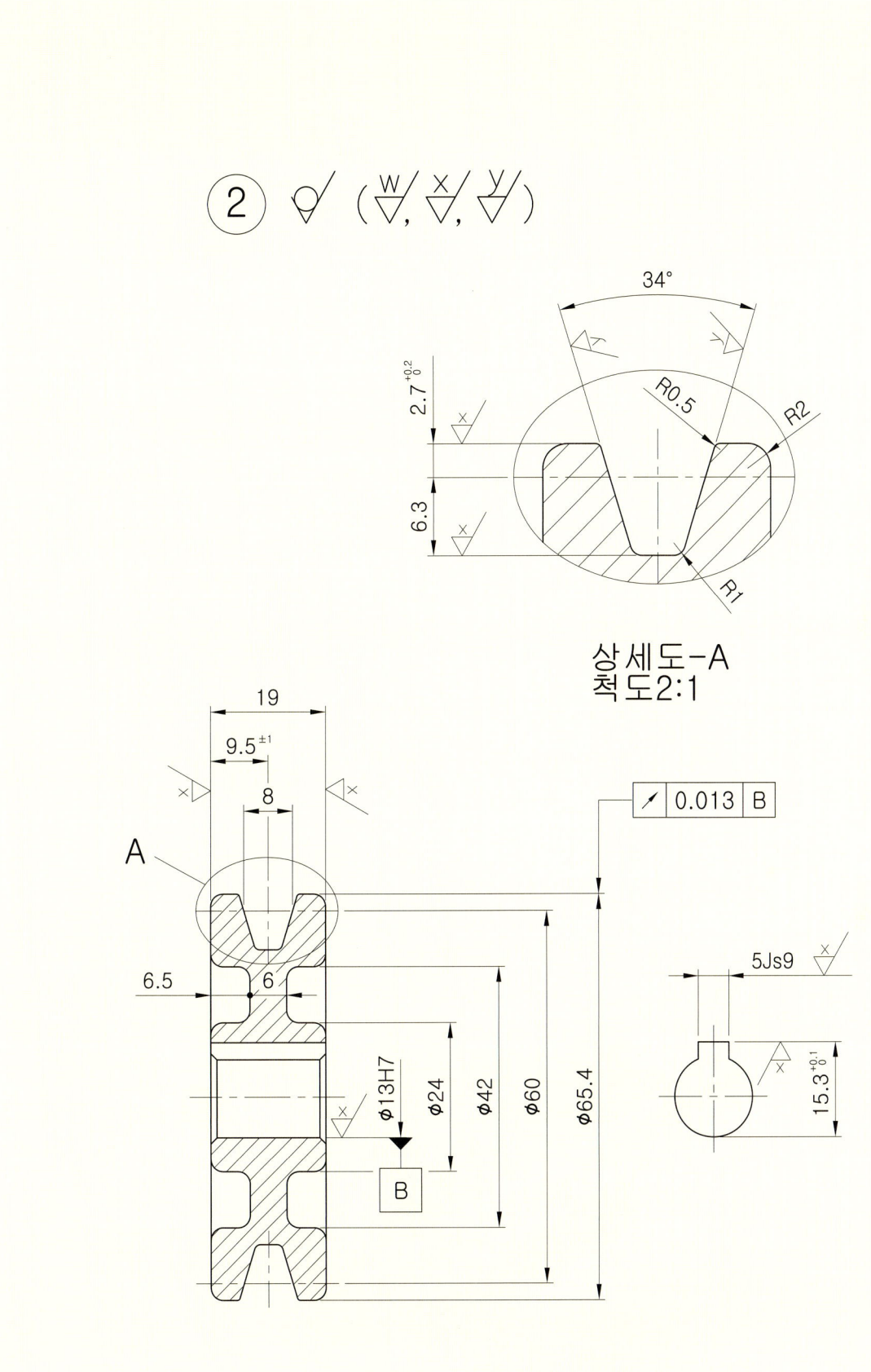

상세도-A
척도2:1

● M형 V-벨트풀리 주요부 치수

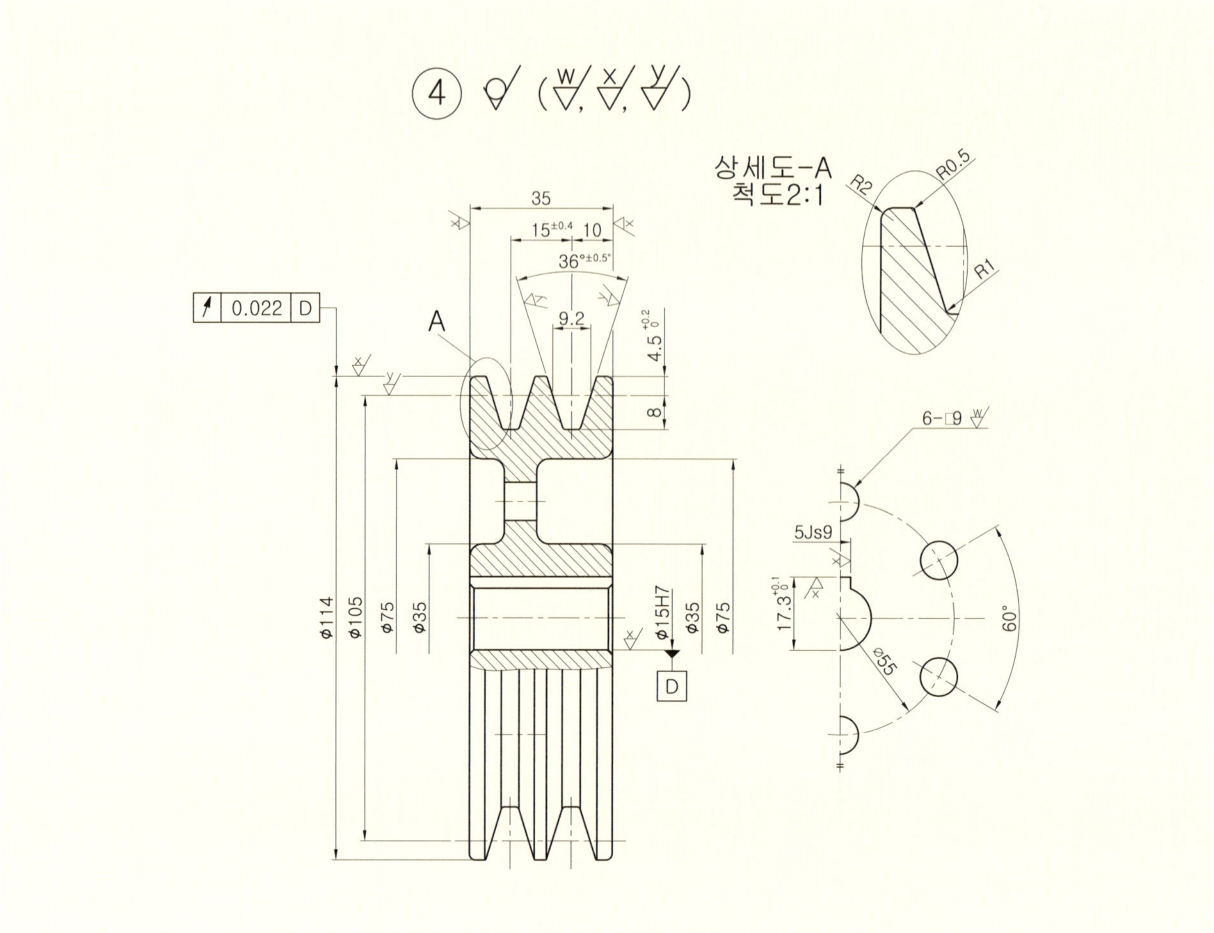

Part 04 자주 출제되는 KS규격의 설계 적용법

● A형 V-벨트풀리

3. 평벨트 풀리 치수 기입 예 [참고 : 평벨트 풀리 KS B 1402 폐지]

■ 아래 벨트전동장치에서 품번 ③의 평벨트 풀리 치수 기입을 예로 들었다.

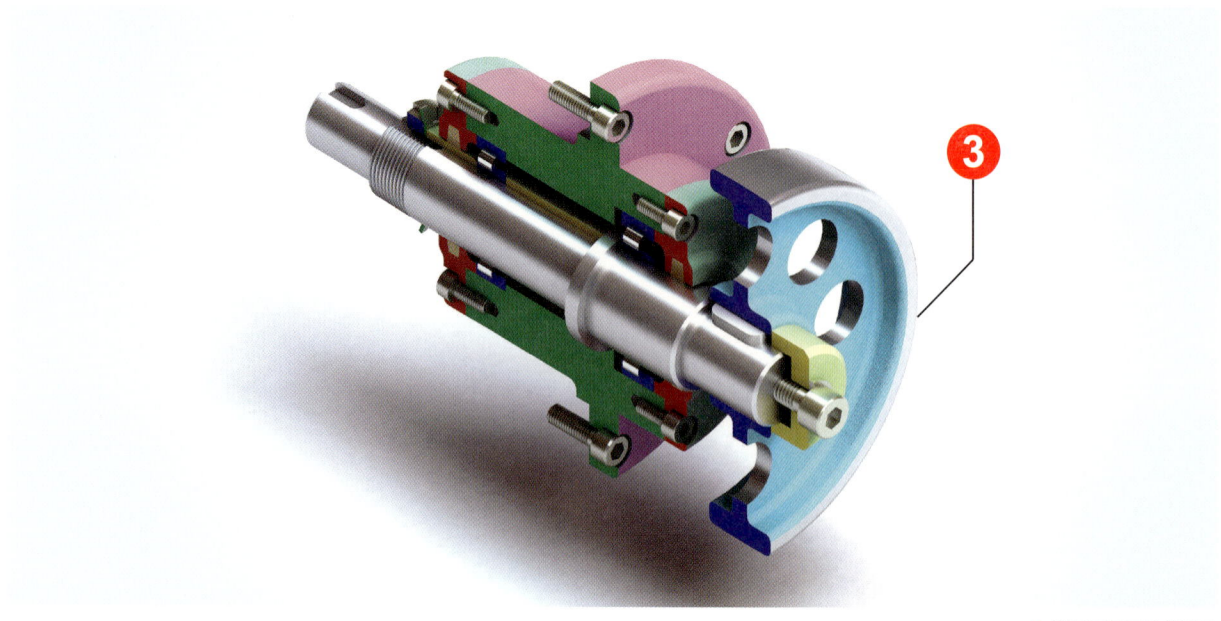

● 벨트전동장치 입체도

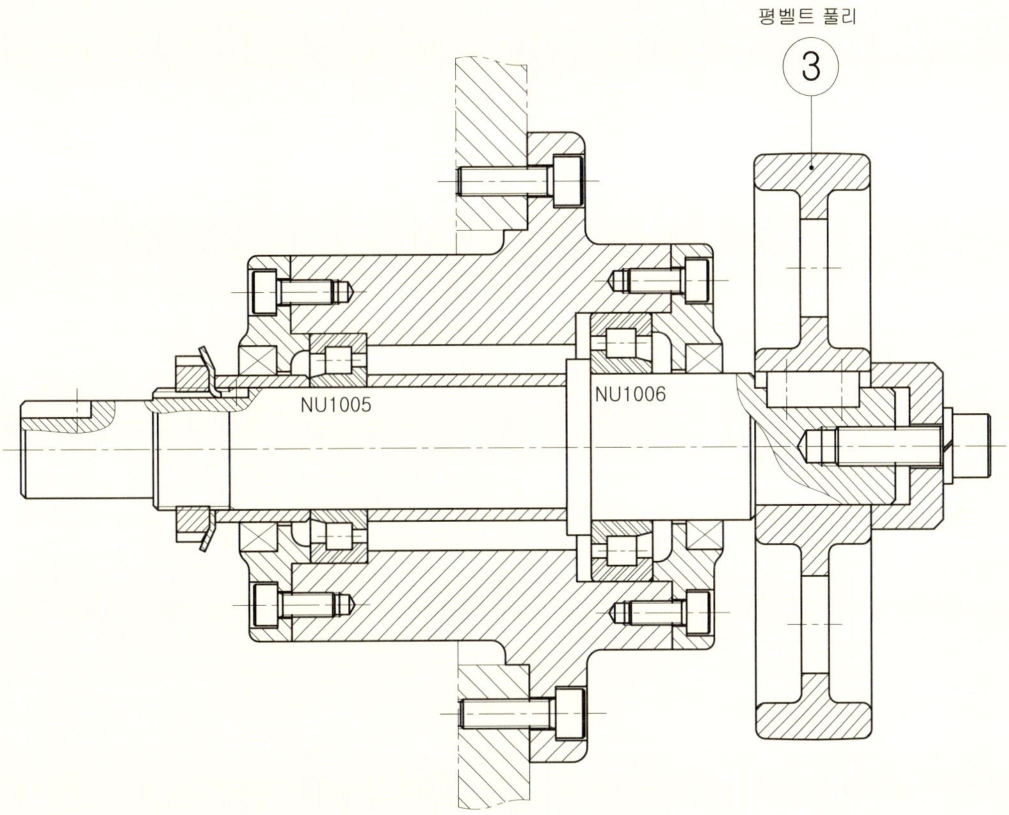

평벨트 풀리
③

● 벨트전동장치 조립도

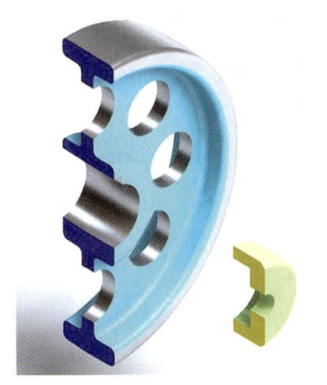

● 평벨트 풀리 입체도

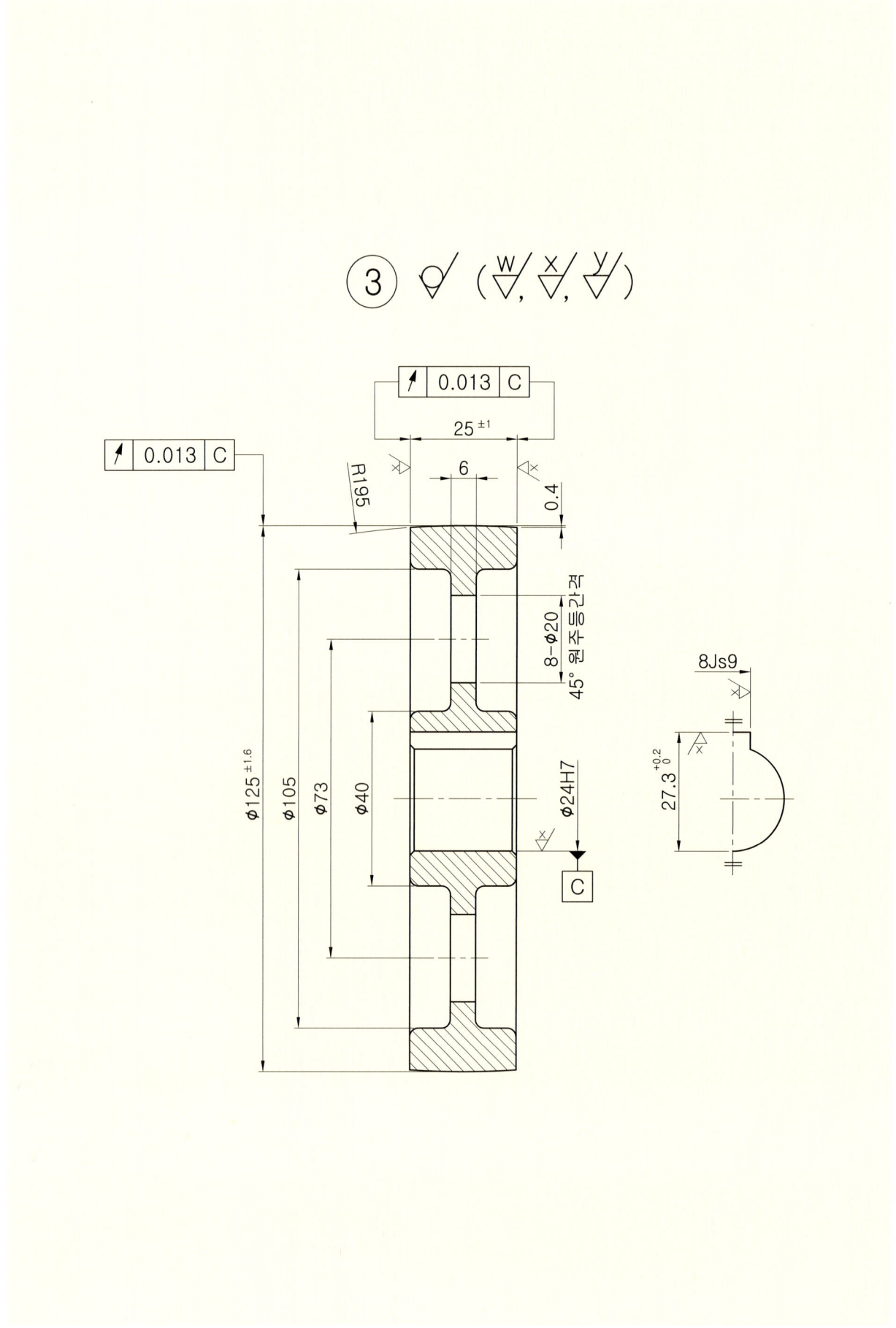

● 평벨트 풀리 주요부 치수

Lesson 09 나사

나사는 우리 주변에서도 쉽게 찾아볼 수 있는 기계요소로서 암나사와 수나사가 있으며 수나사를 회전시켜 암나사의 내부에 직선적으로 이동하면서 체결이 된다. 즉 회전운동을 직선운동으로 바꾸어 주는 것이다. 이때 회전운동은 적은 힘으로 움직여도 직선운동으로 바뀌면 큰 힘을 발휘할 수 있다. 나사는 2개 이상의 부품을 작은 힘으로 조이거나 푸는 고착나사, 2개 부품 사이의 거리나 높이를 조절하는 조정(조절)나사, 부품에 회전운동을 주어 동력을 전달시키거나 이동시키는 운동 또는 동력전달나사, 파이프를 연결시키는 접합용 나사 등 아주 다양한 종류가 있으며 쓰이지 않는 곳이 없을 정도로 작지만 중요한 기계요소이다.

나사는 KS B ISO 6410에 의거하여 약도법으로 제도하는 것을 원칙으로 한다.

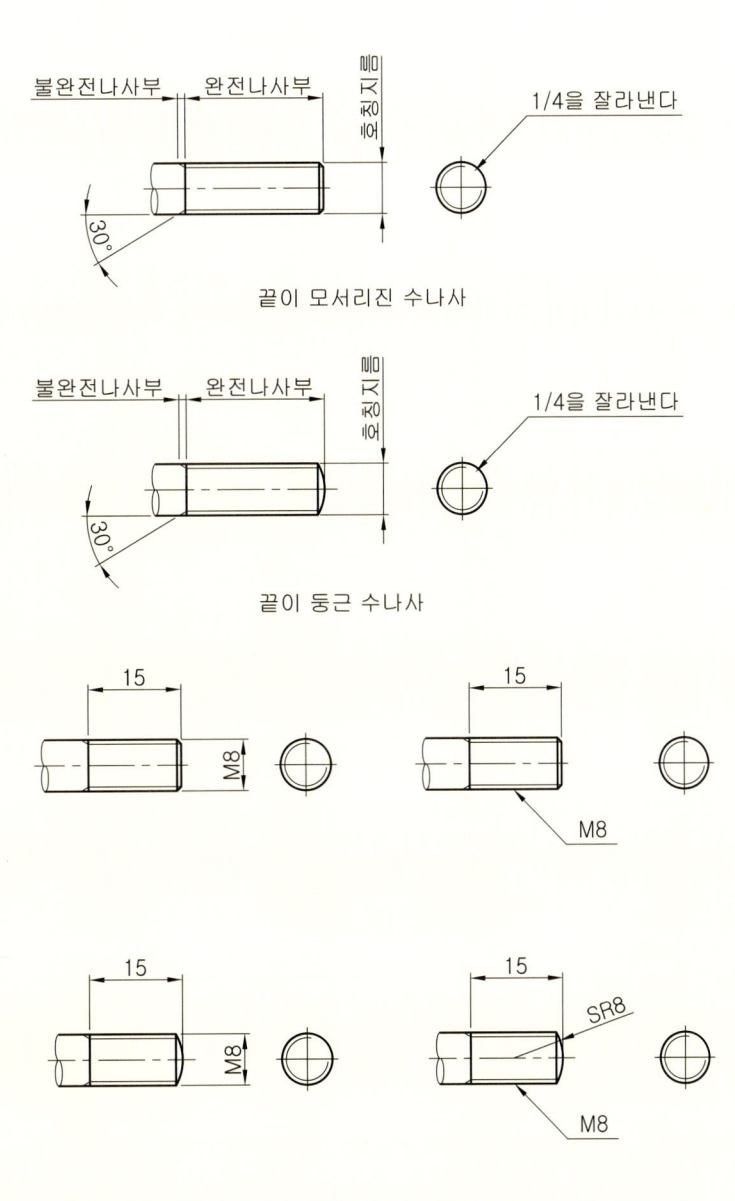

● 수나사의 제도법

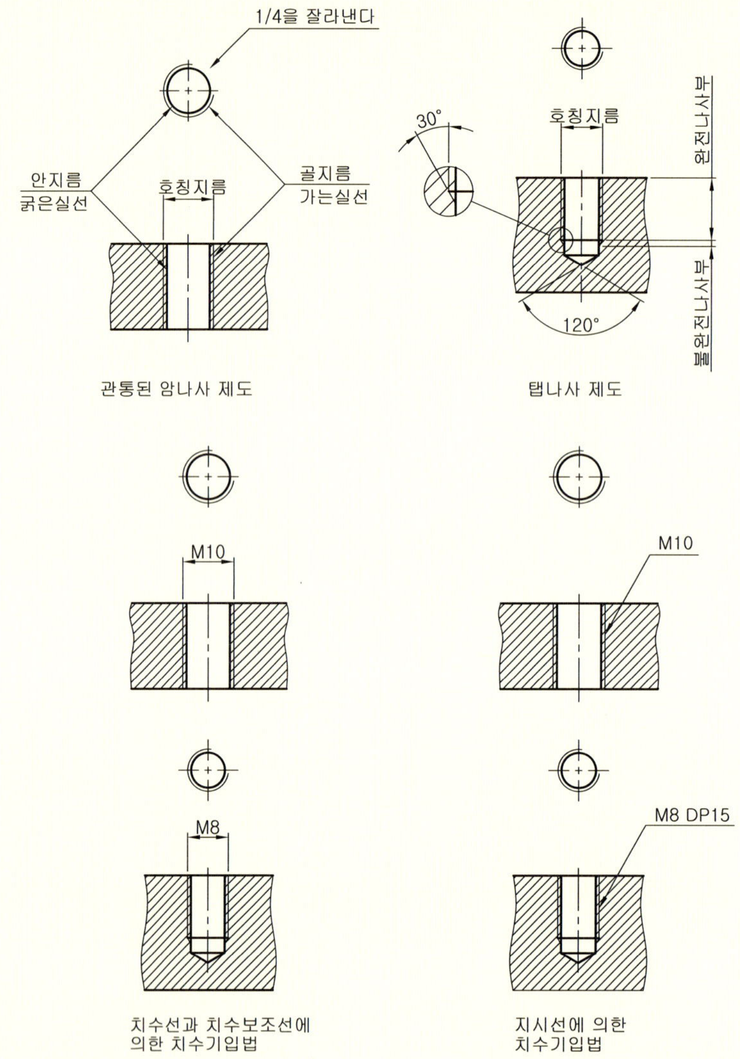

Part 04 자주 출제되는 KS규격의 설계 적용법

관통된 암나사 제도
- 1/4을 잘라낸다
- 안지름 굵은실선
- 호칭지름
- 골지름 가는실선

탭나사 제도
- 30°
- 호칭지름
- 나사기준면
- 나사기준깊이
- 120°

치수선과 치수보조선에 의한 치수기입법
- M10
- M8

지시선에 의한 치수기입법
- M10
- M8 DP15

● 암나사의 제도법

● 탭용 공구

● 선반과 밀링에서 나사내기
[이미지 제공 : SANDBIK]

● 수나사 및 암나사 작업
[이미지 제공 : SANDBIK]

KS B 0069 나사공구용어에서는 주로 회전과 나사의 리드와 일치하는 이송에 의하여 아래구멍(하혈)에 암나사를 형성하는 수나사 모양의 공구로서 다시 말해, 탭(tap)이란 암나사를 가공하는 공구이며 탭가공(탭핑:tapping)이란 탭을 사용하여 암나사를 가공하는 것을 의미한다.

■ 나사의 종류를 표시하는 기호 및 나사의 호칭에 대한 표시 방법의 보기 [KS B 0200]

구 분		나사의 종류	나사의 종류를 표시하는 기호	나사의 호칭에 대한 표시 방법의 보기	관련 표준
일반용	ISO표준에 있는것	미터보통나사	M	M8	KS B 0201
		미터가는나사		M8x1	KS B 0204
		미니츄어나사	S	S0.5	KS B 0228
		유니파이 보통 나사	UNC	3/8-16UNC	KS B 0203
		유니파이 가는 나사	UNF	No.8-36UNF	KS B 0206
		미터사다리꼴나사	Tr	Tr10x2	KS B 0229의 본문
	관용 테이퍼 나사	테이퍼 수나사	R	R3/4	KS B 0222의 본문
		테이퍼 암나사	Rc	Rc3/4	
		평행 암나사	Rp	Rp3/4	
		관용평행나사	G	G1/2	KS B 0221의 본문
	ISO표준에 없는것	30도 사다리꼴나사	TM	TM18	
		29도 사다리꼴나사	TW	TW20	KS B 0206
	관용 테이퍼 나사	테이퍼 나사	PT	PT7	KS B 0222의 본문
		평행 암나사	PS	PS7	
		관용 평행나사	PF	PF7	KS B 0221
특수용		후강 전선관나사	CTG	CTG16	KS B 0223
		박강 전선관나사	CTC	CTC19	
	자전거 나사	일반용	BC	BC3/4	KS B 0224
		스포크용		BC2.6	
		미싱나사	SM	SM1/4 산40	KS B 0225
		전구나사	E	E10	KS C 7702
		자동차용 타이어 밸브나사	TV	TV8	KS R 4006의 부속서
		자전거용 타이어 밸브나사	CTV	CTV8 산30	KS R 8004의 부속서

Lesson 10 V-블록

V-블록은 90°, 120°의 각을 갖는 V형의 홈을 가진 주철제 또는 강 재질의 다이(die)로 주로 환봉을 올려놓고 클램핑(clamping) 하여 구멍 가공을 하거나 금긋기 및 중심내기(centering)에 주로 사용하는 요소이다.
위치결정 V-블록은 원통형상의 공작물을 위치결정하는 데 사용하는 블록이다.

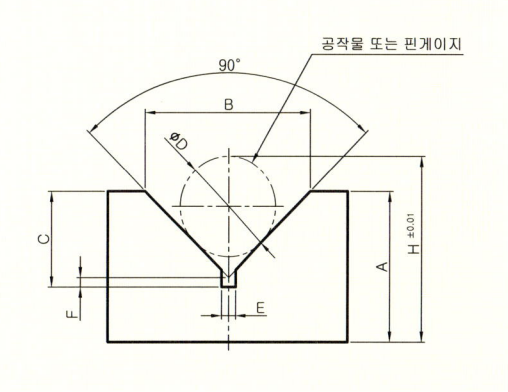

● V-블록 치수 기입

1. ØD 는 도면상에 주어진 공작물의 외경치수나 핀게이지의 치수를 재서 기입하거나 임의로 정한다.
2. A, B, C, D, E, F 의 값은 주어진 도면의 치수를 재서 기입한다.

233

● V-블록

■ H치수 구하는 계산식

① V-블록 각도($\theta°$)가 90°인 경우 H의 값

$$Y=\sqrt{2}\times\frac{D}{2}-\frac{B}{2}+A+\frac{D}{2}$$

② V-블록 각도($\theta°$)가 120°인 경우 H의 값

$$Y=\frac{D}{2}\div\cos30°-\tan30°\times\frac{B}{2}+A+\frac{D}{2}$$

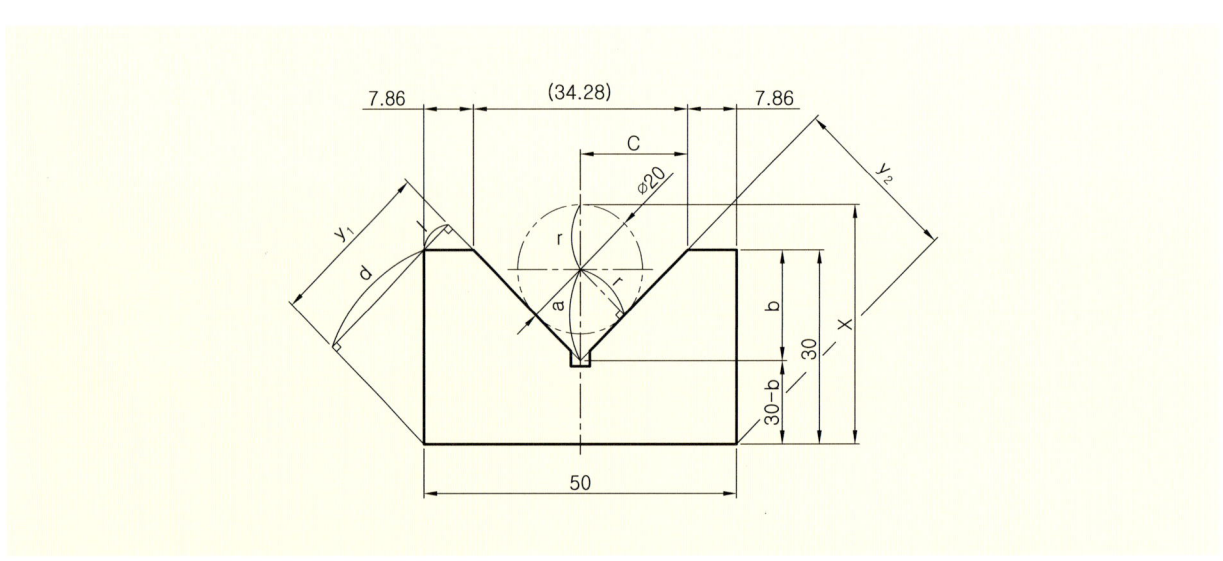

● V-블록 가공 치수 계산

■ V홈을 가공하기 위한 치수 구하는 계산식

X를 구하는 방법

$X=r+a+(30-b)$ $r=10$

$a=\dfrac{10}{\cos45°}=10\times\sec45°$

$10\times1.4142=14.142$

$b=c=17.14$

따라서 $X=10+14.142+(30-17.14)$
$\qquad\qquad=37.002≒37.0$

■ Y_1과 Y_2를 구하는 방법

$Y_1=Y_2$, $Y_1=d+l$
$\quad=30\times\cos45°+7.86\times\cos45°$
$\quad=30\times0.7071+7.86\times0.7071≒26.77$

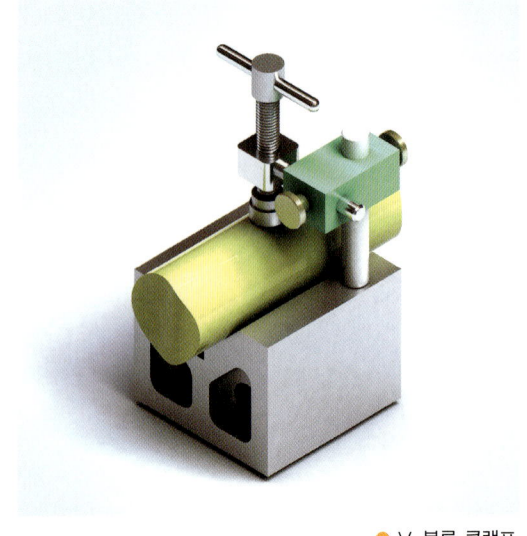

● V-블록 클램프

Lesson 11 더브테일

더브테일 홈(dovetail groove)은 주로 공작기계나 측정기계의 미끄럼 운동면에 사용되고 있으며 각도는 60°의 것이 대부분이다. 비둘기 꼬리 모양을 한 홈을 말하며 밀링머신 등으로 가공할 때 더브테일 커터라고 하는 총형 커터를 사용한다.

1. 외측용 더브테일

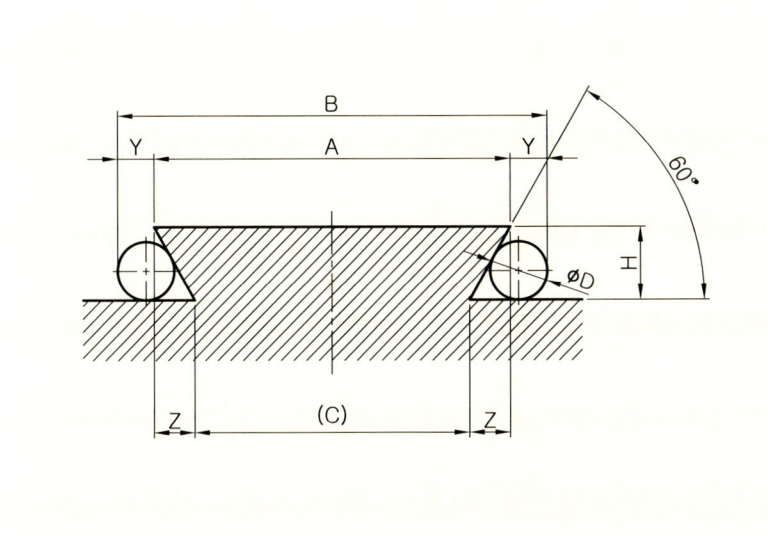

■ 설계 계산식

A, H, ØD 치수를 결정한다.
$Y = 1.366D - 0.577H$
$B = A + ZY$
$Z = 0.577H$
$C = A - 2Z$

● 외측용 60° 블록 더브테일

2. 내측용 더브테일

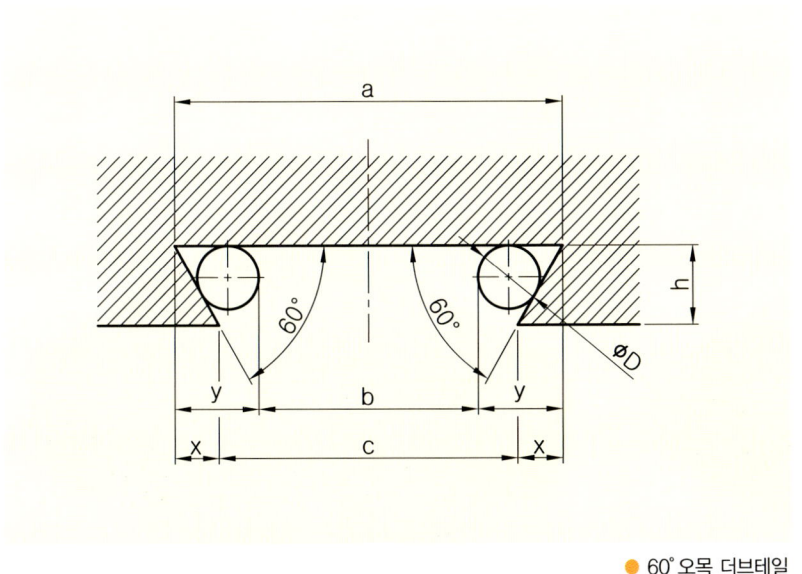

■ 설계 계산식

a, h, ØD 치수를 결정한다.
$y = 1.366D$
$b = a - 2y$
$x = 0.577h$
$c = a - 2x$

● 60° 오목 더브테일

[참고] $\cot\alpha = \dfrac{1}{\tan\alpha} = \dfrac{1}{\tan 60} = 0.57735$

■ 치수기입 적용 예

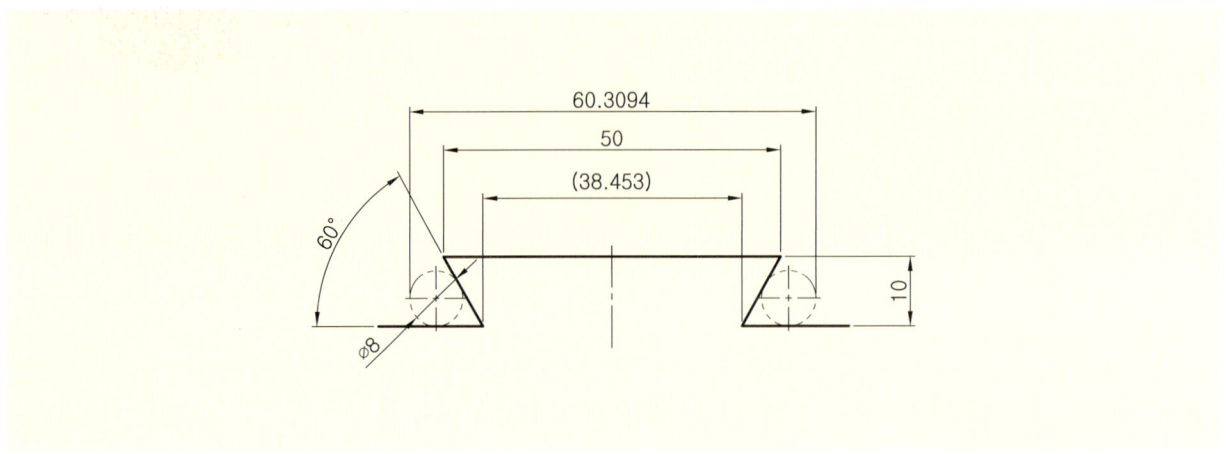

● 외측용 더브테일 치수 기입 예

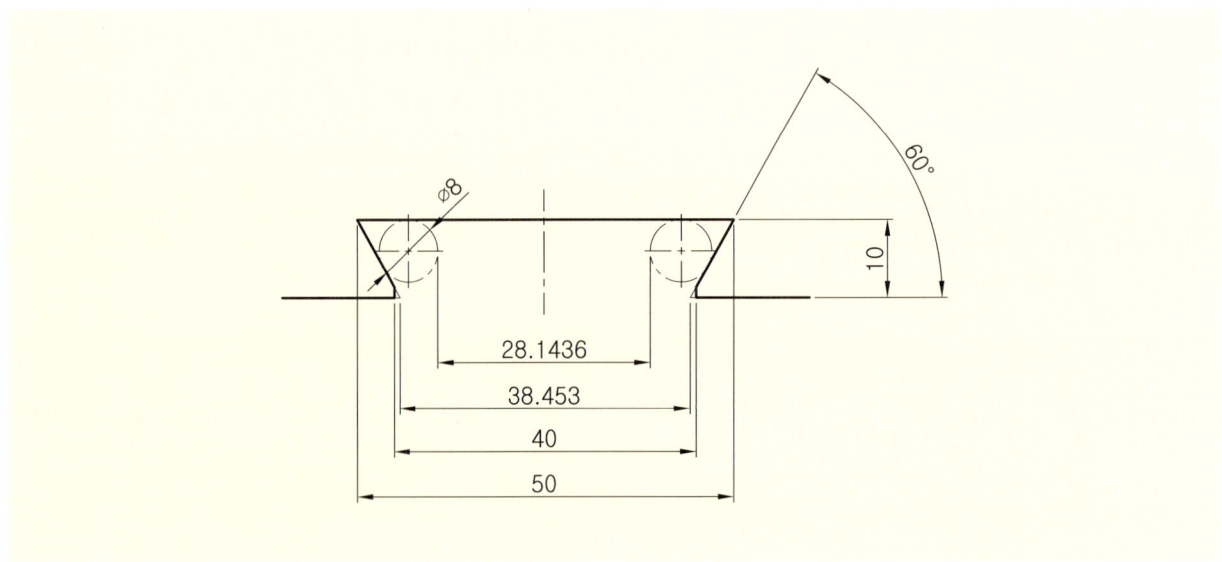

● 내측용 더브테일 치수 기입 예

● 외측용 더브테일   ● 내측용 더브테일

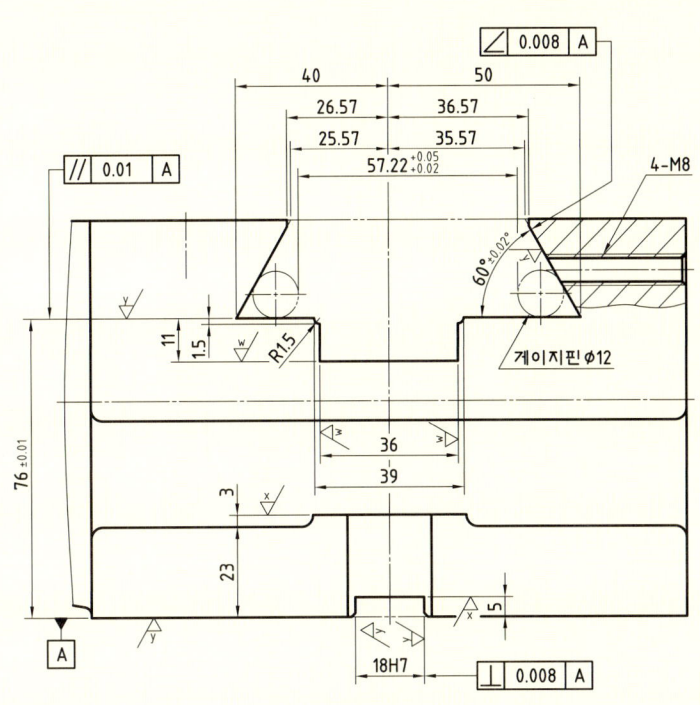

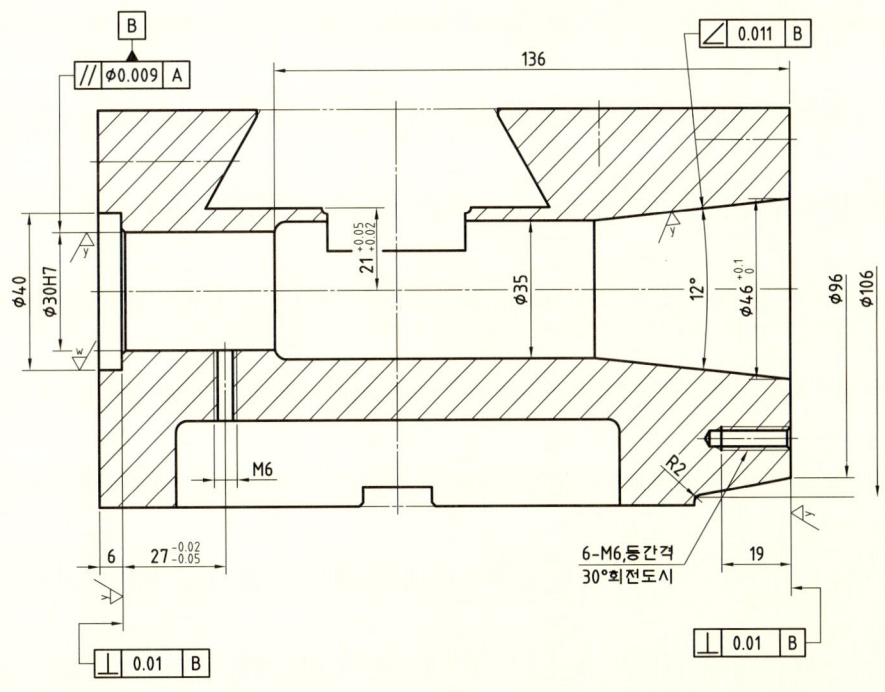

● 더브테일 홈의 도시

Lesson 12 롤러 체인 스프로킷

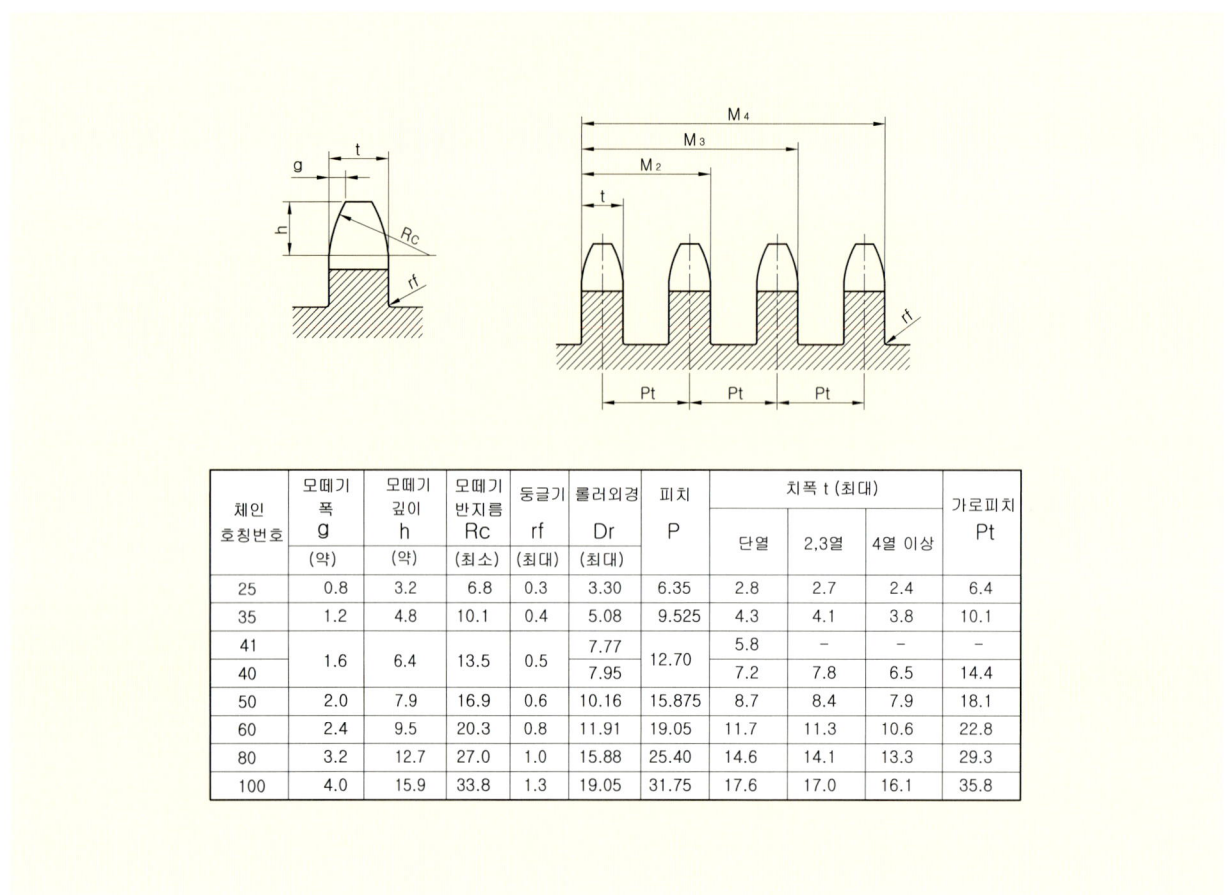

체인 호칭번호	모떼기 폭 g (약)	모떼기 깊이 h (약)	모떼기 반지름 Rc (최소)	둥글기 rf (최대)	롤러외경 Dr (최대)	피치 P	치폭 t (최대)			가로피치 Pt
							단열	2,3열	4열 이상	
25	0.8	3.2	6.8	0.3	3.30	6.35	2.8	2.7	2.4	6.4
35	1.2	4.8	10.1	0.4	5.08	9.525	4.3	4.1	3.8	10.1
41	1.6	6.4	13.5	0.5	7.77	12.70	5.8	–	–	–
40					7.95		7.2	7.8	6.5	14.4
50	2.0	7.9	16.9	0.6	10.16	15.875	8.7	8.4	7.9	18.1
60	2.4	9.5	20.3	0.8	11.91	19.05	11.7	11.3	10.6	22.8
80	3.2	12.7	27.0	1.0	15.88	25.40	14.6	14.1	13.3	29.3
100	4.0	15.9	33.8	1.3	19.05	31.75	17.6	17.0	16.1	35.8

● 롤러 체인 스프로킷 KS규격

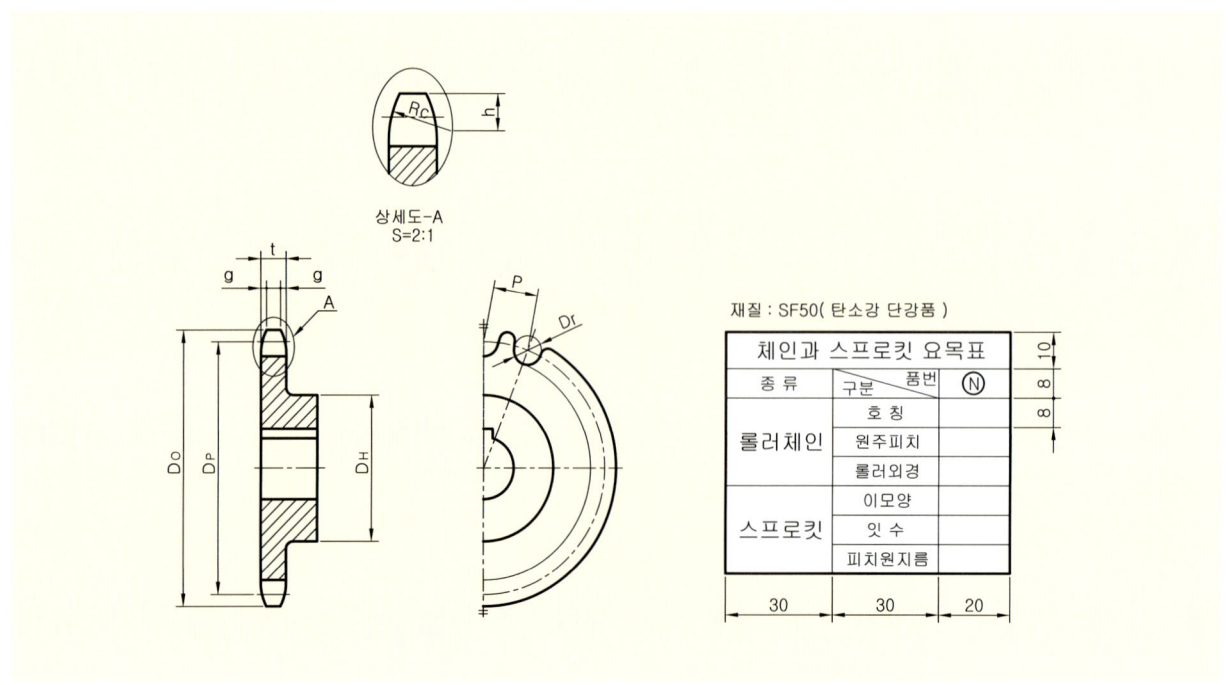

● 롤러 체인 스프로킷 제도와 주요 치수 기입법

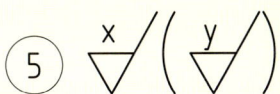
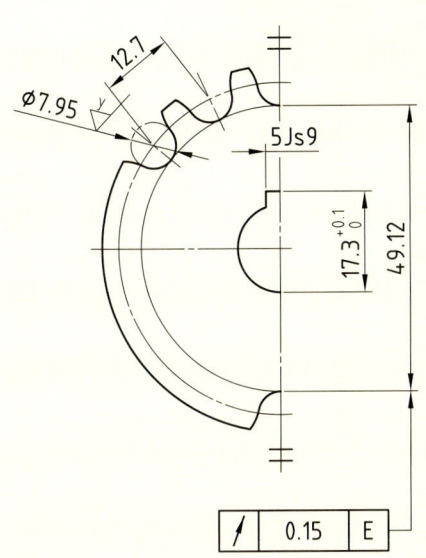
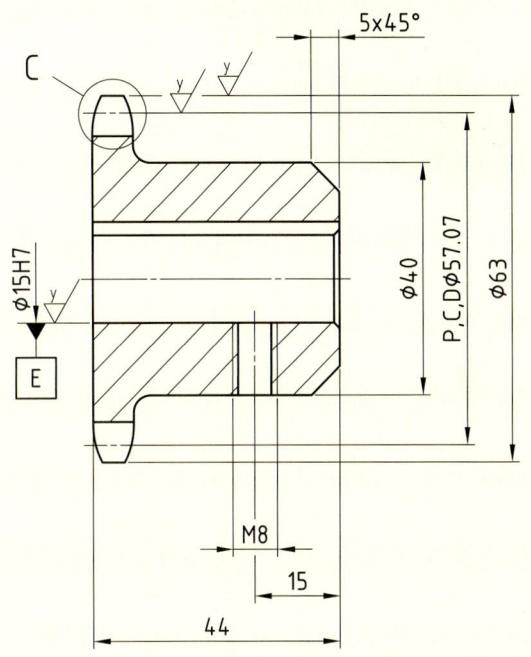
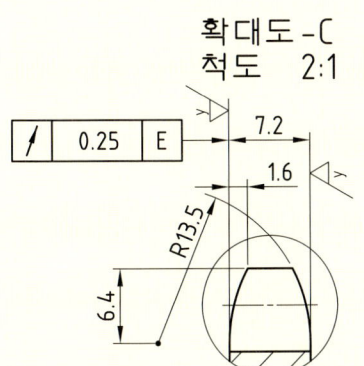

체인, 스프로킷 요목표		
종류	구분 \ 품번	⑤
체인	호칭	40
	원주 피치	12.70
	롤러 외경	∅7.95
스프로킷	잇수	14
	치형	U형
	피치원지름	∅57.07

● 롤러 체인 스프로킷 주요부 치수와 요목표 적용 예

■ 체인과 스프로킷 적용 예

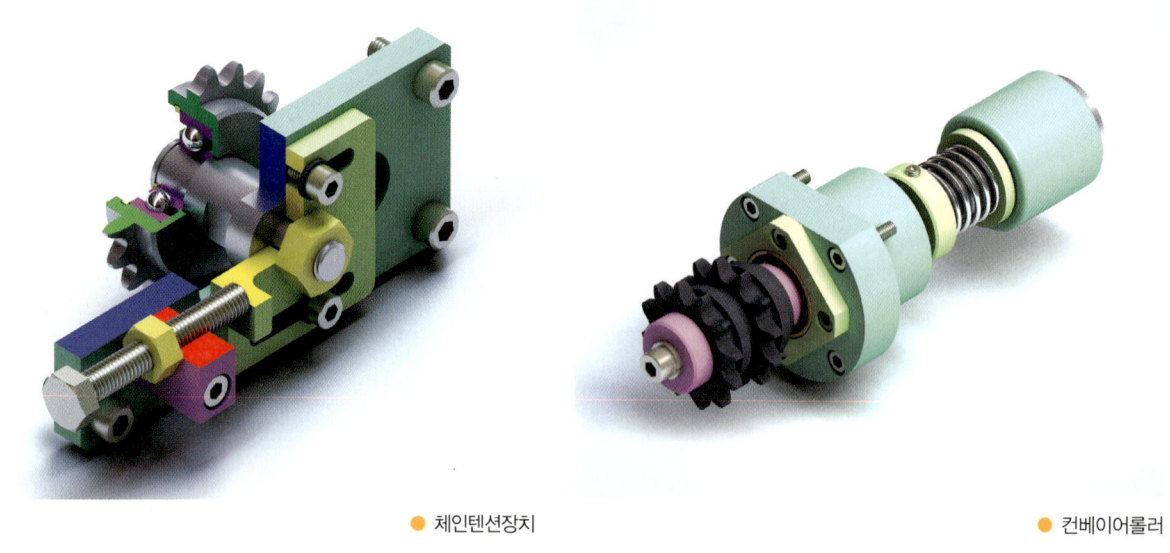

● 체인텐션장치

● 컨베이어롤러

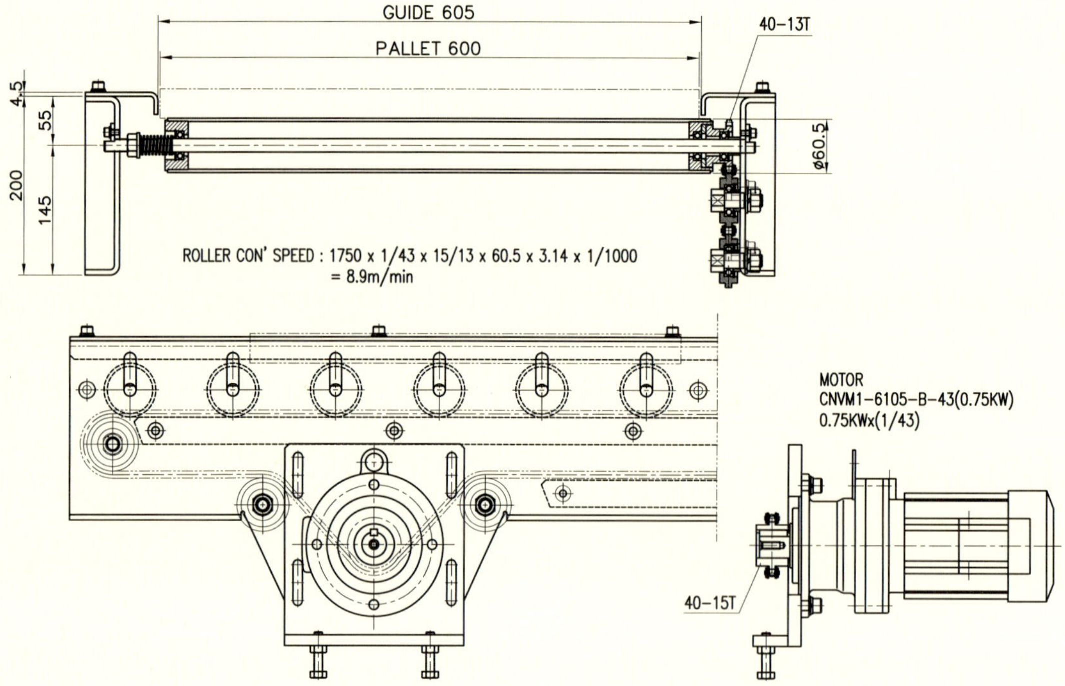

● 파레트 이송 컨베이어

Lesson 13 T홈

T홈은 보통 범용밀링이나 레이디얼 드릴링머신의 베드(bed) 면에 여러 개의 홈이 있어 공작물이나 바이스(vise)를 견고하게 고정하는 경우에 T홈 볼트로 위치를 결정한 후 너트로 죄어 사용한다.

1. T홈의 모양 및 주요 치수

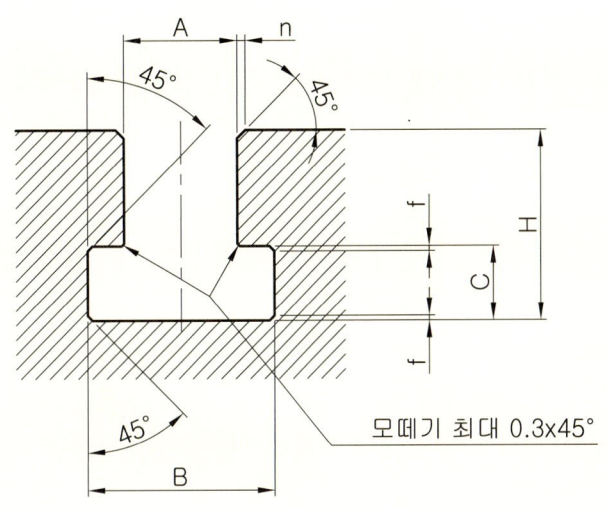

● T홈의 주요치수

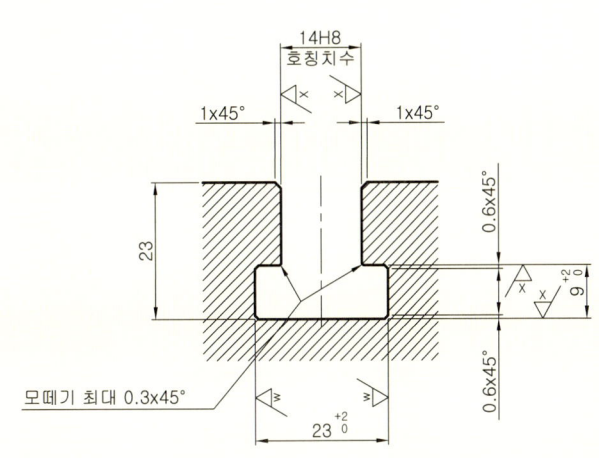

● T홈 커터

1. T홈의 호칭치수는 A로 위쪽 부분의 홈이다.
2. 치수기입이 복잡한 경우는 상세도로 도시한다.
3. T홈의 호칭치수 A의 허용차는 0급에서 4급까지 5등급이 있다.

2. T홈의 치수 기입 예

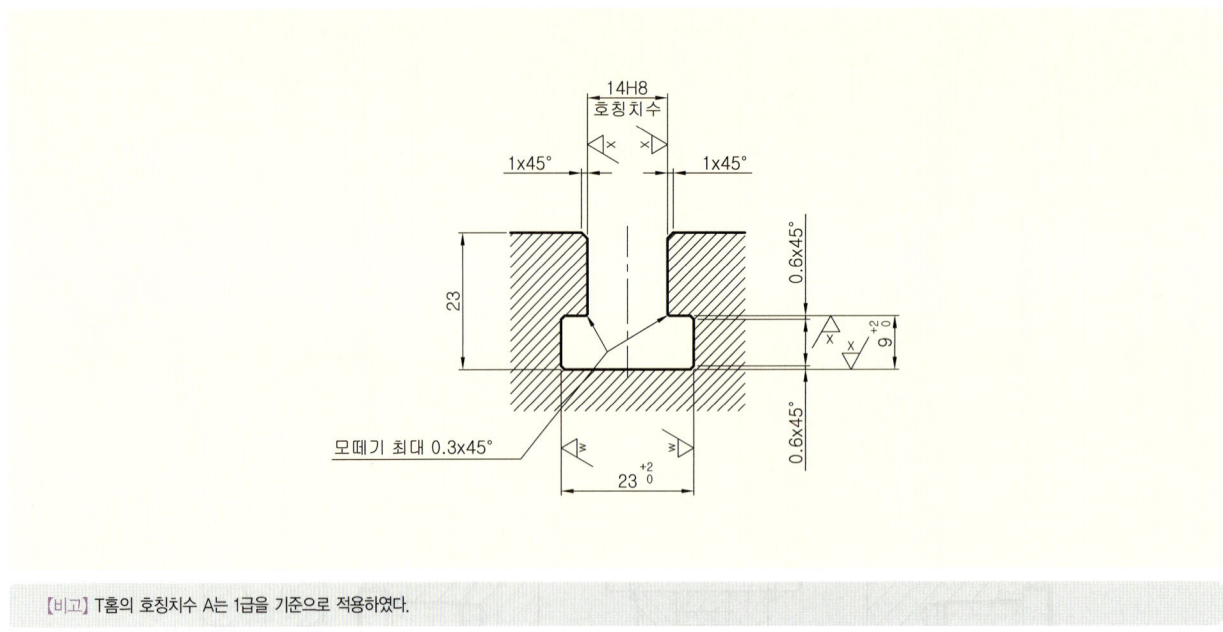

[비고] T홈의 호칭치수 A는 1급을 기준으로 적용하였다.

T-홈 커터　　　　　　　T-홈 볼트　　　　　　　T-홈 너트

Lesson 14 멈춤링(스냅링)

멈춤링은 축용과 구멍용의 2종류가 있으며, 흔히 스냅링(snap ring)이라 부르는데 베어링이나 축계 기계요소들의 이탈을 방지하기 위해 축과 구멍에 홈 가공을 하여 스냅링 플라이어(snap ring plier)라고 하는 전용 조립공구를 사용하여 스냅링에 가공되어 있는 2개소의 구멍을 이용해서 스냅링을 벌리거나 오므려 조립한다.
고정링으로는 C형과 E형 멈춤링이 일반적으로 사용된다. C형은 KS 규격에서 호칭번호 10에서 125까지 규격화되어 있다. E형은 그 모양이 E자 형상의 멈춤링으로 비교적 축지름이 작은 경우에 사용하며, 축지름이 1mm 초과 38mm 이하인 축에 사용하며 탈착이 편리하도록 설계되어 있다. 또한 멈춤링은 충분한 강도를 가져야 하며, 재료의 탄성이 크기 때문에 조립 후 위치의 유지와 탈착이 쉬워야 한다.

■ 여러 가지 멈춤링의 종류 및 형상

축용 C형 멈춤링   구멍용 C형 멈춤링   E형 멈춤링   축용 C형 동심 멈춤링   구멍용 C형 동심 멈춤링

1. 축용 C형 멈춤링(스냅링)

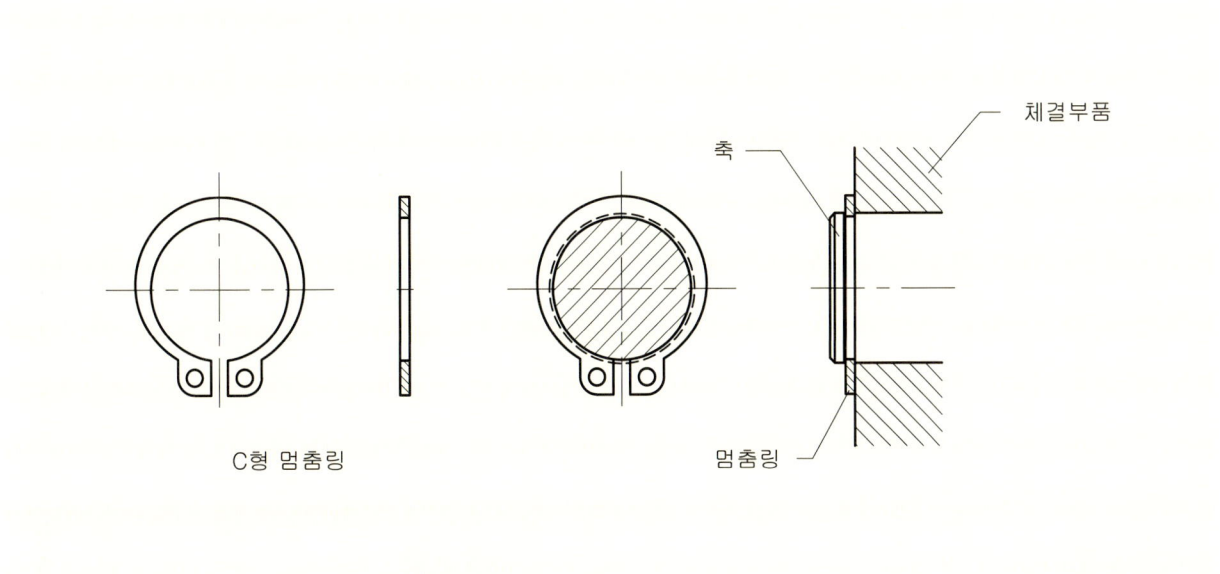

● 축용 C형 멈춤링 설치 상태도

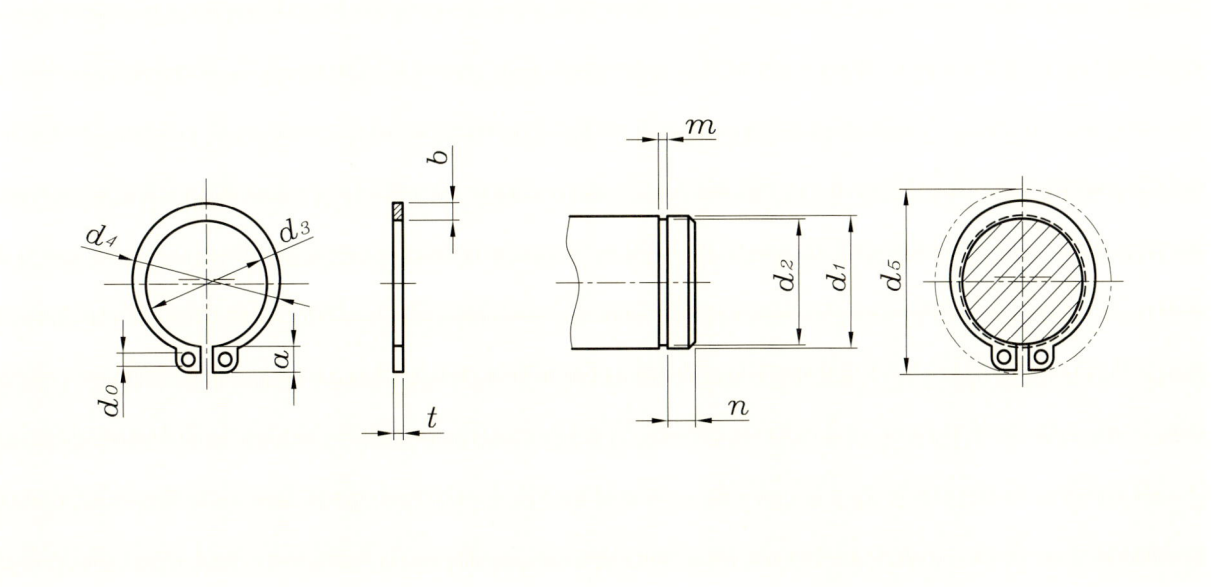

● 축용 C형 멈춤링에 적용되는 주요 KS규격 치수

243

Part 04 자주 출제되는 KS규격의 설계 적용법

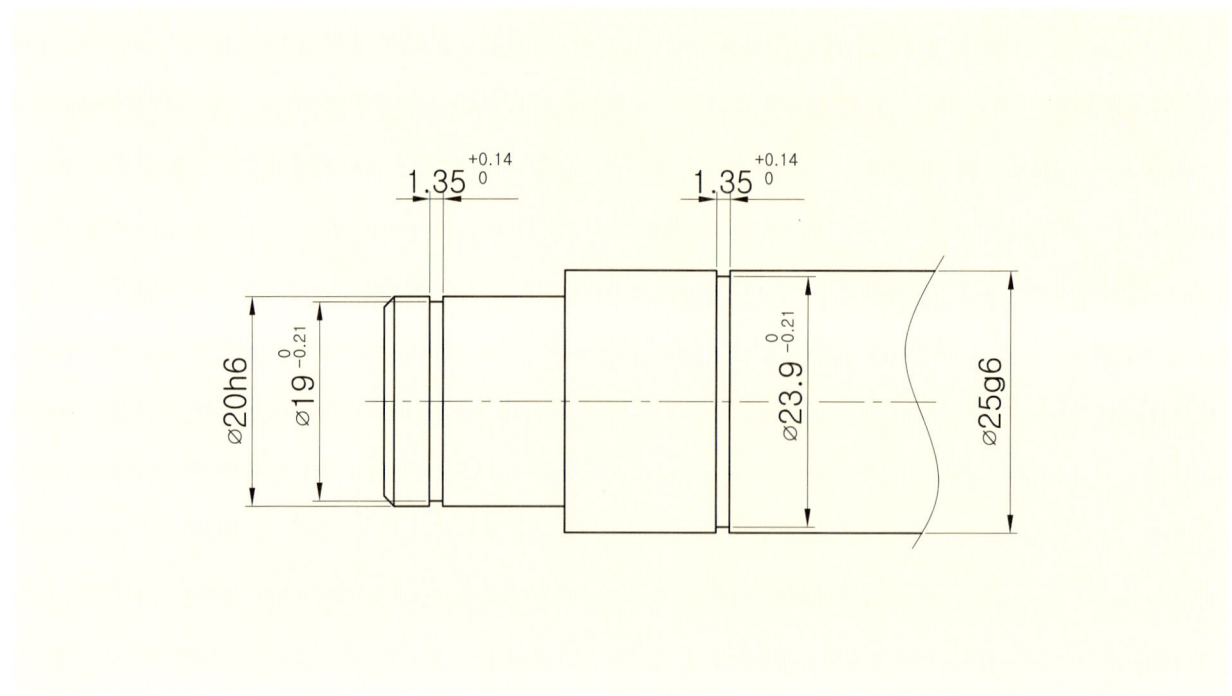

● 축용 C형 멈춤링의 치수기입

1. 멈춤링이 체결되는 **축의 지름**을 호칭 지름 d_1으로 한다.
2. d_1을 기준으로 멈춤링이 끼워지는 d_2, 홈의 폭 m 및 각 부의 허용차를 찾아 기입한다.
3. 치수기입이 복잡한 경우는 상세도로 도시한다.

■ 축용 C형 멈춤링 [KS B 1336]

[단위 : mm]

호 칭			멈 춤 링								적용하는 축(참고)				
			d_3		t		b	a	d_0			d_2		m	n
1	2	3	기준 치수	허용차	기준 치수	허용차	약	약	최소	d_5	d_1	기준 치수	허용차	기준 치수	허용차	최소
10			9.3	±0.15			1.6	3	1.2	17	10	9.6	0 −0.09	1.15	+0.14 0	1.5
	11		10.2				1.8	3.1		18	11	10.5				
12			11.1		1	±0.05	1.8	3.2	1.5	19	12	11.5				
		13	12				1.8	3.3		20	13	12.4				
14			12.9				2	3.4		22	14	13.4				
15			13.8	±0.18			2.1	3.5		23	15	14.3	0 −0.11			
16			14.7				2.2	3.6	1.7	24	16	15.2				
17			15.7				2.2	3.7		25	17	16.2				
18			16.5				2.6	3.8		26	18	17				
	19		17.5				2.7	3.8	2	27	19	18				
20			18.5				2.7	3.9		28	20	19		1.35		
		21	19.5		1.2	±0.06	2.7	4		30	21	20				
22			20.5	±0.2			2.7	4.1		31	22	21	0 −0.21			
		24	22.2				3.1	4.2		33	24	22.9				
25			23.2				3.1	4.3		34	25	23.9				

■ 멈춤링 적용 예

● 축용 스냅링과 스냅링 플라이어

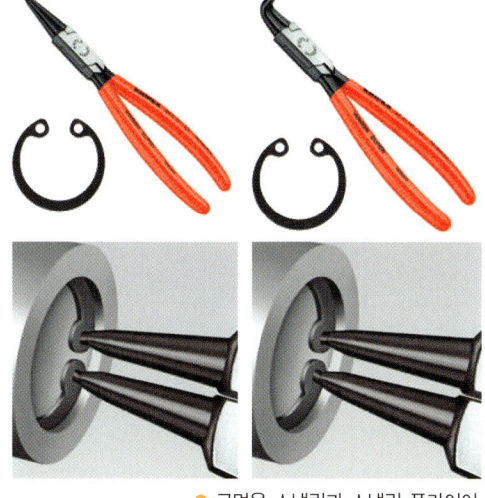
● 구멍용 스냅링과 스냅링 플라이어

구멍용 멈춤링

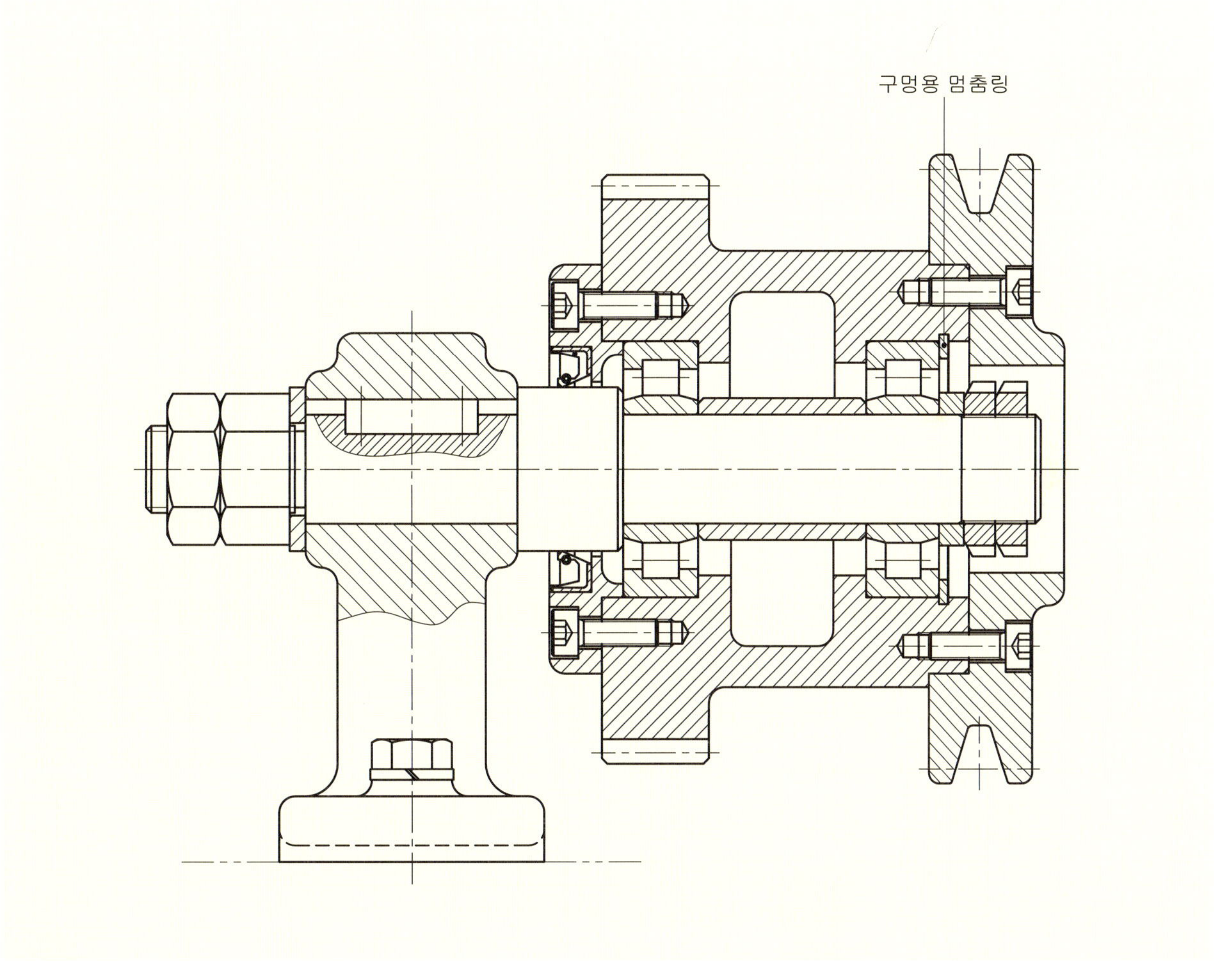

● 구멍용 멈춤링 설치 상태도

1. 멈춤링이 체결되는 **축의 지름**을 호칭 지름 d_1으로 한다.
2. d_1을 기준으로 멈춤링이 끼워지는 d_2, 홈의 폭 m 및 각 부의 허용차를 찾아 기입한다.
3. 치수기입이 복잡한 경우는 상세도로 도시한다.

구멍용 C형 멈춤링 [KS B 1336]

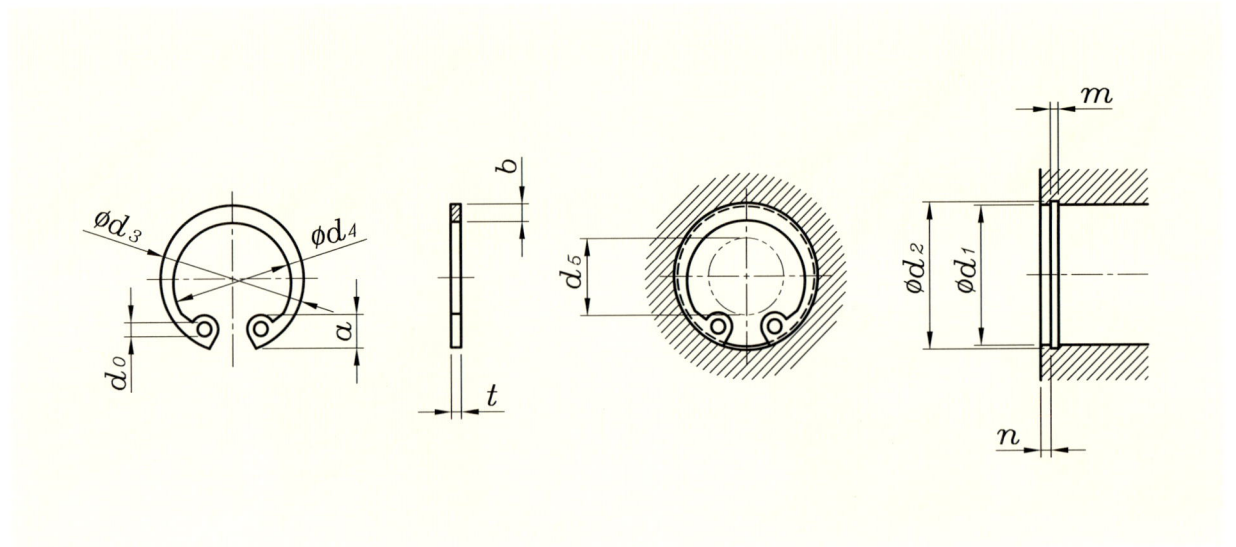

● 축용 C형 멈춤링에 적용되는 주요 KS규격 치수

[단위 : mm]

호칭			멈춤링								적용하는 구멍 (참고)				
			d_3		t		b	a	d_0	d_5	d_1	d_2		m	n
1	2	3	기준 치수	허용 차	기준 치수	허용 차	약	약	최소			기준 치수	허용 차	기준 치수	허용 차	최소
10			10.7				1.8	3.1	1.2	3	10	10.4				
11			11.8				1.8	3.2		4	11	11.4				
12			13				1.8	3.3	1.5	5	12	12.5	+0.11 0			
		13	14.1	±0.18			1.8	3.5		6	13	13.6				
14			15.1				2	3.6		7	14	14.6				
		15	16.2				2	3.6		8	15	15.7		1.15		
16			17.3		1	±0.05	2	3.7	1.7	8	16	16.8				
		17	18.3				2	3.8		9	17	17.8				
18			19.5				2.5	4		10	18	19				
19			20.5				2.5	4		11	19	20				1.5
20			21.5				2.5	4		12	20	21				
		21	22.5	±0.2			2.5	4.1		12	21	22	+0.21 0			
22			23.5				2.5	4.1		13	22	23				
		24	25.9				2.5	4.3	2	15	24	25.2		+0.14 0		
25			26.9				3	4.4		16	25	26.2				
		26	27.9		1.2		3	4.6		16	26	27.2		1.35		
28			30.1				3	4.6		18	28	29.4				
30			32.1				3	4.7		20	30	31.4				
32			34.4			±0.06	3.5	5.2		21	32	33.7				
		34	36.5	±0.25			3.5	5.2		23	34	35.7				
35			37.8				3.5	5.2		24	35	37				
		36	38.8		1.6		3.5	5.2		25	36	38	+0.25 0	1.75		
37			39.8				3.5	5.2		26	37	39				
		38	40.8				4	5.3	2.5	27	38	40				2
40			43.5				4	5.7		28	40	42.5				
42			45.5	±0.4	1.8	±0.07	4	5.8		30	42	44.5		1.95		
45			48.5				4.5	5.9		33	45	47.5				
47			50.5	±0.45			4.5	6.1		34	47	49.5		1.9		

■ 스냅링 플라이어와 설치 홈 가공

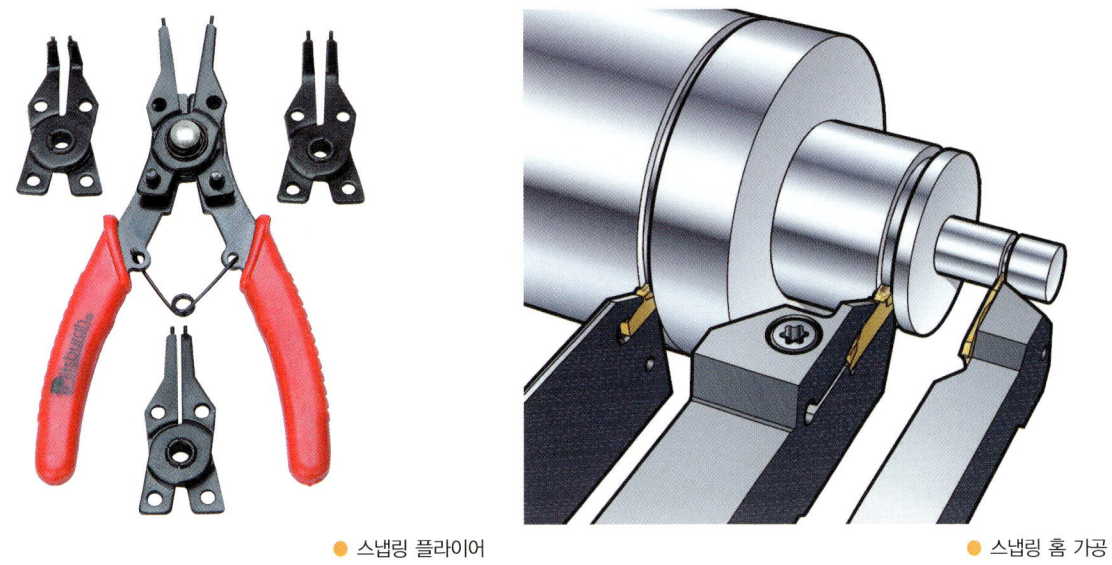

● 스냅링 플라이어   ● 스냅링 홈 가공

2. C형 동심 멈춤링의 적용 [호칭지름 Ø20mm인 경우의 축과 구멍의 적용 예]

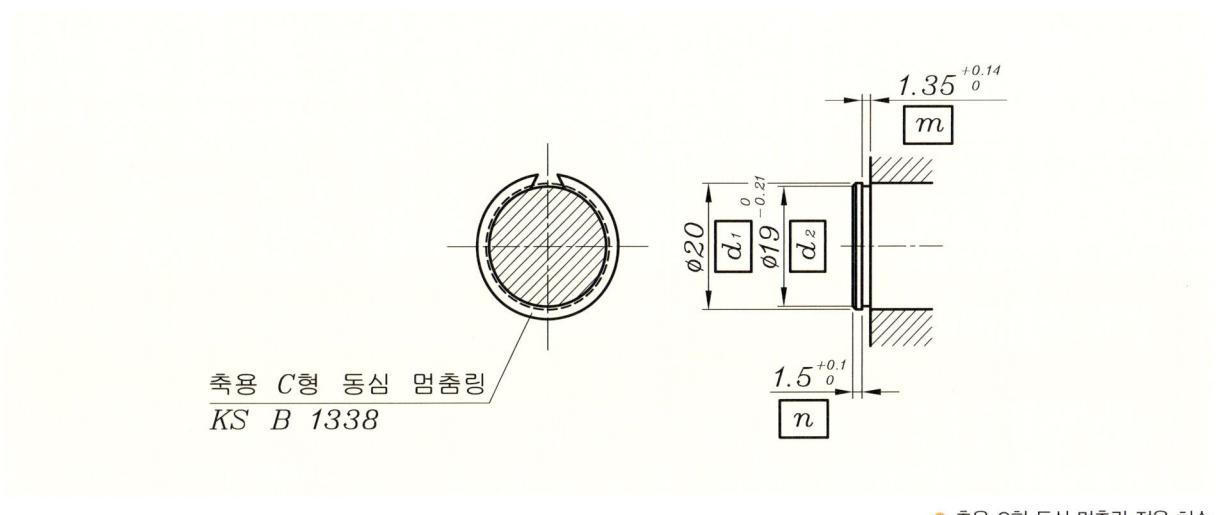

● 축용 C형 동심 멈춤링 적용 치수

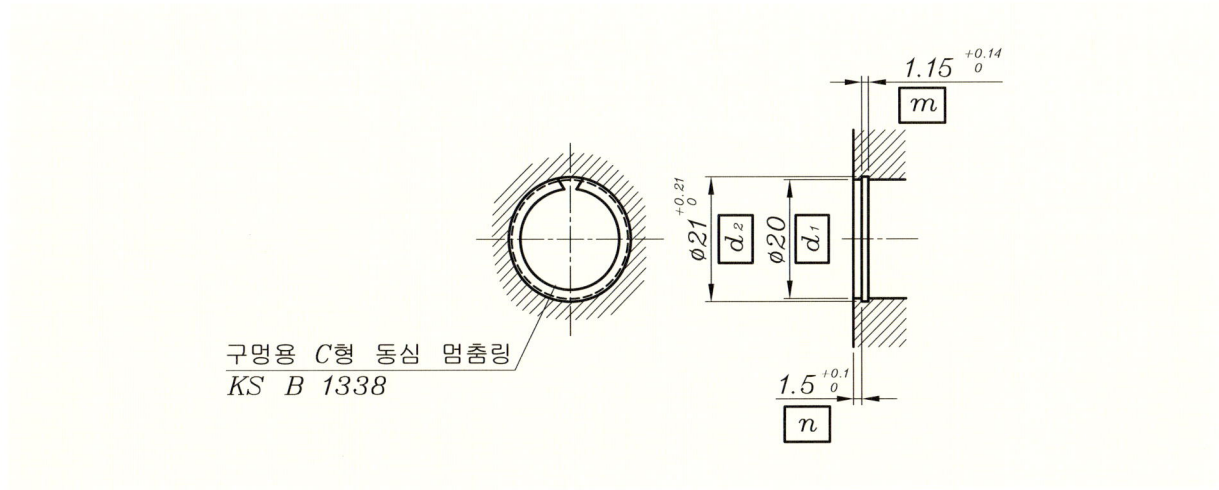

● 구멍용 C형 동심 멈춤링 적용 치수

247

3. E형 멈춤링(스냅링)의 치수 적용

E형 멈춤링은 비교적 축의 지름이 작은 경우에 적용하며, 그 형상이 E자 모양의 멈춤링으로 축 지름이 1~38mm 이하인 축에 적용할 수 있도록 표준 규격화되어 있으며 탈착이 편리한 형상으로 되어 있다. 호칭지름은 적용하는 축의 안지름 d_2이다.

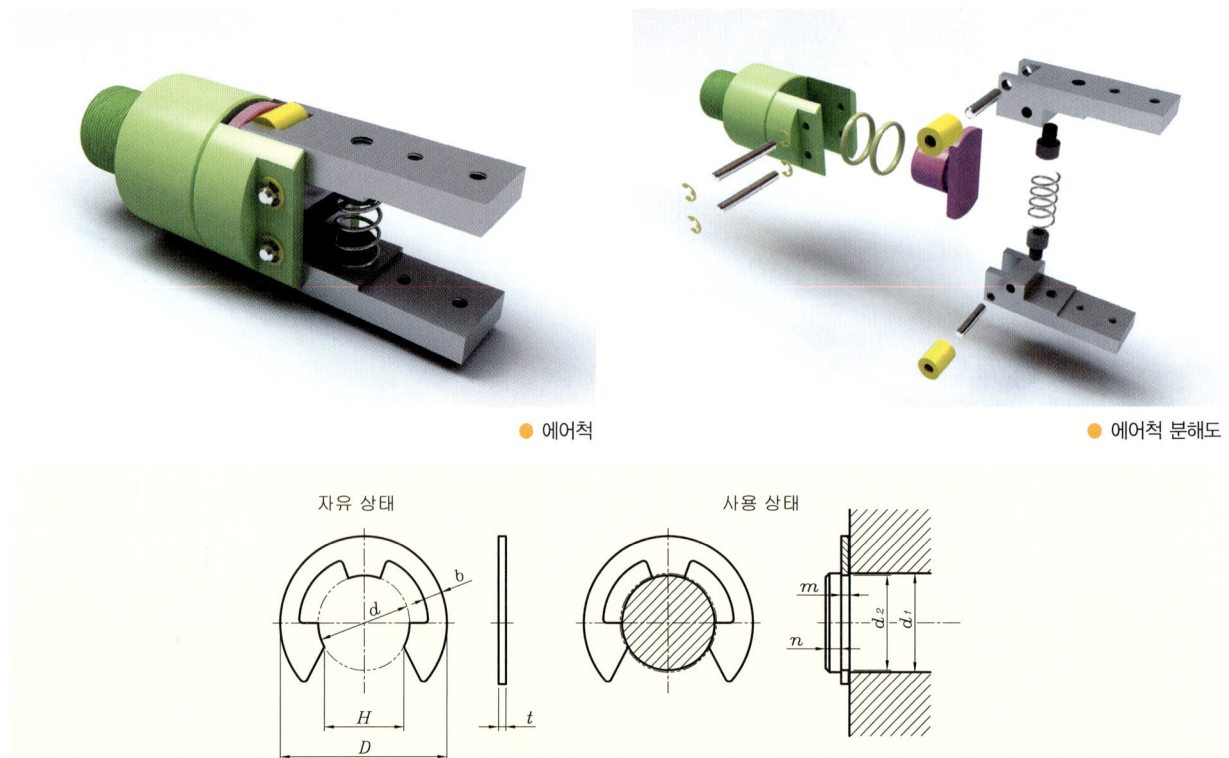

● 에어척   ● 에어척 분해도

■ E형 멈춤링 [KS B 1337]

[단위 : mm]

호칭 지름	멈춤링										적용하는 축 (참고)					
	d		D		H		t		b		d_1의 구분		d_2		m		n
	기본 치수	허용차	기본 치수	허용차	기본 치수	허용차	기본 치수	허용차	약		초과	이하	기본 치수	허용차	기본 치수	허용차	최소
0.8	0.8	0 -0.08	2	±0.1	0.7		0.2	±0.02	0.3		1	1.4	0.8	+0.05 0	0.3	+0.05 0	0.4
1.2	1.2		3		1		0.3	±0.025	0.4		1.4	2	1.2		0.4		0.6
1.5	1.5	0 -0.09	4		1.3	0 -0.25	0.4		0.6		2	2.5	1.5	+0.06 0			0.8
2	2		5		1.7		0.4	±0.03	0.7		2.5	3.2	2		0.5		
2.5	2.5		6		2.1		0.4		0.8		3.2	4	2.5				1
3	3		7		2.6		0.6		0.9		4	5	3				
4	4	0 -0.12	9	±0.2	3.5	0 -0.30	0.6		1.1		5	7	4	+0.075 0	0.7		1.2
5	5		11		4.3		0.6		1.2		6	8	5			+0.1 0	
6	6		12		5.2		0.8	±0.04	1.4		7	9	6				1.5
7	7		14		6.1		0.8		1.6		8	11	7		0.9		1.8
8	8	0 -0.15	16		6.9	0 -0.35	0.8		1.8		9	12	8	+0.09 0			2
9	9		18		7.8		0.8		2.0		10	14	9				
10	10		20		8.7		1.0	±0.05	2.2		11	15	10		1.15		2.5
12	12	0 -0.18	23		10.4		1.0		2.4		13	18	12	+0.11 0		+0.14 0	3
15	15		29	±0.3	13.0	0 -0.45	1.6	±0.06	2.8		16	24	15		1.75		3.5
19	19	0 -0.21	37		16.5		1.6		4.0		20	31	19	+0.13 0			
24	24		44		20.8	0 -0.50	2.0	±0.07	5.0		25	38	24		2.2		4

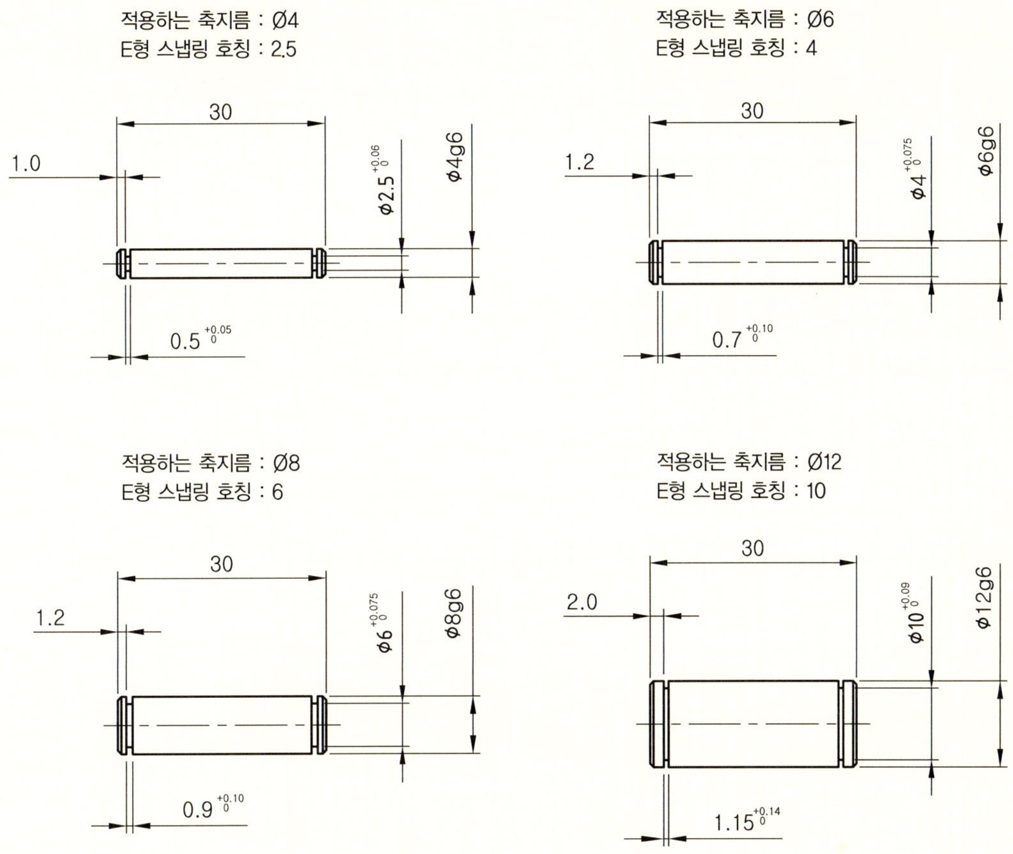

● E형 멈춤링의 치수기입 예

Lesson 15 오일실

오일실은 회전용으로 사용하며 외부로 부터 침투되는 먼지나 오염물질 등을 내부에 있는 오일, 그리스 및 윤활제 등과 접촉하지 못하도록 하는 역할을 하는 기계요소이다.

독일에서 최초로 개발되었으며, 현재는 다양한 오일 실이 개발되어 산업 현장 곳곳에서 사용되고 있다. 특히 기계류의 회전축 베어링 부를 밀봉시키고, 윤활유를 비롯한 각종 유체의 누설을 방지하며 외부에서 이물질, 더스트(dust) 등의 침입을 막는 회전용 실로서 가장 일반적으로 사용되고 있다.

Part 04 자주 출제되는 KS규격의 설계 적용법

1. 오일실의 KS규격을 찾아 적용하는 방법

오일실의 KS규격을 찾아 적용하는 방법은 적용할 **축지름 d**를 기준으로 **오일실의 외경 D**와 오일실의 폭 B를 찾고 축의 경우에는 오일실이 삽입되는 **축끝의 모떼기 치수**와 **축지름**에 대한 알맞은 **공차**를 적용하고, 구멍의 경우에는 오일실이 삽입되는 **구멍의 모떼기 치수**와 **공차** 그리고 **하우징의 폭**에 적용되는 허용차를 찾아 적용시키면 된다. 다음의 조립도에 도시된 오일실의 표현 방법은 다르지만 둘 다 오일실이 적용된 것을 나타낸다.

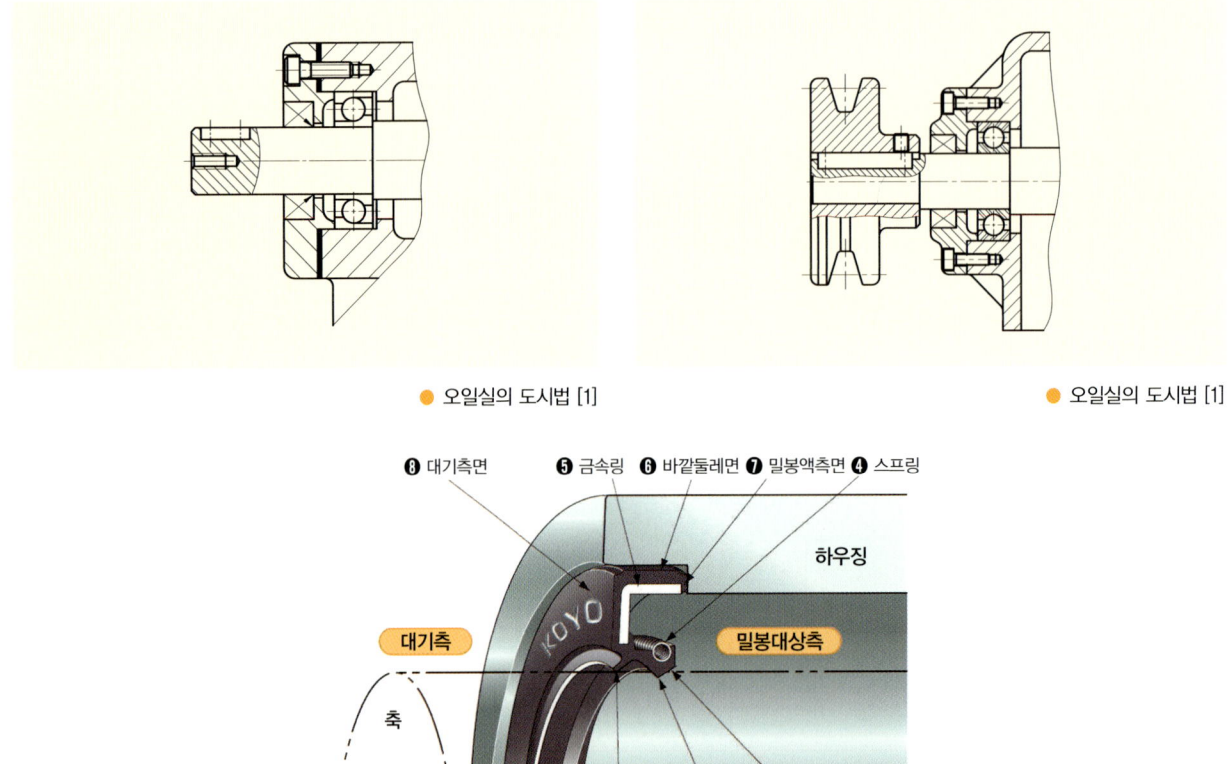

● 오일실의 도시법 [1]   ● 오일실의 도시법 [1]

● 대표적인 오일실의 형상과 각부의 명칭

■ 축 및 하우징의 치수

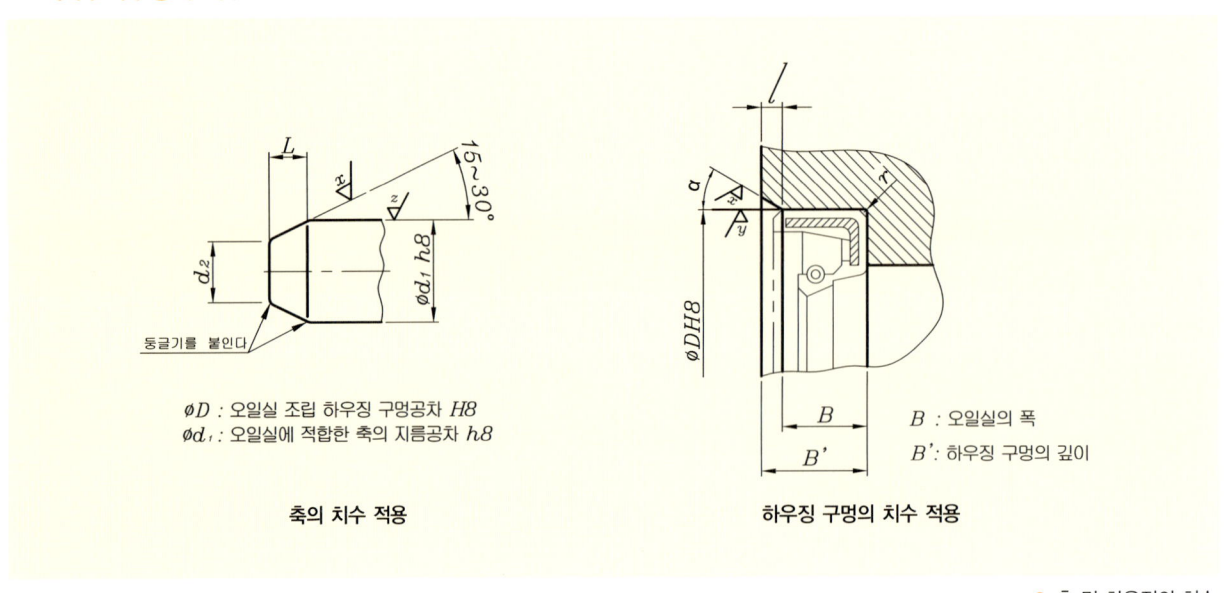

∅D : 오일실 조립 하우징 구멍공차 H8
∅d_1 : 오일실에 적합한 축의 지름공차 h8

축의 치수 적용   하우징 구멍의 치수 적용

B : 오일실의 폭
B' : 하우징 구멍의 깊이

● 축 및 하우징의 치수

오일실 폭	하우징 폭
B	B'
6 이하	B + 0.2
6~10	B + 0.3
10~14	B + 0.4
14~18	B + 0.5
18~25	B + 0.6

1. 축의 지름 d를 기준으로 오일실의 외경 D, 폭 B를 찾아 치수를 적용한다.
2. $\alpha = 15 \sim 30°$
3. $l = 0.1B \sim 0.15B$
4. $r \geq 0.5\,mm$
5. D = 오일실의 외경

■ 오일실 [KS B 2804]

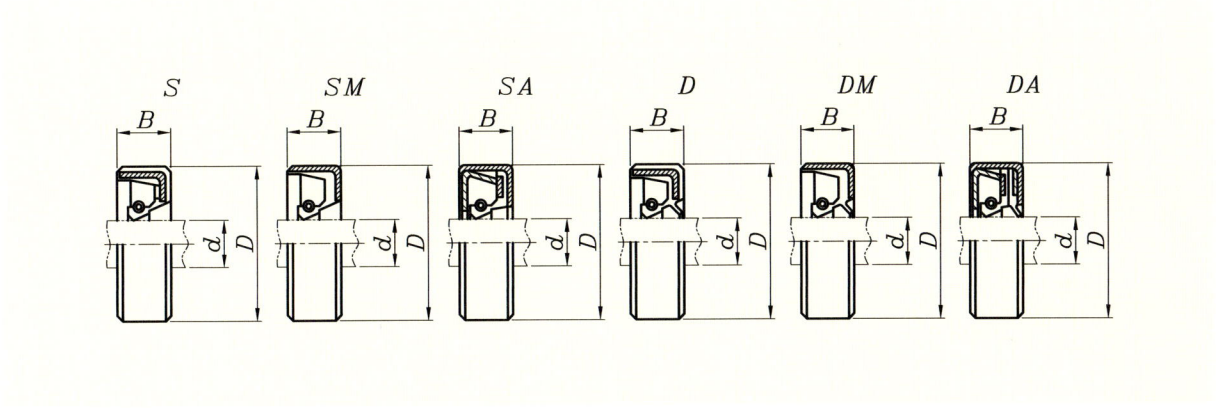

[단위 : mm]

호칭 안지름 d	바깥 지름 D	오일실 폭 B	하우징 폭 B'	호칭 안지름 d	바깥 지름 D	오일실 폭 B	하우징 폭 B'
7	18	7	7.3	20	32	8	8.3
	20				35		
8	18	7		22	35	8	
	22				38		
9	20	7		24	38	8	
	22				40		
10	20	7		25	38	8	
	25				40		
11	22	7		★26	38	8	
	25				42		
12	22	7		28	40	8	
	25				45		
★13	25	7		30	42	8	
	28				45		
14	25	7		32	52	11	11.4
	28			35	55	11	
15	25	7		38	58	11	
	30			40	62	11	

2. 축 및 구멍의 치수

■ 오일실 조립부 치수 기입예

[축의 치수] 기준 축 지름이 Ø30mm 인 경우 적용 예

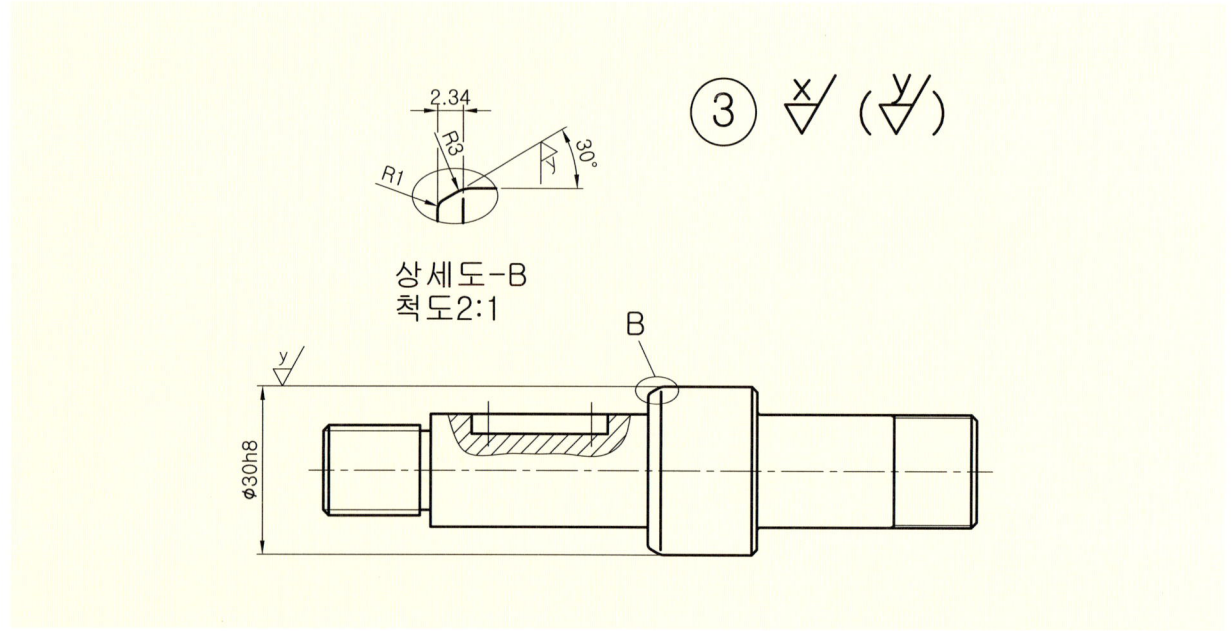

● 축의 오일실 조립부 치수 기입예

[구멍의 치수] 축 지름(기준) d=15, 바깥지름 D=25, 나비 B=7

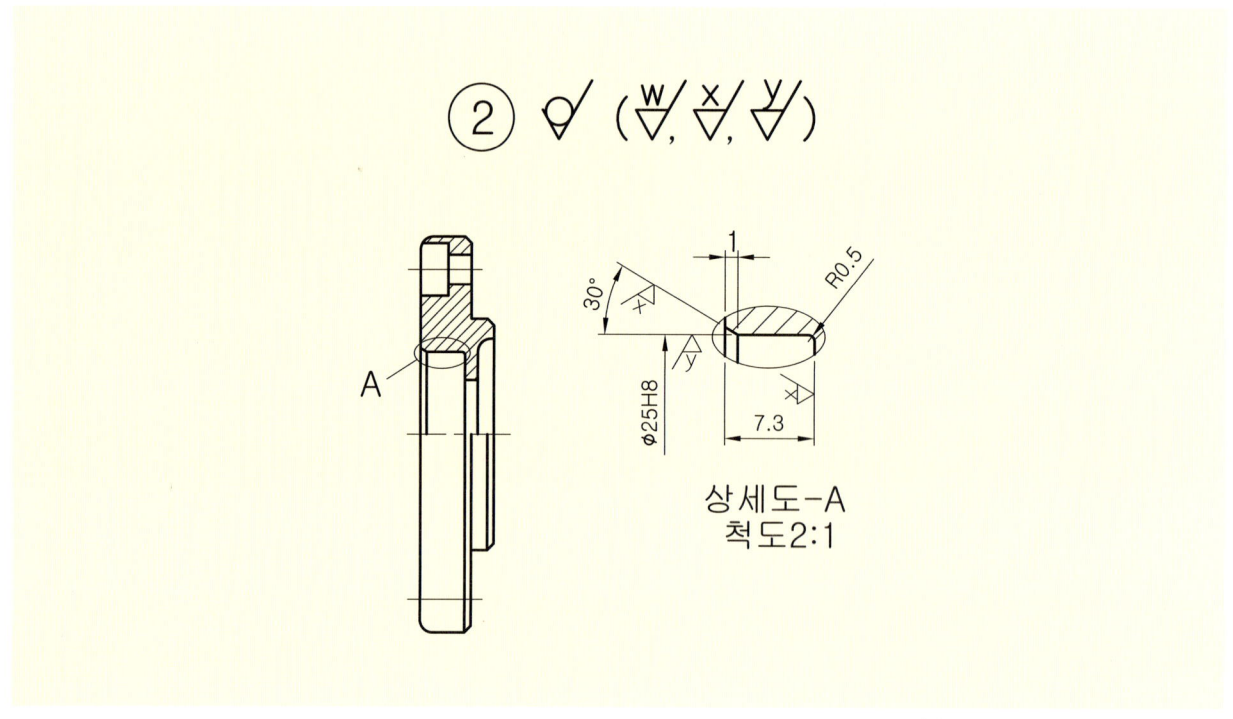

● 커버 구멍의 오일실 조립부 치수 기입예

❶ $\alpha = 30°$ 로 정한다.
❷ $l = 0.1 \times B = 0.1 \times 7 = 0.7$ 또는 $l = 0.15 \times B = 0.15 \times 7 = 1.05$

■ 축의 지름에 따른 끝단의 모떼기 치수 (d_1, d_2, L)

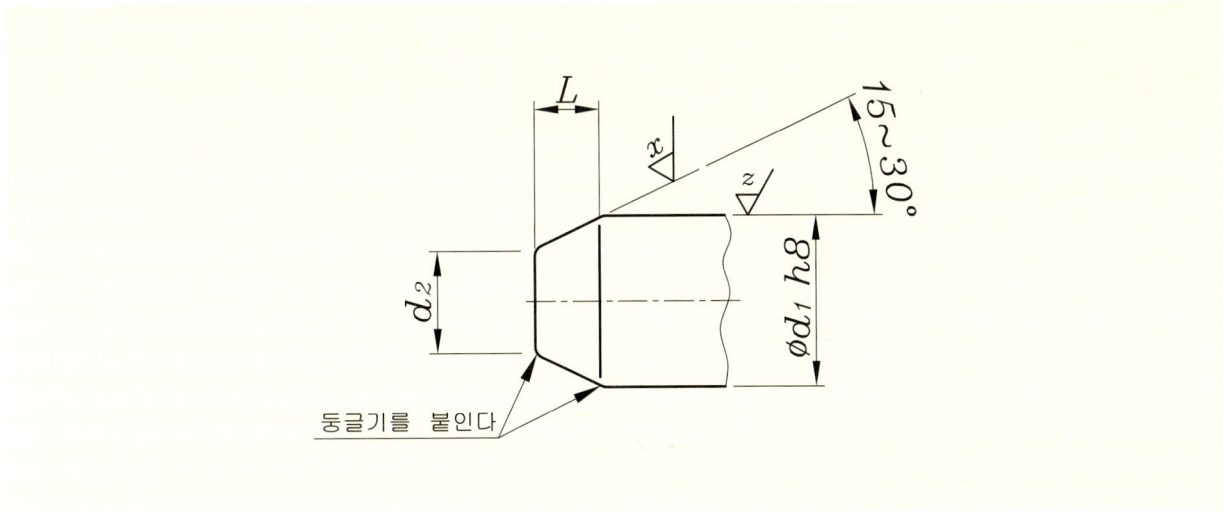

● 축끝의 모떼기 치수

축의 지름 d_1	d_2 (최대)	모떼기 L 30°	축의 지름 d_1	d_2 (최대)	모떼기 L 30°	축의 지름 d_1	d_2 (최대)	모떼기 L 30°
7	5.7	1.13	55	51.3	3.2	180	173	6.06
8	6.6	1.21	56	52.3	3.2	190	183	6.06
9	7.5	1.3	★58	54.2	3.2	200	193	6.06
10	8.4	1.39	60	56.1	3.38	★210	203	6.06
11	9.3	1.47	★62	58.1	3.38	220	213	6.06
12	10.2	1.56	63	59.1	3.38	(224)	(217)	6.06
★13	11.2	1.56	65	61	3.46	★230	223	6.06
14	12.1	1.65	★68	63.9	3.55	240	233	6.06
15	13.1	1.65	70	65.8	3.64	250	243	6.06
16	14	1.73	(71)	(66.8)	3.64	260	249	9.53
17	14.9	1.82	75	70.7	3.72	★270	259	9.53
18	15.8	1.91	80	75.5	3.9	280	268	10.39
20	17.7	1.99	85	80.4	3.98	★290	279	9.53
22	19.6	2.08	90	85.3	4.07	300	289	9.53
24	21.5	2.17	95	90.1	4.24	(315)	(304)	9.53
25	22.5	2.17	100	95	4.33	320	309	9.53
★26	23.4	2.25	105	99.9	4.42	340	329	9.53
28	25.3	2.34	110	104.7	4.59	(355)	(344)	9.53
30	27.3	2.34	(112)	(106.7)	4.59	360	349	9.53
32	29.2	2.42	★115	109.6	4.68	380	369	9.53
35	32	2.6	120	114.5	4.76	400	389	9.53
38	34.9	2.68	125	119.4	4.85	420	409	9.53
40	36.8	2.77	130	124.3	4.94	440	429	9.53
42	38.7	2.86	★135	129.2	5.02	(450)	(439)	9.53
45	41.6	2.94	140	133	6.06	460	449	9.53
48	44.5	3.03	★145	138	6.06	480	469	9.53
50	46.4	3.12	150	143	6.06	500	489	9.53
★52	48.3	3.2	160	153	6.06			
			170	163	6.06			

[비고] ★을 붙인 것은 KS B 0406에 없는 것이고, ( )를 붙인 것은 되도록 사용하지 않는다.

Part 04 자주 출제되는 KS규격의 설계 적용법

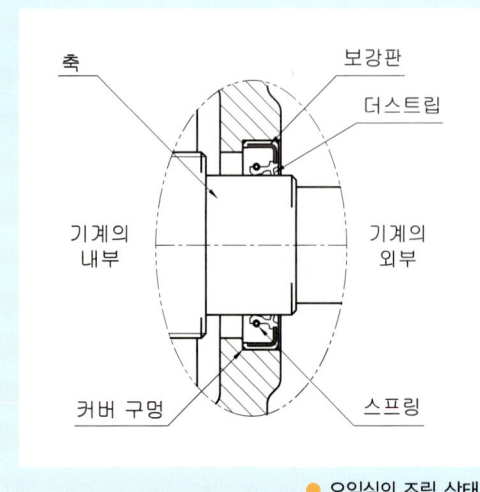

● 오일실의 조립 상태

일반적으로 오일실은 하우징 구멍에 압입시켜 고정하고 회전축과 실립(seal lip)부를 접촉시켜 밀봉효과를 낸다. 일반적으로 오일실은 축을 지지해주는 베어링보다 안측이 아닌 바깥측에 설치하는데 위의 그림과 같이 조립부를 자세히 보면 더스트립 부가 바깥쪽으로 향하도록 설치하며 즉 실립부가 구멍의 안쪽에 위치하도록 조립해야 밀봉이 원활하게 되는 것이다.

실립부에 부착된 스프링에 의해서 축에 밀착이 되어 기계내부의 유체가 바깥쪽으로 유출되는 것을 방지하고, 더스트립은 외부로부터 먼지나 이물질 등이 침입하는 것을 방지하는 역할을 한다.

실부가 접촉하는 축의 표면은 선반에서 가공한 상태로 그냥 조립하면 안되고 그라인딩이나 버핑 등의 다듬질을 하여 표면거칠기를 양호하게 해 줄 필요가 있다. 축의 재질은 기계구조용탄소강이나 저합금강, 스테인리스강 등이 추천되며 일반적으로 표면경도는 HRC30 이상이 요구된다.

따라서 열처리 또는 경질 크롬 도금 등의 후처리를 필요로 하는데 경질크롬도금을 하게 되면 축의 표면이 지나치게 매끄러워질 수 있으므로 표면을 버핑이나 연마를 실시하며 오일실은 H8의 축과 조립하여 사용하는 것을 전제로 한다. 하우징 구멍의 치수허용차는 호칭치수 400mm 이하는 H7 또는 H8을 400mm를 초과하는 경우는 H7을 적용한다.

■ 오일실의 적용 예

● 동력전달장치 참고 입체도

[참고] 펠트링의 적용 예

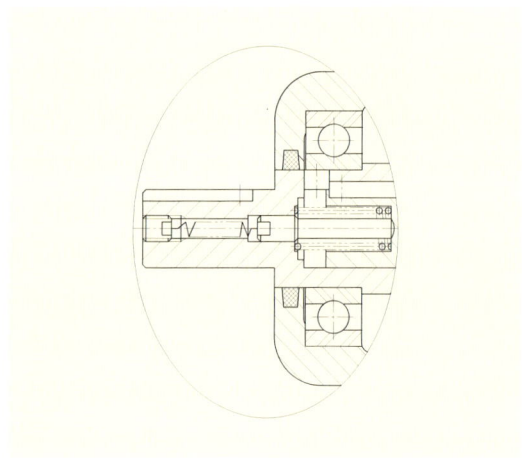

● 동력전달장치 참고 입체도

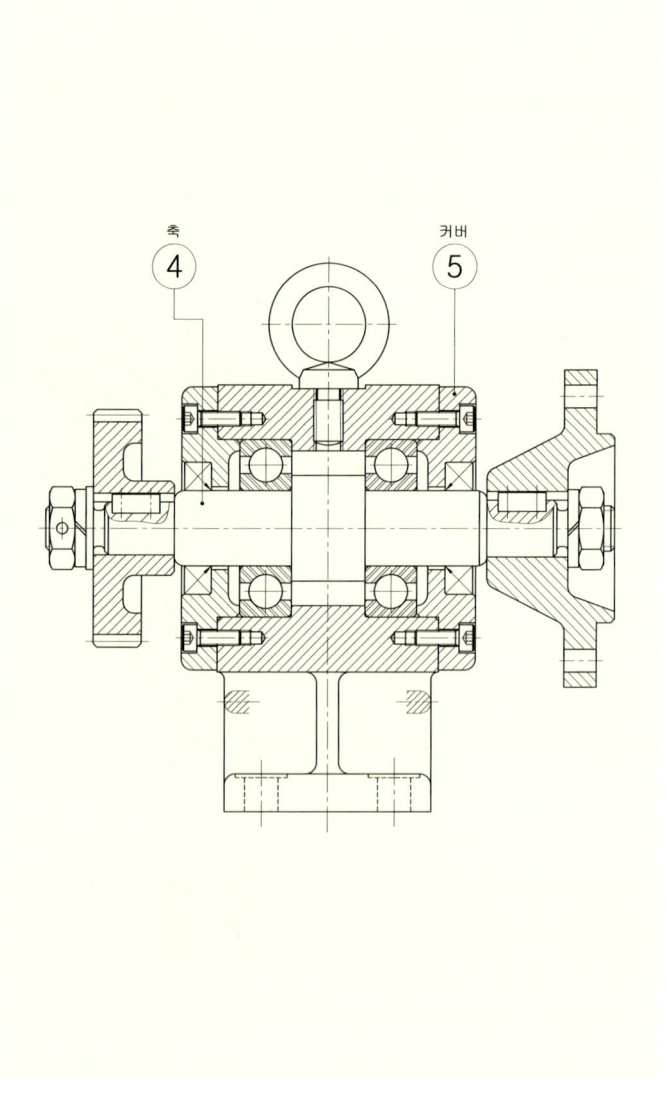

● 동력전달장치에 적용된 오일실

Lesson 16 널링

| KS B 0901

널링(Knurling)은 핸들, 측정 공구 및 제품의 손잡이 부분에 바른줄이나 빗줄 무늬의 홈을 만들어서 미끄럼을 방지하는 가공이다. 널링의 표시 방법은 간단하며 빗줄형의 경우 해칭각도(30°)에 주의한다.

1. 널링 표시 방법

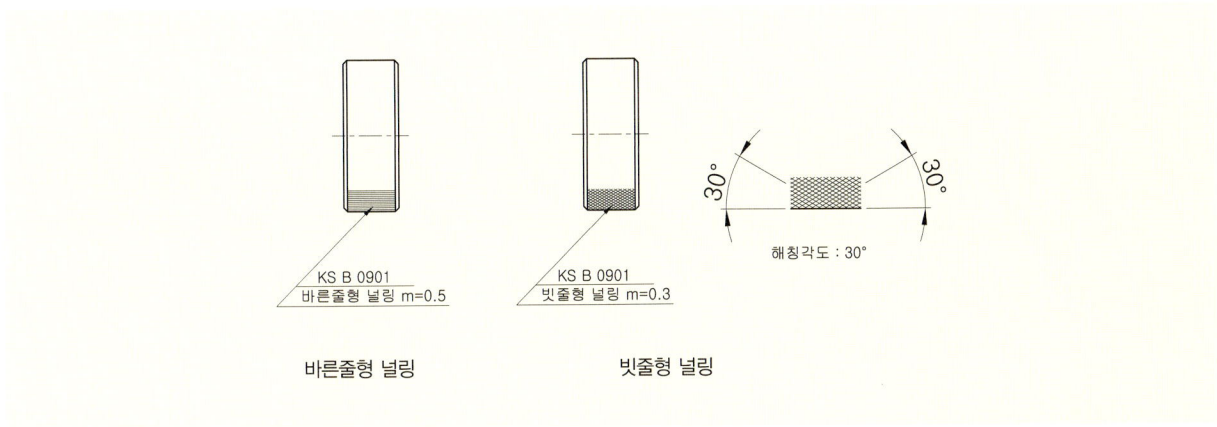

● 널링 표시 방법

2. 널링 도시 예

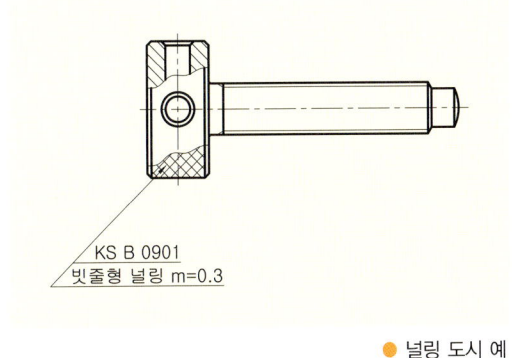

● 널링 도시 예

3. 널링가공용 공구

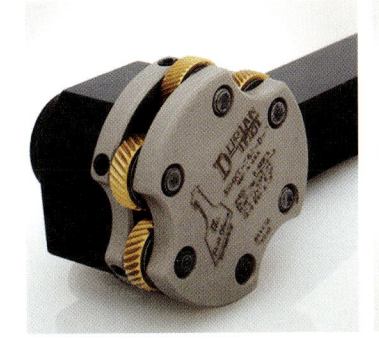 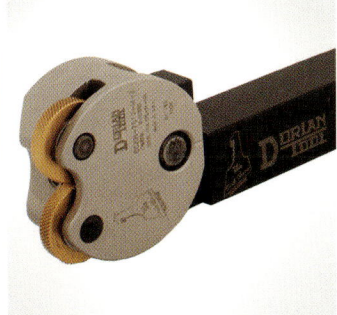

● 널링가공용 공구

4. 널링 가공 부품 예

● 바른줄형 널림

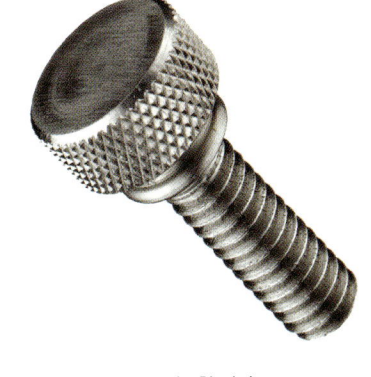

● 빗줄형 널림

Lesson 17 표면거칠기 기호의 크기 및 방향과 품번의 도시법

표면거칠기 기호 및 다듬질 기호의 비교와 명칭 그리고, 표면거칠기 기호를 도면상에 도시하는 방법과 문자의 방향을 알아보도록 하자. 부품도상에 기입하는 경우와 품번 우측에 기입하는 방법에 대해서 알기 쉽도록 그림으로 나타내었다.

명칭(다듬질 정도)	다듬질 기호(구기호)	표면거칠기(신기호)	산술(중심선) 평균거칠기(Ra)값	최대높이(Ry)값	10점 평균 거칠기(Rz)값
매끄러운 생지	∼	∇		특별히 규정하지 않는다.	
거친 다듬질	▽	w/∇	Ra25 Ra12.5	Ry100 Ry50	Rz100 Rz50
보통 다듬질	▽▽	x/∇	Ra6.3 Ra3.2	Ry25 Ry12.5	Rz25 Rz12.5
상 다듬질	▽▽▽	y/∇	Ra1.6 Ra0.8	Ry6.3 Ry3.2	Rz6.3 Rz3.2
정밀 다듬질	▽▽▽▽	z/∇	Ra0.4 Ra0.2 Ra0.1 Ra0.05 Ra0.025	Ry1.6 Ry0.8 Ry0.4 Ry0.2 Ry0.1	Rz1.6 Rz0.8 Rz0.4 Rz0.2 Rz0.1

● 표면거칠기 표기법

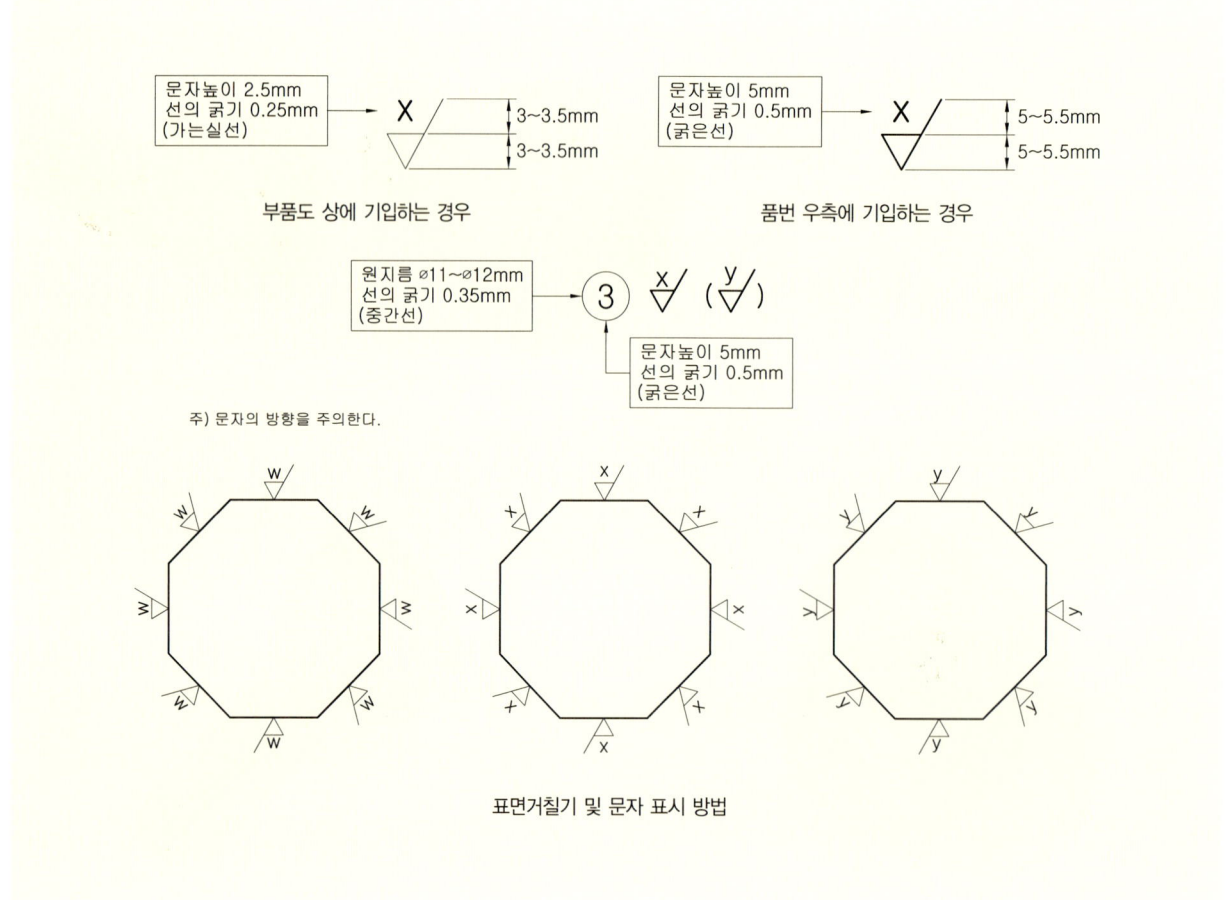

● 표면거칠기 기호의 크기 및 방향 도시법과 품번 도시법

Lesson 18 구름베어링 로크 너트 및 와셔 | KS B 2004

베어링용 너트와 와셔는 축에 가는 나사 가공을 하고 키홈 모양의 홈 가공을 하여 베어링 내륜에 접촉하도록 전용 와셔를 체결한 후 로크 너트로 고정시켜 베어링의 이탈을 방지하는 목적으로 주로 사용한다. 베어링의 고정뿐만이 아니라 칼라(collar)나 부시(bush)류를 밀착하여 고정시키는 역할을 하는 곳에도 많이 사용한다. 흔히 베어링 로크너트 및 베어링 와셔라고 부른다.

너트가 체결되는 축 부위가 가는 나사부이므로 "d"의 치수는 베어링너트와 와셔 쪽의 적용 축경을 보면 되고, 나머지 와셔가 체결되는 "M", "f_1"의 치수는 와셔 쪽에서 찾아 적용하면 된다. **너트** 계열은 **AN**, **와셔** 계열은 **AW**로 호칭하며 나사 축지름 Ø10mm 부터 규격화되어 있다.

보통 축의 한쪽에 나사가공을 하고 베어링을 끼우게 되므로 베어링이 끼워지는 축 부분에도 공차관리를 하지만 실무현장에서는 일반적으로 가는 나사 가공(피치)을 한 축 부위 외경에도 공차를 지정해 주는데 이는 베어링의 내경은 정밀하게 연삭가공이 되어 있는데 조립시 축의 나사산에 의해 흠집이 발생하지 않도록 하기 위함이다.

베어링용 너트 (AN)

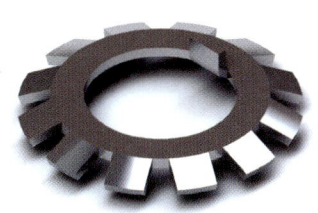
베어링용 와셔 – A형 와셔(끝 부분을 구부린 형식)

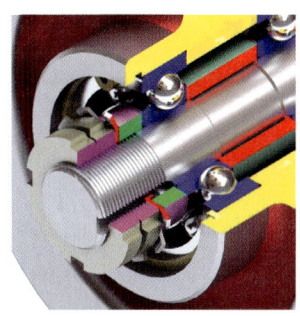
동력전달장치 참고 입체도

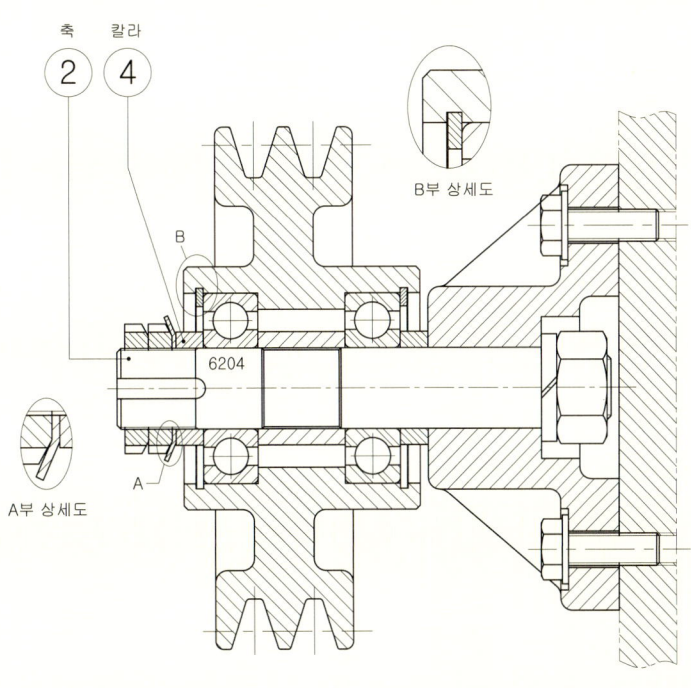

● 동력전달장치에 적용된 로크 너트 및 와셔

Part 04 자주 출제되는 KS규격의 설계 적용법

[적용 예] 동력전달장치에서 품번② 기준 축지름 d가 M20일 때의 적용 예이다.

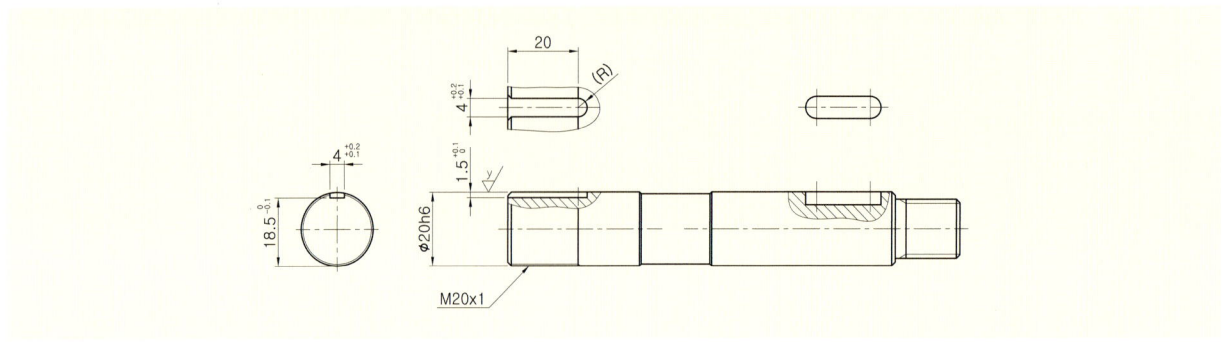

● 커버 구멍의 오일실 조립부 치수 기입예

■ 구름베어링 로크 와셔 상대 축 홈 치수 [KS 미제정]

너트 호칭 번호	와셔 호칭 번호	호칭 치수× 피치		축홈의 가공치수 및 공차		
AN너트	AW와셔	M	F	공차	H	공차
AN02	AW02	M15× 1			13.5	
AN03	AW03	M17× 1	4		15.5	
AN04	AW04	M20× 1			18.5	
AN05	AW05	M25× 1.5			23	
AN06	AW06	M30× 1.5	5		27.5	
AN07	AW07	M35× 1.5			32.5	
AN08	AW08	M40× 1.5			37.5	
AN09	AW09	M45× 1.5	6	+0.2 +0.1	42.5	0 −0.1
AN10	AW10	M50× 1.5			47.5	
AN11	AW11	M55× 2			52.5	
AN12	AW12	M60× 2			57.5	
AN13	AW13	M65× 2	8		62.5	
AN14	AW14	M70× 2			66.5	
AN15	AW15	M75× 2			71.5	
AN16	AW16	M80× 2	10		76.5	
AN17	AW17	M85× 2			81.5	

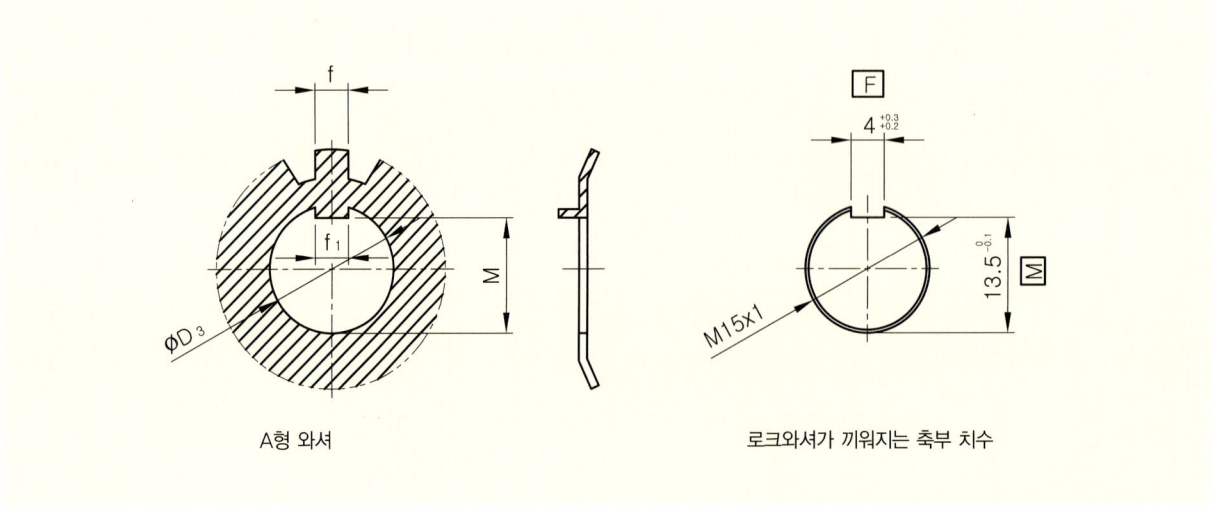

A형 와셔   로크와셔가 끼워지는 축부 치수

● 기준 축지름 d가 M15인 경우

■ 구름베어링용 너트(와셔를 사용하는 로크너트) [KS B 2004]

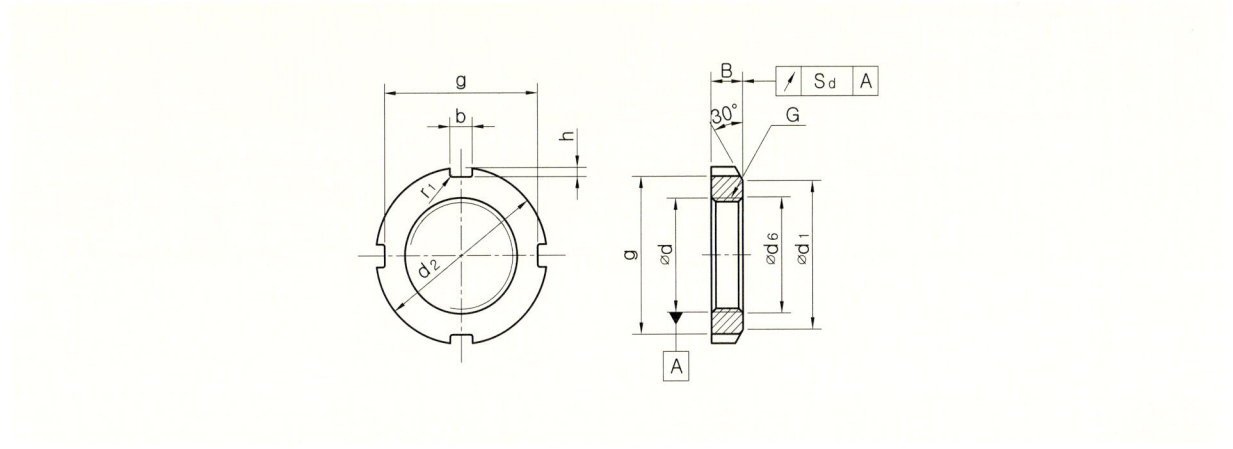

[단위 : mm]

호칭 번호	나사의 호칭 G	[너트 계열 AN(어댑터, 빼냄 슬리브 및 축용)] 기준 치수										참 고	
		d	d_1	d_2	B	b	h	d_6	g	D_6	r_1 (최대)	조합하는 와셔 호칭번호	축 지름 (축용)
AN 00	M10×0.75	10	13.5	18	4	3	2	10.5	14	10.5	0.4	AW 00	10
AN 01	M12×1	12	17	22	4	3	2	12.5	18	12.5	0.4	AW 01	12
AN 02	M15×1	15	21	25	5	4	2	15.5	21	15.5	0.4	AW 02	15
AN 03	M17×1	17	24	28	5	4	2	17.5	24	17.5	0.4	AW 03	17
AN 04	M20×1	20	26	32	6	4	2	20.5	28	20.5	0.4	AW 04	20
AN 05	M25×1.5	25	32	38	7	5	2	25.8	34	25.8	0.4	AW 05	25
AN 06	M30×1.5	30	38	45	7	5	2	30.8	41	30.8	0.4	AW 06	30
AN 07	M35×1.5	35	44	52	8	5	2	35.8	48	35.8	0.4	AW 07	35

■ 구름베어링 너트용 와셔 [KS B 2004]

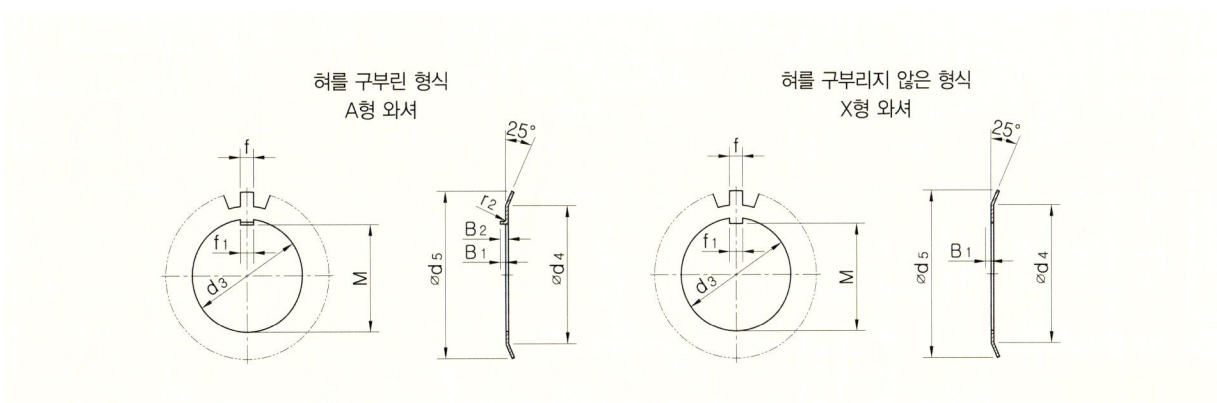

[단위 : mm]

구분	호칭번호		기준 치수							N 최소잇수	[참고] 축 지름 (축용)
	혀를 구부린 형식 A형 와셔	혀를 구부리지 않은 형식 X형 와셔	d_3	d_4	d_5	f_1	M	f	B_1	B_2		
와셔계열 AW	AW 02	AW 02	15	21	28	4	13.5	4	1	2.5	11	15
	AW 03	AW 03	17	24	32	4	15.5	4	1	2.5	11	17
	AW 04	AW 04	20	26	36	4	18.5	4	1	2.5	11	20
	AW 05	AW 05	25	32	42	5	23	5	1	2.5	13	25
	AW 06	AW 06	30	38	49	5	27.5	5	1	2.5	13	30
	AW 07	AW 07	35	44	57	6	32.5	5	1	2.5	13	35

Part 04 자주 출제되는 KS규격의 설계 적용법

Lesson 19 센터

KS B 0410, KS B 0618, KS A ISO 6411

센터(Center)는 선반(lathe) 작업에 있어서 축과 같은 공작물을 주축대와 심압대 사이에 끼워 지지하는 공구로 주축에 끼워지는 회전센터(live center)와 심압대에 삽입되는 고정센터(dead center)가 있다. 센터의 각도는 보통 60°이나 대형 공작물의 경우 75°, 90°의 것을 사용하는 경우도 있다.

선반 가공시 공작물의 양끝을 센터로 지지하기 위하여 센터드릴로 가공해두는 구멍을 센터 구멍(Center hole) 이라고 한다.

센터구멍의 치수는 KS B 0410을 따르고 센터구멍의 간략 도시 방법은 KS A ISO 6411-1:2002를 따른다.

● 범용선반　　　● 회전센터　　　● 고정센터

1. 센터 구멍의 종류 [KS B 0410]

종 류	센터 각도	형식	비 고
제 1 종	60°	A형, B형, C형, R형	A형 : 모떼기부가 없다.
제 2 종	75°	A형, B형, C형	B, C형 : 모떼기부가 있다.
제 3 종	90°	A형, B형, C형	R형 : 곡선 부분에 곡률 반지름 r이 표시된다.

[비고] 제2종 75° 센터 구멍은 되도록 사용하지 않는다.
[참고] KS B ISO 866은 제1종 A형, KS B ISO 2540은 제1종 B형, KS B ISO 2541은 제1종 R형에 대하여 규정하고 있다.

2. 센터 구멍의 표시방법 [KS B 0618 : 2000]

센터 구멍	반드시 남겨둔다.	남아 있어도 좋다.	남아 있어서는 안된다.	기호 크기
도시 기호	<	없음(무기호)	K	기호 선 굵기 (약 0.35mm)
도시 방법	규격번호 호칭방법	규격번호 호칭방법	규격번호 호칭방법	5, 60, 4

3. 센터구멍의 호칭

센터구멍의 호칭은 적용하는 드릴에 따라 다르며, 국제 규격이나 이 부분과 관계 있는 다른 규격을 참조할 수 있다. 센터구멍의 호칭은 아래를 따른다.

① 규격의 번호
② 센터구멍의 종류를 나타내는 문자(R, A 또는 B)
③ 파일럿 구멍 지름 d
④ 센터 구멍의 바깥지름 D(D_1~D_3)
  두 값(d와 D)은 '/'로 구분지어 표시한다.

규격번호 : KS A ISO 6411-1, A형 센터구멍, 호칭지름 d = 2mm, 카운터싱크지름 D= 4.25mm인 센터 구멍의 도면 표시법은 다음과 같다.

KS A ISO 6411 -1 A 2/4.25

4. 센터구멍의 적용예

① 센터구멍을 남겨놓아야 하는 경우의 치수기입 법(KS A ISO 6411-1 표시법)

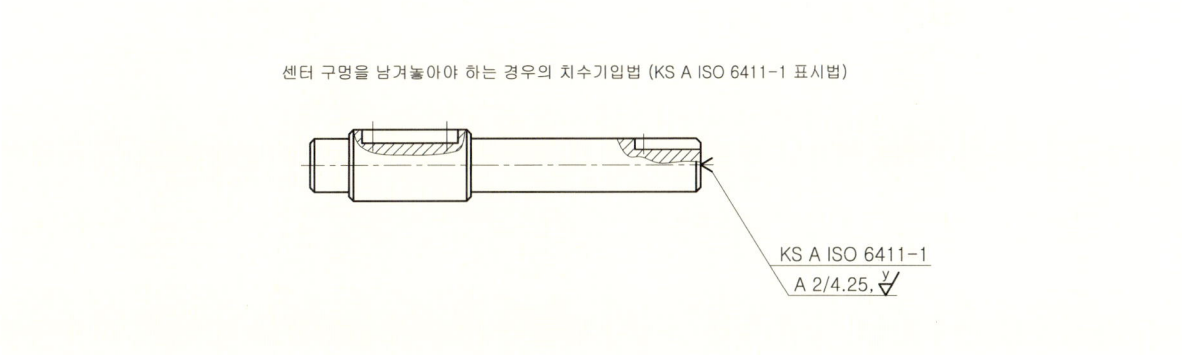

센터 구멍을 남겨놓아야 하는 경우의 치수기입법 (KS A ISO 6411-1 표시법)

② 센터구멍을 남겨놓지 말아야 하는 경우의 치수기입 법(KS A ISO 6411-1 표시법)

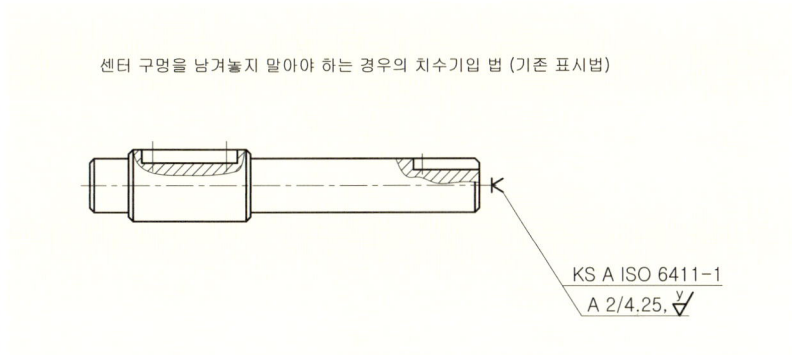

센터 구멍을 남겨놓지 말아야 하는 경우의 치수기입 법 (기존 표시법)

[참고]

● 센터구멍 가공

Part 04 자주 출제되는 KS규격의 설계 적용법

Lesson 20 오링

KS B 2799

오링(O-Ring)은 고정용 실의 대표적인 요소이며, 단면이 원형인 형상의 패킹(packing)의 하나로써, 일반적으로 축이나 구멍에 홈을 파서 끼워넣은 후 적절하게 압축시켜 기름이나 물, 공기, 가스 등 다양한 유체의 누설을 방지하는데 사용하는 기계요소로 재질은 합성고무나 합성수지 등으로 하며 밀봉부의 홈에 끼워져 기밀성 및 수밀성을 유지하는 곳에 많이 사용된다.

실 가운데 패킹과 오링이 있는데 패킹은 주로 공압이나 유압 실린더 기기와 같이 왕복 운동을 하는 곳에 주로 사용되며, 오링은 주로 고정용으로 여러 분야에 널리 사용되고 있다.

참고로 오링 중 P계열은 운동용과 고정용으로 G계열은 고정용으로만 사용한다.

● 오링이 장착된 공압실린더   ● 공압실린더 분해구조도

아래 도면의 공압실린더 조립도의 부품 중에 오링이 조립되어있는 품번② 피스톤과 품번④ 로드커버의 부품도면에서 오링과 관련된 규격을 적용해 본다.

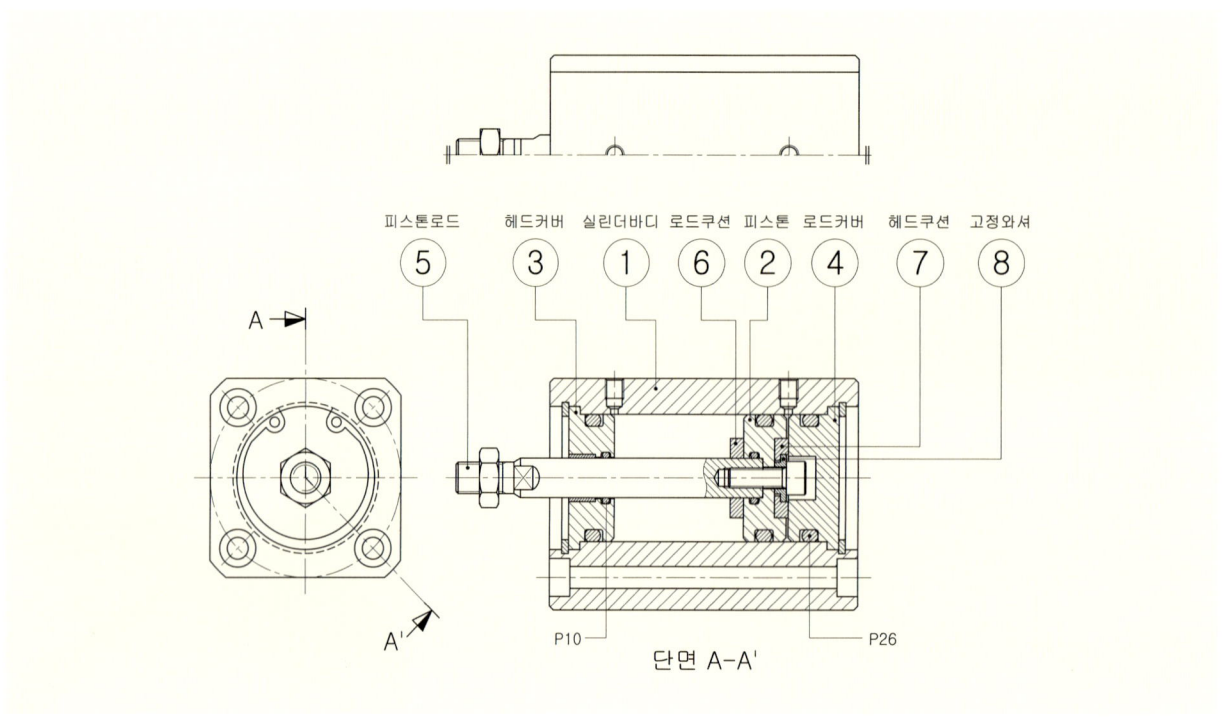

● 공압실린더 조립도

262

1. 오링 규격 적용 방법

품번② 피스톤에는 2개소의 오링이 부착된 것을 알 수가 있다. 먼저 호칭치수 **d=10H7/10e8** 내경부위에 적용된 오링의 공차를 찾아 넣어보자. 호칭치수 **d10**을 기준으로 오링이 끼워지는 바깥지름 **D=13**, 홈부의 치수 구분 중에 G의 경우는 오링을 1개만 사용했으므로 백업링 없음에서 **2.5**를 찾고 폭 치수 G의 공차 **+0.25~0**을 적용해 준다(상세도-A 참조). 또한 R은 **최대 0.4**임을 알 수가 있다.

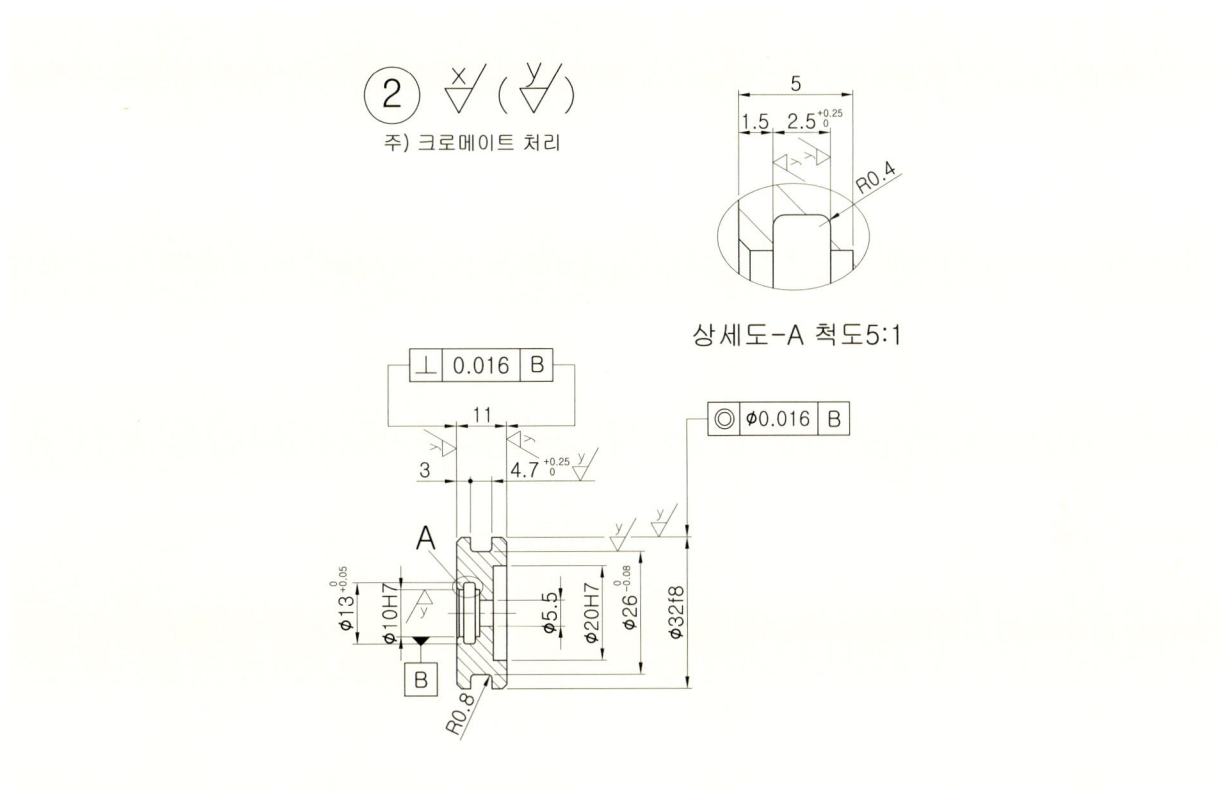

● 피스톤 부품도

다음으로 호칭치수 D=32의 외경에 적용되는 오링의 치수를 찾아보면, **d=26**이고 공차는 **0 ~ -0.08**, 그리고 홈부 G의 치수는 역시 백업링을 사용하지 않으므로 G=4.7에 공차는 **+0.25 ~ 0**임을 알 수가 있다. 또한 R은 최대 **0.7**로 적용하면 된다.

■ 운동용 및 고정용 (원통면)의 홈 부의 모양 및 치수

O링의 호칭번호	홈 부의 치수							
	참고			D	D의 허용차에 상당하는 끼워맞춤 기호	G+0.25 0			R 최대	E 최대
	d	d의 허용차에 상당하는 끼워맞춤 기호 ||		백업링 없음	백업링 1개	백업링 2개		
P3	3			6	H10					
P4	4		e9	7						
P5	5			8						
P6	6	0 −0.05	h9 f8	9	+0.05 0	2.5	3.9	5.4	0.4	0.05
P7	7			10	H9					
P8	8		e8	11						
P9	9			12						
P10	10			13						

다음으로 **품번④ 로드커버**의 부품도면에서 오링과 관련된 규격을 적용해 보자. 마찬가지로 먼저 호칭치수 **D=32, d=26**을 기준으로 해서 도면에 적용하면 아래와 같이 치수 및 공차가 적용됨을 알 수가 있다.

263

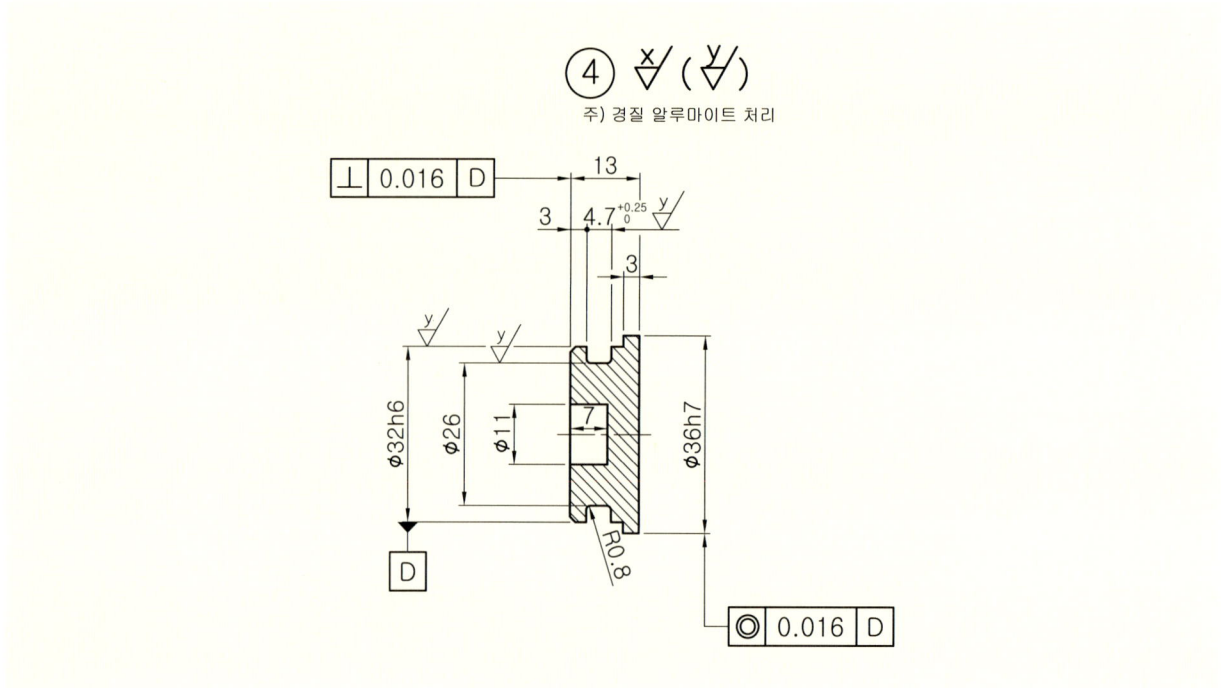

● 피스톤 부품도

O링의 호칭번호	홈 부의 치수								
	d	[참 고]		D	D의 허용차에 상당하는 끼워맞춤 기호	G+0.25 0		R 최대	E 최대
		d의 허용차에 상당하는 끼워맞춤 기호				백업링 없음	백업링 1개	백업링 2개		
P22A	22			28					
P22.4	22.4			28.4					
P24	24			30					
P25	25			31					
P25.5	25.5			31.5					
P26	26	e8		32					
P28	28			34					
P29	29			35					
P29.5	29.5			35.5					
P30	30			36					
P31	31			37					
P31.5	31.5			37.5					
P32	32			38					
P34	34	0 −0.08	h9 f8	40	+0.08 0	H9	4.7	6.0	7.8	0.7	0.08
P35	35			41					
P35.5	35.5			41.5					
P36	36			42					
P38	38			44					
P39	39	e7		45					
P40	40			46					
P41	41			47					
P42	42			48					
P44	44			50					
P45	45			51					
P46	46			52					
P48	48			54					
P49	49			55					
P50	50			56					

Lesson 21 구름베어링의 적용

베어링(Bearing)은 축계 기계요소의 하나로 베어링을 하우징(Housing)에 설치하고 베어링 내경에 축을 끼워맞춤하여 회전운동을 원활하게 하기 위하여 사용하며 크게 **구름베어링**과 **미끄럼베어링**으로 분류한다. 구름베어링(이하 베어링이라 함)은 일반적으로 궤도륜과 전동체 및 케이지(리테이너)로 구성되어 있는 기계요소로 주로 부하를 받는 하중의 방향에 따라 **레이디얼 베어링**과 **스러스트 베어링**으로 구분한다.

또한 전동체의 종류에 따라 볼베어링과 롤러베어링으로 나뉘어진다. 쉽게 설명하자면 동력을 전달하는 축은 나홀로 회전할 수 없기 때문에 2개 또는 그 이상의 무엇인가가 지지하고 있어야 한다. 또한 축은 회전을 하므로 축을 지지하고 있는 것과 접촉하면 열이 발생하게 되는데 이러한 열의 발생이 없이 회전이 잘 되게 하는 것이 베어링이다. 주로 사용하는 구름베어링 중 볼베어링이 적용된 도면이 많으므로 적용 빈도가 높은 볼베어링에 관한 규격을 찾는 방법과 끼워맞춤 공차적용에 관하여 알아보기로 한다.

볼베어링은 내부에 볼(Ball)이 있으며 볼베어링은 내부의 볼로 구름운동을 하므로 고속회전에는 적합하지만, 충격에 약하고, 무거운 하중이 걸리는 곳에 적합하지 않다. 베어링의 끼워맞춤 관련 공차는 현장 실무자들도 정확한 정의와 적용에 있어 혼란을 겪는 사례도 적지 않다.

1. 베어링의 호칭

베어링은 KS B 2012에서 호칭번호에 대하여 규정하고 있으며, KS B 2013에 호칭번호에 따라 **안지름(d)**, **바깥지름(D)**, **폭(B)** 등의 주요치수가 규정되어 있다. 호칭번호 중에 아래 보기와 같이 끝번호 두자리는 베어링의 안지름 번호(호칭 베어링 안지름)를 나타내는 것으로 적용하는 축지름을 쉽게 알 수가 있다. 또한 맨 앞의 숫자는 형식기호를 의미하고 2번째 기호는 치수계열 기호로 지름 계열이나 나비(또는 높이)계열 기호로 끼워맞춤 적용시 관련이 있다. 베어링의 종류에는 베어링의 형식에 따라 깊은 홈 볼베어링, 앵귤러 볼베어링, 자동조심 볼베어링, 원통 롤러베어링, 니들 롤러베어링, 스러스트 볼베어링, 자동조심 롤러베어링 등 다양한 종류가 있다. 이 중에서 출제시험에도 자주 나오는 깊은 홈 볼베어링에 대해서 알아보기로 한다.

■ 베어링 계열기호 (깊은 홈 볼베어링의 경우)

베어링의 형식		단면도	형식기호	치수계열 기호	베어링 계열 기호
깊은 홈 볼 베어링	단열 홈없음 비분리형		6	17	67
				18	68
				19	69
				10	60
				02	62
				03	63
				04	64

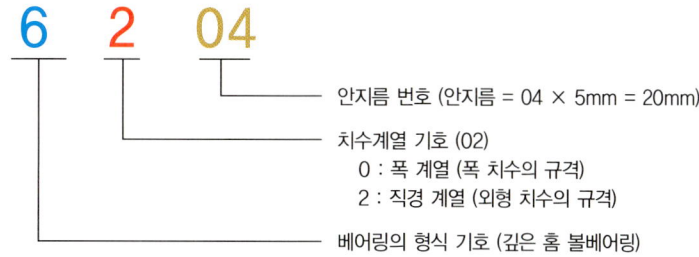

6 2 04
- 안지름 번호 (안지름 = 04 × 5mm = 20mm)
- 치수계열 기호 (02)
  - 0 : 폭 계열 (폭 치수의 규격)
  - 2 : 직경 계열 (외형 치수의 규격)
- 베어링의 형식 기호 (깊은 홈 볼베어링)

Part 04 자주 출제되는 KS규격의 설계 적용법

호칭베어링 안지름은 안지름 번호 중 04 이상은 5를 곱해주면 안지름치수를 알 수 있으며 규격을 찾아보지 않고도 적용 축지름이 20mm인 것을 금방 알 수가 있다. 만약 호칭베어링 안지름이 25로 되어있다면 안지름 번호가 05라는 것을 파악할 수 있는 것이다.

베어링 안지름 번호와 호칭 베어링 안지름 중 00은 10mm, 01은 12mm, 02는 15mm, 03은 17mm이며, 04부터 5를 곱하면 적용하는 축지름을 쉽게 알 수가 있다. 예외로 /22, /28, /32 등의 경우는 그 수치가 호칭 베어링 안지름(mm)치수이다.

2. 베어링의 끼워맞춤

구름베어링의 끼워맞춤을 이해하고 적용하려면 먼저 베어링이 설치되어 있는 장치나 기계에서 어떤 하중을 받고 있는지를 정확히 알아야 할 필요가 있다. 일반적으로 시험 과제도면에 나오는 동력전달장치 등의 경우 **일체 하우징 구멍**에서 하중의 종류 중 **외륜 회전하중**을 받는 **보통하중** 또는 **중하중**인 경우 N7을 적용하면 무리가 없을 것이다. 주로 볼베어링에 적용하며, **가벼운하중(경하중)** 또는 **변동하중**을 받는 경우는 M7을 적용해주면 된다. 또한 **외륜정지하중**의 조건에서 **모든 종류의 하중에 적용**할 수 있는 하우징구멍의 공차등급은 H7, **경하중** 또는 **보통하중**인 경우 H8을 적용해주면 된다.

반면 베어링에 끼워지는 축의 경우에는 **축 지름**과 **적용 하중**에 따라 축의 공차 범위 등급을 선정할 수가 있는데 예를 들어 하중의 조건이 **내륜 회전하중** 또는 **방향부정하중**이면서 **보통하중**을 받는 경우 축 지름에 따라서 js5, k5, m5, m6, n6, p6, r6를 적용하며 **경하중** 또는 **변동하중**인 경우 축 지름에 따라서 h5, js6, k6, m6를 적용하면 된다. 아래표에 나타낸 축과 구멍에 적용하는 공차 범위 등급은 KS와 JIS가 동일한 규격으로 규정하고 있는 내용이므로 참고하기 바란다.

3. 베어링 끼워맞춤 공차 선정 순서

❶ 조립도에 적용된 베어링의 규격을 보거나 규격이 없는 경우 직접 재서 안지름, 바깥지름, 폭을 보고 KS규격에서 찾아 축지름과 적용하중을 선택한다.

❷ 축이 회전하는 경우 **내륜회전하중**, 축은 고정이고 하우징이 회전하는 경우 **외륜회전란**을 선택하여 해당하는 공차를 선택한다.

❸ 레이디얼 베어링(0급, 6X급, 6급)에 대하여 일반적으로 사용하는 축과 하우징 구멍의 공차 범위 등급에서 해당하는 것을 선택한다.

도면에 적용한 베어링의 규격에서 적용할 하중을 선택할 수도 있다. 베어링의 호칭번호 중에 두 번째 숫자로 표기하는 베어링 계열기호(지름번호)는 예를 들어 단열 깊은 홈 볼베어링 6204에서 2는 **치수계열기호 02**에서 0을 뺀 것이고 이 치수계열기호가 커짐에 따라 베어링의 폭과 바깥지름이 커지므로 적용하중과 연관이 있게 되는 것이다. 0, 1의 경우 아주 가벼운 하중용, 2는 **가벼운 하중용**, 3은 **보통 하중용**, 4는 **큰하중용**으로 구분할 수 있다. 베어링의 치수가 나와 있는 규격을 살펴보면 금방 이해할 수 있을 것이다.(예 : 6000, 6200, 6300, 6400의 베어링의 안지름은 20mm로 동일하지만 베어링의 바깥지름과 폭의 치수는 다른 것을 알 수 있다.) 베어링이 가지고 있는 기능과 특성 등을 적절하게 이용하려면, 베어링 내륜과 축과의 끼워맞춤 및 베어링외륜과 하우징과의 끼워맞춤이 그 사용 용도에 따라 적합해야 한다. 따라서 적절한 끼워맞춤을 선정한다는 것은 용도에 적합한 베어링을 선정하는 것과 마찬가지로 중요한 사항이며, 적절하지 못한 끼워맞춤은 베어링의 조기 파손의 원인을 제공하기도 한다.

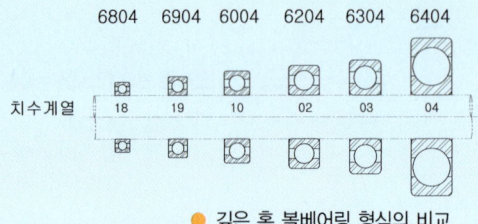

● 깊은 홈 볼베어링 형식의 비교

4. 하중 용어의 정의

❶ **내륜 회전하중** : 베어링의 내륜에 대하여 하중의 작용선이 상대적으로 회전하고 있는 하중
❷ **내륜 정지하중** : 베어링의 내륜에 대하여 하중의 작용선이 상대적으로 회전하고 있지 않은 하중
❸ **외륜 정지하중** : 베어링의 외륜에 대하여 하중의 작용선이 상대적으로 회전하고 있지 않은 하중
❹ **외륜 회전하중** : 베어링의 외륜에 대하여 하중의 작용선이 상대적으로 회전하고 있는 하중
❺ **방향 부정하중** : 하중의 방향을 확정할 수 없는 하중(하중의 방향이 양 궤도륜에 대하여 상대적으로 회전 또는 요동하고 있다고 생각되어지는 하중)
❻ **중심 축하중** : 하중의 작용선이 베어링 중심축과 일치하고 있는 하중
❼ **합성하중** : 레이디얼 하중과 축 하중이 합성되어 베어링에 작동하는 하중

5. 베어링 원통 구멍의 끼워맞춤 [KS B 2051]

■ 레이디얼 베어링의 내륜에 대한 끼워맞춤

베어링의 등급	내륜 회전 하중 또는 방향 부정 하중							내륜 정지 하중		
	축의 공차 범위 등급									
0급 6X급 6급	r6	p6	n6	m6 m5	k6 k5	js6 js5	h5	h6 h5	g6 g5	f6
5급	–	–	–	m5	k4	js4	h4	h5	–	–
끼워맞춤	억지끼워맞춤				중간끼워맞춤				헐거운 끼워맞춤	

■ 레이디얼 베어링의 외륜에 대한 끼워맞춤

베어링의 등급	외륜정지하중				방향부정하중 또는 외륜회전 하중				
	구멍의 공차 범위 등급								
0급 6X급 6급	G7	H7 H6	JS7 JS6	–	JS7 JS6	K7 K6	M7 M6	N7 N6	P7
5급	–	H5	JS5	K5	–	K5	M5	–	–
끼워맞춤	억지끼워맞춤				중간끼워맞춤				헐거운 끼워맞춤

■ 스러스트 베어링의 내륜에 대한 끼워맞춤

베어링의 등급	중심 축 하중 (스러스트 베어링 전반)		합성하중 (스러스트 자동조심 롤러베어링의 경우)			
			내륜회전하중 또는 방향부정하중			내륜정지하중
	축의 공차 범위 등급					
0급,6급	js6	h6	n6	m6	k6	js6
끼워맞춤	중간끼워맞춤		억지끼워맞춤			중간끼워맞춤

■ 스러스트 베어링의 외륜에 대한 끼워맞춤

베어링의 등급	중심 축 하중 (스러스트 베어링 전반)		합성하중 (스러스트 자동조심 롤러베어링의 경우)			
			외륜정지하중 또는 방향부정하중			외륜회전하중
	구멍의 공차 범위 등급					
0급,6급	–	H8	G7	H7	JS7	K7	M7
끼워맞춤	헐거운끼워맞춤			중간끼워맞춤		

■ 레이디얼 베어링(0급, 6X급, 6급)에 대하여 일반적으로 사용하는 축의 공차 범위 등급

운전상태 및 끼워맞춤 조건		볼베어링 축 지름(mm)		원통롤러베어링 테이퍼롤러베어링 축 지름(mm)		자동조심 롤러베어링 축 지름(mm)		축의 공차등급	비고
		초과	이하	초과	이하	초과	이하		
원통구멍 베어링(0급, 6X급, 6급)									
내륜회전 하중 또는 방향부정하중	경하중 또는 변동하중	– 18 100	18 100 200	– – 40 140	– 40 140 200	– – – –	– – – –	h5 js6 k6 m6	정밀도를 필요로 하는 경우 js6, k6, m6 대신에 js5, k5, m5를 사용한다.
	보통하중	– 18 100 140 200 –	18 100 140 200 280 –	– – 40 100 140 200	– 40 100 140 200 400	– – 40 65 100 140 280	– – 65 100 140 280 500	js5 k5 m5 m6 n6 p6 r6	단열 앵귤러 볼 베어링 및 원뿔롤러베어링인 경우 끼워맞춤으로 인한 내부 틈새의 변화를 고려할 필요가 없으므로 k5, m5 대신에 k6, m6를 사용할 수 있다.
	중하중 또는 충격하중	– –	– –	50 140 200	140 200 –	50 100 140	100 140 200	n6 p6 r6	보통 틈새의 베어링보다 큰 내부 틈새의 베어링이 필요하다.
내륜정지하중	내륜이 축 위를 쉽게 움직일 필요가 있다.	전체 축 지름						g6	정밀도를 필요로 하는 경우 g5를 사용한다. 큰 베어링에서는 쉽게 움직일 수 있도록 f6을 사용해도 된다.
	내륜이 축 위를 쉽게 움직일 필요가 없다.	전체 축 지름						h6	정밀도를 필요로 하는 경우 h5를 사용한다.
중심축하중		전체 축 지름						js6	–
테이퍼 구멍 베어링(0급) (어댑터 부착 또는 분리 슬리브 부착)									
전체하중		전체 축 지름						h9/IT5	전도축(伝導軸) 등에서는 h10/IT7로 해도 좋다.

[비고] 1. IT5 및 IT7은 축의 진원도 공차, 원통도 공차 등의 값을 표시한다. 2. 위 표는 강제 중실축에 적용한다.

■ 레이디얼 베어링(0급, 6X급, 6급)에 대하여 일반적으로 사용하는 하우징 구멍의 공차 범위 등급

하우징 (Housing)	조건			하우징 구멍의 공차범위 등급	비고
	하중의 종류		외륜의 축 방향의 이동		
일체 하우징 또는 2분할 하우징	외륜정지 하중	모든 종류의 하중	쉽게 이동할 수 있다.	H7	대형베어링 또는 외륜과 하우징의 온도차가 큰 경우 G7을 사용해도 된다.
		경하중 또는 보통하중		H8	–
		축과 내륜이 고온으로 된다.		G7	대형베어링 또는 외륜과 하우징의 온도차가 큰 경우 F7을 사용해도 된다.
일체 하우징		경하중 또는 보통하중에서 정밀 회전을 요한다.	원칙적으로 이동할 수 없다.	K6	주로 롤러베어링에 적용된다.
			이동할 수 있다.	JS6	주로 볼베어링에 적용된다.
		조용한 운전을 요한다.	쉽게 이동할 수 있다.	H6	–
	방향부정 하중	경하중 또는 보통하중	통상 이동할 수 있다.	JS7	정밀을 요하는 경우 JS7, K7 대신에 JS6, K6을 사용한다.
		보통하중 또는 중하중	이동할 수 없다.	K7	
		큰 충격하중	이동할 수 없다.	M7	
	외륜회전 하중	경하중 또는 변동하중	이동할 수 없다.	M7	
		보통하중 또는 중하중	이동할 수 없다.	N7	주로 볼베어링에 적용된다.
		얇은 하우징에서 중하중 또는 큰 충격하중	이동할 수 없다.	P7	주로 롤러베어링에 적용된다.

[비고] 1. 위 표는 주철제 하우징 또는 강제 하우징에 적용한다.
2. 베어링에 중심 축 하중만 걸리는 경우 외륜에 레이디얼 방향의 틈새를 주는 공차범위 등급을 선정한다.

■ 스러스트 베어링(0급, 6급)에 대하여 일반적으로 사용하는 축의 공차 범위 등급

조건		축 지름(mm)		축의 공차 범위 등급	비고
		초과	이하		
중심 축(액시얼) 하중 (스러스트 베어링 전반)		전체 축 지름		js6	h6도 사용할 수 있다.
합성하중 (스러스트 자동조심 롤러베어링)	내륜정지하중	전체 축 지름		js6	-
	내륜회전하중 또는 방향부정하중	- 200 400	200 400 -	k6 m6 n6	k6, m6, n6 대신에 각각 js6, k6, m6도 사용할 수 있다.

■ 스러스트 베어링(0급, 6급)에 대하여 일반적으로 사용하는 하우징 구멍의 공차 범위 등급

조건		하우징구멍의 공차범위 등급	비 고
중심 축 하중 (스러스트 베어링 전반)		-	외륜에 레이디얼 방향의 틈새를 주도록 적절한 공차범위 등급을 선정한다.
		H8	스러스트 볼 베어링에서 정밀을 요하는 경우
합성하중 (스러스트 자동조심 롤러베어링)	외륜정지하중	H7	-
	방향부정하중 또는 외륜회전하중	K7	보통 사용 조건인 경우
		M7	비교적 레이디얼 하중이 큰 경우

【비고】 1. 위 표는 **주철제 하우징** 또는 **강제 하우징**에 적용한다.

• 레이디얼 하중과 액시얼 하중
레이디얼 하중이라는 것은 베어링의 중심축에 대해서 직각(수직)으로 작용하는 하중을 말하고 액시얼 하중이라는 것은 베어링의 중심축에 대해서 평행하게 작용하는 하중을 말한다.
덧붙여 말하면 스러스트 하중과 액시얼 하중은 동일한 것이다.

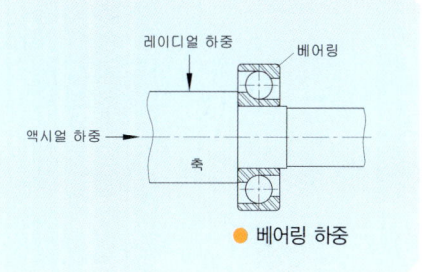

6. 깊은 홈 볼 베어링 6204의 적용예

다음의 전동장치 본체는 축의 양쪽을 2개의 볼베어링으로 지지하고 있다. 아래 KS규격에서 도면에 적용된 6204(개방형)베어링의 d, D, B 치수를 찾아 축의 지름과 하우징 구멍의 지름 치수를 찾아보면 **d=20mm, D=47mm, B=14mm** 임을 알 수 있다.

이제 축과 본체 구멍에 적용될 공차를 찾아 기입해 보자. 축에 어떤 회전체가 평행키로 고정되어 동력을 전달하는 구조로 본체 양쪽의 구멍에 설치된 베어링의 외륜은 고정되고 축(내륜)이 회전하므로 **내륜회전란**을 찾고, 하중조건이 '**가벼운 하중**'으로 보고 구멍의 공차등급을 **H8**로 적용해 주었다.

축의 경우에는 **내륜회전하중**에 '**경하중**' 조건이므로 **h5**를 적용해 준다. 참고적으로 베어링의 계열번호별 베어링의 크기는 안지름은 전부 동일하지만 베어링의 폭 및 바깥지름 치수가 차이가 나는 것을 알 수가 있다. 폭이 늘어나고 바깥지름이 커질수록 부하할 수 있는 하중의 크기가 커지게 되는 것으로 일반적인 공차의 적용시 이러한 식으로 적용하면 큰 무리가 없을 것이다.

단, 베어링을 적용할 때 정밀 고속 스핀들 등 특별히 정밀도 등급을 0급, 6X급, 6급이 아닌 5급, 4급 등을 필요로 하는 경우에는 공차 적용시 세심한 주의를 필요로 한다.

Part 04 자주 출제되는 KS규격의 설계 적용법

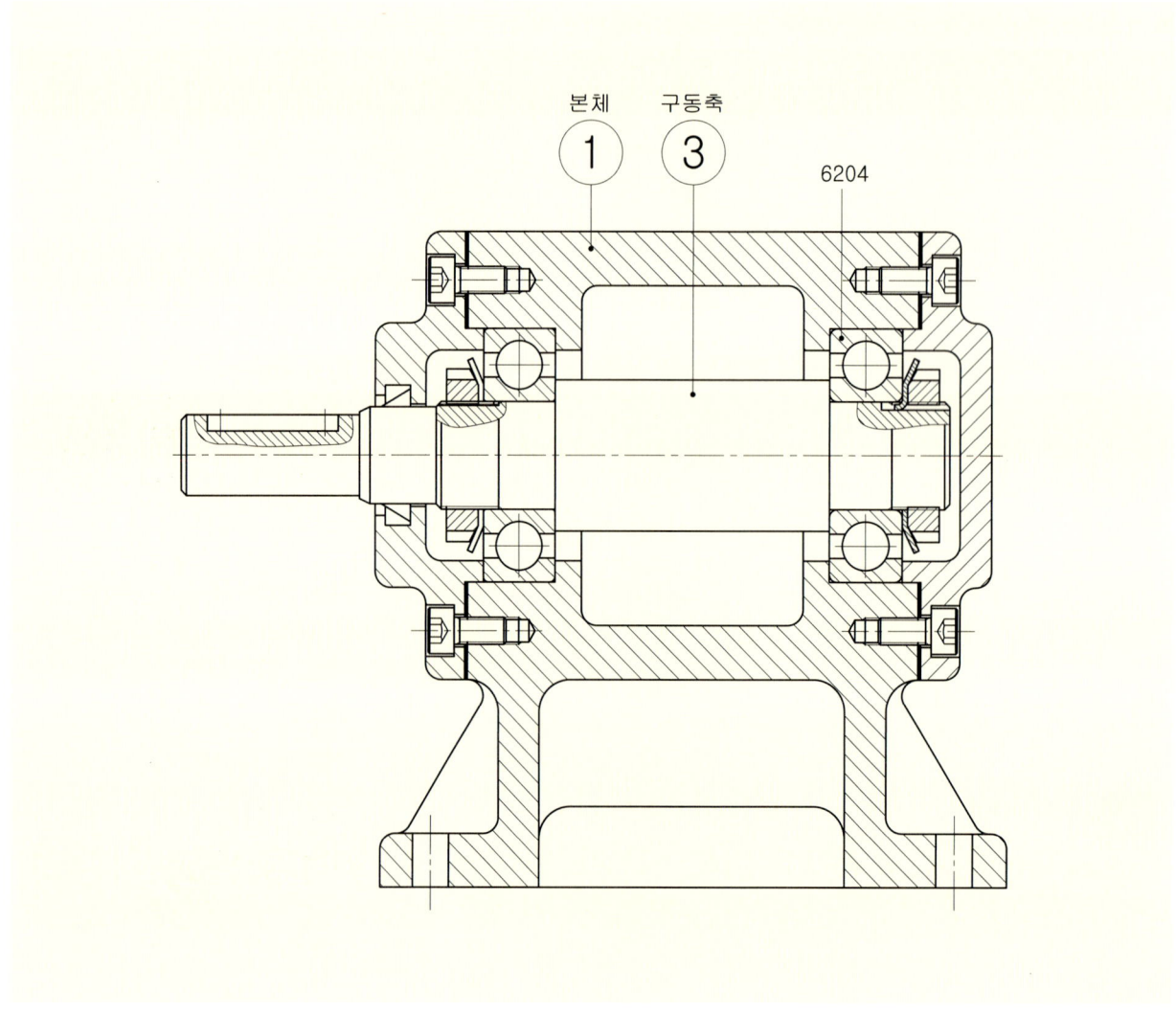

● 전동장치

■ 깊은 홈 볼 베어링 62계열의 호칭번호 및 치수 [KS B 2023]

호칭 번호							d	치 수		
	원통 구멍				테이퍼구멍	원통 구멍				
개방형	한쪽 실	양쪽 실	한쪽 실드	양쪽실드	개방형	개방형 스냅링 홈 붙이	d	D	B	$r_s$min
623	–	–	623 Z	623 ZZ	–	–	3	10	4	0.15
624	–	–	624 Z	624 ZZ	–	–	4	13	5	0.2
625	–	–	625 Z	625 ZZ	–	–	5	16	5	0.3
626	–	–	626 Z	626 ZZ	–	–	6	19	6	0.3
627	627 U	627 UU	627 Z	627 ZZ	–	–	7	22	7	0.3
628	628 U	628 UU	628 Z	628 ZZ	–	–	8	24	8	0.3
629	629 U	629 UU	629 Z	629 ZZ	–	–	9	26	8	0.3
6200	6200 U	6200 UU	6200 Z	6200 ZZ	–	6200 N	10	30	9	0.6
6201	6201 U	6201 UU	6201 Z	620 1 ZZ	–	6201 N	12	32	10	0.6
6202	6202 U	6202 UU	6202 Z	6202 ZZ	–	6202 N	15	35	11	0.6
6203	6203 U	6203 UU	6203 Z	6203 ZZ	–	6203 N	17	40	12	0.6
6204	6204 U	6204 UU	6204 Z	6204 ZZ	–	6204 N	20	47	14	1

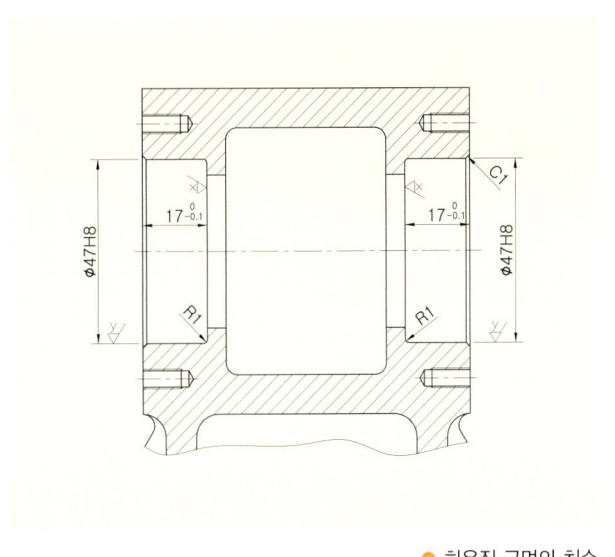

● 하우징 구멍의 치수

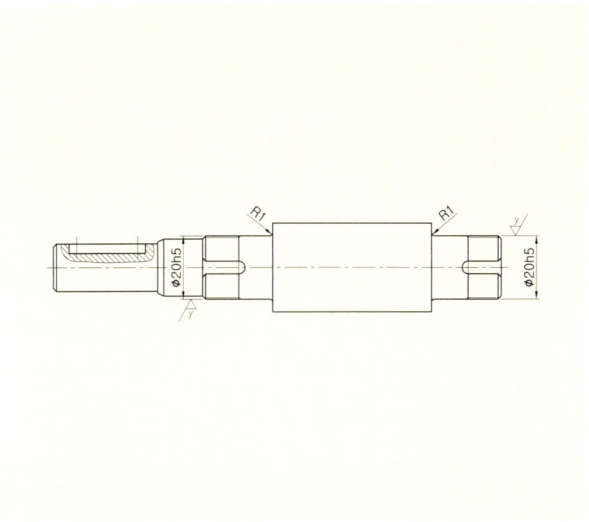

● 축의 치수

■ 베어링의 끼워맞춤 선정 기준표

베어링의 끼워맞춤 선정에 있어 반드시 고려해야 할 사항으로 베어링에 작용하는 **하중**의 **조건**이나 베어링의 **내륜** 및 **외륜**의 **회전 상태**에 따른 끼워맞춤의 관계를 나타내었다.

■ 베어링의 끼워맞춤 선정 기준표

하중의 구분	베어링의 회전		하중의 조건	끼워맞춤	
	내륜	외륜		내륜	외륜
(내륜회전, 외륜정지)	회전	정지	내륜회전하중 외륜정지하중	억지 끼워 맞춤	헐거운 끼워 맞춤
(내륜정지, 외륜회전)	정지	회전	내륜회전하중 외륜정지하중	억지 끼워 맞춤	헐거운 끼워 맞춤
(내륜정지, 외륜회전)	정지	회전	외륜회전하중 내륜정지하중	헐거운 끼워 맞춤	억지 끼워 맞춤
(내륜회전, 외륜정지)	회전	정지	외륜회전하중 내륜정지하중	헐거운 끼워 맞춤	억지 끼워 맞춤
하중이 가해지는 방향이 일정하지 않은 경우	회전 또는 정지	회전 또는 정지	방향 부정 하중	억지 끼워 맞춤	억지 끼워 맞춤

● 베어링의 끼워맞춤

대한민국 기술지식 산업을 선도하는 (주)메카피아를 소개합니다.

패밀리 사이트

기술지식 사이트 메카피아닷컴
www.mechapia.com

3DCAD 전문 포털 사이트
www.3dmecha.co.kr

mechapia PREMIUM SERVICE
프리미엄 회원 전용 서비스
www.mechapia.com/primium/

3D 프린터 포털 사이트
http://www.3dhub.co.kr/

엔지니어 전용 기술 블로그
http://mechapia.com/plog/

메카피아 : 네이버 대표 카페
http://cafe.naver.com/techmecha

메카피아의 도서출판 목록

   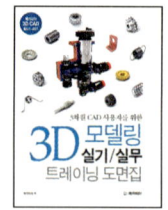